数据结构(C 语言描述)

主　编　任志国

副主编　蓝才会　赵传成　祁建宏

达文姣　岳秋菊　刘　君

科学出版社

北　京

内 容 简 介

本书系统地介绍数据结构基础理论知识及算法设计方法，第 1～9 章从抽象数据类型的角度讨论各种基本类型的数据结构及其应用，主要包括线性表、栈和队列、串、数组和广义表、树和二叉树、图及图算法；第 10 章和第 11 章主要讨论查找和排序的各种实现方法及其综合比较；附录给出全书习题中选择、判断、填空题的参考答案。全书采用 C 语言作为数据结构和算法的描述语言。

本书在内容选取上符合人才培养目标的要求及教学规律和认知规律，在组织编排上体现“先理论、后应用、理论与应用相结合”的原则，并兼顾学科的广度和深度，力求适用面广。本书具有结构严谨、层次清楚、概念准确、深入浅出、描述清晰等特点。

本书可以作为计算机类专业和信息类相关专业的本科教材或考研参考用书，也可以供从事计算机工程与应用工作的科技工作者参考。

图书在版编目(CIP)数据

数据结构：C 语言描述 / 任志国主编. —北京：科学出版社，2016.6

ISBN 978-7-03-049163-3

Ⅰ. ①数… Ⅱ. ①任… Ⅲ. ①数据结构－高等学校－教材 ②C 语言－程序设计－高等学校－教材 Ⅳ. ①TP311.12 ②TP312

中国版本图书馆 CIP 数据核字(2016)第 143364 号

责任编辑：于海云 / 责任校对：郭瑞芝

责任印制：赵 博 / 封面设计：迷底书装

科学出版社出版

北京东黄城根北街 16 号

邮政编码：100717

http://www.sciencep.com

北京天宇星印刷厂印刷

科学出版社发行 各地新华书店经销

*

2016 年 6 月第 一 版 开本：787×1092 1/16

2025 年 1 月第七次印刷 印张：21

字数：550 000

定价：79.00 元

（如有印装质量问题，我社负责调换）

前　言

“数据结构”课程是计算机类、电子信息类及相关专业的专业基础课。它在整个课程体系中处于承上启下的核心地位：一方面扩展和深化在离散数学、程序设计语言等课程学到的基本技术和方法；另一方面为进一步学习操作系统、编译原理、数据库等专业知识奠定坚实的理论与实践基础。本课程在教给学生数据结构设计和算法设计的同时，培养学生的抽象思维能力、逻辑推理能力和形式化思维方法，增强分析问题、解决问题和总结问题的能力，更重要的是培养专业兴趣，树立创新意识。本教材在内容选取上符合人才培养目标的要求及教学规律和认知规律，在组织编排上体现“先理论、后应用、理论与应用相结合”的原则，并兼顾学科的广度和深度，力求适用面广泛。

全书共 11 章。第 1 章综述数据、数据结构和抽象数据类型等基本概念及算法描述与分析方法；第 2～9 章主要从抽象数据类型的角度分别讨论线性表、栈和队列、串、数组和广义表、树和二叉树、图等基本类型的数据结构及其应用；第 10 章和第 11 章讨论查找和排序的各种方法，着重从时间性能、应用场合及使用范围方面进行分析和比较。本书对数据结构众多知识点的来龙去脉做了详细解释和说明；每章后面配有难度各异的习题，并在附录中给出习题的参考答案，供读者理解知识及复习提高之用。全书采用 C 语言描述数据结构和算法。

从课程性质上讲，“数据结构”是高等院校计算机科学、电子信息科学及相关专业教学计划中的一门专业基础课；其教学要求是学会分析研究计算机加工的数据结构的特性，以便为实际应用涉及的数据选择适当的逻辑结构、存储结构及其相应的算法，并初步掌握算法的时空分析技术。从课程学习上讲，“数据结构”的学习是复杂程序设计的训练过程；其教学目的是着眼于原理与应用的结合，在深化理解和灵活掌握教学内容的基础上，学会把知识用于解决实际问题，书写出符合软件工程规范的文件，编写出结构清晰及正确易读的程序代码。可以说，“数据结构”比“高级程序设计语言”等课程有着更高的要求，它更注重培养分析抽象数据的能力。

本书是编者多年从事该课程教学工作的教学成果，编者都是具有副教授以上职称、有 15 年以上该课程教学经验的一线教师。本书由任志国担任主编、赵传成、蓝才会、祁建宏、达文姣、岳秋菊、刘君担任副主编。其中的第 1 章、第 2 章、第 5 章、第 7 章、第 8 章、第 9 章由任志国编写，第 3 章由赵传成编写，第 4 章由岳秋菊编写，第 6 章由达文姣编写，第 10 章由蓝才会编写，第 11 章由祁建宏编写，所有章节习题部分由刘君编写。在本书的构思与编写过程中，得到了安天庆教授、党建武教授、王治和教授的帮助，在算法的实现与调试以及插图的制作过程中，得到了杨业、史淑娟、宗小兵等研究生的帮助，在此表示感谢。

本书可以作为计算机类专业和电子信息类相关专业的教材或考研参考用书，也可供从事计算机工程与应用工作的科技工作者参考。由于作者水平有限，教材中不当之处敬请读者提出批评和建议，编者电子邮件地址：ren_zhiguo@qq.com。

编　者

2016 年 6 月

目　录

第1章　绪　　论

用计算机求解任何问题都离不开程序设计，而程序设计的实质是数据表示和数据处理。数据要能被计算机处理，首先要能够被存储在计算机的内存中，这项任务称为数据表示，数据表示的核心任务是数据结构的设计。一个实际问题的求解必须满足各项处理要求，这项任务称为数据处理，数据处理的核心任务是算法设计。数据结构课程主要讨论数据表示和数据处理的基本问题。本章概括地介绍数据结构的基本概念、基本思想和基本方法。

学习要点：

- 数据结构的研究内容、数据结构相关的概念和术语。
- 数据结构的三要素：逻辑结构、物理结构和数据运算。
- 算法及算法的时间复杂度和空间复杂度的分析与计算。

1.1　引　　言

自1946年世界上第一台计算机诞生以来，计算机产业发展的速度远远超出了人们对它的预料。现在计算机的应用已经渗透到人类生活的各个领域。如今，计算机的应用不再局限于科学计算，而更多地用于过程控制、事务管理、信息处理等非数值计算领域。计算机加工处理的对象也由数值发展到字符、表格、图形、图像、音频、视频、动画等具有一定结构的数据，这就给程序设计带来一个新的课题。为了编写出一个好的程序，必须分析待处理对象的特性及各处理对象之间存在的关系。这就是“数据结构”这门学科形成和发展的背景。

目前，计算机更多的是用于过程控制、事务管理、信息处理等非数值计算领域。计算机要进行信息处理首先要进行信息的表示，信息的表示和组织又直接关系到处理信息的程序的效率。随着应用问题的不断复杂，导致信息量剧增与信息范围拓宽，使许多系统程序和应用程序的规模很大，结构又相当复杂。因此，必须分析待处理问题中对象的特征及各对象之间存在的关系，这就是“数据结构”这门学科所要研究的问题。

一般来说，用计算机解决一个具体问题时，一般需要经过如下几个步骤：首先从具体问题中抽象出一个适当的数学模型，然后选择或设计一个求解此数学模型的数据结构和算法，接着编写程序进行调试、测试，最后运行该程序，直至得到最终结果。

很多问题的求解最后都转化为求解数学方程或数学方程组，即使是不需要计算机求解的简单问题也需要一个数学模型来描述。例如，大家熟悉的“鸡兔同笼”问题可转化为二元一次方程组进行求解。又如，在房屋设计或桥梁设计中的结构应力分析计算问题可化解为线性代数方程组求解的问题。再如，对于天天看到的天气预报，它的数学模型是一个环流模式方程。如果读者对此类的数学问题感兴趣，可以学习《计算方法》等课程。这些问题不作为数据结构所讨论的问题。

数据结构主要讨论非数值计算问题，如人们在日常生活中遇到的下面一些问题。

(1) 文档的编辑处理、对一个班级学生信息的管理等问题。用编辑器处理文档，其实质是对字符串的处理问题。班级学生信息的管理问题主要考虑如何根据基本的操作有效地组织数据、存储数据。

(2) 八皇后问题。在八皇后问题中，处理过程不是根据某种确定的计算法则，而是利用试探和回溯的探索技术求解。为了求得合理布局，在计算机中要存储布局的当前状态。从最初的布局状态开始，一步步地进行试探，每试探一步形成一个新的状态，整个试探过程形成了一棵隐含的状态树。如图 1.1 所示(为了描述方便，将八皇后问题简化为四皇后问题)。

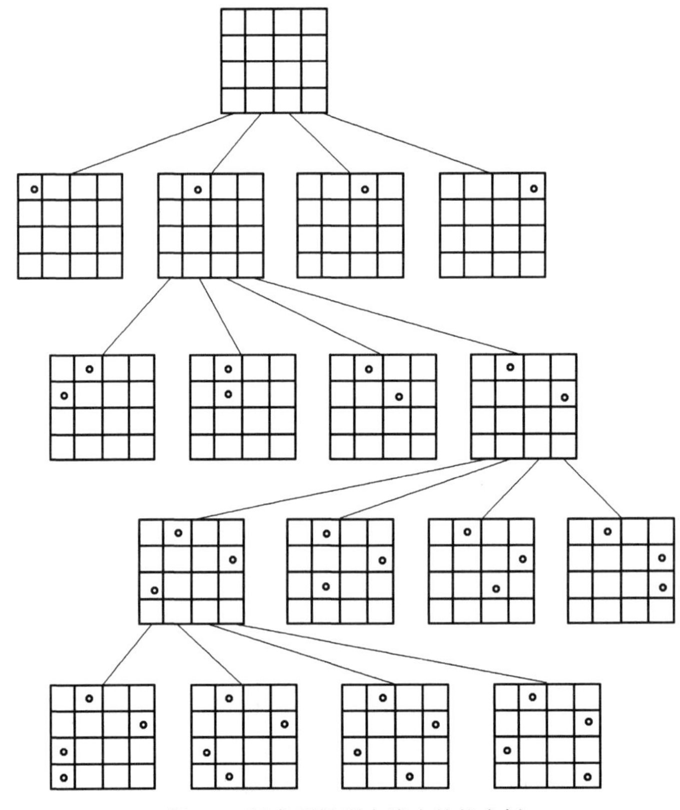

图 1.1　四皇后问题中隐含的状态树

回溯法求解过程实质上就是一个遍历状态树的过程。在这个问题中所出现的树也是一种数据结构，它可以应用在许多非数值计算的问题中。

(3) 多叉路口信号灯的设置问题。通常，在十字路口只需设红绿两色的交通灯便可以保证正常的交通秩序，而在多叉路口须设计几种颜色的交通灯才能既使车辆相互之间不碰撞，又能达到车辆的最大流量呢？

如图 1.2 所示的五叉路口，其中 C 和 E 为单行道，在路口有 13 条可行的通路(A—>B、A—>C、A—>D、B—>A 、D—>C、 E—>D、B—>C、B—>D、E—>A、D—>A、D—>B、E—>B、E—>C)，其中有的可以同时通行，如 A—>B 和 E—>C，而有的不能同时通行，如 E—>B 和 A—>D。那么，在路口应如何设置交通灯进行车辆的管理呢？

通常，这类交通、道路问题的数学模型是一种称为“图”的数据结构。如图 1.3 所示，图中每个圆圈(又称为顶点)表示五叉路口上的一条通路，两个圆圈之间的连线(又称为边)表示两个圆圈所代表的通路，不能同时通行，则设置交通灯的问题等价为对图的顶点的染色问题，要求对图上的每个顶点染一种颜色，并且要求有线相连的两个顶点不能具有相同的颜色，而总的颜色种类应尽可能地少。如图 1.3 所示为一种染色结果，圆圈中的数字表示交通灯的不同颜色。

1 号色灯：A—>B、A—>C、A—>D、B—>A、D—>C、E—>D。

2 号色灯：B—>C、B—>D、E—>A。

3 号色灯：D—>A、D—>B。

4 号色灯：E—>B、E—>C。

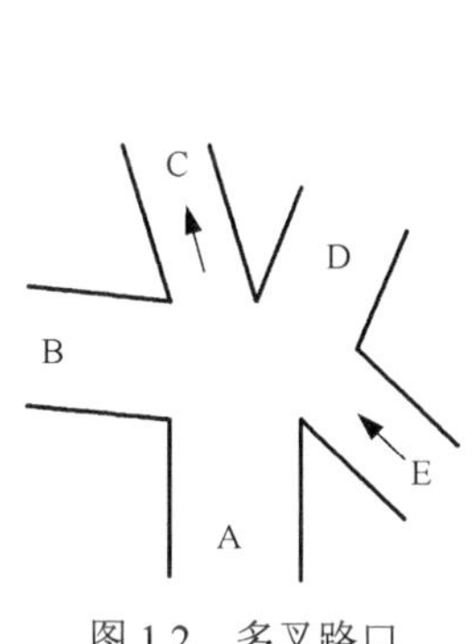

图 1.2　多叉路口

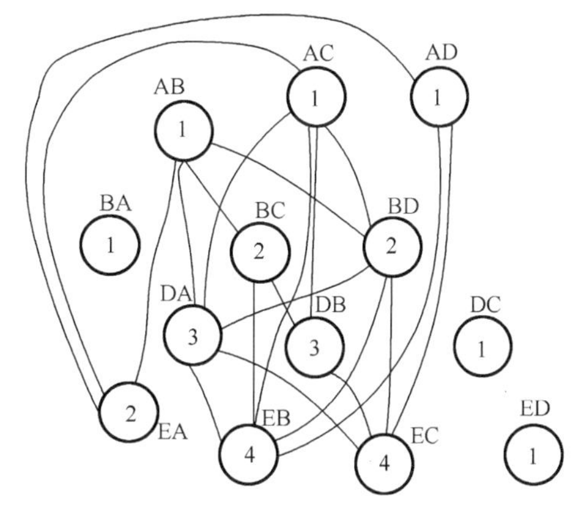

图 1.3　多叉路口各方向通路

综上所述，描述这类非数值计算问题的数学模型不再是数学方程，而是诸如表、树、图之类的数据结构，这些问题就是数据结构所研究的内容。

所以，可以直观地认为数据结构是一门研究非数值计算的程序设计问题中计算机的操作对象，以及它们之间的关系、操作、存储等问题的学科。

1968 年，美国唐纳德•克努特(Donald Ervin Knuth)教授开创数据结构的最初体系。他的数百万字的多卷本《计算机程序设计的艺术》(The Art of Computer Programming)堪称计算机科学理论与技术的经典巨著。1968 年出版的该巨著第一卷《基本算法》是第一本较系统地阐述数据的逻辑结构、存储结构及其操作的著作。该巨著的第一卷和 1973 年出版的第三卷《排序与搜索》中的一些基本内容就构成了数据结构的最初体系。由于唐纳德•克努特对计算机科学的卓越贡献，他本人获得了 1974 年的图灵奖。

数据结构从诞生到现在，在不到半个世纪的时间里形成了坚实的理论基础和广泛的应用领域，吸引越来越多的研究者加入。数据结构的诞生和发展给计算机信息管理带来了一场巨大的革命。同时，随着应用的扩展与深入，数据结构的研究领域也已经大大地拓广和深化。

1.2　数据结构的基本概念

数据结构是计算机科学与技术专业最重要的专业基础核心课程。所有计算机系统软件和应用软件都要用到各种类型的数据结构。因此，要想更好地运用计算机来解决实际问题，仅掌握几种计算机程序设计语言是难以应付众多复杂问题的。要想有效地使用计算机、充分发挥计算机的性能，还必须学习和掌握好数据结构的有关知识。打好数据结构这门课程的扎实基础，对于学习计算机专业的其他课程，如算法设计与分析、操作系统、编译原理、数据库管理系统、软件工程、人工智能等都是非常重要的。

1.2.1　有关概念和术语

在系统地学习数据结构知识之前，先对一些基本概念和术语赋予确切的定义。

数据(Data)：是信息的载体，是描述客观事物属性的数字、字符及所有能够输入到计算机中并被计算机识别、存储和加工处理的符号的集合。

数据是计算机程序加工的“原料”，是计算机加工处理的对象。它可以是数值数据，也可以是非数值数据。数值数据是一些整数、实数或复数，主要用于工程计算、科学计算和商务处理等；非数值数据包括字符、文字、图形、图像、语音等。

数据项(Data Item)：是数据中不可分割，且具有独立含义的最小单位，数据元素是数据项的集合。

数据元素(Data Element)：是数据的基本单位，通常作为一个整体进行考虑和处理。一个数据元素可以由若干个数据项来组成，数据项是构成数据元素不可分割的最小单位。在有些情况下，数据元素也称为元素、结点、顶点和记录。例如，学生记录就是一个数据元素，由学号、姓名、性别等数据项组成。

数据对象(Data Object)：是具有相同性质的数据元素的集合，是数据的一个子集。

数据结构(Data Structure)：是指互相之间存在一种或多种关系的数据元素的集合。数据结构包括逻辑结构、存储结构和数据的运算三方面的内容(也称为数据结构三要素)。数据的逻辑结构和存储结构是密不可分的两个方面，一个算法的设计取决于所选定的逻辑结构，而算法的实现依赖所采用的存储结构。

1.2.2　数据的逻辑结构

在任何问题中，数据元素之间都不会是孤立的，它们之间都存在这样或那样的关系，这种数据元素之间的关系称为结构。根据数据元素间关系的不同特性，通常有集合结构、线性结构、树形结构、图形结构等 4 种基本的逻辑结构，如图 1.4 所示。

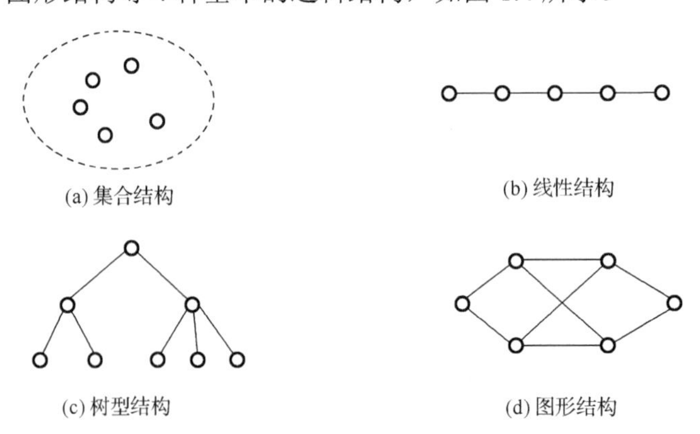

图 1.4　数据的逻辑结构

(1) 集合结构：在集合结构中，数据元素间的关系是“属于同一个集合”。集合是元素关系极为松散的一种结构。

(2) 线性结构：该结构的数据元素之间存在一对一的关系。

(3) 树型结构：该结构的数据元素之间存在一对多的关系。

(4) 图形结构：该结构的数据元素之间存在多对多的关系，图形结构也称为作网状结构。

数据的逻辑结构又可分为线性结构和非线性结构。线性结构又包括一般线性表、操作受限线性表(栈、队列、串)和线性表推广(数组、广义表)。非线性结构又包括集合、树形结构和图形结构。

1.2.3 数据的存储结构

数据结构在计算机中的表示(又称为映像)称为数据的物理结构，又称为存储结构。它不同于逻辑结构，是依赖计算机语言的，是具体的。通常，一个数据元素在计算机内用一块连续的存储单元来表示。那么，在计算机中怎样存储表中所有的数据元素呢？数据结构一般用下面四种基本的存储结构来表示数据元素之间的关系。

1. 顺序存储结构

该方法把逻辑上相邻的数据元素存储在物理位置也相邻的存储单元里，数据元素之间的逻辑关系由存储单元的邻接关系来体现，由此得到的存储表示称为顺序存储结构。顺序存储结构主要应用于线性结构，非线性结构也可以通过某种线性的方法实现顺序存储。其优点是可以实现随机存取，每个元素占用最少的存储空间，即存储密度大。其缺点是只能使用相邻的一整块存储单元，因此可能产生较多的外部碎片。

2. 链式存储结构

该方法不要求逻辑上相邻的数据元素在物理位置上也相邻，数据元素之间的逻辑关系由附加的指针表示，由此得到的存储表示称为链式存储结构。其优点是不会出现碎片现象，可充分利用所有存储单元。其缺点是每个元素因存储指针而占用额外的存储空间，并且只能实现顺序存取。

3. 索引存储结构

该方法通常在存储数据元素信息的同时，还建立附加的索引表。索引表由若干索引项组成。索引项的一般形式是：(关键字、地址)。关键字(Key)是能唯一标识一个数据元素的那些数据项。其优点是检索速度快。缺点是增加附加的索引表占用较多的存储空间。在增加和删除数据时要修改索引表，因而花费较多的时间。

4. 哈希(散列)存储结构

该方法的基本思想是根据数据元素的关键字直接计算出该数据元素的存储地址。其优点是检索、增加、删除结点的操作都很快。缺点是如果散列函数不好，可能出现数据元素存储地址的冲突，而解决冲突会增加时间和空间开销。

这四种基本存储方法既可以单独使用，也可以组合起来对数据结构进行存储映像。同一逻辑结构采用不同的存储方法，可以得到不同的存储结构；采用不同的存储结构，其数据处理效率往往不同。选择何种存储结构来表示相应的逻辑结构，视具体要求而定，主要考虑运算方便及算法的时空要求。

1.2.4 数据的运算

为了有效地处理数据，可将数据按一定的逻辑结构组织起来，并选择适当的存储方法存储数据，然后再对数据进行运算。

数据的运算是定义在数据的逻辑结构之上的，每一种逻辑结构都有一个运算的集合，并指出运算的功能，例如，查找、插入、删除、修改等，这些运算实际上是在数据元素上施加的一系列的抽象操作。所谓抽象操作，是只知道这些操作要求“做什么”，而无须考虑“如何做”，只有在确定了存储结构之后，才考虑如何具体实现这些运算。下面介绍几种常见的数据运算。

(1) 建立(Create)一个数据结构；

(2) 消除(Cancel)一个数据结构；

(3) 从一个数据结构中删除(Delete)一个数据元素；

(4) 把一个数据元素插入(Insert)到一个数据结构中；

(5) 对一个数据结构进行访问(Visit)；

(6) 对一个数据结构中的数据元素进行修改(Modify)；

(7) 对一个数据结构进行排序(Sort)；

(8) 对一个数据结构进行查找(Search)。

由于数据的运算是建立在数据的逻辑结构之上的，因此，某一种具体的数据结构，除了这些基本运算之外，根据实际问题还有其特有的一些运算。例如：在城市交通问题中，求两城市之间最短路线的算法；判断从城市的任一点出发乘坐公共汽车是否可以达到城市任何地方的运算；在家族中如何找到某个人的兄弟等运算；在电话号码管理问题中如何高效快速查找相关联系人等运算。所以，数据的其他运算是除了基本运算之外根据处理的问题“灵活”出现的。在数据结构的教学中一般只讨论那些基本运算。

数据结构的发展趋势包括两个方面：一是面向专门领域中特殊问题的数据结构的研究和发展，如图形数据结构、知识数据结构、空间数据结构；二是从抽象数据类型的角度出发，用面向对象的观点来讨论数据结构。

1.3 数据类型和抽象数据类型

1.3.1 数据类型

“数据类型”是和数据结构密切相关的一个概念。它最早出现在高级程序设计语言中，用以刻画程序中操作对象的特性。在用高级语言编写的程序中，每个变量、常量或表达式都有一个它所属的确定的数据类型。数据类型显性或隐性规定在程序执行期间变量或表达式所有可能的取值范围，以及在这些值上允许进行的操作。因此，数据类型(Data Type)是一个值的集合和定义在这个值集上的一组操作的总称。

在高级程序设计语言中，数据类型可分为两类：一类是原子类型，另一类则是结构类型。原子类型的值是不可分解的，如 C 语言中整型、字符型、浮点型、双精度型等基本类型，分别用保留字 int、char、float、double 标识。结构类型的值是由若干成分按某种结构组成的，因此是可分解的，并且它的成分可以是结构的，也可以是非结构的。例如，数组的值由若干分量组成，每个分量可以是整数，也可以是数组等。在某种意义上，数据结构可以看成是“一组具有相同结构的值”，而数据类型则可被看成是由一种数据结构和定义在其上的一组操作所组成的。

1.3.2　抽象数据类型

抽象数据类型(Abstract Data Type，ADT)是指一个数学模型，以及定义在该模型上的一组操作。抽象数据类型的定义取决于它的一组逻辑特性，而与其在计算机内部如何表示和实现无关，即不论其内部结构如何变化，只要它的数学特性不变，不影响其外部使用。

“抽象数据类型”和“数据类型”实质上是一种概念。例如，各种计算机都拥有的整数类型就是一种抽象数据类型，尽管它们在不同处理器上的实现方法可以不同，但由于其定义的数学特性相同，在用户看来都是相同的。因此，“抽象”的意义在于数据类型的数学抽象特性。

在另一方面，抽象数据类型的范畴更广，它不再局限于前述各处理器中已定义并实现的数据类型，还包括用户在设计软件系统时自己定义的数据类型。为了提高软件的重用度，在程序设计方法学中，要求在构成软件系统每个相对独立的模块上定义一组数据和施于这些数据上的一组操作，并在模块的内部给出这些数据的表示方法及其操作的细节，而在模块的外部使用的只是抽象的数据及抽象的操作。这也就是面向对象的程序设计方法。

可以用数据对象、数据关系和基本操作定义一个完整的抽象数据类型。抽象数据类型的定义形式如下。

ADT 抽象数据类型名 {
数据对象：<数据对象的定义>
数据关系：<数据关系的定义>
基本操作：<基本操作的定义>
} ADT 抽象数据类型名

其中，数据对象和数据关系的定义用伪码描述，基本操作的定义格式为：

基本操作名(参数表)
初始条件：<初始条件描述>
操作结果：<操作结果描述>

初始条件用来描述操作执行之前数据结构和参数应满足的条件，若不满足，则操作失败，返回相应的出错信息。操作结果用来描述操作正常完成之后，数据结构的变化状况和应返回的结果。

【例 1.1】用抽象数据类型定义一个三元组。三元组即排列在一起的 3 个元素，可以对三元组进行的操作有：初始化三元组、销毁三元组、获取三元组中一个元素的值、改变三元组中一个元素的值、判断三元组中的元素是否按升序排列、判断三元组中元素的值是否按降序排序、求三元组中元素的最大值、求三元组中元素的最小值。三元组 ADT 描述如下。

ADT Triplet{
数据对象：D={e1,e2,e3|e1,e2,e3∈ElemSet }
数据关系：R={< e1,e2>,< e2,e3>}
基本操作：
(1)三元组的初始化：InitTriplet(&T,v1,v2,v3)
初始条件：三元组 T 不存在。
操作结果：构造三元组 T，元素 e1,e2,e3 分别被赋值为 v1,v2,v3。
(2)销毁三元组：DestroyTriplet(&T)
初始条件：三元组 T 已存在。

操作结果：三元组 T 被销毁。

(3) 取三元组中元素：Get(T,i,&e)

初始条件：三元组 T 已存在，1≤i≤3。

操作结果：用 e 返回 T 中第 i 个元素的值。

(4) 修改三元组元素：Put(&T,i,e)

初始条件：三元组 T 已存在，1≤i≤3。

操作结果：将 T 中第 i 个元素的值修改为 e。

(5) 升序排序：IsAscending(&T)

初始条件：三元组 T 已存在。

操作结果：若 T 中的元素按升序排列，则返回 1，否则返回 0。

(6) 降序排序：IsDescending(&T)

初始条件：三元组 T 已存在。

操作结果：若 T 中的元素按降序排列，则返回 1，否则返回 0。

(7) 求最大值：Max(T,&e)

初始条件：三元组 T 已存在。

操作结果：用 e 返回 T 的三个元素中的最大值。

(8) 求最小值：Min(T,&e)

初始条件：三元组 T 已存在。

操作结果：用 e 返回 T 的三个元素中的最小值。

}ADT Triplet

多形数据类型(Polymorphic Data Type)是指其值的成分不确定的数据类型。可以看出上面定义的三元组 Triplet 是一个多形数据类型，其数据元素 e1,e2,e3 可以是整数、实数、字符、字符串，也可以是更为复杂的结构体类型，如学生、图书、商品等其他类型的数据元素。从抽象数据类型的角度来看，具有相同的数学抽象特性，故称为多形数据类型。

1.4 算　　法

算法与数据结构关系紧密，在算法设计时先要确定相应的数据结构，而在讨论某一种数据结构时也必然会涉及相应的算法。下面就从算法特性、算法描述、常见的算法设计方法等三个方面对算法进行介绍。

1.4.1 算法及其特征

算法(Algorithm)是对特定问题求解步骤的一种描述，是指令的有限序列，其中每一条指令表示一个或多个操作。

例如，将一维数组 A 的 n 个元素倒置算法可描述如下：①首先设置 i=0，j=n−1；②当 i<j 时，交换 A[i]和 A[j]；③i 向后走一个位置，j 向前走一个位置；④判断 i<j 是否成立，若成立转②继续执行，否则算法结束。

一个算法应该具有有穷性、确定性、可行性、零个或多个输入、一个或多个输出等特征。

(1) 有穷性：一个算法对于任何合法的输入值必须总是在执行有穷步之后结束，且每一步都可在有穷时间内完成。

(2) 确定性：算法中的每一条指令必须有确切的含义，读者理解时不会产生二义。对于相同的输入，算法在执行时对应着唯一的一条执行路径，所以也只能得出相同的输出。

(3) 可行性：算法描述的操作都可以通过已经实现的基本运算的有限次执行得以实现。

(4) 输入：算法具有零个或多个输入，这些输入取自特定的数据对象集合。

(5) 输出：算法具有一个或多个输出，这些输出同输入之间存在某种特定的关系。

算法的含义与程序十分相似，但又有区别。一个程序不一定满足有穷性，例如，操作系统只要整个系统不遭破坏，它永远不会停止，即使没有作业需要处理，它仍处于动态等待中。因此，操作系统不是一个算法。另一方面，程序中的指令必须是机器可执行的，而算法中的指令则无此限制。算法代表了对问题的求解，而程序则由算法在计算机上特定实现。一个算法若用程序设计语言来描述，则它就是一个程序。

算法与数据结构是相辅相成的。解决某一特定类型问题的算法可以选用不同的数据结构，而且选择恰当与否直接影响算法的效率。反之，一种数据结构的优劣由各种算法的执行来体现。要设计一个好的算法通常要考虑达到以下目标。

(1) 正确性：算法的执行结果应当满足预先规定的功能和性能要求。

(2) 可读性：一个算法应当思路清晰、层次分明、简单明了、易读易懂。

(3) 健壮性：输入不合法数据时，应能适当处理，不至引起严重后果。

(4) 通用性：算法应具有一般性，即算法的处理结果对于一般的数据集合都成立。

(5) 高效率与低存储量需求：“高效率”指的是算法执行的时间要快；“低存储量需求”指算法执行过程中所需要的最大存储空间要小。在一般情况下，两者与问题的规模有关，且“高效率”与“低存储”是一对矛盾体。

1.4.2 常见的算法描述方法

算法可以使用各种不同的方法来描述。最简单的方法是使用自然语言。用自然语言来描述算法的优点是简单且便于人们对算法的阅读，缺点是不够严谨。通常，可以采用下列四种方法描述一个算法。

(1) 流程图算法描述。这种描述方法直观、易懂，但用来描述比较复杂的算法时就显得不够方便，也不够清晰简洁。

(2) 非形式算法描述。用中文语言，同时还使用一些程序设计语言中的语句来描述算法，这称为非形式算法描述。这种方法比较自然、方便表达，但经常会不够准确，容易产生二义性。

(3) 类语言(伪代码)算法描述。这种算法不能直接在计算机上运行，但专业设计人员经常使用类 C 语言、类 Java 语言等来描述算法。它容易编写、阅读和统一格式，也比较容易转换为高级语言程序，便于算法实现。

(4) 高级语言编写的程序或函数。这是可以在计算机上运行并获得结果的算法，使给定问题能在有限时间内被求解，但要求符合高级语言的规则。

使用程序流程图和非形式算法描述的特点是描述过程简洁、明了。用以上两种方法描述的算法不能够直接在计算机上执行，若要将它转换成可执行的程序，还有一个编程的问题。可以直接使用某种程序设计语言来描述算法，但直接使用程序设计语言并不容易，而且不太直观，常常须借助注释才能使人看明白。

为了解决理解与执行这两者之间的矛盾，人们常常使用一种称为伪码语言的描述方法来进行算法描述。伪码语言介于高级程序设计语言和自然语言之间，它忽略高级程序设计语言中一些严格的语法规则与描述细节，因此它比程序设计语言更容易描述和被人理解，而比自然语言更接近程序设计语言。它虽然不能直接执行，但很容易被转换成高级语言。

高级语言最大的特点是能直接在计算机上运行，让人们可以直观地看到算法运行的结果。

1.4.3 常见的算法设计方法

算法是程序设计的灵魂，它在产生程序的过程中占有重要的地位，常见的算法设计方法有贪婪法、递归法、回溯法、分治法等方法：

(1)贪婪法。贪婪法(Greedy)能够解决不同领域中的问题。事实上，找最小耗费生成树的 Kruskal 算法、单源问题的 Dijkstra 算法等都是采用贪婪法的设计技术。贪婪法是一种对某些求最优解问题更简单、更迅速的设计方法。但使用贪婪法是否能得到最优解，是必须加以证明的。

(2)递归法。递归法是算法设计中一种重要的方法。递归子程序(包括直接递归和间接递归子程序)都是最终通过自己调用自己，将求解问题转化成性质相同的子问题，从而达到求解的目的。递归算法充分地利用了计算机系统内部功能，自动实现调用过程中对相关且必要的信息的保存与恢复功能，从而省略了求解过程中许多细节的描述。利用递归求解是训练有素的软件设计人员设计算法的常用方法。递归算法的程序设计存在两个问题：①并不是所有的语言都支持递归法；②递归程序比非递归程序要花费更多的时间，当递归层数太多时，会出现栈溢出。对于许多复杂问题求解，递归法比非递归法容易设计。因此，通常先设计出递归程序，然后再转化成非递归程序，而不是直接写出非递归程序。

(3)回溯法。回溯法是一种满足某约束条件的穷举式搜索技术，适应于解决一些组合数相当大的问题，是算法设计的重要方法之一。它的解题方式用通俗的语言说就是“走不通回头”，最贴近人的本能思维。对于那些涉及寻找一组解的问题或者求某约束条件的最优解答问题，可以用回溯法来求解。例如，皇后问题、迷宫问题、子集和数问题、图的染色问题等都可以用回溯法来求解。

(4)分治法。在现实生活中，对于求解一个复杂的问题或一个较大的问题，经过系统地分析，将其划分成一些简单问题或较小问题进行解决。当这些问题解决之后，把它们的解联结起来，得到原问题的解。这种“分而治之”的思想也应用于算法设计中。即对于求解问题进行系统分析之后，将其分解成若干个性质相同的子问题，所得结果称为求解子集。对这些求解子集分别处理。如果某些子集还需分而治之，再递归地使用上述方法，直到求解子集不再细分为止。最后归并子集的解即得原问题的解。具有这种设计思想的算法设计方法称为分治法。

1.5 算法性能分析与度量

求解同一个问题，可以有许多不同的算法，那么如何来评价这些算法的优劣呢？显然，首先要求选用的算法应该是“正确的”，此外，主要考虑如下三点：

(1)执行算法所耗费的时间。

(2) 执行算法所耗费的存储空间，其中主要考虑辅助存储空间。
(3) 算法应易于理解、易于编码、易于调试等。
将一个算法转换成程序并在计算机上执行时，其运行所需要的时间取决于下列因素：
(1) 硬件的速度。
(2) 书写程序的语言。实现语言的级别越高，其执行效率就越低。
(3) 编译程序所生成目标代码的质量。对于代码优化较好的编译程序，其生成的程序质量较高。
(4) 问题的规模。例如，求 100 以内的素数与求 1000 以内的素数其执行时间必然是不同的。
显然，在各种因素都不能确定的情况下，很难比较出算法的执行时间。也就是说，使用执行算法的绝对时间来衡量算法的效率是不合适的。为此，可以将上述各种与计算机相关的软硬件因素都确定下来，这样一个特定算法的运行工作量的大小就只依赖问题的规模(通常用正整数 n 表示)，或者说它是问题规模的函数。

1.5.1 时间复杂度

算法的时间复杂度(Time Complexity)是指算法从开始运行到运行结束所需要的时间。
一个算法是由控制结构和原操作构成的，其执行时间取决于两者的综合效果。为了比较不同的算法的优劣，通常的做法是：从算法中选取一种对于所研究的问题来说是基本运算的原操作，以该原操作重复执行的次数作为算法的时间度量。在一般情况下，算法中原操作重复执行的次数是规模 n 的某个函数 T(n)。
许多时候要精确地计算 T(n)是很困难的，可引入“渐进时间复杂度”在数量上估计一个算法的执行时间，也能够达到分析算法的目的。如果存在两个正常数 c 和 n_0，使得对所有的 n，有 $n \geq n_0$，且 $f(n) \leqslant cg(n)$，则记为 $f(n)=O(g(n))$。使用大 O 记号表示算法的时间复杂度称为算法的渐进时间复杂度(Asymptotic Time Complexity)。
例如，某程序的实际执行时间为 $T(n)=3.9n^3+3.5n^2+5n$，则 $T(n)=O(n^3)$。
数据结构中常用的时间复杂度频率计数有：
$O(1)$ 常数型　　$O(n)$ 线性型　　$O(n^2)$ 平方型　　$O(n^3)$ 立方型
$O(2^n)$ 指数型　　$O(\log_2 n)$ 对数型　　$O(n\log_2 n)$ 二维型
按时间复杂度由大到小递增排列成表 1.1(当 n 充分大时)。

表 1.1　常用的时间复杂度频率表

n	$\log_2 n$	$n\log_2 n$	n^2	n^3	2^n
1	0	0	1	1	2
2	1	2	4	8	4
4	2	8	16	64	16
8	3	24	64	512	256
16	4	64	256	5096	65536
32	5	160	1024	32768	2147483648

可以看出，常见的渐进时间复杂度有如下关系：

$$O(1)<O(\log_2 n)<O(n)<O(n\log_2 n)<O(n^2)<O(n^3)<O(2^n)$$

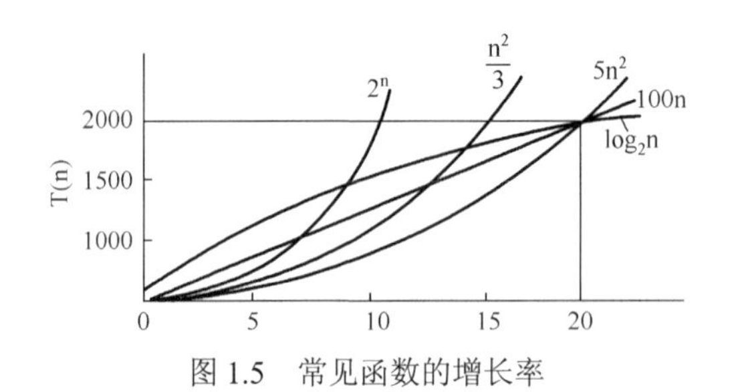

图 1.5　常见函数的增长率

不同数量级的时间复杂度的形状如图 1.5 所示，表 1.1 与图 1.5 是同一问题的不同表示形式。在一般情况下，随着 n 的增大，T(n)增长较慢的算法为最优算法。因此，应尽可能选用多项式阶 $O(n^k)$ 的算法，而避免使用指数阶 $O(2^n)$ 的算法。

前面提到分析一个算法时间复杂度的通常的做法是：从算法中选取一种对于所研究的问题来说是基本运算的原操作，以该原操作重复执行的次数作为算法的时间度量。下面举例说明分析方法。

【例 1.2】

```
{x++; s=0;}
```

将 x 自增看成是基本操作，则 T(n)=1，其时间复杂度为 O (1)，即为常量阶。

【例 1.3】

```
for(i=1; i<=n; i++)
    { x++; s+=x; }
```

将 x++看成是基本操作，则 T(n)=n，其时间复杂度为 O (n)，即为线性阶。

【例 1.4】

```
for(i=1; i<=n; i++)
    for(j=1; j<=n; j++)
        { x++; s+=x; }
```

将 x++看成是基本操作，则 $T(n)=n^2$，其时间复杂度为 $O(n^2)$，即为平方阶。

【例 1.5】

```
for(i=2;i<=n;i++)
    for(j=2;j<=i-1;j++)
        {x++; a[i,j]=x; }
```

将 x++看成是基本操作，则 $T(n)=1+2+3+\cdots+n-2=(1+n-2)\times(n-2)/2=(n-1)(n-2)/2=n^2-3n+2$，所以时间复杂度为 $O(n^2)$，即此算法的时间复杂度为平方阶。

在有的情况下，算法中基本操作重复执行的次数还随问题的输入数据集的不同而不同。

【例 1.6】兑换零钱问题：将 n 元钱换成 q1、q2、q3 这三种面值的零钱，求共有多少种兑换方法。

```
int hlq(int n,int q1,int q2,int q3)
{int i,j,k,cnt=0;
    for(i=0;i<=n/q1;i++)
        for(j=0;j<=n/q2;j++)
            for(k=0;k<=n/q3;k++)
```

```
                    if(i*q1+j*q2+k*q3==n)
                    {
                        cnt++;
                        printf("%d\t%d\t%d\n",i,j,k);
                    }
        return cnt;
    }
```

由于这是一个三重循环，将 i*q1+j*q2+k*q3==n 或 k++看成是基本操作，则 $T(n)=(n/q1)*(n/q2)*(n/q3)= n^3/(q1*q2*q3)$，时间复杂度为 $O(n^3)$。在算法中若将 100 元换成 1 元、2 元、5 元的零钱共有 541 种兑换方法，该问题是从 101×51×21 中组合中挑选出来满足条件的。

【例 1.7】两个 n 阶方阵的乘法运算。

```
    void count(int c[N][N],int a[N][N],int b[N][N])
    {   int i,j,k;
        for(i=0;i<N;i++)
        for(j=0;j<N;j++)
        {   c[i][j]=0;
            for(k=0;k<N;k++)
                c[i][j]+=a[i][k]*b[k][j];
        }
    }
```

由于这是一个三重循环，将 c[i][j]+=a[i][k]*b[k][j]看成基本操作，每个循环从 1 到 n，则 $T(n)=n\times n\times n=n^3$，时间复杂度为 $O(n^3)$。

【例 1.8】判断一个整数是否为素数的算法。

```
    int isprime(int n)
    {   int i,flag;
        flag=1;
        for(i=2;i*1.0<=sqrt(n);i++)
            if(n%i==0)
            {
                flag=0;break;
            }
        return flag;
    }
```

执行次数最多的语句是 i++；其执行次数由条件(x%i==0)决定。当一个数是素数时，显然当 i*1.0>sqrt(x)时算法才执行结束，$T(n)=n^{1/2}$，时间复杂度为 $O(n^{1/2})$。

【例 1.9】冒泡排序算法。

```
    void bubblesort(int a[],int n)
    {   int i,j,t,flag=0;
        for(i=0;i<=n-2&&flag==0;i++)
        { flag=1;
          for(j=n-1;j>=i+1;j--)
            if (a[j]<a[j-1])
```

```
            {    t=a[j];a[j]=a[j-1];a[j-1]=t;
                 flag=0;
            }
        }
    }
```

通过分析可以选 if(a[j]<a[j–1])为基本操作，在最好情况下该操作执行 n–1 次，在最坏情况下该操作执行 $T(n)=1+2+3+\cdots+n-1=n(n-1)/2$ 次，所以时间复杂度为 $O(n^2)$。

1.5.2 空间复杂度

算法的空间复杂度(Space Complexity)是指算法从开始运行到运行结束这一段运行时间内所需的内存空间大小。

类似于算法的时间复杂度，空间复杂度记作 $S(n)=O(f(n))$。其中 n 为问题的规模(或大小)。一维数组 a[n]其空间复杂度 $O(n)$，二维数组 a[n][m]空间复杂度 $O(n\times m)$。

在一般情况下，一个程序在机器上执行时，除了需要存储本身所用的指令、常量、变量和输入数据以外，还需要一些对数据操作的辅助空间。对于输入数据所占的具体存储量只取决于问题本身，与算法无关，因此只需要分析该算法实现时所需要的辅助空间单元个数就可以了。若算法执行时所需要的辅助空间相对于输入数据量而言是个常数，则称这个算法为原地工作，辅助空间为 $O(1)$。

在一般情况下，算法的时间复杂度和空间复杂度为一对矛盾体，难以兼得，即算法执行时间的节省是以增加空间为代价的，反之亦然。就一般情况而言，常常以算法执行的时间作为算法优劣的主要衡量指标，除非对存储有特殊要求。

1.6 关于学习数据结构

1.6.1 数据结构课程的地位

数据结构是计算机专业的专业核心基础课程之一，在整个教学计划中处于最核心的地位。作为程序设计重要的补充和延伸内容，数据结构不仅为程序设计提供理论指导，同时为进一步学习操作系统、编译原理、数据库、算法设计与分析等专业课奠定坚实的基础。它所讨论的知识内容、蕴含的技术方法、体现的思维方式，无论对进一步学习计算机专业的其他课程，还是从事计算机领域的各项工作，都有着不可替代的作用。

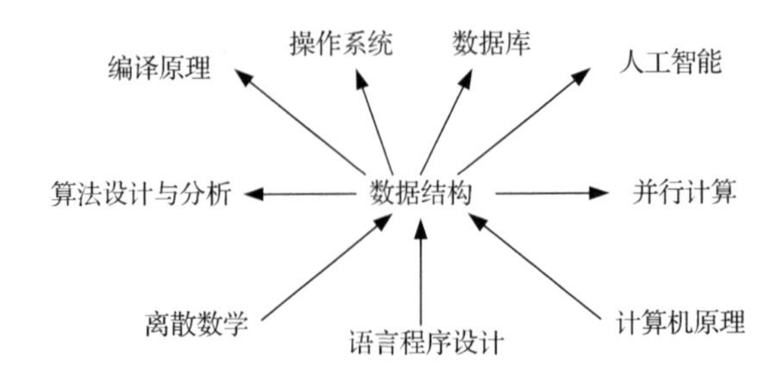

图 1.6 数据结构与其他课程的关系图

数据结构是计算机理论与技术的重要基石，是计算机相关专业的核心课程，一般在大学二年级开设。它对前期学习的知识进行总结提高，又为后续专业课程提供基础理论和技术；它承上启下，贯通始终，是计算机科学与技术人才素质框架中的脊梁骨，对学生能力培养至关重要，受益终身，其作用非其他课程所能替代。数据结构与其他课程的关系如图 1.6 所示。

1.6.2 数据结构课程体系

总体上说，数据结构课程的主要内容是围绕着线性表、栈、队列、串、数组、树与二叉树、图这几种基本的数据结构，以及查找和排序这两种常用的数据处理技术来组织的。在基本的数据结构中线性表是最基本的数据结构，是其他数据结构的基础；栈和队列属于特殊的线性表；数组属于线性表的推广；树是非常重要的一种非线性结构，数据元素之间存在一对多的层次关系；图是最复杂的数据结构，数据元素之间存在多对多的任意关系。查找技术和排序技术是基于线性表和二叉树的数据处理技术。所以，数据结构课程中的知识模块具有良好的结构，容易建立整体的概念。

每种数据结构都是按照“逻辑结构→存储结构→基本操作的实现→应用”的主线展开，其中逻辑结构按照“定义→基本术语→性质”的支线展开，存储结构按照“逻辑关系→存储思想→存储结构的定义”的主线展开，基本操作的实现按照“基于某种存储结构→创建、插入、删除、查找等算法→算法性能分析”的支线展开，应用主要介绍某种数据结构的典型应用。

查找技术主要讨论各种经典的查找方法，每种查找方法都按照“查找结构→查找算法(对于动态查找还要讨论插入操作和删除操作)→查找性能”的主线展开。排序技术主要讨论各种经典的内部排序技术，每种排序技术都按照“基本思想→排序过程→排序算法→性能分析与算法改进”的主线展开。

按照上述主线和支线对数据结构的相关内容进行分类归纳，梳理并建立知识框架，使之成为有机整体，就能够把握课程的整体轮廓，加深对课程的理解和记忆。

1.6.3 数据结构课程学习特点

“数据结构”课程的教学目标是要求学生学会分析数据对象特征，掌握数据组织方法和计算机的表示方法，以便为应用所涉及的数据选择适当的逻辑结构、存储结构及相应的算法，初步掌握算法时间复杂度分析和空间复杂度分析的方法，培养良好的程序设计技能。

人类解决问题思维方式可分为两大类：一类是推理方式，凭借公理系统思维方法，从抽象公理体系出发，通过演绎、归纳、推理来求证结果，解决特定问题；另一类是算法方式，凭借算法构造思维方式，从具体操作规范入手，通过操作过程的构造和实施解决特定问题。

数据结构的学习过程是进行复杂程序设计的训练过程。技能培养的重要程度不亚于知识传授，学生不仅要理解授课内容，还应培养应用知识解答复杂问题的能力，形成优良的算法设计思想、方法、技术、风格，进行构造性思维，强化程序抽象能力和数据抽象能力。数据结构是程序设计与离散数学的后继课程，学习数据结构，仅从书本上学习是不够的，必须经过大量的实践，在实践中体会构造性思维方法，掌握数据组织与程序设计的技术，必须经过艰苦的磨练才能提高算法设计的能力和程序设计水平，从而为从事软件开发相关工作打下良好的基础。

习 题 一

一、选择题

1. 算法的时间复杂度取决于（　　）。

A．问题的规模　　B．待处理数据的初态　　C．A 和 B

2. 计算机算法指的是（　　）。

A．计算方法　　B．排序方法

C．解决问题的步骤序列　　D．调度方法

3. 从逻辑上可以把数据结构分为（　　）两大类。

A．动态结构、静态结构　　B．顺序结构、链式结构

C．线性结构、非线性结构　　D．初等结构、构造型结构

4. 以下与数据的存储结构无关的术语是（　　）。

A．循环队列　　B．链表　　C．哈希表　　D．栈

5. 以下数据结构中，（　　）是非线性结构。

A．队列　　B．二叉树　　C．堆　　D．串

6. 顺序存储设计时，存储单元的地址（　　）。

A．一定连续　　B．一定不连续

C．不一定连续　　D．部分连续，部分不连续

7. 链式存储设计时，结点之间的存储单元地址（　　）。

A．一定连续　　B．一定不连续

C．不一定连续　　D．部分连续，部分不连续

8. 在存储数据时通常不仅要存储各数据元素的值，而且还要存储（　　）。

A．数据的操作方法　　B．数据元素的类型

C．数据元素之间的关系　　D．数据的存取方法

9. 在链式存储结构中要求（　　）。

A．每个结点占用一片连续的存储区域　　B．所有结点占用一片连续的存储区域

C．结点的最后一个域是指针域　　D．每个结点有多少个后继就设多少个指针

10. 设 n 是描述问题规模的非负整数，以下算法的时间复杂度为（　　）。

```
void fun(int n)
{  int i=1;
   while(i<=n)
      i=i*2;
}
```

A．$O(n)$　　B．$O(n^2)$　　C．$O(n\log_2 n)$　　D．$O(\log_2 n)$

11. 设 n 是描述问题规模的非负整数，以下程序片段的时间复杂度为（　　）。

```
x=2;
while(x<n/2)x=x*2;
```

A．$O(\log_2 n)$　　B．$O(n^2)$　　C．$O(n\log_2 n)$　　D．$O(n)$

12．求整数 n(n≥0)阶乘的算法如下，其时间复杂度是(　　)。

```
int fact(int n)
{
  if(n<=1)return 1;
  else return n*fact(n-1);
}
```

A．$O(\log_2 n)$　　B．$O(n^2)$　　C．$O(1)$　　D．$O(n)$

13．设 n 是描述问题规模的非负整数，以下算法的时间复杂度为(　　)。

```
void fun( int n)
{  int i=0;
   while(i*i*i<=n)
      i++;
}
```

A．$O(n)$　　B．$O(n^{1/3})$　　C．$O(\log_2 n)$　　D．$O(n^{1/2})$

14．设 n 是描述问题规模的非负整数，以下程序片段中语句 m++的执行次数为(　　)。

```
int m=0,i,j;
for(i=1;i<=n;i++)
  for(j=1;j<=2*i;j++)
     m++;
```

A．n*(n+1)　　B．n　　C．n+1　　D．n^2

15．下列说法中不正确的是(　　)。

A．数据元素是数据的基本单位　　B．数据项是数据不可分割的最小单位

C．数据可以由若干个数据项构成　　D．数据元素可以由若干个数据项构成

16．对于数据结构的描述，下列说法中不正确的是(　　)。

A．相同的逻辑结构对应的存储结构也必定相同

B．数据结构由逻辑结构、存储结构和基本操作三个方面组成

C．数据结构基本操作的实现与存储结构有关

D．数据的存储结构是数据的逻辑结构在计算机中的表示

二、判断题

1．算法的优劣与算法描述语言无关，但与所用计算机有关。　(　　)

2．健壮的算法不会因为非法的输入而出现莫名其妙的状态。　(　　)

3．算法可以用不同的语言来描述，如果用 C 语言或 C++语言等高级语言来描述，则此算法实际上就是程序了。　(　　)

4．程序一定是算法。　(　　)

5．数据结构的抽象操作与具体实现有关。　(　　)

三、填空题

1．数据结构三要素是指：__________、__________、__________。

2．数据的逻辑结构分为：__________、__________、__________、__________。

3．数据的存储结构分为：__________、__________、__________、__________。

4．一个数据结构在计算机中的__________称为存储结构。

5．算法是____。

6．算法具有__________、可行性、__________、__________、一个或多个输出等五大特性。

7．数据结构中评价算法的两个重要指标是__________和__________。

四、简答题

1．数据结构是一门研究什么内容的学科。

2．什么是数据、数据元素、数据项、数据对象？说明它们之间的关系。

3．简述数据的四种逻辑结构及其特点。

4．简述数据的四种存储结构及其特点。

5．简述数据结构中常见的运算，并举例说明这些运算在不同软件系统中的用处。

6．简述算法、算法特点、设计算法的基本要求。

7．评价算法须从哪几个方面进行考虑。

五、算法设计题

1．设计算法，求解 n1 到 n2 之间有多少能被 k 整除的数，并分析该算法的时间复杂度。

2．设计一个算法，求解 n1 到 n2 之间有多少个素数，并分析该算法的时间复杂度。

3．设计一个排序算法，分析该算法的时间复杂度和空间复杂度。

第 2 章　线　性　表

线性表是数据结构中最简单、最常用的一种线性结构。线性表是一种最基本、最简单的数据结构，数据元素之间仅具有单一的前驱和后继关系。线性表不仅有广泛的应用，而且也是其他数据结构的基础。本章介绍线性表的概念、线性表的顺序存储方式和链式存储方式，并学会在不同的存储方式下的线性表操作。

学习要点：

- 掌握线性表的含义及基本操作。
- 掌握顺序表、单链表、双链表、静态链表的数据类型的定义。
- 掌握线性表不同存储结构上基本算法的实现及其性能分析。
- 能将所学的线性表知识运用于实际问题当中。

2.1　线性表的类型定义

线性结构的特点：在数据元素的非空有限集合中，存在唯一的一个被称作“第一个”的数据元素；存在唯一的一个被称作“最后一个”的数据元素；除第一个元素之外，集合中的每个数据元素有且只有一个直接前驱；除最后一个元素之外，集合中每个数据元素有且只有一个直接后继。

2.1.1　线性表的定义

线性表是由同一类型的数据元素构成的一种线性的数据结构。在线性表中，数据元素间存在一对一的关系，即除了第一个和最后一个数据元素之外，其余数据元素都是首尾相接的，并且，线性表中的数据元素的类型是相同的。日常生活中会遇到许多线性表实例，如学生的成绩单是一个线性表，该表中数据元素的类型为结构体类型；字符串也是一个线性表，表中数据元素的类型为字符型。

线性表可定义如下：线性表是具有相同类型的 $n(n\geq 0)$ 个数据元素组成的有限序列，通常用下面形式表示：

$$L=(a_1,a_2,\cdots, a_{i-1},a_i,a_{i+1},\cdots,a_n)$$

其中：L 为线性表的名称；$a_i(i=1,2,\cdots,n)$ 为表中的元素；n 为线性表的表长，当 n=0 时，线性表称为空表。

表中相邻元素之间存在顺序关系，将 a_{i-1} 称为 a_i 的直接前驱，a_{i+1} 称为 a_i 的直接后继。就是说：对于 a_i，当 $i=2,3,\cdots,n$ 时，有且仅有一个直接前驱 a_{i-1}；当 $i=1,2,\cdots,n-1$ 时，有且仅有一个直接后继 a_{i+1}。a_1 是表中第一个元素，没有前驱；a_n 是表中最后一个元素，没有后继。a_i 是序号为 i 的数据元素 $(i=1,2,\cdots,n)$，该序号称为该元素在表中的位序。

需要说明的是：通常将数据元素的数据类型抽象为 ElemType，ElemType 根据具体问题而定。若在字符串中，它被定义为字符型；在学生成绩表或图书表中，它是用户自定义的结构类型。

线性表的逻辑结构简单，便于实现和操作，因此线性表这种数据结构被广泛应用于软件系统或实际生活中。例如，英文字母表(A,B,C,D,…,Z)是一个线性表，它的数据类型是字符型，元素 A 是第一个元素，元素 Z 是最后一个元素。对于元素 C，它有一个唯一的前驱元素 B 和一个唯一的后继元素 D。

在线性表中，数据元素还可以是一些复杂的类型。如学生成绩表就是一个线性表：该表数据元素是一个复杂的结构，数据元素可包含学号、姓名、成绩等数据项。通常将这样的数据元素称为记录。

2.1.2 线性表的抽象数据类型

线性表是一种简单但又相当灵活的数据结构，长度可根据需要增长或缩短，即对线性表的数据元素不仅可以进行访问，还可以进行插入和删除等操作。

线性表的抽象数据类型的定义：

ADT List {

数据对象：$D=\{ a_i|a_i\in ElemSet,i=1,2,\cdots,n,n\geqslant 0\}$

数据关系：$R=\{<a_{i-1}, a_i>|a_{i-1},a_i\in D,i=2,\cdots n\}$

基本操作：

1)线性表初始化：InitList(&L)

初始条件：线性表 L 不存在。

操作结果：构造一个空的线性表。

2)插入操作：InsertElem(&L,i,e)

初始条件：线性表 L 存在。

操作结果：在线性表 L 的第 i 个位置上插入一个值为 e 的新元素。

3)删除操作：DeleteElem(&L,i,&e)

初始条件：线性表 L 存在，1≤i≤ListLength (L)。

操作结果：在线性表 L 中删除序号为 i 的数据元素，并由 e 返回删除的数据元素。

4)按值查找表中元素：LocateElem(L,e)

初始条件：线性表 L 存在。

操作结果：在表 L 中查找值为 e 的数据元素，返回其在 L 中首次出现的位序。

5)求线性表的长度：ListLength(L)

初始条件：线性表 L 存在。

操作结果：返回线性表中的所含元素的个数。

6)取表中元素：GetElem(L,i,&e)

初始条件：线性表 L 存在且 1≤i≤ListLength(L)。

操作结果：返回线性表 L 中的第 i 个元素的值。

7)清空操作：ClearList(&L)

初始条件：线性表 L 已经存在。

操作结果：将 L 重新置为空表。

8)判空操作：ListEmpty(L)

初始条件：线性表 L 已经存在。

操作结果：若 L 为空表，返回 TURE，否则返回 FALSE。

9) 查找前驱：PriorElem(L,e,&pre_e)

初始条件：线性表 L 已经存在。

操作结果：用 pre_e 返回线性表 L 中元素 e 的前驱结点。

10) 查找后继：NextElem(L,e,&next_e)

初始条件：线性表 L 已经存在。

操作结果：用 pre_e 返回线性表 L 中元素 e 的后继结点

11) 遍历操作：ListTraverse(L,visit())

初始条件：线性表 L 已经存在。

操作结果：对 L 的每个数据元素调用函数 visit()遍历一次且仅一次。

} ADTList

需注意的是，“&”表示引用，如果传入的变量是指针型的变量，且在函数体内要对传入指针所指向的变量进行改变，则必须用到指针变量的引用型。

在 C 语言中，函数的形参与实参的传递有值传递和地址传递两种方式，若采用值传递方式，形参的改变不会影响到实参；若采用地址传递方式，形参的改变会影响到实参。所以，C 语言中一般采用地址传递可达到同样的效果。读者在算法实现时特别要注意这两种函数传递方式。

同时，还须特别注意的是，在抽象数据类型中定义的线性表的操作并不是它的全部操作，而是一些基本操作。有时候可以根据实际问题的需要自行设计新的操作或通过这些已有的基本操作来定义新的更复杂的操作。

例如，在某种情况下可以用线性表来表示一个集合，此时需要将线性表中的重复元素去除，这时可能需要设计一个操作 DelRepElem(&L)。某种情况下可能需要将两个表合并成一个新表 MergeList(&Lc,&La,&Lb)，或将一个表拆分成两个表 SplitList(&L,&La,&Lb)等操作都是根据实际问题的需要自行设计的新操作。

例如，用 La，Lb 线性表来表示两个集合 A,B，要求完成集合运算 A=(A−B)∪(B−A)。分析集合运算，处理的问题可描述为：首先，去除两线性表 La，Lb 中的重复元素以保证能代表两个集合；然后，依次从 Lb 表中取元素 b_i(i=1,2,⋯,n)，查找 b_i 在 La 表中是否存在。若 La 表中有 b_i，则将该元素从 La 表中删除；若 La 表中没有 b_i，则将 b_i 插入到 La 表中。可以看出该操作是通过上述已有的基本操作来定义的新的更复杂的操作。上述操作只是给出了算法的基本思想，此操作的实现取决于采用哪一种存储结构，存储结构不同，算法效率也不同，相关实现可参阅算法 2.9。

2.2 线性表的顺序存储及基本操作

本节介绍线性表的顺序存储结构及在这种存储结构上线性表相关操作的实现方法。

2.2.1 线性表的顺序存储结构

线性表的顺序存储是用一组地址连续的存储单元依次存储线性表中的数据元素，从而使得逻辑上相邻的两个元素在物理位置上也相邻。线性表的顺序存储又称为顺序表。

如图 2.1 所示，假设线性表的每个元素需占用 d 个存储单元，并以所占的第一个单元的存储地址作为数据元素的存储位置，则线性表中第 i+1 个数据元素的存储位置。Loc（a_{i+1})和第 i 个数据元素的存储位置 Loc(a_i)之间满足关系：Loc(a_{i+1})=Loc(a_i)+d。一般来说，线性表的第 i 个数据元素 a_i 的存储位置为：

$$Loc(a_i)=Loc(a_1)+(i-1)*d \qquad 1\leq i\leq n$$

公式中 Loc(a_1)是线性表的第一个数据元素 a_1 的存储位置，通常称作线性表的起始位置或基地址。也就是说，只要知道顺序表的基地址和顺序表中单个数据元素所占存储单元的个数，就可求出第 i 个数据元素的地址 Loc(a_i)，这便是顺序表的特点——按数据元素的序号随机存取，图 2.1 为线性表的顺序存储结构图。

地址	元素	位序
b	a_1	1
$b+1*d$	a_2	2
⋮	⋮	⋮
$b+(i-1)*d$	a_i	i
⋮	⋮	⋮
$b+(n-1)*d$	a_n	1
$b+n*d$		空闲
⋮		
$b+(m-1)*d$	a_m	

图 2.1　线性表顺序存储结构示意图

图 2.1 中的 m 为该块存储空间最多可存放数据元素的个数。在程序设计语言中，一维数组在内存中占用的存储空间就是一组连续的存储区域，因此，用一维数组来表示顺序表的数据存储区域再合适不过。一维数组可以是静态的，也可以是动态的。

在静态分配时，由于数组的大小和空间事先已经固定，一旦空间占满，再加入新的数据将产生溢出，有时候可能会产生严重后果。

动态分配时，存储数组的空间是在程序执行过程中通过动态分配语句分配的，一旦数据空间占满，可以在原存储空间基础上开辟一块更大的存储空间，用以替换原来的存储空间，从而达到扩充数组空间的目的。所以，在动态分配时也无须一次性划分所有所需要的空间给线性表，可以在后面的使用中慢慢扩充。

本教材采用动态分配一维数组的方式给线性表分配存储空间。用 C 语言定义线性表的顺序存储结构如下：

```
# define LISTINITSIZE 20
# define LISTINCREAMENT 5
typedef struct
{   ElemType *elem;
    int length;
    int listsize;
}SeqList;
```

说明：在上述定义中，指针 elem 指示线性表的基地址，length 指示线性表的当前长度。listsize 指示线性表当前分配的空间大小，初始空间大小为 LISTINITSIZE，一旦因插入元素空间不足时，可进行再分配，为顺序表增加一个大小为 LISTINCREAMENT 的空间。

结点类型中定义的 ElemType 数据类型是为了描述统一而自定的，在实际应用中，用户可以根据实际需要来具体定义顺序表中元素的数据类型，如 int,char,float 或是结构体类型。为了描述简单，本章选用 int 类型，所以可在定义之前加入语句 typedef int ElemType。

当指针 elem 指向一块分配的空间后，elem 就可以当成一个数组来使用。线性表中的第一个元素存放在下标为 0 的单元。因此需要注意区分元素的序号和该元素在数组中的下标之间的对应关系。例如，数据元素 a_1 在线性表中的序号为 1，其对应的 elem 数组的下标为 0；数据元素 a_i 在线性表中的序号为 i，其对应的 elem 数组的下标为 i–1。

2.2.2 顺序表及相关操作的实现

本小节利用线性表的顺序存储来实现线性表上的相关操作，主要完成初始化、插入、删除、打印、取元素、定位、求前驱结点、求后继结点等操作。

1. 顺序表的初始化操作 int InitList(SeqList *L)

顺序表的初始化操作 int InitList(SeqList *L)就是为顺序表分配一块预定义大小的数组空间，并将线性表的长度设为 0。

首先给该表数组动态分配大小为 LISTINITSIZE 的存储空间，然后将表长置为 0，表的空间大小置为 LISTINITSIZE。该操作描述如算法 2.1 所示：

算法 2.1 顺序表的初始化算法

```
int InitList(SeqList *L)
{   L->elem=(ElemType *)malloc(sizeof(ElemType)*LISTINITSIZE);
    if(!(L->elem))
        return ERROR;
    L->length=0;
    L->listsize=LISTINITSIZE;
    return OK;
}
```

只有掌握了顺序表的存储结构、很好地掌握 malloc()函数的使用、C 语言的强制类型转换的基础上才可以更透彻的理解该算法。若对这些语句不理解可以参阅相关 C 语言文献。同时可以看到，顺序表的初始化操作的时间复杂度为 O(1)。该操作简单，又是其他操作的基础，顺序表初始化操作完成后，其他操作才能进行。

2. 顺序表的插入操作 int InsertElem(SeqList *L,int i, ElemType e)

顺序表的插入操作 int InsertElem(SeqList *L,int i, ElemType e)是在顺序表 L 中的第 i 个位置插入一个新的数据元素 e，顺序表的长度变成 length+1，图 2.2 描述元素的插入过程。

下标	元素
0	a_1
1	a_2
⋮	⋮
i–2	a_{i-1}
i–1	a_i
i	a_{i+1}
i+1	⋮
⋮	

下标	元素
0	a_1
1	a_2
⋮	⋮
i–2	a_{i-1}
i–1	e
i	a_i
i+1	a_{i+1}
⋮	⋮

图 2.2 顺序表的插入过程

顺序表中要完成这一操作首先需要将第 i 个元素之后的 n–i+1 个元素依次向后移动一个位置，为新元素让出位置，然后将 e 插入到空出的第 i 个位置，最后使顺序表的长度 length 增加 1 即可。在设计插入算法时需注意以下问题：

(1)检验插入位置是否有效，这里 i 的有效范围是 $1 \leq i \leq n+1$，即长度为 n 的顺序表有 n+1 个插入点。

(2) 顺序表中有 listsize 个存储单元，所以在向顺序表中做插入时首先要检查该表是否已满，在表满的情况下，先不能进行插入，需要在扩充存储空间后再做插入操作。

(3) 需要注意数据的移动方向和顺序。

该操作描述如算法 2.2 所示：

算法 2.2　顺序表的插入算法

```
int InsertElem(SeqList *L,int i, ElemType e)
{   int j,newsize;
    ElemType *newbase;
    if(i<1||i>L->length+1)
        return ERROR;
    if(L->length>=L->listsize)
    {
        newsize=(L->listsize+LISTINCREAMENT)*sizeof(ElemType);
        newbase=(ElemType *)realloc(L->elem,newsize);
        if(!(newbase))
            return ERROR;
        L->elem=newbase;
        L->listsize+=LISTINCREAMENT;
    }
    for(j=L->length-1;j>=i-1;j--)
        L->elem[j+1]=L->elem[j];
    L->elem[i-1]=e;
    L->length++;
    return OK;
}
```

顺序表上的插入操作时间主要消耗在数据元素的移动上，若在长度为 n 的顺序表的第 i 个位置上插入元素 e，需要将表中从 a_i 到 a_n 的数据元素都要向后移动一个位置，共需要移动 n－i+1 个元素，而 i 的取值范围为 $1 \leqslant i \leqslant n+1$，即有 n+1 个插入点。

设在第 i 个位置上作插入的概率为 P_i，则在等概率情况下（取 $P_i=1/(n+1)$）平均移动数据元素的次数 M_{in} 为

$$M_{in}=\sum_{i=1}^{n+1} p_i(n-i+1)=\frac{1}{n+1}\sum_{i=1}^{n+1}(n-i+1)=\frac{n}{2}$$

综上所述，线性表在进行插入操作时，平均需要移动表中约一半的元素，因此该操作的时间复杂度为 O (n)。

3. *顺序表的删除操作* int DeleteElem (SeqList *L ,int i, ElemType *e)

顺序表的删除操作 int DeleteElem (SeqList *L ,int i, ElemType *e) 是将顺序表 L 中的第 i 个元素删除，顺序表的长度变成 length-1，图 2.3 描述元素的删除过程。

顺序表上要完成这一操作，首先将待删除元素信息返回，然后将 a_{i+1} 到 a_n 的 n–i 个元素依次向前移动一个位置，最后修改顺序表的长度 length 即可。描述算法须注意以下问题：

(1) 检查删除元素的位置是否有效。删除第 i 个元素时，i 的取值为 $1 \leqslant i \leqslant n$。当顺序表为空表时不能删除，当表为空时长度为 0，所以该条件已包含在 $1 \leqslant i \leqslant n$ 中。

下标	元素
0	a_1
1	a_2
⋮	⋮
i–2	a_{i-1}
i–1	a_i
i	a_{i+1}
i+1	⋮
⋮	

下标	元素
0	a_1
1	a_2
⋮	⋮
i–2	a_{i-1}
i–1	a_{i+1}
i	a_{i+2}
i+1	⋮
⋮	

图 2.3　顺序表的删除过程

(2)删除 a_i 之后该数据已不存在，如果需要使用该数据元素，则先要取出 a_i，再删除。此处设计的操作为需要取出该元素。

该操作的描述如算法 2.3 所示：

算法 2.3　顺序表的删除算法

```
int DeleteElem(SeqList *L ,int i, ElemType *e)
{   int j;
    if((i<=0)||(i>L->length))
        return ERROR;
    *e=L->elem[i-1];
    for(j=i;j<=L->length-1;j++)
    {
        L->elem[j-1]=L->elem[j];
    }
    L->length--;
    return OK;
}
```

与插入运算相同，删除操作的时间也主要消耗在移动表中元素上，删除第 i 个元素时，其后面的 a_{i+1} 到 a_n 元素都要向前移动一个位置，共移动了 n–i 个元素，所以在等概率情况下(p_i =1/n)，平均移动数据元素的次数 M_{de} 为

$$M_{de}=\sum_{i=1}^{n}p_i(n-i)=\frac{1}{n}\sum_{i=1}^{n+1}(n-i)=\frac{n-1}{2}$$

综上所述，线性表在进行删除操作时，也需要移动表中约一半元素，因此该操作的时间复杂度也为 O(n)。

4. *顺序表中数据元素的定位操作* int LocateElem(SeqList L,ElemType e)

顺序表的定位操作 int LocateElem(SeqList L,ElemType e)是在顺序表中找到第一个与 e 值相等的元素，并返回该元素在线性表中的位序。

从第一个元素 a_1 进行比较，直到找到第一个与 e 值相等的元素，返回这个元素在顺序表中的位置，查找成功；若在 L 中未找到值为 e 的数据元素，返回一特殊值表示查找失败。

该操作描述如算法 2.4 所示：

算法 2.4　顺序表中数据元素的定位算法

```
int LocateElem(SeqList L,ElemType e)
{   int i;
    for(i=0;i<=L.length-1;i++)
        if(L.elem[i]==e)
        {
            return i+1;
        }
    return ERROR;
}
```

说明：从算法 2.4 可以看到，顺序表的定位操作的时间开销主要在比较数据元素上，因此该操作的时间复杂度为 O(n)。

5. *顺序表的取元素操作* int GetElem(SeqList L,int i,ElemType *e)

顺序表的取元素操作 int GetElem(SeqList L,int i,ElemType *e)是将顺序表中第 i 个元素取出来使用，并不删除该元素，顺序表的长度不变。

在实现算法时只需要看 i 是否在 1 到 n 之间，如果在此区间直接返回第 i 个元素的值即可。该操作描述如算法 2.5 所示：

算法 2.5　顺序表中的取元素操作

```
int GetElem(SeqList L,int i,ElemType *e)
{   if(i<1||i>L.length)
        return ERROR;
    *e=L.elem[i-1];
    return OK;
}
```

从该算法可以看到，顺序表的取元素操作的时间复杂度为 O(1)。

6. *求顺序表前驱结点操作* int PriorElem(SeqList L,ElemType e,ElemType *pre_e)

顺序表的求前驱结点操作 int PriorElem(SeqList L,ElemType e,ElemType *pre_e)是要求出线性表 L 中元素 e 的前驱结点 pre_e。

在算法设计时需要注意第一个元素没有前驱结节。若元素 e 在表中不存在，当然也不会有前驱节点，须返回 ERROR。该操作描述如算法 2.6 所示：

算法 2.6　顺序表中求元素前驱结点操作

```
int PriorElem(SeqList L,ElemType e,ElemType *pre_e)
{   int i;
    for (i=L.length-1;i>=1;i--)
    {
        if (e==L.elem[i])
        {
            *pre_e=L.elem[i-1];
            return OK;
        }
```

```
    }
    return ERROR;
}
```

7. 求顺序表后继结点操作 int NextElem(SeqList L,ElemType e,ElemType *next_e)

顺序表的求后继操作 int NextElem(SeqList L,ElemType e,ElemType *next_e)是要求出线性表 L 中元素 e 的后继结点 next_e。

在算法设计时须注意最后一个元素没有后继结点，若元素 e 在表中不存在，当然也不会有后继，须返回 ERROR。该操作描述如算法 2.7 所示：

算法 2.7 顺序表中求元素后继结点操作

```
int NextElem(SeqList L,ElemType e,ElemType *next_e)
{   int i;
    for (i=0;i<L.length-1;i++)
    {
        if (e==L.elem[i])
        {
            *next_e = L.elem[i+1];
            return OK;
        }
    }
    return ERROR;
}
```

8. 打印顺序表信息操作 void PrintList(SeqList L)

顺序表的打印操作 void PrintList(SeqList L)是要打印出线性表 L 的信息，包括所有元素、顺序表长度、顺序表空间大小。该操作可理解为遍历操作的简化操作。

该操作的描述如算法 2.8 所示：

算法 2.8 打印顺序表信息操作

```
void PrintList(SeqList L)
{   int i;
    printf("表的存储空间大小为:%d.\n",L.listsize);
    printf("表中共有元素%d 个,各个元素是:\n",L.length);
    for(i=0;i<=L.length-1;i++)
    {
        printf("%d\t",L.elem[i]);
    }
    printf("\n");
}
```

上面列出了顺序表的一些基本操作，还有一些操作相对来说比较简单，只要掌握顺序表的特征就可以很轻松地实现。例如：顺序表因在定义时用 length 存储其长度，因此对于求顺序表的长度操作 int ListLength(SeqList L)，只需要将 length 的值返回即可。顺序表的判空操作 int ListEmpty(SeqList L)即判断顺序表是否是空表，只需查看 length 的值是否为 0，如果为 0，则返回 1，否则返回 0。顺序表的清空操作 int ClearList (SeqList *L)，即将 length 的值赋值为 0，表中数据元素可不移动，认为是随机数。这些操作在此不再一一列出，读者可以根据日常事务处理中遇到的问题再设计有关线性表的其他操作。

2.2.3 顺序表应用举例

线性表应用广泛。本小节利用线性表顺序存储下的基本操作解决了几个实际问题。类似的问题很多，遇到问题时，读者可充分考虑是否能用线性表的相关操作来完成。

【例 2.1】 用 La 和 Lb 线性表来表示两个集合 A 和 B，要求完成集合运算 A=(A−B)∪(B−A)。分析集合运算，处理的问题可描述为：首先，去除两线性表 La 和 Lb 中的重复元素以保证能代表两个集合；然后，依次从 Lb 表中取元素 $b_i(i=1,2,\cdots,n)$，查找 b_i 在 La 表中是否存在。若 La 表中有 b_i，则将该元素从 La 表中删除；若 La 表中没有 b_i，则将 b_i 插入到 La 表中。该算法描述如下：

算法 2.9　完成集合 A=(A−B)∪(B−A)运算算法

```
void SymmetricDifference(SeqList *La,SeqList Lb)
{   int i,j,pos;
    ElemType e,x;
    for(i=1;i<=ListLength(Lb);i++)
    {
        GetElem(Lb,i,&e);
        pos=LocateElem(*La,e);
        if(pos==0)
            InsertElem(La,ListLength(*La)+1,e);
        else
            DeleteElem(La,pos,&x);
    }
}
```

【例 2.2】 有顺序表 A 和 B，其元素均按从小到大的顺序排列，编写一个算法将它们合并成一个顺序表 C，要求 C 中的元素也是按从小到大排列的。

算法思路：依次扫描通过 A 和 B 的元素，比较当前的元素的值，将较小值的元素赋给 C，如此直到一个线性表扫描完毕，然后将未完的那个顺序表中余下部分赋给 C 即可。C 的容量要能够容纳 A、B 两个线性表相加的长度。此处用顺序表 La 存储 A 表，顺序表 Lb 存储 B 表，顺序表 Lc 存储 C 表。该算法描述如下：

算法 2.10　两个有序表合并成一个新有序表的算法

```
void MergeList(SeqList *Lc,SeqList La,SeqList Lb)
{   int i,j,lena,lenb;
    ElemType e1,e2;
    InitList(Lc);
    lena=ListLength(La);
    lenb=ListLength(Lb);
    i=1;j=1;
    while(i<lena&&j<lenb)
    {   GetElem(La,i,&e1);
        GetElem(Lb,j,&e2);
```

```
            if(e1<e2)
            {   InsertElem(Lc,ListLength(*Lc)+1,e1);
                i++;
            }
            else
            {   InsertElem(Lc,ListLength(*Lc)+1,e2);
                j++;
            }
        }
        while(i<=lena)
        {   GetElem(La,i,&e1);
            i++;
            InsertElem(Lc,ListLength(*Lc)+1,e1);
        }
        while(j<=lenb)
        {   GetElem(Lb,j,&e2);
            j++;
            InsertElem(Lc,ListLength(*Lc)+1,e2);
        }
    }
```

分析得到该算法的时间复杂度是 O(lena+lenb)，其中 lena 是 A 的表长，lenb 是 B 的表长。

2.2.4 线性表顺序存储结构分析

本节介绍线性表的顺序存储结构，这种存储结构有以下优点与缺点：

(1)实现方法简单。由于很多高级语言中都有数组类型，所以实现这种结构很容易。每个元素的存储位置可以用一个简单的公式来运算得到，无须为表示表中元素之间的关系而增加额外的存储空间。

(2)可实现随机存取。取元素操作的时间复杂度较低，所以适合于那些需要经常进行存取操作的情况。

(3)顺序存储的空间是动态分配的。可事先制定一个 LISTINITSIZE 的大小，因此在空间不够的情况下可以动态扩充，空间浪费不严重。但是，若进行很多次扩充后再进行大量数据元素的删除操作，而后再很少进行插入操作，这样就会造成空间闲置。

(4)因数组要求占用连续的存储空间，而容易产生存储空间的碎片。

(5)在进行插入和删除操作时，时间开销比较大。这两种操作在最坏的情况下的时间复杂度为 O(n)，平均来看也需要移动一半的元素。

2.3 线性表的单链表存储结构

由于顺序表的插入、删除操作需要移动大量元素，影响运行效率，由此引入线性表的链式存储。链式存储线性表时允许不连续存储，不需要使用地址连续的存储单元，即它不要求逻辑上相邻的两个元素在物理位置上也相邻，它是通过“链”建立起数据元素之间的逻辑关系，因此对线性表的插入、删除操作不需要移动元素，而只需要修改指针。

链式存储结构有单链表存储结构、双链表存储结构、循环链表存储结构、静态链表存储结构等多种形式。本节首先介绍线性表的单链表存储结构，并给出单链表存储结构下线性表相关操作的实现方法。

2.3.1 线性表的单链表存储结构

单链表是通过一组任意的存储单元来存储线性表中数据元组，这组存储单元可以连续，也可以不连续，甚至可以零散分布在内存中的任意位置。为了能正确表示数据之间的逻辑关系，每个存储单元在存储数据元素时还必须存储其后继元素所在的地址信息。这两部分组成数据元素的存储映像，称为结点(node)，即链表结点除了存放元素自身的信息以外，还需要存放一个指向后继的指针，很明显单链表是一种只保存后继关系的线性链表。

单链表的结点结构和非空单链表如图 2.4 所示。很明显，结点一定是一个结构体，这个结构体分为两个域——数据域(data)和指针域(next)，数据域用来存放数据元素，指针域用来存储后继结点的地址。当结点是尾结点时，它没有后继结点，只需要将该指针域赋一空地址即可。

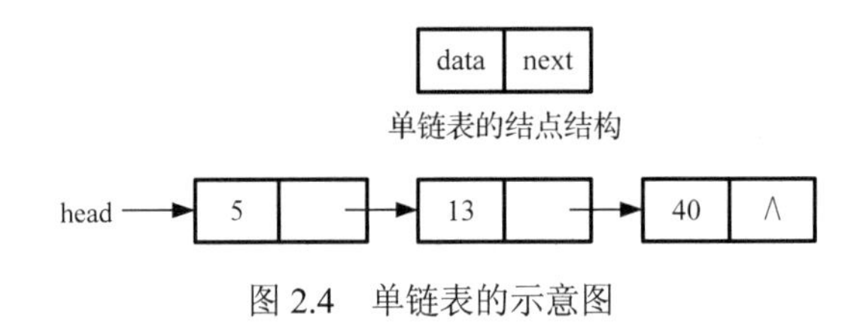

图 2.4　单链表的示意图

单链表结点定义如下：

```
typedef struct node
{   ElemType data;
    struct node *next;
}LinkList;
```

单链表正是通过每个结点的指针域将数据元素按其逻辑次序连接在一起，由于每个结点只有一个指针域，故称为单链表。

单链表有带头结点和不带头结点的单链表之分，如图 2.4 所示是一个不带头结点的单链表。由于不带头结点的单链表上进行操作时比较麻烦，所以为了操作方便一般情况下都会设计带头结点的单链表。带头结点的单链表如图 2.5 所示。

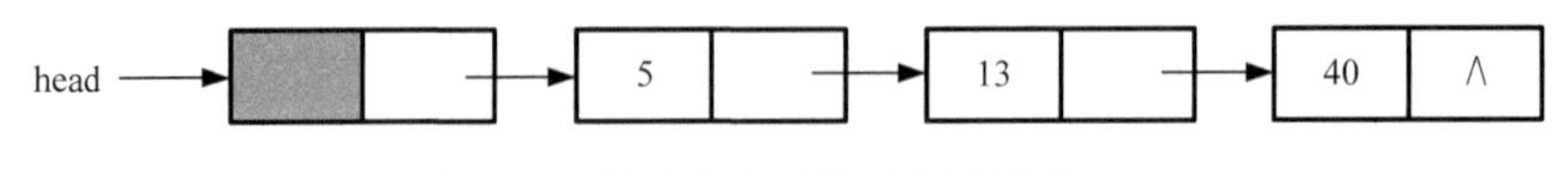

图 2.5　带头结点的单链表示意图

在图 2.5 中，第一个结点就是单链表的头结点，单链表的头结点一般不存放信息，若处理的数据元素是整数、字符时也可用来存放线性表中元素的个数。这样线性表中的第一个元素存放在头结点后面的那个结点中。为了操作方便，本书关于单链表的操作都是基于带头结点的单链表的。

通常用“头指针”来标识一个单链表，头指针指向链表中第一个结点，在带头结点的链表中头指针指向头结点。图 2.5 中 head 指针就是一个头指针。

2.3.2 单链表上相关操作的实现

本小节实现单链表上的一些操作，主要有初始化、创建、取元素、插入、删除、定位等操作。

1. 单链表的初始化操作 LinkList *InitList()

单链表的初始化操作就是建立一个带头结点的空链表。该操作首先分配一个类型为 LinkList 的结点空间，并让头指针 head 指向该结点，然后将该结点的指针域赋值为空地址。该操作描述如算法 2.11 所示：

算法 2.11 单链表的初始化操作

```
LinkList *InitList()
{   LinkList *head;
    head=(LinkList *)malloc(sizeof(LinkList));
    head->next=NULL;
    return head;
}
```

2. 单链表的创建操作——头插法 LinkList *CreateList_nx(int n)

单链表的创建方法有两种，一种是头插法，另一种是尾插法。顾名思义，头插法就是将新增的结点插入第一个结点之前，尾插法就是将新增的结点插入最后一个结点之后。下面先介绍头插法。

为了建立一个链表，首先创建一个带有头结点的空链表，每次申请一个结点，并将读取到的数据存放到新结点的数据域中，然后将新结点插入到当前链表的表头，即头结点的后面。图 2.6 描述了将元素 25,45,18,76,29 采用头插法创建单链表的过程。

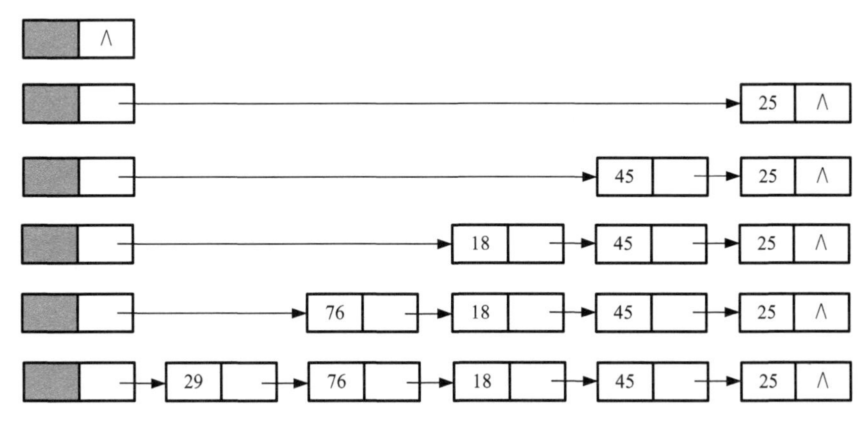

图 2.6 用头插法创建单链表的过程

采用头插法建立单链表的算法描述如算法 2.12 所示：

算法 2.12 采用头插法建立单链表

```
LinkList *CreateList_nx(int n)
{   int i;
    LinkList *head,*p;
```

```
    head=(LinkList *)malloc(sizeof(LinkList));
    head->next=NULL;
    for(i=1;i<=n;i++)
    {
        p=(LinkList *)malloc(sizeof(LinkList));
        scanf("%d",&(p->data));
        p->next=head->next;
        head->next=p;
    }
    return head;
}
```

该算法中因为每次插入结点的位置都在链表的头部，所以读入数据的顺序与创建的链表中的元素顺序正好相反。每个结点插入的时间为O(1),设该链表的长度为n，则总的时间复杂度为O(n)。

3. 单链表的创建操作——尾插法 LinkList *CreateList(int n)

头插法建立单链表比较简单，但读入的数据元素顺序与生成的链表中元素的顺序是相反的。如果希望次序一致，则采用尾插法创建单链表。

尾插法是每次将新申请的结点插入到当前链表中最后一个结点的后面。采用尾插法建立单链表需要设置一个指向尾结点的指针r，用r来链接新插入的结点到链表中。起初单链表为空，指针r指向头结点，每次执行插入操作都需要将r的指针域指向新插入的结点，而后再将r指向新插入的结点。图2.7展现了线性表采用尾插法的创建过程。

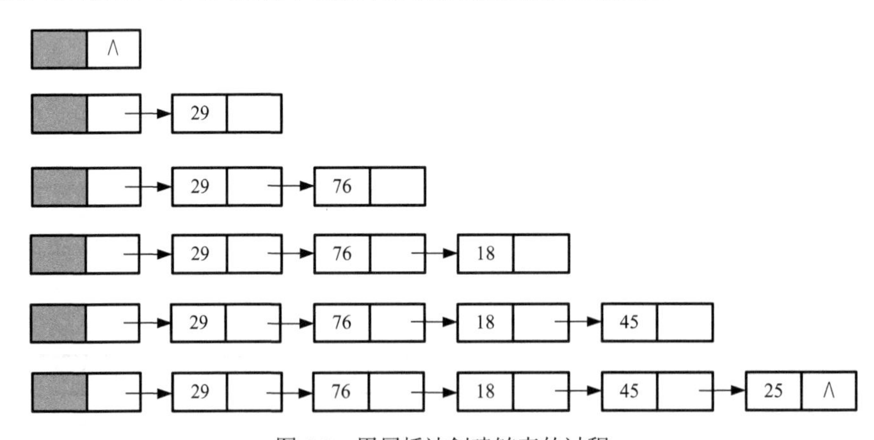

图2.7 用尾插法创建链表的过程

采用尾插法建立单链表的算法描述如算法2.13所示：

算法2.13 采用尾插法创建链表

```
LinkList *CreateList(int n)
{   int i;
    LinkList *head,*p,*r;
    head=(LinkList *)malloc(sizeof(LinkList));
    r=head;
    for(i=1;i<=n;i++)
```

```
        {   p=(LinkList *)malloc(sizeof(LinkList));
            scanf("%d",&(p->data));
            r->next=p;
            r=p;
        }
        r->next=NULL;
        return head;
    }
```

4. *单链表的求表长操作* int ListLength(LinkList *head)

求单链表表长操作 int ListLength(LinkList *head)就是要得到单链表中有多少个数据元素。可设定一个工作指针 p 和一个计数器 cnt。初始时，p 指向链表中的第一个结点，cnt 的初值为 0，每当 p 向后移动一个结点时，cnt 就加 1，直到 p 指向链表的尾部空地址，这样得到的 cnt 就是链表的长度。需要注意的是，对于带头结点的链表，其长度不包含头结点。求链表长度的算法如下：

算法 2.14　求链表长度

```
    int ListLength(LinkList *head)
    {   int cnt=0;
        LinkList *p;
        p=head->next;
        while(p!=NULL)
        {   cnt++;
            p=p->next;
        }
        return cnt;
    }
```

从算法可以看到，while 循环在 p 到达链表末尾时结束，其时间复杂度为 O(n)。

5. *单链表的取元素操作* int GetElem(LinkList *head,int i,ElemType *e)

单链表的取元素操作就是从链表的头结点出发，设置一个工作指针 p，顺着 next 域逐个结点往下搜索。当 p 指向某结点时判断是否为第 i 个结点，若是查找成功，用 e 取出该元素信息，否则工作指针向后移动。对每个结点依次执行上述操作，直到 p 为空时查找失败。该算法描述如下：

算法 2.15　单链表上取元素算法

```
    int GetElem(LinkList *head,int i,ElemType *e)
    {   int j;
        LinkList *p;
        p=head->next;
        j=1;
        while (p!=NULL&&j<i)
        {   p=p->next;
            ++j;
        }
        if(p==NULL||j>i)
```

```
        return ERROR;
    *e=p->data;
    return OK;
}
```

6. 单链表的插入操作 int InsertElem(LinkList *head,int i,ElemType e)

插入操作的基本思想：首先扫描单链表，找到第 i–1 个元素所在的结点 p，然后生成一个数据域为 e 的结点 s，此时将结点 s 插入到结点 p 之后，完成插入操作。图 2.8 给出了在表的中间插入新结点的变化情况，其中虚线表示变化后的指针。

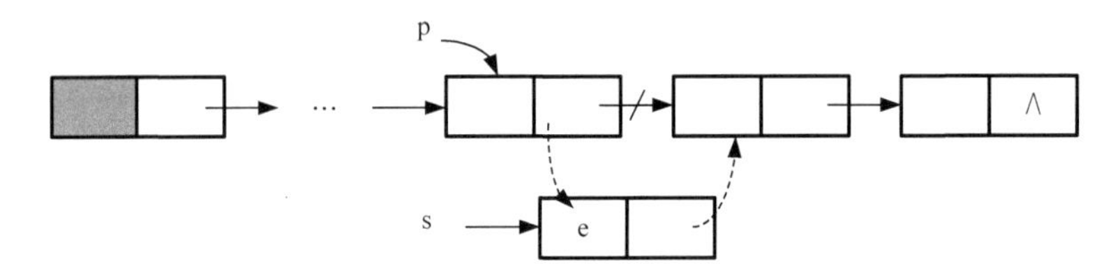

图 2.8　单链表的结点插入示意图

简单来说，单链表的插入操作需要以下 4 个步骤：

(1) 找到第 i–1 个元素所在的结点 p；

(2) 创建一个新的结点 s，给此新结点的数据域赋值 e；

(3) 将指针 s->next 指向 p->next 所指的结点；

(4) 再将指针 p->next 指向 s；

因链表中事先不知道表的长度，所以算法设计时要充分考虑参数 i、是否为空表、在表头、表尾及中间位置插入的各种情况。插入操作算法描述如下：

算法 2.16　单链表上的插入算法

```
int InsertElem(LinkList *head,int i,ElemType e)
{   int j;
    LinkList *s,*p;
    if(i<1)
        return ERROR;
    j=0;
    p=head;
    while(j<i-1&&p!=NULL)
    {   p=p->next;
        j++;
    }
    if(p==NULL)
        return ERROR;
    s=(LinkList *)malloc(sizeof(LinkList));
    s->data=e;
    s->next=p->next;
    p->next=s;
    return OK;
}
```

算法设计时充分考虑了在表头、表尾及中间位置插入的各种情况，在带头结点的单链表中这些操作语句都是一致的。虽然链式结构在插入元素时不需要移动元素，但插入算法的时间耗费在了查找插入位置上，为了找到插入点，仍需要执行时间复杂度为 O(n) 的查找运算，所以单链表的插入操作时间复杂度为 O(n)。

7. 单链表的删除操作 int DeleteElem(LinkList *head,int i,ElemType *e)

删除操作的基本思想：首先扫描单链表，找到第 i–1 个元素 a_{i-1} 所在的结点 p，并让指针 q 指向 p 后面的那个待删除结点。然后将待删除结点的信息赋值给 e，并让 p 的 next 指针指向 q 后面的那个结点。最后释放结点 q 所占用的空间，从而完成删除操作。图 2.9 给出了在表中删除结点时指针的变化情况。

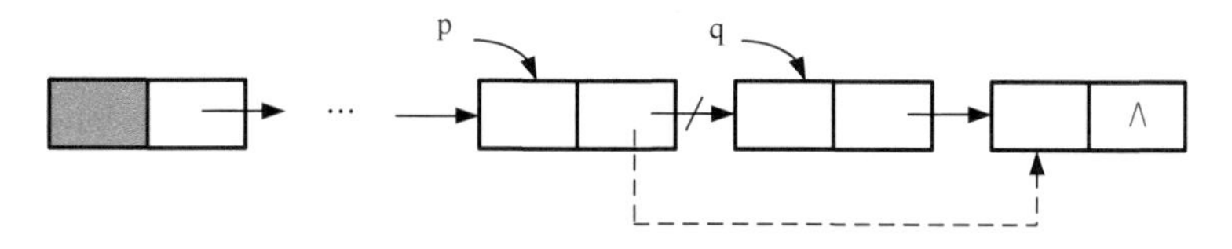

图 2.9　单链表的结点删除示意图

单链表上删除操作元素算法描述如下：

算法 2.17　单链表上的删除算法

```
int DeleteElem(LinkList *head,int i,ElemType *e)
{   int cnt=0;
    LinkList *p,*q;
    p=head;
    if(i<1)
        return ERROR;
    while(p->next!=NULL&&cnt<i-1)
    {   p=p->next;
        cnt++;
    }
    if(p->next==NULL)
        return ERROR;
    q=p->next;
    *e=q->data;
    p->next=q->next;
    free(q);
    return OK;
}
```

说明：单链表的删除操作的时间复杂度和插入操作是一样的，也是 O(n)，时间都消耗在查找结点的操作上。

有时候要求删除单链表中值为 e 的某个元素，如果 e 在链表中出现的次数不止一次，就是将链表中第一次出现的 e 删掉，若 e 在表中不存在，则什么也不做。如果有需要，读者可以自行写出该算法。

8. 单链表的定位操作 int LocateElem(LinkList *head,ElemType e)

单链表的定位操作也称为按值查找操作，该操作执行结束后，返回的是元素 e 在表中第一次出现的位置。要实现该功能需要从链表的第一个结点开始，对每一个结点判断其数据域值是否等于 e，若等于，则返回该结点的位序，否则继续向后查找，直到链表遍历结束。该操作的描述如算法 2.18 所示：

算法 2.18　单链表上求位序算法

```
int LocateElem(LinkList *head,ElemType e)
{   int cnt;
    LinkList *p;
    p=head;
    cnt=0;
    while(p!=NULL&&p->data!=e)
    {   p=p->next;
        cnt++;
    }
    if(p==NULL)
        return 0;
    else
        return cnt;
}
```

从算法 2.18 中可以看到，循环在最坏的情况下执行 n 次，假设每个元素定位是等概率的，则其时间复杂度为 O(n)。

上面列出了单链表的一些基本操作，还有一些操作相对来说比较简单，只要掌握的单链表特征就可以很轻松地实现。例如：判断单链表是否为空的操作 int ListEmpty(LinkList *L)，就看头结点的 next 域是否为空；清空单链表操作 int ClearList(LinkList *L)就是将单链表中存放数据的结点全部释放，只留下头结点；求前驱结点和求后继结点操作相对也较简单。可以发现这些操作与前面所讲的链表操作思想类似，所以不再列出。读者可以根据日常事务处理中遇到的问题设计有关单链表的其他操作。

2.3.3　链表应用举例

【例 2.3】已知单链表 L，写一算法将其倒置，实现如图 2.10 所示的操作，(a)为倒置前，(b)为倒置后。

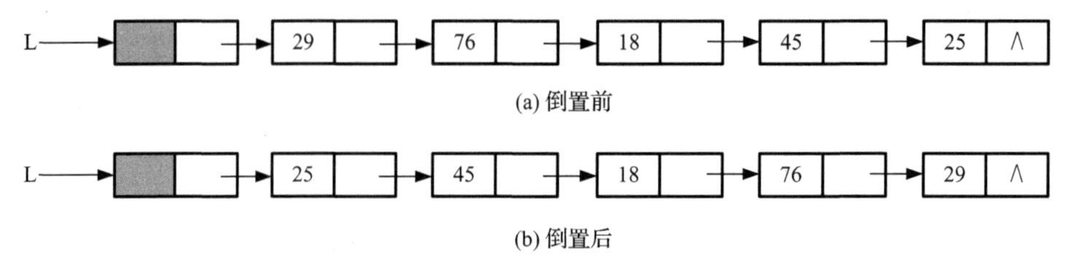

图 2.10　单链表的倒置

算法思路：首先将链表断成前半部分和后半部分。前半部分初始时为只有头结点的空链表，后半部分为不带头结点的原链表。然后依次取后半部分链表中的每个结点，将其作为第一个结点插入到前半部分，使得前半部分多一个结点，后半部分少一个结点，直到后半部分中的结点依次全部被取完为止。这样就形成了一个与原链表元素相反的链表。将一单链表倒置的算法描述如算法 2.19 所示：

算法 2.19　单链表上的倒置算法

```
int ConvertList(LinkList *head)
{   LinkList *p,*s;
    p=head->next;
    head->next=NULL;
    while(p!=NULL)
    {   s=p;
        p=p->next;
        s->next=head->next;
        head->next=s;
    }
    return OK;
}
```

该算法中指针 p 始终指向后半部分链表中的第一个结点，指针 s 每次都指向从后半部分链表中“移”下来的那个结点，而后将该结点插入到前半部分链表的头结点之后。该算法只要对链表顺序扫描一遍即可完成倒置操作，所以时间复杂度为 O(n)。

【例 2.4】写算法实现删除单链表中重复数据元素，即实现图 2.11 的操作。(a)为删除重复元素之前的链表，(b)为删除重复元素之后的链表。

算法思路：用指针 r 指向第一个数据结点，从它的后继结点开始扫描到表的末尾，找与其值相同的结点并删除之；让 r 指向下一个结点，重复上面的操作，直到 r 指向最后那个结点，算法结束。

该算法中每当指针 r 指向一个结点时为了找到与该结点重复的元素，先让指针 p 指向 r，让指针 q 指向 r 的后一个元素，这样就保持了 p 和 q 的前驱与后继关系。然后从 r 的后面一个位置开始扫描，查找有没有与结点 r 数据域相同的元素 q，当有相同元素时就将 q 指向的结点删除，然后继续扫描，直到链表末尾。在扫描过程中时刻保持 p 和 q 的前驱与后继关系。

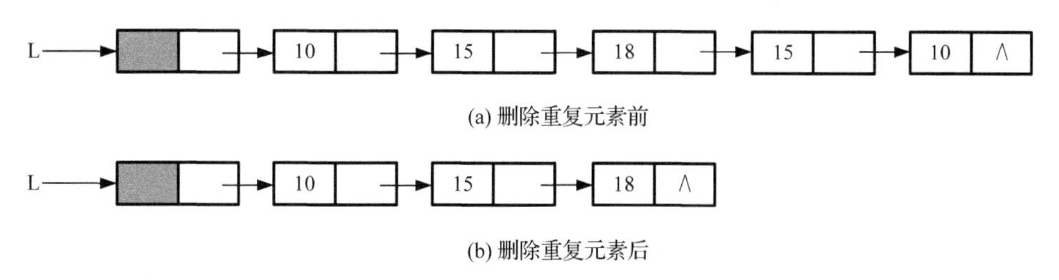

图 2.11　单链表中删除重复元素示意图

删除单链表中重复数据元素算法描述如算法 2.20 所示：

算法 2.20　单链表上删除重复元素算法

```
void DeleteRepElem (LinkList *head)
{   LinkList *p, *q, *r;
    for (r=head->next;r->next!=NULL;r=r->next)
    {   for (p=r,q=p->next;q!=NULL;p=q,q=q->next)
```

```
            {   while (q->data==r->data&&q->next!=NULL)
                {   p->next = q->next;
                    free(q);
                    q = p->next;
                }
                if (q->data==r->data&&q->next==NULL)
                {   p->next = NULL;
                    free(q);
                    break;
                }
            }
        }
    }
```

【例 2.5】已知一数组中有 n 个数据元素。试根据这些数据元素创建一个按元素值从小到大的有序链表。

算法思路：首先设计在有序链表中插入元素的操作 int InsertElemInSortedList(LinkList *head,ElemType e)，使得完成插入操作后该链表依然有序。

然后再设计 LinkList *CreateSortedList(ElemType *a,int n)算法，从空链表开始依次从数组中取元素，调用 int InsertElemInSortedList(LinkList *head,ElemType e)操作将所有元素插入到有序链表中。建立有序单链表的算法描述如算法 2.21 所示：

算法 2.21　创建一个有序单链表算法

```
int  InsertElemInSortedList(LinkList *head,ElemType e)
{   LinkList *pre,*p,*s;
    s=(LinkList *)malloc(sizeof(LinkList));
    s->data=e;
    s->next=NULL;
    pre=head;
    p=head->next;
    while(p!=NULL&&s->data>p->data)//注意&&运算的结合性
    {   pre=p;
        p=p->next;
    }
    s->next=p;
    pre->next=s;
    return OK;
}
LinkList *CreateSortedList(ElemType *a,int n)
{   LinkList *head;
    int i;
    head=(LinkList *)malloc(sizeof(LinkList));
    head->next=NULL;
    for (i=0;i<=n-1;i++)
    {
        InsertElemInSortedList(head,a[i]);
    }
    return head;
}
```

在 int InsertElemInSortedList(LinkList *head,ElemType e)操作中，为了找到待插入结点 s 的位置，指针 pre 指针 p 也保持了前驱与后继关系。该算法的时间复杂度为 $O(n^2)$。

2.3.4 链式存储结构的分析

链表是线性表的另一种存储方式，与顺序表相比，链表具有以下的优缺点：

(1)链表的存储空间是动态分配的，只要内存还有剩余，就不会溢出。

(2)便于实现插入和删除操作。采用链表进行插入和删除操作时，只需要修改指针，从而降低时间复杂度。

(3)链表是一种不连续存储的线性结构。它的内存分散，有时会导致调试很不方便。

(4)在链表中查找结点时，需要从头开始遍历，从而增加时间复杂度。

(5)链表中的每个结点既有数据域，又有指针域，从而增加线性表的存储开销。

在学习了线性表的顺序存储结构和链式存储结构后可以深刻体会到，在不同的需求下需要选择不同的存储结构，这样才能保证更高的工作效率。选择何种存储结构需要根据实际处理的问题进行：当线性表的长度变化较大，难以估计其存储的规模时，一般采用链式存储结构；当线性表的长度变化不大，事先能确定其大小时，采用顺序存储结构，这样可以节省存储空间；当线性表的主要操作是查找，并且很少进行插入和删除操作时，宜采用顺序存储结构；当线性表需要频繁地进行插入和删除操作时，为了提高性能，宜采用链式存储结构。

2.4 双链表与其他链式结构

线性表的链式存储结构有单链表存储结构、双链表存储结构、循环链表存储结构、静态链表存储结构等多种形式。本节介绍线性表的双链表存储结构及其他链式存储结构。

在前面的学习中我们得知，单链表中只保存线性表中数据元素间的后继关系，因此寻找数据元素的后继或者从前向后遍历链表比较容易。但是寻找数据元素的前驱比较繁琐，从后向前逆序遍历链表更是无法直接办到。为了克服单链表的这种单向的缺点，人们在单链表的结点中增加了一个指向前驱结点的指针，从而得到双向链表结构。

2.4.1 线性表的双链表存储结构

双向链表不但保存数据元素之间的后继关系，而且还保存前驱关系。也就是说，双链表的结点有两个指针域，一个指向后继，一个指向前驱。双链表及其结点结构如图 2.12 所示。

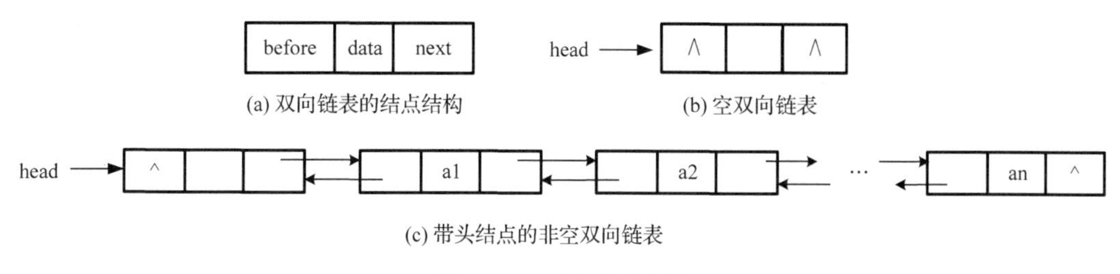

图 2.12　双链表示意图

双链表结点的定义如下所示：

```
typedef struct node
{   ElemType data;
    struct node *next,*before;
}DulLinkList;
```

与单链表相比，双链表的每种操作都需要维护两条链：一条 before 链，一条 next 链。有了 before 和 next，就很容易找到结点的前驱和后继，所以无论是删除，还是插入，只需要找到删除结点或插入结点的位置即可。删除和插入操作时需要特别注意断链顺序。

2.4.2 双链表上相关操作的实现

1. 双链表的初始化操作 DulLinkList *InitList()

单链表的初始化操作就是建立一个带头结点的空链表。该操作首先需要分配一个类型为 DulLinkList 的结点空间，并让头指针 head 指向该结点，然后将该结点的两个指针域都赋值为空地址。该操作描述如算法 2.22 所示：

算法 2.22 双链表的初始化操作

```
DulLinkList *InitList(    )
{   DulLinkList *head;
    head=(DulLinkList *)malloc(sizeof(DulLinkList));
    head->next=NULL;
    head->before=NULL;
    return head;
}
```

该操作与单链表的初始化操作相比较只是增加了 head->before=NULL 一条语句，其他语句和单链表的操作一致。

2. 双链表的创建操作 Dul LinkList *CreateList(int n)

与单链表的创建方法类似，双链表也可采用头插法和尾插法等两种方式建表，与单链表创建不同之处在于，每插入一个结点要处理好两个链，即除了连接好向后的 next 链，还要连接好向前的 before 链。用尾插法创建双链表的算法如算法 2.23 所示：

算法 2.23 双链表的创建算法

```
DulLinkList *CreateList(int n)
{   int i;
    DulLinkList *head,*p,*r;
    head=(DulLinkList *)malloc(sizeof(DulLinkList));
    head->before=NULL;
    r=head;
    for(i=1;i<=n;i++)
    {   p=(DulLinkList *)malloc(sizeof(DulLinkList));
        scanf("%d",&(p->data));
        r->next=p;
        p->before=r;
        r=p;
```

```
        }
        r->next=NULL;
        return head;
    }
```

3. 双向链表的插入操作 InsertElem(DulLinkList *head,int i,ElemType e)

首先从头结点出发扫描双链表，找到第 i–1 个元素所在的结点 p，然后生成一个数据域为 e 的结点 s，此时将结点 s 插入到结点 p 之后，从而完成插入操作。在 p 结点后插入结点 s 时链的变化可通过以下步骤来完成：

(1) s->next= p->next；

(2) s->before= p；

(3) p->next->before=s(当 p 所指结点不是最后一个结点时)；

(4) p->next =s。

图 2.13 给出了双链表插入操作的过程，其中虚线表示指针变化后的情况。双向链表的插入操作免去了查找 p 的前驱结点的操作。

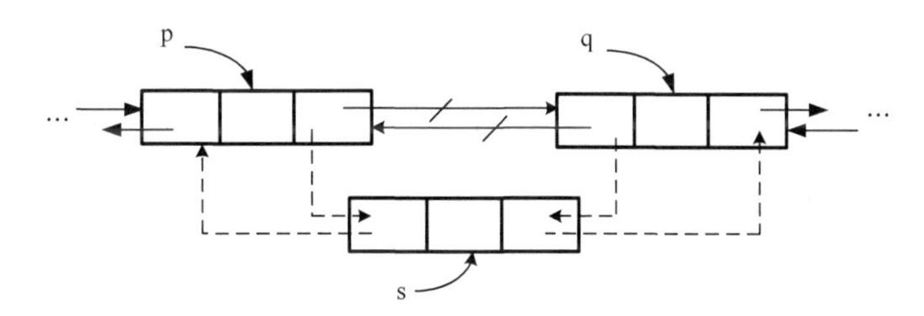

图 2.13　双向链表插入操作示意图

双链表的插入算法描述如算法 2.24 所示：

算法 2.24　双链表的插入算法

```
    int InsertElem(DulLinkList *head,int i,ElemType e)
    {   int j;
        DulLinkList *s,*p;
        if(i<1)
            return ERROR;
        j=0;
        p=head;
        while(j<i-1&&p!=NULL)
        {   p=p->next;
            j++;
        }
        if(p==NULL)
            return ERROR;
        s=(DulLinkList *)malloc(sizeof(DulLinkList));
        s->data=e;
        s->next=p->next;
        s->before=p;
        if(p->next!=NULL)
            p->next->before=s;
```

```
    p->next=s;
    return OK;
}
```

双链表中的插入操作也可首先扫描双链表，找到第 i 个元素所在的结点 p，然后生成一个数据域为 e 的结点 s，此时将结点 s 插入到结点 p 之前，也能实现插入操作。读者可以自行写出相应的算法。

4. 双链表的删除操作 DeleteElem(DulLinkList *head,int i,ElemType *e)

执行删除操作时首先扫描双链表，找到第 i–1 个元素所在的结点 p，并让指针 q 指向 p 后面的那个待删除结点；然后将待删除结点的信息赋值给 e，修改好链的指向，并让 p 的后继结点为 q 后面的那个结点；最后释放结点 q 所占用的空间。从而完成删除操作。删除 p 结点后面的 q 结点时，链的变化可以通过以下几个步骤来完成：

(1) p->next=q->next；

(2) q->next->before=p(当 q 所指结点不是最后一个结点时)。

图 2.14 给出了双向链表删除操作的示意图，其中虚线表示指针变化后的情况。

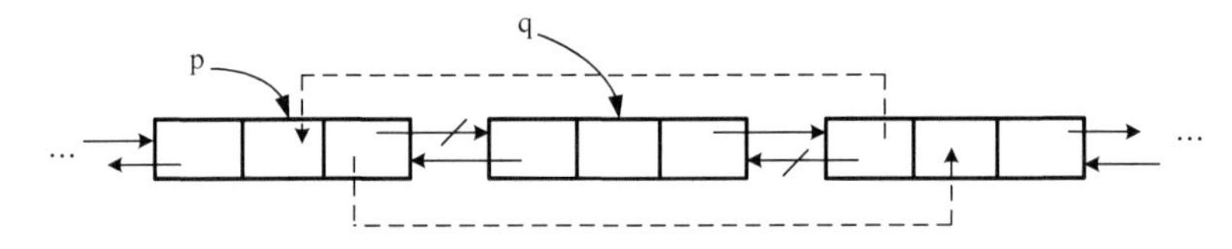

图 2.14　双向链表删除操作的示意图

双链表的删除算法描述如算法 2.25 所示：

算法 2.25　双链表的删除算法

```
int DeleteElem(DulLinkList *head,int i,ElemType *e)
{   int j;
    DulLinkList *p,*q;
    if(i<1)
        return ERROR;
    p=head;
    j=0;
    while(p->next!=NULL&&j<i-1)
    {   p=p->next;
        j++;
    }
    if(p->next==NULL)
        return ERROR;
    q=p->next;
    *e=q->data;
    p->next=q->next;
    if(q->next!=NULL)
        q->next->before=p;
    free(q);
    return OK;
}
```

执行删除操作时，可扫描双链表找到第 i 个元素所在的结点 p 后执行下面两条语句也可完成删除操作：

(1) p->next->before =p->before；

(2) p->before ->next=p->next。

执行删除操作时，可扫描双链表找到第 i+1 个元素所在的结点 p，删除 p 前面的结点也可完成删除操作。读者可以自行写出相应的操作。

2.4.3 循环链表

循环链表是一种特殊链式存储结构。它的第一个结点之前是最后一个结点，最后一个结点之后是第一个结点。它允许从表中的任何一个结点开始遍历线性表。图 2.15 就是带头结点的单向循环链表。

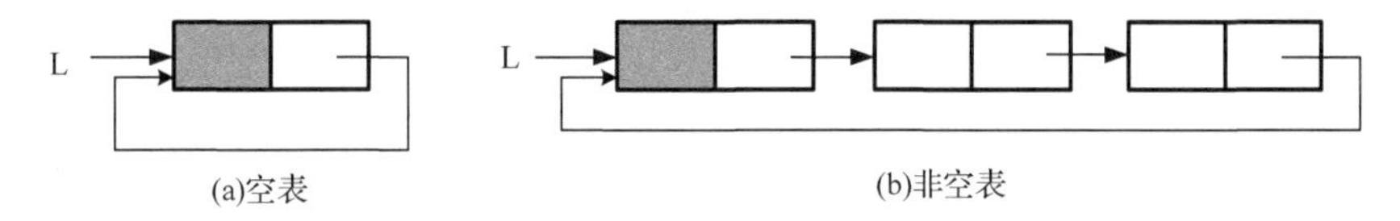

图 2.15 单循环链表

在单循环链表上的操作基本上与单链表相同，只是将原来判断指针是否为 NULL 变为是否是头指针而已，没有其他较大的变化。

循环链表使一些操作变得十分容易。例如，图 2.16 给出了将两个循环单链表 L_1 和 L_2 链接变成一个链表的过程。如果在单链表上执行这个操作，则需要遍历第一个链表 L_1，找到最后一个结点，然后将链表 L_2 链接到第一个链表的尾结点上。在单循环链表上只需要修改尾指针，无需遍历，其时间复杂度为 O(1)。

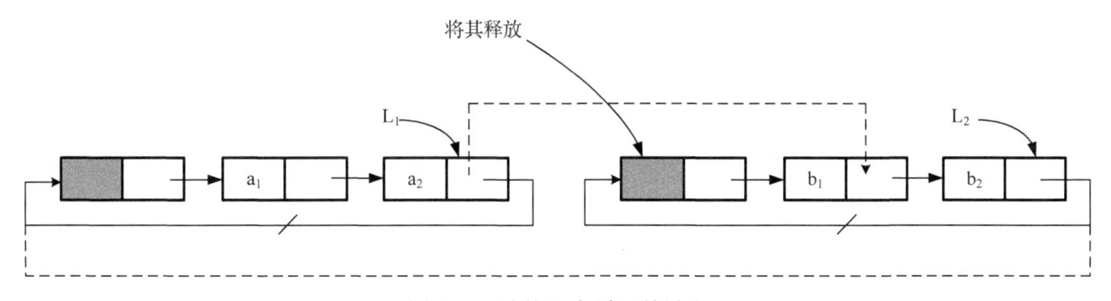

图 2.16 连接两个循环单链表

根据不同的需求，循环链表还可以和双向链表组合形成双向循环链表，如图 2.17 所示。它的操作和双向链表的操作类似，只需将原来的控制条件由判断指针是否为 NULL 改为是否是头指针。

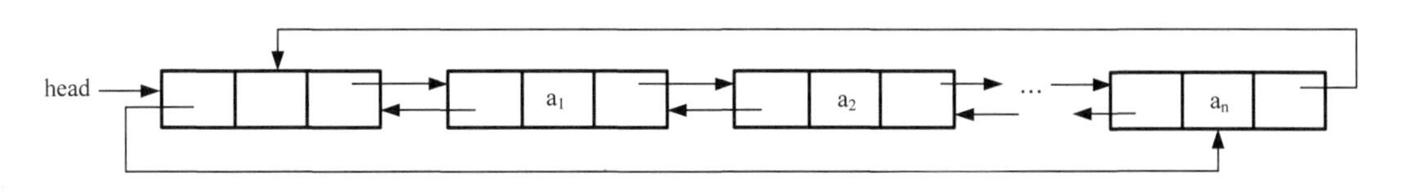

图 2.17 双向循环链表示意图

双向链表解决了单链表的单向问题，使得链表查找前驱结点变得简单，但是它增加了结点的存储空间，使维护操作变得困难。循环链表解决了单链表必须从头指针进行遍历的问题。

2.4.4 静态链表

前面介绍的单链表、单循环链表、双链表、双循环链表都是使用指针来实现的，链表中结点空间的分配和回收均由系统提供的标准函数 malloc()和 free()动态实现，故称为动态链表。在 Basic、Fortran 等高级语言中，并没有提供“指针”这种数据类型，若仍想用链表作某种数据元素的存储结构，只能采用顺序存储结构的数组来模拟链表，在数组元素后设置“游标”来模拟链表的指针。由程序员编写从数组中分配结点和回收结点的操作。

静态链表是借助数组来描述线性表的链式存储结构，结点也有数据域 data 和指针域 next，在与前面所讲的链表中的指针不同的是，这里的指针是结点的相对地址(数组下标)，又称为游标。和顺序表一样，静态链表也要预先分配一块连续的空间。

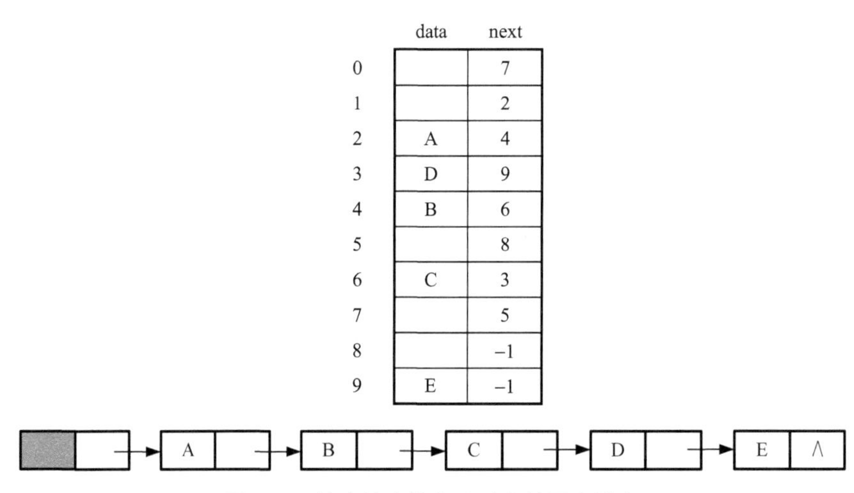

图 2.18 静态链表结构及对应的用户链表

在如图 2.18 所示的静态链表中，该表的第一列存放数据元素，第二列存放的是行号，该行号指向每行数据元素的后继，–1 表示后继为 NULL。如此，该表存放的数据在逻辑上就是一个链表。我们可以把这张数据表看做是数组，行号也就是下标。知道了数据元素的下标，我们就可以直接引用数据元素。然而，整张数据表的内在结构又是一个链表结构，插入数据元素时，可不移动数据元素，这就是静态链表。

在静态链表中时刻都有两个链表存在，一个是将所有未分配的结点空间以及因删除操作而回收的结点空间用游标链成的备用链表(可规定下标为 0 的结点为备用链表的头结点)，另一个是用户正在使用的用户链表(可规定下标为 1 的结点为用户链表的头结点)。进行插入操作时，先从备用链表上取下一个结点存放待插入的元素，然后将该结点插入到用户链表的相应位置。用户链表进行删除操作时，先从用户链表上取下某结点，然后将该结点链接到备用链表上以备后用。

所以可将静态链表及其结点的数据类型定义如下：

```
typedef struct
{  ElemType data;
   int next;
```

```
    }SNode;
    typedef  struct
    {  SNode SL[N];
       int listsize;
       int length;
    }SLinkList;
```

在通常情况下，静态链表中的数据元素都存放在一个数组中。所以 SL[N]数组用来存储元素结点，listsize 为该块空间最多可存储元素个数，length 为当前静态链表中数据元素的个数。这个数组可以是静态分配，也可以是动态分配，比如：

```
    SNode*SL;
    SL=(SNode *)malloc(sizeof(SNode)*LISTMAXSIZE);
```

无论是以哪种方式获取数据元素的存储空间，静态链表的长度都是被固定下来的。静态链表通常不会像普通链表那样可以无限制地增加线性表的长度。也就是说，只有事先能够确定数据元素的总量，使用静态链表才能最大限度地发挥它的定位快速、易于维护链表关系的优势。

静态链表的具体操作在逻辑上与一般链表基本类似，只是对指针域进行操作时需要注意：静态链表的指针域是 int 型数据，而不是指针型数据。

2.5 一元多项式的表示及运算

链式存储结构有单链表存储结构、双链表存储结构、循环链表存储结构、静态链表存储结构等多种形式。本节用循环单链表解决一元多项式的表示及相加与相乘问题。

2.5.1 一元多项式的表示及存储

一元多项式可按降幂的形式写成：

$$P_n(x)=p_n x^{e_n}+p_{n-1}x^{e_{n-1}}+p_{n-2}x^{e_{n-2}}+\cdots+p_2x^{e_2}+p_1x^{e_1}+p_0$$

其中，e_i 为指数，p_i 是系数，且 $e_n \geqslant e_{n-1} \geqslant e_{n-2} \geqslant \cdots \geqslant e_2 \geqslant e_1 \geqslant 1$。假设 $Q_m(x)$ 是一个一元多项式，则其可以用一个线性表来表示，即 $Q=(q_0,q_1,q_2,\cdots,q_m)$，若 $m<n$，则两个多项式相加的结果 $R_n(x)=P_n(x)+Q_m(x)$ 也可以用线性表 R 来表示：$R=(p_0+q_0,p_1+q_1,p_2+q_2,\cdots,p_m+q_m,p_{m+1},\cdots,p_n)$。此处不再定义一元多项式的抽象数据类型。

可以利用线性表来处理一元多项式，对于一元多项式可以采用两种存储方式来存储其信息，一种是顺序存储结构，一种是链式存储结构。

采用顺序存储时，线性表的长度由多项式最高的那个指数来决定，即当某多项式最高指数为 e_n，则线性表长度也必须是 e_n。顺序表中只存储多项式的系数，即当某项系数非零时存储非零系数，当系数为零时存储零。采用这种存储结构，若某多项式非零项指数很高并且非零项很少时会造成空间的浪费。所以必须同时存储多项式的系数和指数，则比较节省空间，在线性表中只存储非零项，不再存储零项，读者可自行设计该存储结构和相关算法。

采用链式结构来存储多项式信息时，空间可有效利用，并且运算方便。因为要存储多项式的系数和指数，所以可将链表结点结构设计成：

```
typedef struct
{   int xishu;
    int zhishu;
}RecType;
typedef struct plist
{   int xishu;
    int zhishu;
    struct plist *next;
} PolyLink;
```

定义中 xishu 为多项式系数，zhishu 为多项式指数。PolyLink 为链表结点类型，可用来定义链表。

若将一元多项式看成一种抽象数据类型，则可以设计一元多项式的许多基本操作，如多项式的创建、打印、相加、相减、相乘、求多项式非零项个数等。读者有兴趣可定义一元多项式的抽象数据类型。此处只讨论多项式的创建、打印、相加与相乘等操作。

2.5.2 一元多项式创建与打印

1. 创建一元多项式

可采用创建单链表时的尾插法根据数组提供的多项式非零项来创建一个一元多项式链表。此处创建一个单循环链表，算法如下：

算法 2.26 一元多项式创建算法

```
PolyLink *CreatPolyn(RecType *array,int len)
{   PolyLink *head,*r,*newnode;
    int i;
    head=(PolyLink *)malloc(sizeof(PolyLink));
    if(!head)exit(1);
    r=head;
    for(i=0;i<=len-1;i++)
    {   newnode=(PolyLink *)malloc(sizeof(PolyLink));
        newnode->xishu=array[i].xishu;
        newnode->zhishu=array[i].zhishu;;
        r->next=newnode;
        r=newnode;
    }
    r->next=head;
    return(head);
}
```

要求创建该多项式时提供的 len 个非零数组元素按指数降序排列。若没按降序排列，读者可先对该数组按指数降序排列后再创建链表。也可根据前面学过的方法自行设计一个创建有序链表的算法。

2. 打印一元多项式

为了正确显示多项式，根据普通链表的打印算法设计打印多项式的算法。要求打印出完整打印出多项式信息，包括“+”、系数、指数等。算法如下：

算法 2.27　一元多项式打印算法

```
void PrintPolyn(PolyLink *polyn)
{   PolyLink *p;
    p=polyn->next;
    while(p!=polyn)
    {   if(p->xishu<0)
            printf("(%d)X^%d",p->xishu,p->zhishu);
        else
            printf("%dX^%d",p->xishu,p->zhishu);
        p=p->next;
        if(p!=polyn) printf("+");
    }
}
```

2.5.3　一元多项式相加

用单链表表示两个一元多项式，则两多项式相加的运算规则为：①指数相同的对应系数相加，若和不为 0，则构成“和多项式”中的一项；②指数不同的仍然按照降幂顺序写到“和多项式”中。

算法思想：以单链表 polyn1 和 polyn2 表示两个一元多项式 A 和 B，A+B 的求和运算就等同于单链表中选择元素构造新结点建表的问题，因此“和多项式中的结点”需要另外生成。设 p1 和 p2 分别指向单链表 polyn1 和 polyn2 的某个结点，比较 p1 和 p2 的指数，由此得到下面运算规则：

(1) 当 (p1->zhishu) < (p2->zhishu) 时，则选择 p2 所指结点构造新结点。

(2) 当 (p1->zhishu) > (p2->zhishu) 时，则选择 p1 所指结点构造新结点。

(3) 当 (p1->zhishu==p2->zhishu) 且 (p1->xishu+p2->xishu!=0) 时，用 p1->xishu+p2->xishu 作为系数构造新结点。

构造好结点后采用尾插法将该结点插入到链表中。所以，该算法可描述如下：

算法 2.28　一元多项式相加算法

```
PolyLink *PolynAdd(PolyLink *polyn1,PolyLink*polyn2)
{   PolyLink *p1,*p2,*r,*result,*newnode;
    p1=polyn1->next;
    p2=polyn2->next;
    result=(PolyLink *)malloc(sizeof(PolyLink));
    r=result;
    while((p1!=polyn1)||(p2!=polyn2))
    {   if((p1->zhishu==p2->zhishu)&&(p1->xishu+p2->xishu==0))
        {   p1=p1->next;
            p2=p2->next;
        }
        else
        {   newnode=(PolyLink *)malloc(sizeof(PolyLink));
            if((p1->zhishu)<(p2->zhishu))
            {   newnode->xishu=p2->xishu;
```

```
                    newnode->zhishu=p2->zhishu;
                    p2=p2->next;
                }
                else
                {   if((p1->zhishu)>(p2->zhishu))
                    {   newnode->xishu=p1->xishu;
                        newnode->zhishu=p1->zhishu;
                        p1=p1->next;
                    }
                    else
                    {   newnode->xishu=p1->xishu+p2->xishu;
                        newnode->zhishu=p1->zhishu;
                        p1=p1->next;
                        p2=p2->next;
                    }
                }
                r->next=newnode;
                r=newnode;
            }
        }
        r->next=result;
        return result;
    }
```

算法中链表 result 为根据 polyn1 和 polyn2 创建的和多项式链表。求和操作以后，原来的两个多项式仍然存在，可以继续使用。

2.5.4　一元多项式相乘

通过对多项式加法的学习，可继续讨论两个多项式的相乘问题。两个多项式的相乘比两个多项式相加麻烦得多。

算法思想：以单链表 polyn1 和 polyn2 表示两个一元多项式 A 和 B，A*B 的求乘积运算就是依次从单链表 polyn1 中取一个元素与链表 polyn2 中的每一个结点做乘法生成新的链表。然后将生成的乘积链表中的同类项合并后排序。两个多项式相乘的算法可描述如下：

算法 2.29　一元多项式相乘算法

```
PolyLink *PolynMulti(PolyLink *polyn1,PolyLink *polyn2)
{   PolyLink *p1,*p2,*r,*result,*newnode;
    result=(PolyLink *)malloc(sizeof(PolyLink));
    r = result;
    for (p1=polyn1->next;p1!=polyn1;p1=p1->next)
    {   for (p2=polyn2->next;p2!=polyn2;p2=p2->next)
        {   newnode=(PolyLink *)malloc(sizeof(PolyLink));
            newnode->xishu=(p1->xishu)*(p2->xishu);
            newnode->zhishu=(p1->zhishu)+(p2->zhishu);
            r->next=newnode;
            r=newnode;
        }
```

```
    }
    newnode->next=result;
    CombinePoly (result);
    SortPoly(result);
    return result;
}
```

算法中链表 result 为根据 polyn1 和 polyn2 创建的积多项式链表。求多项式乘积操作以后，原来的两个多项式仍然存在，可以继续使用。

算法 2.29 中 CombinePoly ()算法是合并同类项算法，SortPoly()算法是对多项式链表按指数由高到低排序算法。合并一元多项式中同类项的算法描述如下：

算法 2.30　合并多项式同类项算法

```
void CombinePoly (PolyLink *polyn)
{   PolyLink *p, *q, *r;
    for (r=polyn->next;r->next!=polyn;r=r->next)
    {   for (p=r,q=p->next;q!=polyn;p=q,q=q->next)
        {   while (q->zhishu==r->zhishu&&q->next!=polyn)
            {   r->xishu = (q->xishu)+(r->xishu);
                p->next = q->next;
                free(q);
                q = p->next;
            }
            if (q->zhishu==r->zhishu&&q->next==polyn)
            {   r->xishu = (q->xishu)+(r->xishu);
                p->next = polyn;
                free(q);
                break;
            }
        }
    }
}
```

一元多项式链表中按指数从大到小的排序算法描述如下：

算法 2.31　多项式链表按指数降序排序算法

```
void SortPoly(PolyLink *polyn)
{   PolyLink *p,*q;
    int t;
    p=polyn->next;
    while(p->next!=polyn)
    {   q=p->next;
        while(q!=polyn)
        {   if(q->zhishu>p->zhishu)
            {   t=q->xishu;
                q->xishu=p->xishu;
                p->xishu=t;
                t=q->zhishu;
```

```
                q->zhishu=p->zhishu;
                p->zhishu=t;
            }
            q=q->next;
        }
        p=p->next;
    }
}
```

针对链表的排序算法有许多种，算法 2.31 只给出了一种基本的排序算法，由于一元多项式的非零项一般不会太多，所以读者可不必分析该排序算法效率。其他排序算法可参阅第 11 章的内部排序。

习 题 二

一、选择题

1. 线性表是(　　)。

A. 一个有限序列，可以为空　　B. 一个有限序列，不能为空

C. 一个无限序列，可以为空　　D. 一个无序序列，不能为空

2. 对于顺序存储的线性表，设其长度为 n，在任何位置上插入或删除操作都是等概率的。插入一个元素时平均要移动表中的(　　)个元素。

A. n/2　　B. (n+1)/2　　C. (n–1)/2　　D. n

3. 线性表采用链式存储时，其存储地址(　　)。

A. 必须是连续的　　B. 部分地址必须是连续的

C. 一定是不连续的　　D. 连续与否均可以

4. 用链表表示线性表的优点是(　　)。

A. 便于随机存取　　B. 花费的存储空间较顺序存储少

C. 便于插入和删除　　D. 数据元素的物理顺序与逻辑顺序相同

5. 某链表中最常用的操作是在最后一个元素之后插入一个元素和删除最后一个元素，则采用(　　)存储方式最节省运算时间。

A. 单链表　　B. 双链表

C. 单循环链表　　D. 带头结点的双循环链表

6. 循环链表的主要优点是(　　)。

A. 不再需要头指针

B. 已知某个结点的位置后，能够容易找到它的直接前驱

C. 在进行插入、删除运算时，能更好地保证链表不断开

D. 从表中的任意结点出发都能扫描到整个链表

7. 下面关于线性表的叙述错误的是(　　)。

A. 线性表采用顺序存储，必须占用一片地址连续的单元

B. 线性表采用顺序存储，不便于进行插入和删除操作

C. 线性表采用链式存储，不必占用一片地址连续的单元

D．线性表采用链式存储，不便于进行插入和删除操作

8．单链表中增加一个头结点的目的是为了(　　)。

A．使单链表至少有一个结点　　B．标识表结点中首结点的位置

C．便于运算　　D．说明单链表是线性表的链式存储

9．若某线性表中最常用的操作是在最后一个元素之后插入一个元素和删除第一个元素，则采用(　　)存储方式最节省运算时间。

A．单链表　　B．仅有头指针的单循环链表

C．双链表　　D．仅有尾指针的单循环链表

10．若线性表中最常用的操作是取第 i 个元素和找第 i 个元素的前驱元素，则采用(　　)存储方式最节省运算时间。

A．单链表　　B．顺序表

C．双链表　　D．单循环链表

二、判断题

1．线性表的逻辑顺序与存储顺序总是一致的。(　　)

2．顺序存储的线性表可以按序号随机存取。(　　)

3．顺序表的插入和删除操作不需要付出很大的时间代价，因为每次操作平均只有近一半的元素需要移动。(　　)

4．线性表中的元素可以是各种各样的，但同一线性表中的数据元素具有相同的特性。(　　)

5．线性表的顺序存储结构中逻辑上相邻的两个元素在物理位置上不一定相邻。(　　)

6．在线性表的链式存储结构中，逻辑上相邻的元素在物理位置上一定相邻。(　　)

7．线性表的链式存储结构优于顺序存储结构。(　　)

8．顺序表中插入和删除某元素时，移动元素的个数与该元素的位置有关。(　　)

9．链式存储结构是用一组任意的存储单元来存储线性表中数据元素的。(　　)

10．在单链表中要取某个元素，只要知道该元素的指针即可，因此，单链表是随机存取的存储结构。(　　)

三、填空题

1．带头结点的单链表 H 为空的条件是__________________。

2．非空单循环链表 L 中*p 是尾结点的条件是__________________。

3．在一个单链表中 p 所指结点之后插入一个由指针 f 所指结点，应执行 f->next=_______和 p->next=_____________的操作。

4．在一个单链表中 p 所指结点之前插入一个由指针 s 所指结点，可执行以下操作：s->next=_____________;p->next=s;t=p->data;p->data=_____________;s->data=_____________。

5．在顺序表中执行删除操作时首先检查________________。

四、算法设计题

1．设线性表中数据元素递增有序。试设计一算法，将 x 插入到线性表的适当位置上，以保持线性表的有序性。并且分析算法的时间复杂度。

2．已知一顺序表，其元素值非递减有序排列。设计一个算法删除顺序表中所有多余的值相同的元素。并且分析算法的时间复杂度。

3．设计一个算法，从一给定的顺序表中删除数据值从 x 到 y(x<=y)之间所有的元素，要求以较高的效率来实现。(提示：可以先将顺序表中所有值在 x~y 之间的元素置成一个特殊的值，并不立即删除它们，然后从最后向前依次扫描，发现具有特殊值的元素后，移动其后面的元素将其删除。)

4．顺序表中有 n 个元素，每个元素是一个字符。试设计一算法，使表中的字符按字母字符、数字字符和其他字符的顺序排列。要求利用原来的存储空间，元素移动次数最小。

5．线性表用顺序存储。设计一个算法，用尽可能少的辅助存储空间将顺序表中前 m 个元素和后 n 个元素进行整体互换，即将线性表$(a_1,a_2,\cdots,a_m,b_1,b_2,\cdots,b_n)$改变为$(b_1,b_2,\cdots,b_n,a_1,a_2,\cdots,a_m)$。

6．已知带头结点的单链表 L 中的结点是按整数值递增排列的。试设计一算法，将值为 x 的结点插入到表 L 中，使得 L 仍然有序,并且分析算法的时间复杂度。

7．假设有两个有序的单链表 A 和 B，设计一个算法将其合并成一个有序链表 C。

8．假设长度大于 1 的循环单链表既无头结点，也无头指针，p 为指向该链表中某一结点的指针。设计一个删除该结点的前趋结点的算法。

9．已知两个单链表 A 和 B 分别表示两个集合，其元素递增排列。设计一个算法求出 A 和 B 的交集 C，要求 C 同样以元素递增的单链表形式存储。

10．设有一个双向链表，每个结点中除有 before、data 和 next 域外，还有一个访问频度 freq 域，在链表被起用之前，该域其值初始化为零。每当在链表进行一次 Locate(L,x)运算后，令值为 x 的结点中的 freq 域增 1，并调整表中结点的次序，使其按访问频度的递减序列排列，以便使频繁访问的结点总是靠近表头。试设计一个满足上述要求的 Locate(L,x)算法。

第3章　栈

本章介绍一种特殊的线性表——栈。从数据的逻辑结构看，栈是线性表；从操作角度看，其特殊点体现在栈的基本操作是线性表操作的子集，因此称它是操作受限的线性表。栈在操作系统、程序编译软件等各种软件系统中得到广泛的应用。

学习要点：

- 深刻理解栈是满足先进后出存取规则的线性表。
- 掌握用顺序存储结构和链式存储结构实现栈的基本操作。
- 掌握栈的其他存储结构及其基本操作。
- 能够用栈的结构特点解决实际问题。

3.1　栈的定义及基本运算

栈是软件设计中常用的一种数据结构，它的逻辑结构和线性表相同。其特点在于运算受限：栈按“后进先出”的规则进行操作，故称栈为操作受限的线性表。栈作为一种简单的数据结构，在以后章节的程序设计中经常会用到，如树的遍历、图的深度优先遍历、求图的关键路径等问题都用到栈“后进先出”的特性，因此需要熟练掌握。

3.1.1　栈的定义

栈是限制在表的同一端进行插入和删除的线性表。允许插入、删除的这一端称为栈顶，另一固定端称为栈底。栈中没有元素时称为空栈。如图3.1所示，栈中有三个元素，进栈的顺序是 s_1、s_2、s_3，出栈时其顺序为 s_3、s_2、s_1，所以栈又称为后进先出(Last Input First Output)或先进后出(First Input Last Output)线性表，简称 LIFO 表或 FILO 表。

在日常生活中，有很多后进先出的例子。例如，子弹夹中压入子弹的顺序和子弹射出的顺序就是先进后出的，所以是一个栈；过栈道，若前面道路中断，只能按后进先出的规则退回，所以也构成一个栈结构。

在程序设计中要使得与保存数据相反的顺序来使用这些数据，这时就需要一个栈来实现。栈作为一种简单而又重要的数据结构，在以后章节的算法设计中经常会用到，因此需要很好地掌握。

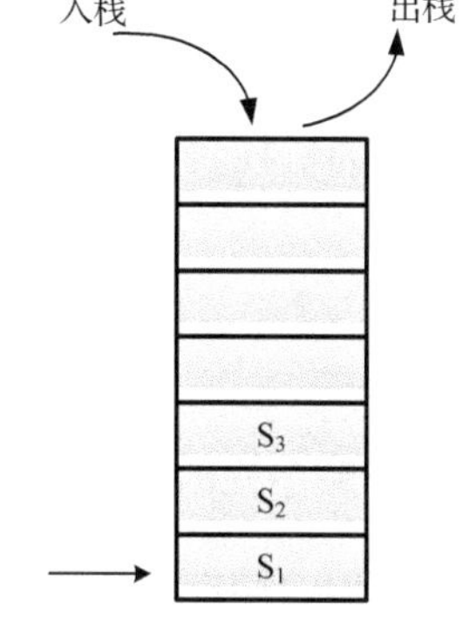

图3.1　栈示意图

3.1.2　栈的抽象数据类型

由于栈是运算受限的线性表，所以有些操作在栈中就不允许，插入只能在栈顶进行，删除操作也只能在栈顶进行，而不允许在栈的其他任何位置进行插入和删除操作。所以栈上可进行的操作要比线性表少。栈的抽象数据类型可定义为：

ADT Stack {
数据对象：$D=\{ a_i \mid a_i \in ElemSet, i=1,2,\cdots,n, n\geqslant 0\}$
数据关系：$R_1=\{<a_{i-1},a_i> \mid a_{i-1},a_i \in D, i=2,\cdots,n\}$
基本操作：
1) 栈初始化：InitStack(&S)
初始条件：栈 S 不存在。
操作结果：构造一个空栈。
2) 栈判空：StackEmpty(S)
初始条件：栈 S 已存在。
操作结果：若 S 为空栈返回为 1，否则返回为 0。
3) 入栈：Push(&S，e)
初始条件：栈 S 已存在。
操作结果：栈 S 的顶部插入一个新元素 e，e 成为新的栈顶元素。
4) 出栈：Pop(&S，&e)
初始条件：栈 S 存在。
操作结果：栈 S 的顶部元素从栈中删除，栈中少一个元素。
5) 读栈顶元素：GetTop(S，&e)
初始条件：栈 S 存在。
操作结果：栈顶元素由 e 返回，栈不变化。
6) 栈的深度：StackDepth(S)
初始条件：栈 S 已存在。
操作结果：结果返回当前栈的深度。
7) 栈清空：ClearStack(&S)
初始条件：栈 S 已存在。
操作结果：清空当前栈。
}ADT Stack

由于栈是运算受限的线性表，因此线性表的存储结构对栈也是适用的，只是操作不同而已。栈也可采用顺序存储和链式存储等两种存储结构，顺序存储的栈称为顺序栈，链式存储的栈称为链栈。

3.2 顺 序 栈

3.2.1 顺序栈的定义及存储结构

利用顺序存储结构实现的栈称为顺序栈。类似于顺序表的定义，栈的顺序存储结构是利用一组地址连续的存储单元依次存放自栈底到栈顶的数据元素，用 elem 指向该存储单元的初始地址，同时附设指针 top 指示栈顶的位置(top 实为数组下标，是一整数)，用 stacksize 指示栈的当前可使用的最大容量。并将 elem、top 和 stacksize 封装在一个结构中，顺序栈的数据类型描述如下：

```
# define STACK_INITSIZE 10
# define STACK_INCREAMENT 2
typedef struct
{   ElemType *elem;
    int top;
    int stacksize;
}SeqStack;
```

由于栈在使用过程中所需最大空间的大小很难估计，因此在初始化空栈时不应限定栈的最大容量。一个较合理的做法为：先为栈设定一个基本容量，然后在栈的使用过程中出现存储空间不足时再逐步扩大，为此可设定 STACK_INITSIZE 和 STACK_INCREAMENT 两个常量，STACK_INITSIZE 指存储空间初始分配量，STACK_INCREAMENT 指存储空间分配增量。

给栈成功分配存储空间后，若规定栈顶指针 top=0 表示栈为空。那么每当插入新元素时，应该先放置元素在 top 所指位置，再让指针 top 增 1；删除栈顶元素时，先让指针 top 减 1 指向栈顶元素所在位置，然后删除该栈顶元素。因此，非空栈中栈顶指针始终在栈顶元素所在位置的后面那个位置上。

图 3.2 展示顺序栈中数据元素和栈顶指针之间的对应关系。图 3.2(a)是空栈；图 3.2(b)是元素 A 入栈之后的结果；图 3.2(c)是 A、B、C、D、E 共 5 个元素依次入栈之后的结果；图 3.2(d)是在图 3.2(c)基础上 E、D 相继出栈后的结果，此时栈中有 3 个元素，top 指针已经指向了新的栈顶；图 3.2(e)是在图 3.2(d)基础上 C、B、A 相继出栈后的结果，此时栈为空，top 指针已经指向基地址。通过该示意图读者要深刻理解栈顶指针的作用。可以看出，随着入栈操作栈顶指针向上移动，而随着出栈操作栈顶指针向下移动。

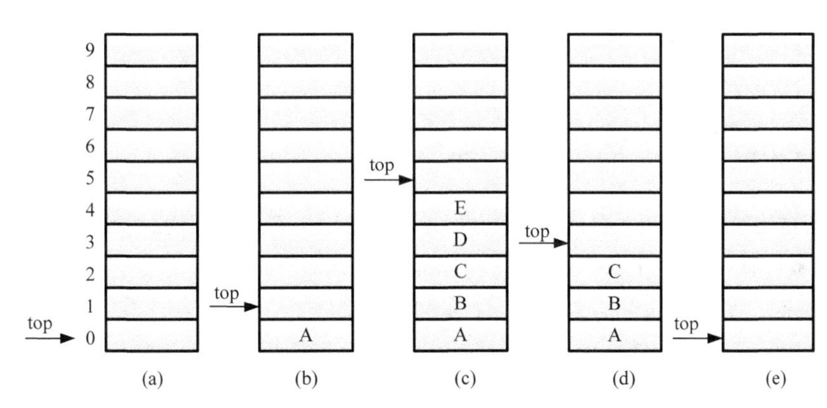

图 3.2　栈顶指针 top 与栈中数据元素的关系

3.2.2　顺序栈的基本操作

下面讨论在顺序存储结构下栈的初始化、入栈、出栈、读取栈顶元素、判断空、求栈的深度等操作。

1. *栈的初始化操作* int InitStack(SeqStack *S)

首先申请大小为 STACK_INITSIZE 的一块存储空间，让 S->elem 指向这一块空间；然后设置该栈当前存储空间 S->stacksize 大小为 STACK_INITSIZE；最后将栈顶指针 S->top 指向下标为 0 的单元。该操作描述如下：

```
int InitStack(SeqStack *S)
{   S->elem=(ElemType *)malloc(sizeof(ElemType)*STACK_INITSIZE);
    if(!(S->elem))
        return ERROR;
    S->stacksize=STACK_INITSIZE;
    S->top=0;
    return OK;
}
```

2. 入栈操作 int Push (SeqStack *S,ElemType e)

首先将入栈元素 e 送到栈顶指针所指存储空间，然后让栈顶指针向后移动一个位置。需要注意的是，顺序栈进行入栈操作时，首先应该判断栈是否已满，栈满时先不能入栈，需要扩充存储空间后才可进行正常的入栈操作。该操作描述如下：

```
int Push(SeqStack *S,ElemType e)
{   ElemType *newbase,newspacesize;
    if(S->top>=S->stacksize-1)
    {   newspacesize=(S->stacksize+STACK_INCREAMENT)*sizeof(ElemType);
        newbase=(ElemType *)realloc(S->elem,newspacesize);
        if(!newbase)
            return ERROR;
        S->elem=newbase;
        S->stacksize+=STACK_INCREAMENT;
    }
    S->elem[S->top]=e;
    S->top++;
    return OK;
}
```

3. 出栈操作 int Pop (SeqStack *S,ElemType *e)

顺序栈进行出栈操作时，首先应该判断栈是否为空：栈空时不能出栈；若栈非空，则由 e 返回栈顶元素，栈顶指针下移一个位置。该操作描述如下：

```
int Pop(SeqStack *S,ElemType *e)
{   if(S->top<=0)
        return ERROR;
    *e=S->elem[S->top-1];
    S->top--;
    return OK;
}
```

4. 取栈顶元素操作 int GetTop (SeqStack *S,ElemType *e)

首先判断栈是否为空，若空则不能取元素，若不空则可读取栈顶元素。与出栈操作相比较，该操作不移动栈顶指针。该操作描述如下：

```
int GetTop(SeqStack *S,ElemType *e)
{   if((S->top)<=0)
        return ERROR;
```

```
        *e=(*S).elem[S->top-1];
        return OK;
    }
```

5. 判断栈是否为空 int StackEmpty(SeqStack *S)

判断栈顶指针 S->top 的值，若 S->top 为 0 则栈为空，若 S->top 大于 0 则栈不为空。该操作描述如下：

```
    int StackEmpty(SeqStack *S)
    {   if(S->top<=0)
            return 1;
        else
            return 0;
    }
```

需要注意的是，通常将栈空作为一种控制转移的条件，大量使用在编译系统、树和图的深度优先遍历算法中。

6. 求栈的深度 int StackDepth(SeqStack *S)

观察栈结构可知栈顶指针 S->top 中存储的值(栈顶元素的后一个位置下标)就是当前栈的深度。该操作描述如下：

```
    int StackDepth(SeqStack *S)
    {   return S->top;
    }
```

7. 清空栈 int ClearStack(SeqStack *S)

栈顶指针 S->top 所指的位置赋值为 0，留在存储空间内元素认为是随机值。该操作描述如下：

```
    int ClearStack(SeqStack *S)
    {   S->top=0;
        return OK;
    }
```

注意：在初始化的过程中，S->top 的初始值并不一定要赋值为 0，也可以赋值为–1。当初始化操作中若 S->top=–1 时，非空栈中的栈顶指针始终在栈顶元素所在的位置上，此时栈的相应基本操作就会发生变化：入栈操作时应先让栈顶指针加 1，再插入元素；出栈操作时应先删除栈顶元素，再让栈顶指针减 1。

3.3 链　　栈

3.3.1 链栈的定义及存储结构

用链式存储结构实现的栈称为链栈，一般用带头结点单链表作为栈的存储结构。因为栈中的主要运算是在栈顶插入、删除，显然用链表的头部做栈顶是最方便的，则规定单链表的头结点这一端为栈顶，单链表的最后一个元素这一端为栈底。所以，在链栈中入栈和出栈操作只能在链表的头结点后面进行。

链栈的操作跟链表类似，将 11, 22, 33 等三个元素依次压入链栈中的结果如图 3.3 所示。其结点结构与单链表的结点结构相同，即包括数据域跟指针域等两部分，在此用 LinkStack 表示。链栈的数据类型描述如下：

```
typedef struct node
{   ElemType data;
    struct node *next;
}LinkStack;
```

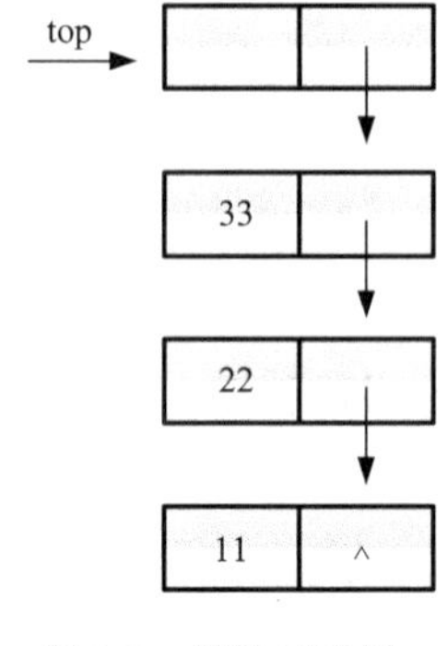

图 3.3　链栈示意图

3.3.2　链栈的基本操作

下面讨论在链式存储结构下栈的初始化、入栈、出栈、读取栈顶元素、判断空等基本操作。

1. 链栈的初始化 LinkStack *InitStack()

首先申请分配一个类型为 LinkStack 的结点空间，并将其首地址放入指针变量 S 中；然后将 S 的指针域给空，即 S->next=NULL；最后返回空链表的头结点 S 所在的地址。该操作描述如下：

```
LinkStack *InitStack()
{   LinkStack *S;
    S=(LinkStack *)malloc(sizeof(LinkStack));
    S->next=NULL;
    return S;
}
```

说明：此时 S 为头结点，但由于插入和删除操作仅限制在表头位置进行，所以链栈也可以不附加头结点。若用不带头结点的单链表来表示栈，有些操作需要做特殊处理。后面的操作都是在带头结点的单链表上完成的。

2. 链栈的进栈操作 int Push(LinkStack *S,ElemType e)

首先生成新结点 p，并将进栈的元素存放到新结点的数据域中；然后将新结点插入到当前链栈的头结点 S 之后，即 p->next=S->next，S->next=p。与顺序栈相比较，链栈不存在栈满的情形。该操作描述如下：

```
int Push(LinkStack *S,ElemType e)
{   LinkStack *p;
    p=(LinkStack *)malloc(sizeof(LinkStack));
    p->data=e;
    p->next=S->next;
    S->next=p;
    return OK;
}
```

3. 链栈的出栈操作 int Pop(LinkStack *S,ElemType *e)

首先判断栈是否为空，若栈空则不能出栈，否则根据栈后进先出的特性，让一指针 p 指向链栈头结点 S 之后的第一个结点，用 e 返回 p 结点数据域中的元素，即栈顶元素；然后将 p 结点从链栈中删除并释放该结点所占用的存储空间。该操作描述如下：

```
int Pop(LinkStack *S,ElemType *e)
{   LinkStack *p;
    if (S->next==NULL)
        return ERROR;
    p=S->next;
    *e=p->data;
    S->next=p->next;
    free(p);
    return OK;
}
```

4. 读取栈顶元素 int GetTop(LinkStack *S,ElemType *e)

首先判断栈是否为空：若空，即 S->next==NULL，则不能出栈；若不空，则用 p 指向链栈头结点之后的第一个结点。然后用 e 返回栈顶数据元素，即*e=p->data。需要注意的是，与出栈操作相比较，该操作并不从链表中删除结点。该操作描述如下：

```
int GetTop(LinkStack *S,ElemType *e)
{   LinkStack *p;
    if (S->next==NULL)
        return 0;
    p=S->next;
    *e=p->data;
    return OK;
}
```

5. 链栈判空 int StackEmpty(LinkStack *S)

如果链栈的头结点 S 的指针域为空，则表明该栈为空，返回 1，否则不空，返回 0。该操作描述如下：

```
int StackEmpty(LinkStack *S)
{   if(S->next==NULL)
        return 1;
    else
        return 0;
}
```

链栈的清空 int ClearStack(LinkStack *S)和求链栈长度的操作 int StackDepth(LinkStack *S)算法思想与单链表的清空和求长度操作一样，此处不再列出，读者可自行写出。

需要注意的是，以上的操作都是在链栈有头结点的基础上进行的，在设计时链栈也可以不带头结点。然而对于带头结点和不带头结点的链栈，在具体的实现方面有所不同。在不带头结点的链栈中栈顶指针 top 指向栈顶元素，初始化时让 top=NULL，其他的操作读者可以自行讨论。

顺序栈和链栈操作的时间复杂度均为 O(1)。顺序栈中需要预先分配栈空间的大小，当栈中的元素不多时容易造成空间的浪费，当栈的入栈操作过多时，有可能出现栈空间不足而应扩充存储空间。链栈需要增加每个结点的存储开销，存储密度小。在链栈的操作中，它的 malloc 和 free 函数的时间开销比较大。

3.4 共享栈与多栈

前面已经介绍了顺序栈与链栈，它们都是单个栈的不同存储结构。有时候可能需要同时使用两个或多个栈来处理问题。为了解决这些问题，可以设计共享栈结构和多链栈结构。

3.4.1 共享栈

处理一个问题时同时需要两个栈，栈中的元素都有可能达到最大值 M，但不可能同时达到最大值 M，即一个栈中元素较多时另一个栈中元素就较少或为空，存储在两个栈中的元素总个数不大于 M，此时设计共享栈存储数据最节省空间。

1. 共享栈的定义

为了能更有效地利用存储空间，可以利用共享栈存储信息，利用栈底位置相对不变的特性，可以让两个顺序栈共享一个一维数据空间，将两个栈的栈底分别设置在共享空间的两端，两个栈顶向共享空间的中间延伸。这种结构的栈称为共享栈或双端栈。所以，共享栈的存储可定义如下：

```
typedef struct
{   ElemType elem[M];
    int top1,top2;
}SharedStack;
```

说明：M 指共享栈的当前可使用的最大容量，数组 elem 存放进入两个栈的元素，top1 和 top2 分别为两个栈顶指针。

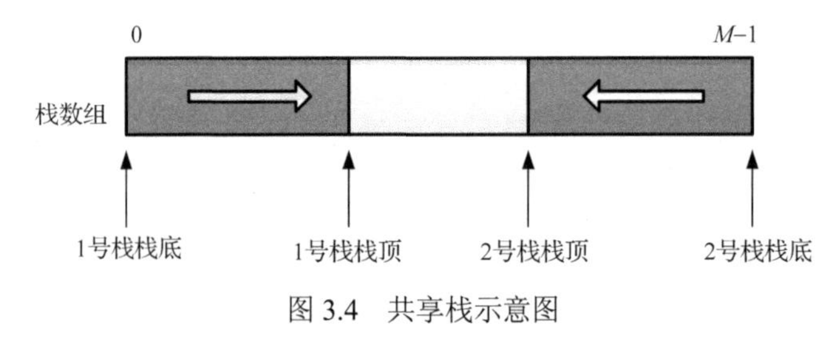

图 3.4 共享栈示意图

图 3.4 为共享栈的示意图，两个栈顶指针都指向栈顶元素，S->top1=-1 时 1 号栈为空，S->top2=M 时 2 号栈为空。当 1 号栈进栈时，top1 先加 1 再赋值，当 2 号栈进栈时，top2 先减 1 再赋值，出栈时则相反。仅当两个栈顶指针相邻时，即 S->top1+1==S->top2 时，栈满。当需要两个栈处理问题，且存储在两个栈中的总元素个数不大于 M 时适合使用双端栈。应用软件中的“撤销”和“恢复”命令就是双端栈应用的例子。

2. 共享栈的基本操作

下面讨论共享栈的初始化、进栈、出栈、求栈的深度等操作。

(1)共享栈初始化：int InitStack(SharedStack *S)。

分别初始化 top1 和 top2 两个栈顶指示器，S->top1=-1 时 1 号栈为空，S->top2=M 时 2 号栈为空。该操作描述如下：

```
int InitStack(SharedStack *S)
{   S->top1=-1;
    S->top2=M;
    return OK;
}
```

(2)共享栈的进栈操作：int Push(SharedStack *S,ElemType e,int i)。

首先判断共享栈是否已满，若满则入栈失败，若不满，如果入的是 1 号栈，top1 先后移动一个位置再放元素到 top1 所在的位置，如果入的是 2 号栈，top2 先向前移动一个位置再放元素到 top2 所在的位置。该操作描述如下：

```
int Push(SharedStack *S,ElemType e,int i)
{   if(S->top1+1==S->top2)
        return ERROR;
    switch(i)
    {
    case 1:
        S->top1++;
        S->elem[S->top1]=e;
        break;
    case 2:
        S->top2--;
        S->elem[S->top2]=e;
        break;
    default:
        return ERROR;
    }
    return OK;
}
```

(3)共享栈的出栈操作：int Pop(SharedStack *S,ElemType *e,int i)。

如果 1 号栈出栈，首先判断 1 号栈是否为空，若为空不能出栈，若不空，则由 e 返回栈顶元素，然后 top1 减 1；如果 2 号栈出栈，首先判断 2 号栈是否为空，若为空不能出栈，若不空，则由 e 返回栈顶元素，再 top2 加 1。该操作如下：

```
int Pop(SharedStack *S,ElemType *e,int i)
{   switch(i)
    {
    case 1:
        if(S->top1==-1)
            return ERROR;
        *e=S->elem[S->top1];
        S->top1--;
        break;
```

```
        case 2:
            if(S->top2==M)
                return ERROR;
            *e=S->elem[S->top2];
            S->top2++;
            break;
        default:
            return ERROR;
        }
        return OK;
    }
```

(4) 求共享栈的深度：int StackDepth(SharedStack *S,int i)。

如果求 1 号栈的深度，则返回 S->top1+1；如果求 2 号栈的深度，则返回 M–S->top2。

```
    int StackDepth(SharedStack *S,int i)
    {   switch(i)
        {
        case 1:
            return S->top1+1;
            break;
        case 2:
            return M-S->top2;
            break;
        default:
            return ERROR;
        }
    }
```

3. 动态共享栈

在双端栈中，如果数据元素有进有出，且存储在双端栈中的元素个数不大于 M 时，其入栈、出栈等基本操作完全可行。但是在数据元素把存储空间都占满且又有元素需要入栈时，那么传统算法就无法解决了，就会溢出，数据元素入栈不成功。有人会认为可以在定义 M 时将其放大到最大程度，但会发现 M 越大，造成的空间浪费就越大；也有人会提出在空间不够用时，停止程序执行，再将 M 放大一些，但是在一些大型系统开发中，系统一旦投入运行，就很难停止。

针对上面的问题，可以将 ElemType 定义为指针类型*Stack，而非数组，这样就不对双端栈设置最大存储空间 M，而是给双端栈设置初始值 STACK_INIT_SIZE，通过 C 语言提供的动态内存函数 malloc 给该指针分配存储空间，且附设一个 StackSize 来表示该空间的当前大小。若在程序执行中出现栈满的情况，可以通过 realloc 函数对该空间进行动态扩充，使其增加 STACK_INCREAMENT 个单元。动态双端栈的存储可定义如下：

```
    # define STACK_INIT_SIZE 15
    # define STACK_INCREAMENT 5
    typedef struct
    {   ElemType *Stack;
        int top1,top2;
```

```
    int StackSize;
}DqStack;
```

依照上述定义方法后，可以自行设计动态共享栈初始化、入栈、出栈等相关算法。若有兴趣，可继续讨论出栈时若空闲空间过多存储空间的动态回收问题。

3.4.2 多链栈

有时候可能需要同时使用多个栈来处理问题，为了解决这些问题可以设计多链。多栈可以采用顺序存储结构，也可采用链式存储结构。此处，只讨论链式多栈技术，即多链栈。对于多栈的顺序存储结构，读者可自行讨论并设计相应算法。

1. 多链栈的结构定义

多链栈是一种顺序和链式相结合的存储结构，由两部分组成，一部分是由动态单链栈的头结点组成的数组，另一部分是多个单链栈。多链栈中包含多个单链栈。不同于共享栈两个栈共享一个既定大小的存储空间，多链栈是每个单链栈动态分配存储空间，且将多个动态单链栈的头结点放在一个结点类型为 LinkStack 的数组中。头结点一般有两个域：一个是数据域（一般为空）；另一个是指针域，用来存放该单链栈的第一个结点的地址。多链栈的数据类型描述如下：

```
typedef struct node
{   ElemType data;
    struct node *next;
}LinkStacknode;
typedef struct
{   LinkStacknode *top[M];
    int stacknum;
}MulLinkStack;
```

说明：结构体 LinkStacknode 中包含数据域 data 和指针域 next。top[M]为定义的一个存放每个栈顶指针的指针数组，stacknum 表示多栈中单栈的个数。

2. 多链栈的基本操作

多链栈的各种操作跟单链栈的很相似，不同之处在于在多链栈上的操作其实是对单链栈 top[i]，i=0,1,2,⋯,M−1 的操作。下面讨论在链式存储结构下多链栈的初始化、入栈、出栈、求栈的深度等操作。

(1) 多链栈初始化：int InitStack(MulLinkStack *S)。

为 top[M]中每一个单栈申请分配一个类型为 LinkStacknode 的结点空间，并将每个栈顶的指针域 next 给空，即 S->top[i]->next=NULL。该操作描述如下：

```
int InitStack(MulLinkStack *S)
{   int i;
    for(i=0;i<M;i++)
    {   S->top[i]=(LinkStacknode *)malloc(sizeof(LinkStacknode));
        if(S->top[i]==NULL)
            return ERROR;
        S->top[i]->next=NULL;
```

```
    }
    S->stacknum=M;
    return OK;
}
```

(2) 多链栈入栈：int Push (MulLinkStack *S,int i,ElemType *e)。

首先申请存放数据元素的结点 p，将入栈元素放入指针变量 p 的数据域，然后让结点 p 入第 i 号链栈。该操作描述如下：

```
int Push(MulLinkStack *S,int i,ElemType *e)
{   LinkStacknode *p;
    if(i<1||i>S->stacknum)
        return ERROR;
    p=(LinkStacknode *)malloc(sizeof(LinkStacknode));
    if(p==NULL)
        return ERROR;
    p->data=*e;
    p->next=(S->top[i-1])->next;
    (S->top[i-1])->next=p;
    return OK;
}
```

(3) 多链栈出栈：int Pop (LinkMultiStack *S,int i,ElemType *e)。

首先将指针 p 所指向第 i 号链栈中的栈顶元素上，由 e 返回栈顶元素，然后删除该结点并释放结点 p 所占空间。该操作描述如下：

```
int Pop(MulLinkStack *S,int i,ElemType *e)
{   LinkStacknode *p;
    if(i<1||i>S->stacknum)
        return ERROR;
    p=S->top[i-1]->next;
    if(p==NULL)
        return ERROR;
    S->top[i-1]->next=p->next;
    *e=p->data;
    free(p);
    return OK;
}
```

(4) 求多链栈的深度：int StackDepth (LinkMultiStack *S,int i)。

定义一个指针变量 p，指向第 i 号链栈的栈顶指针所指的结点，再定义一个计数器 cnt，如果 p!=NULL，则 cnt++，然后指针 p 再指向下一个结点，直到 p==NULL，最后所得的 cnt 的值便是多链栈的深度，即统计第 i 号链栈中有多少个结点。该操作描述如下：

```
int StackDepth(MulLinkStack S,int i)
{   LinkStacknode *p;
    int cnt=0;
    if(i<1||i>S.stacknum)
        return ERROR;
```

```
        p=S.top[i-1]->next;
        while(p!=NULL)
        {   cnt++;
            p=p->next;
        }
        return cnt;
    }
```

多链栈的清空和判断是否为空等操作算法思想和单链栈中相应的操作一样，此处不再列出，读者可自行写出。

3.5 栈 的 应 用

由于栈的操作是线性表操作的特例，而且栈结构具有后进先出的固有特性，致使栈成为软件开发和普通程序设计的重要工具。

3.5.1 栈的简单应用

很多实际问题都利用栈先进后出的特征，将其作为问题求解中一个辅助数据结构来使用，以下为栈应用的一些简单例子。

【例 3.1】 数制转换问题。

将十进制数 n 转换为 m 进制数，其转换方法利用辗转相除法：以 n=3467，m=8 为例转换方法，如表 3.1 所示。

表 3.1　十进制数 n 转换为 m 进制数的过程

n	n/8(整除)	n%8(求余)	方向
3467	433	3	低 ↑ 高
433	54	1	
54	6	6	
6	0	6	

所以有 $(3467)_{10}=(6613)_8$。我们看到所转换的八进制数按低位到高位的顺序产生的，而通常的输出是从高位到低位的，恰好与计算过程相反，因此转换过程中每得到一位八进制数则进栈保存，转换完毕后依次出栈，出栈得到的序列正好是转换结果。

算法思想：若 n≠0，则将 n%m 的余数压入栈 s 中，用 n/m 代替 n；若 n=0，将栈 s 的内容依次出栈，算法结束。

算法 3.1　十进制数 n 转换为 m 进制数算法

```
    void SZZH(int n,int m)
    {   int n1,ys,e;
        SeqStack S;
        InitStack(&S);
        n1=n;
        while(n1>0)
        {   ys=n1%m;
            Push(&S,ys);
```

```
            n1=n1/m;
        }
        while(!StackEmpty(&S))
        {   Pop(&S,&e);
            if(e<=9)
                printf("%d",e);
            else
                printf("%c",'A'+e-10);
        }
        printf("\n");
    }
```

【例 3.2】括号匹配问题。

假设某高级语言语句中允许有三种括号：圆括号、方括号和花括号，其嵌套的顺序任意。例如({[]}())或[([]{[]})] 等均为正确的格式，[(({])})或({[)])均为不正确的格式。如何判定这些括号是否匹配。例如下列括号序号为一匹配的序列：

[	(	[	]	{	[	]	}	)	]
1	2	3	4	5	6	7	8	9	10

算法的思想如下：

(1)初始设置一个空栈。

(2)顺序读取括号。

(3)若读取的是左括号，则压入栈中。

(4)若读取的是右括号，则需要读取栈顶元素，看栈顶元素是否和当前括号匹配：若匹配则将栈顶元素删除，并转(2)继续执行；若不匹配结束算法。

算法结束时，栈为空说明整个括号串是匹配的，若栈不为空说明括号序列不匹配。括号匹配问题是语言编译中一个最基本的问题。

【例 3.3】表达式求值。

表达式求值也是程序设计语言编译中一个最基本的问题。它的实现也是需要栈的加入。

表达式是由运算对象、运算符、括号组成的有意义的式子。运算符从运算对象的个数上分，有单目运算符和双目运算符；从运算类型上分，有算术运算、关系运算、逻辑运算。在此仅限于讨论只含二目中缀运算符的算术表达式。中缀表达式中每个二目运算符在两个运算量的中间，假设所讨论的算术运算符包括+、–、*、/、%、^(乘方)和()。设运算规则为：

(1)运算符的优先级为：()→ ^→ *、/、%→+、–。

(2)有括号出现时先算括号内的，后算括号外的；多层括号，由内向外进行。

(3)乘方连续出现时先算最右面的。

表达式按一个满足表达式语法规则的串存储，如表达式 3*2^(4+2*2–1*3)–5，它的求值过程为：自左向右扫描表达式，当扫描到 3*2 时不能马上计算，因为后面可能还有更高的运算，正确的处理过程是：需要两个栈，一个是运算对象栈 s1，另一个是运算符栈 s2。自左至右扫描表达式的每一个字符时，若当前字符是运算对象，入对象栈，是运算符时，若这个运算符的优先级比栈顶运算符高则入栈，继续向后处理，若这个运算符的优先级比栈顶运算符优先级低则从对象栈弹出两个运算对象，从运算符栈弹出一个运算符进行相应运算，并将运算结果压入对象栈，继续处理当前字符，直到遇到结束符为止。

根据运算规则，左括号“(”在栈外时它的级别最高，而进栈后它的级别则最低；乘方运算的结合规律是自右向左，所以，它的栈外级别高于栈内；*、/、%运算的结合规律是自左向右，所以，它的栈外级别低于栈内；+、–运算的结合规律是自左向右，所以，它的栈外级别也低于栈内。就是说有的运算符栈内栈外的级别是不同的。遇到右括号“)”时，一直需要对运算符栈出栈，并且相应运算，直到遇到栈顶为左括号“(”时，将其出栈，因此右括号“)”级别最低，但它是不入栈的。

对象栈初始化为空，为了使表达式中的第一个运算符入栈，算符栈中预设一个最低级的运算符“(”。根据以上分析，每个运算符栈内、栈外的优先级别如表 3.2 所示。表中数字越大，表示优先级别越高。

表 3.2　中缀表达式求值问题中运算符的优先级

运算符	栈内级别	栈外级别
^	5	6
*、/、%	4	3
+、–	2	1
(	0	7
)		0

读者可根据上述优先级自行画出中缀表达式表达式 3*2^(4+2*2–1*3)–5 求值过程中两个栈的变化情况并相应设计算法。

为了处理方便，编译程序常把中缀表达式首先转换成等价的后缀表达式，后缀表达式的运算符在运算对象之后再利用运算符栈和运算对象栈完成表达式求值问题。在后缀表达式中，不再引入括号，所有的计算按运算符出现的顺序严格从左向右进行，而不用再考虑运算规则和级别。上述中缀表达式 3*2^(4+2*2–1*3)–5 转换后的后缀表达式为 32422*+13*–^*5–。

【例 3.4】 利用栈实现迷宫求解。

问题：这是实验心理学中的一个经典问题，心理学家把一只老鼠从一个无顶盖的大盒子入口处赶进迷宫。迷宫中设置很多隔壁，对前进方向形成多处障碍，心理学家在迷宫的唯一出口处放置一块奶酪，吸引老鼠在迷宫中寻找通路以到达出口。

求解思想：回溯法是一种不断试探且及时纠正错误的搜索方法。下面的求解过程采用回溯法。从入口出发，按某一方向向前探索，若能走通(未走过的)，即某处可以到达，则到达新点，否则试探下一方向。若所有的方向均没有通路，则沿原路返回前一点，换下一个方向再继续试探，直到所有可能的通路都探索到，或找到一条通路，或无路可走又返回到入口点。

在求解过程中，为了保证在到达某一点后不能向前继续行走(无路)时能正确返回前一点以便继续从下一个方向向前试探，则需要用一个栈保存所能够到达的每一点的下标及从该点前进的方向。需要解决的四个问题：

(1)表示迷宫的数据结构。

设迷宫为 m 行 n 列，利用 maze[m][n]来表示一个迷宫，maze[i][j]=0 或 1：0 表示通路，1 表示不通。从某点向下试探时，中间点有 8 个方向可以试探，见图 3.5，而 4 个角点有 3 个方向，其他边缘点有 5 个方向，为使问题简单化，我们用 maze[m+2][n+2]来表示迷宫，而迷宫的四周的值全部为 1。这样做使问题简单了，每个点的试探方向全部为 8，不用再判断当前点的试探方向有几个，同时与迷宫周围是墙壁这一实际问题相一致。图 3.5 表示的迷宫是一个 6×8 的迷宫。入口坐标为(1,1)，出口坐标为(m,n)。

			1	2	3	4	5	6	7	8	
0		1	1	1	1	1	1	1	1	1	1
1	1	1	0	1	1	1	0	1	1	1	1
2	2	1	1	0	1	0	1	1	1	1	1
3	3	1	0	1	0	0	0	0	0	1	1
4	4	1	0	1	1	1	0	1	1	1	1
5	5	1	1	0	0	1	1	0	0	0	1
6	6	1	0	1	1	0	0	1	1	0	1
7		1	1	1	1	1	1	1	1	1	1

图 3.5　用 maze[m+2][n+2]表示的迷宫

迷宫的定义如下：

```
#define m 6                /*迷宫的实际行*/
#define n 8                /*迷宫的实际列*/
int maze [m+2][n+2];
```

(2)试探方向。

在上述表示迷宫的情况下，每个点有 8 个方向去试探，如当前点的坐标(x,y)，与其相邻的 8 个点的坐标都可根据与该点的相邻方位而得到，如图 3.6 所示。因为出口在(m,n)，因此试探顺序规定为：从当前位置向前试探的方向为从正东沿顺时针方向进行。为了简化问题，方便地求出新点的坐标，将从正东开始沿顺时针进行的这 8 个方向的坐标增量放在一个结构数组 move[8]中，在 move 数组中，每个元素有两个域组成，x 为横坐标增量，y 为纵坐标增量。move 数组如图 3.7 所示。

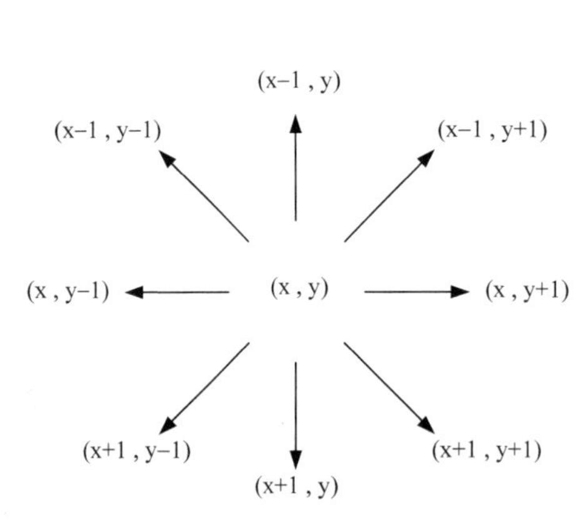

图 3.6　与点(x，y)相邻的 8 个点及坐标

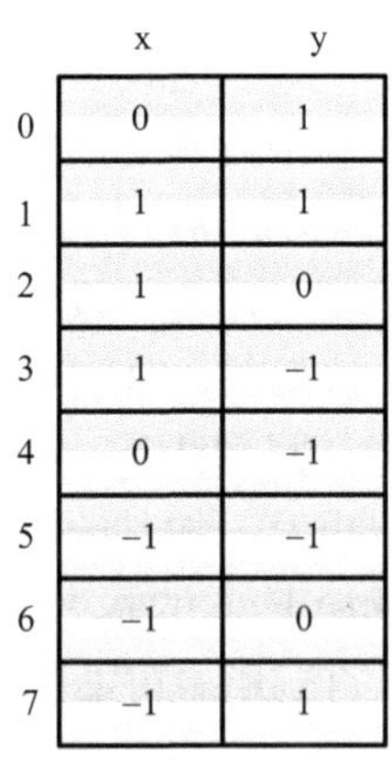

	x	y
0	0	1
1	1	1
2	1	0
3	1	−1
4	0	−1
5	−1	−1
6	−1	0
7	−1	1

图 3.7　增量数组 move

move 数组定义如下：

```
typedef struct{ int x,y; } item;
item move[8];
```

这样对 move 的设计会很方便地求出从某点(x,y)按某一方向 v(0≤v≤7)到达的新点(i,j)的坐标：i=x+move[v].x; j=y+move[v].y。

(3)栈的设计。

到达了某点而无路可走时需返回前一点，再从前一点开始向下一个方向继续试探。因此，压入栈中的不仅是顺序到达的各点的坐标，而且还要有从前一点到达本点的方向。对于如图 3.5 所示迷宫，依次入栈，如图 3.8 所示。

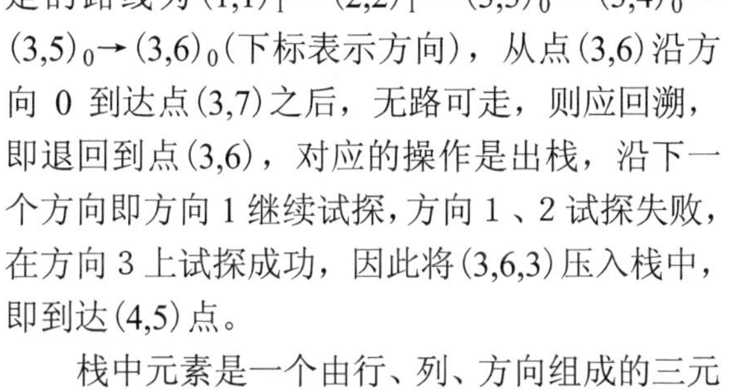

栈中每一组数据是所到达的每点的坐标及从该点沿哪个方向向下走的，对于图 3.5 的迷宫，走的路线为 $(1,1)_1 \rightarrow (2,2)_1 \rightarrow (3,3)_0 \rightarrow (3,4)_0 \rightarrow (3,5)_0 \rightarrow (3,6)_0$（下标表示方向），从点 (3,6) 沿方向 0 到达点 (3,7) 之后，无路可走，则应回溯，即退回到点 (3,6)，对应的操作是出栈，沿下一个方向即方向 1 继续试探，方向 1、2 试探失败，在方向 3 上试探成功，因此将 (3,6,3) 压入栈中，即到达 (4,5) 点。

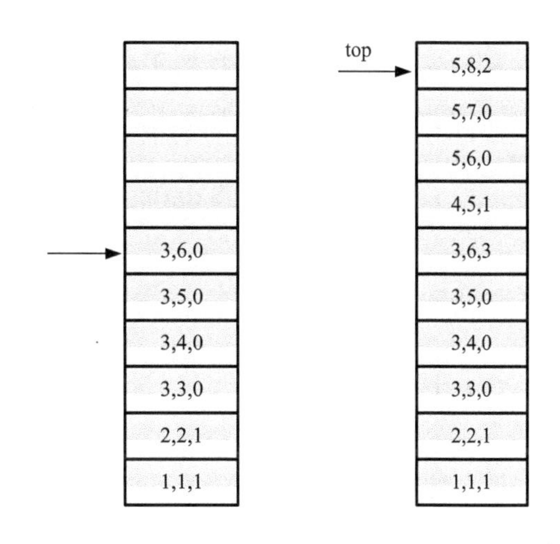

图 3.8　栈中存储的信息格式及最后找到的路经

栈中元素是一个由行、列、方向组成的三元组，栈元素的设计如下：

```
typedef struct
{int x, y, d;/*横纵坐标及方向*/
}datatype;
```

栈的存储结构可采用顺序存储结构，也可采用链式存储结构，若采用顺序存储结构，则可定义如下：

```
typedef struct
{  datatype *elem;
   int top;
   int stacksize;
}SeqStack;
```

(4) 如何防止重复到达某点，以避免发生死循环。

一种方法是另外设置一个标志数组 mark[m][n]，它的所有元素都初始化为 0，一旦到达了某一点 (i,j) 之后，使 mark[i][j]置 1，下次再试探这个位置时就不能再走了。另一种方法是当到达某点 (i,j) 后使 maze[i][j]置−1，以便区别未到达过的点，同样也能起到防止走重复点的目的。本书采用第二种方法，算法结束后可恢复原迷宫。

迷宫求解算法思想如下：

1．栈初始化;

2．将入口点坐标及到达该点的方向(设为-1)入栈

3．while (栈不空)

{栈顶元素(x,y,d)出栈 ；

求出下一个要试探的方向 d++；

while (还有剩余试探方向时)

　　{if (d 方向可走) 则

　　　　{　(x,y,d)入栈 ；

　　　　　　求新点坐标(i, j);

```
            将新点(i , j)切换为当前点(x,y);
            if ((x, y )= =(m,n))
                结束 ;
            else
                重置 d=0 ;
        }
        else
        d++ ;
    }
}
```

算法如下：

```
int MazePath(int maze[m][n],item move[8],SeqStack *s)
{   ElemType temp;
    int x, y, d, i, j;
    temp.x=1; temp.y=1; temp.d=-1;
    Push(s,temp);
    while (!StackEmpty(s))
    {   Pop(s,&temp);
        x=temp.x; y=temp.y; d=temp.d+1;
        while (d<8)
        {   i=x+move[d].x;
            j=y+move[d].y;
            if(maze[i][j]==0)
            {   temp.x=x;temp.y=y;temp.d=d;
                Push(s,temp);
                x=i;  y=j;  maze[x][y]=-1;
                if(x==m&&y==n)
                    return 1; /*迷宫有路*/
                else
                    d=0;
            }
            else
                d++;
        }           /*while (d<8)*/
    }               /*while*/
    return 0;       /*迷宫无路*/
}
```

栈中保存的就是一条迷宫的通路。

3.5.2 栈与递归

递归是一种很重要的编程技术，该方法用于让一个函数从其内部调用其自身。递归把一个大型复杂的问题层层转化为一个与原问题相似规模的问题来求解，并且只需少量的程序就可以描述出解题所需要的多次重复计算，大大减少了程序的代码量。

递归是指一个直接调用自己或者通过一系列的调用语句间接地调用自己的过程。

根据调用的方式不同，递归还可以分为直接递归和间接递归。若一个过程在执行中直接调用其本身就称其为直接递归。若一个过程 A 调用了过程 B，而过程 B 又调用了过程 A，则过程 A 通过过程 B 来调用自身的方式称为间接递归。

递归常用来定义函数和数列，如阶乘函数可以采用下面的方式定义。n!的定义为：

$$n! = \begin{cases} 1 & n = 0 \\ n(n-1)! & n > 0 \end{cases}$$

式中，n=0 是递归终止的条件，n!=n*(n–1)!为递归表达式。根据定义可以很自然写出相应的递归函数如下：

```
int fun(int n)
{  if (n= =0)
    return 1;
   else
    return  (n* fun (n-1));
}
```

必须注意，递归模型是不能循环定义的，其必须满足下面的两个条件：递归表达式(递归体)和边界条件(递归出口)。递归的精髓在于能否将原始问题转换为属性相同，但规模较小的问题。

递归函数都有一个终止递归的条件，如上例 n=0 时，将不再继续递归下去。递归函数的调用类似于多层函数的嵌套调用，只是调用单位和被调用单位是同一个函数而已。在每次调用时系统将属于各个递归层次的信息组成一个活动记录(Activation Record)，这个记录中包含着本层调用的实参、返回地址、局部变量等信息，并将这个活动记录保存在系统的“递归工作栈”中，每当递归调用一次，就要在栈顶为过程建立一个新的活动记录，一旦本次调用结束，则将栈顶活动记录出栈，根据获得的返回地址信息返回到本次的调用处。一般情况下可以将递归算法转换为非递归算法，此时，通常需要将系统内部的“递归工作栈”变换为自己设计的外部栈，从而实现从递归算法到非递归算法的转换。

显然，在递归调用的过程中，要调用很多次函数，所以，递归的效率低，但优点是代码简单，容易理解。在通常情况下，初学者对于递归的调用过程很难理解，若读者想具体了解递归是如何思想的，可以继续学习后面章节的有关算法或参阅编译原理的相关内容。

习　题　三

一、选择题

1．对于栈操作数据的原则是(　　)。

A．先进先出　　B．后进先出　　C．后进后出　　D．不分顺序

2．在顺序栈中，初始化语句为 top=–1，则当栈中元素为 n 个，作进栈运算时上溢，则说明栈的最大容量为(　　)。

A．n–1　　B．n　　C．n+1　　D．n/2

3．为了增加内存空间的利用率和减少溢出的概率，由两个栈共享一片连续的内存空间时，应将两栈的(　　)分别设在这片内存空间的两端。

A．长度　　B．深度　　C．栈顶　　D．栈底

4．一个栈的输入序列为 1,2,3,…,n，若输出序列的第一个元素是 n，输出第 i(1<=i<=n)个元素是(　　)。

A．不确定　　B．n–i+1　　C．i　　D．n–i

5．若一个栈的输入序列为 1,2,3,…,n，输出序列的第一个元素是 i，则第 j 个输出元素是(　　)。

A．i–j–1　　B．i–j　　C．j–i+1　　D．不确定的

6．有六个元素 6,5,4,3,2,1 的顺序进栈，下列(　　)不是合法的出栈序列。

A．5 4 3 6 1 2　　B．4 5 3 1 2 6

C．3 4 6 5 2 1　　D．2 3 4 1 5 6

7．设一个栈的输入序列是 1,2,3,4,5，则下列序列中，是栈的合法输出序列的是(　　)。

A．5 1 2 3 4　　B．4 5 1 3 2

C．4 3 1 2 5　　D．3 2 1 5 4

8．若一个栈以向量 V[1…n]存储，初始栈顶指针 top 为 n+1，则 x 进栈的正确操作是(　　)。

A．top=top+1; V [top]=x　　B．V [top]=x; top=top+1

C．top=top–1; V [top]=x　　D．V [top]=x; top=top–1

9．若栈采用顺序存储方式存储，现两栈共享空间 V[1…m]，top[i]代表第 i 个栈(i =1,2)栈顶，栈 1 的底在 V[1]，栈 2 的底在 V[m]，则栈满的条件是(　　)。

A．|top[2]–top[1]|=0　　B．top[1]+1=top[2]

C．top[1]+top[2]=m　　D．top[1]=top[2]

10．栈在(　　)中应用。

A．递归调用　　B．子程序调用　　C．表达式求值　　D．以上均是

11．一个递归算法必须包括(　　)。

A．递归部分　　B．终止条件和递归部分

C．迭代部分　　D．终止条件和迭代部分

12．表达式 3* 2^(4+2*2–6*3)–5 求值过程中当扫描到 6 时，对象栈和算符栈为(　　)，其中^为乘幂。

A．3,2,4,1,1；(*^(+*–　　B．3,2,8；(*^–

C．3,2,4,2,2；(*^(–　　D．3,2,8；(*^(–

13．设计一个判别表达式中左右括号是否配对出现的算法，采用(　　)数据结构最佳。

A．线性表的顺序存储结构　　B．队列

C．线性表的链式存储结构　　D．栈

二、判断题

1．消除递归不一定使用栈。(　　)

2．栈是实现过程和函数等子程序调用所必需的结构。(　　)

3．对含有相同元素的两组输入序列进行两组不同的合法的入栈和出栈的组合操作，所得的输出序列一定相同。(　　)

4．有 n 个数顺序(依次)进栈，出栈序列有 C_n 种，$C_n=[1/(n+1)]\times(2n)!/[(n!)\times(n!)]$。(　　)

5．输入序列为(1,2,3,4,5,6)，通过栈可输出序列(3,2,5,6,4,1)。(　　)

6．栈和队列都是限制存取点的线性结构。 （ ）

三、填空题

1．栈是_______的线性表，其运算遵循_______的原则。

2．_______是限定仅在表尾进行插入或删除操作的线性表。

3．一个栈的输入序列是 1,2,3，则不可能的栈输出序列是_______。

4．设有一个栈，某时刻栈顶指针为 1000H（十六进制），现有输入序列为 1,2,3,4,5，该输入序列经过 PUSH,PUSH,POP,PUSH,POP,PUSH,PUSH 之后，输出序列是_______，而栈顶指针值是_______H。设栈为顺序栈，每个元素占 4 个字节。

5．多个栈共存时，最好用_______作为存储结构。

6. 当两个栈共享一存储区时，栈利用一维数组 stack[1…n]表示，初始时两栈顶指针为 top1 与 top2 分别指向 1 和 n，入栈操作分别为：stack[top1++]=x 和 stack[top2--]=x。则当栈 1 空时，top1 为_______；当栈 2 空时，top2 为_______；栈满时为_______。

7．在进栈时应先判别栈是否_______；在退栈时应先判别栈是否_______；若入栈操作为 stack[top++]=x，当栈中元素为 n 个，进栈时上溢，则说明给该栈分配的存储空间大小为_______。

8．用 S 表示入栈操作，X 表示出栈操作，若元素入栈的顺序为 1,2,3,4，为了得到 1,3,4,2 出栈顺序，相应的 S 和 X 的操作串为_______。

9．顺序栈用 data[0…n]存储数据，初始时栈顶指针 top=-1，则值为 x 的元素入栈的操作是_______。

10．表达式求值是_______应用的一个典型例子。

四、应用题

1．有 5 个元素，其入栈次序为 A,B,C,D,E。在各种可能的出栈次序中，以元素 C，D 最先出栈（即 C 第一个且 D 第二个出栈）的次序有哪几个？

2．设输入序列为 a,b,c,d，借助一个栈，写出可以得到的两个输出序列和不能得到的两个序列。

3．用栈实现将中缀表达式 8-(3+5)*(5-6/2) 转换成后缀表达式，画出栈的变化过程图。

4．画出对算术表达式 A-B*C/D-E^F 求值时操作数栈和运算符栈的变化过程。

5．将两个栈存入数组 V[1…m]应如何安排较好？这时栈空、栈满的条件是什么？

6. 在某程序中，有两个栈共享一个一维数组空间 SPACE[n]，SPACE[0]和 SPACE[n-1] 分别是两个栈的栈底。

(1) 试分别写出（元素 x）入栈的主要语句和出栈的主要语句。

(2) 试分别写出栈满、栈空的条件。

五、算法设计题

1．设表达式以字符形式已存入数组 E[n]中，‘#’为表达式的结束符。试写出判断表达式中括号（‘(’和‘)’）是否配对的 C 语言描述算法。（注：算法中可调用栈的基本操作）

2．设计一个算法，判断一个算术表达式中的括号是否配对。算术表达式保存在带头结点的单循环链表中，每个结点有两个域：ch 和 link，其中 ch 域为字符类型。

3．设整数序列 $a_1,a_2,\cdots,a_n$，给出求解最大值的递归程序。

第4章 队　　列

本章介绍另一种特殊的线性表——队列。从数据的逻辑结构看队列是线性表；从操作角度看其特殊点体现在队列的基本操作是线性表操作的子集，因此称它是操作受限的线性表。队列和栈有点相似，但在执行删除操作时，其使用规则相反，栈是删除最近插入的元素，而队列是删除那些待在队列中时间最长的元素。

学习要点：

- 理解队列是满足先进先出存取规则的线性表。
- 熟悉定义在抽象数据类型上的基本运算。
- 掌握循环队列和链队列的设计与实现技术。
- 了解队列的其他存储结构。

4.1　队列的定义及基本运算

4.1.1　队列的定义

前面一章介绍的栈是一种后进先出的数据结构，而在实际问题中还经常使用一种先进先出(First Input First Output，FIFO)的数据结构，即插入在表一端进行，而删除在表的另一端进行，将这种数据结构称为队或队列(Queue)，把允许插入的一端叫队尾(Rear)，把允许删除的另一端叫队头(Front)。如图4.1所示是一个有5个元素的队列。入队的顺序依次为a_1,a_2,a_3,a_4,a_5，出队时的顺序依然是a_1,a_2,a_3,a_4,a_5。

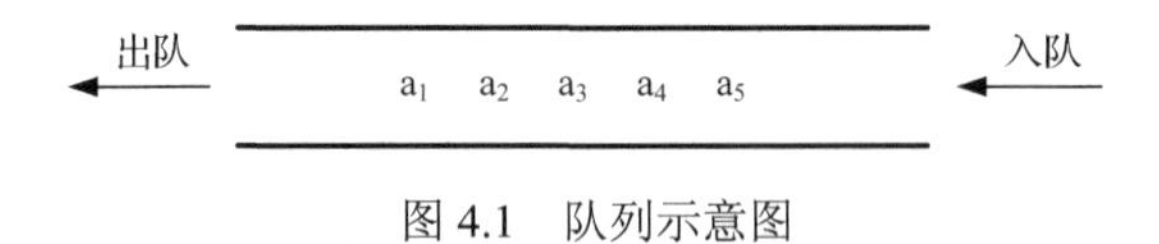

图4.1　队列示意图

队列是一种运算受限制的线性表，队列中的插入、删除操作只允许在两端进行。所以，队列又称后进后出(Last Input Last Output)或先进先出(First Input First Output)的线性表，简称LILO表或FIFO表。

4.1.2　队列的抽象数据类型

队列作为一种简单的数据结构在程序设计和系统开发中经常会用到，例如树和图的广度优先遍历算法都用到了队列先进先出的特性，因此需要熟练掌握其特点及基本操作。

由于队列是运算受限的线性表，所以有些操作在队列中就不允许，插入只能在队尾进行，删除只能在队头进行，而不允许在队列的其他任何位置进行插入和删除操作。所以，队列上可进行的操作要比线性表少。队列的抽象数据类型可定义为：

ADT Queue {

数据对象：$D=\{ a_i \mid a_i \in ElemSet, i=1,2,\cdots,n, n \geqslant 0\}$

数据关系：$R1=\{<a_{i-1},a_i> \mid a_{i-1},a_i \in D, i=2,\cdots,n\}$

基本操作：

(1) 队列初始化：InitQueue(&Q)

初始条件：队列 Q 不存在。

操作结果：构造一个空队。

(2) 入队操作：EnQueue(&Q,x)

初始条件：队列 Q 存在。

操作结果：对已存在的队列 Q，插入一个元素 x 到队尾，队列发生变化。

(3) 出队操作：DeQueue(&Q,&x)

初始条件：队列 Q 存在且非空。

操作结果：删除队首元素，并返回其值，队列发生变化。

(4) 读队头元素：GetHead(Q,&x)

初始条件：队列 Q 存在且非空。

操作结果：读队头元素，并返回其值，队列不变。

(5) 判队空操作：QueueEmpty(Q)

初始条件：队列 Q 存在。

操作结果：队列 Q 为空队则返回为 1，否则返回为 0。

(6) 求队的长度操作：QueueLength(Q)

初始条件：队列 Q 存在。

操作结果：返回队列的当前长度。

(7) 队的清空操作：ClearQueue(&Q)

初始条件：队列 Q 存在。

操作结果：将队列清空。

}ADT Queue

队列的存储实现与线性表、栈类似，也有顺序存储和链式存储等两种存储方法。顺序存储的队列称为顺序队列(循环队列)，链式存储的队列称为链队列。

4.2 循环队列

4.2.1 循环队列的存储实现

顺序存储的队列称为顺序队列。因为队列的队头和队尾都是活动的，因此，除了队列的数据区及其大小之外，还应该设置队头、队尾等两个指针。所以，顺序队列的数据类型可描述如下：

```
# define QUEUE_INITSIZE 10
typedef struct node
{   ElemType *elem;
    int front,rear;
    int QueueSize;
}SeqQueue;
```

说明：常量 QUEUE_INITSIZE 指存储空间初始分配量。此处规定队头指针指向队头元素所在的位置，队尾指针指向队尾元素后面一个位置，并规定当 q->front 与 q->rear 指向同一位置时，队列为空。

那么，在不考虑溢出的情况下，入队操作应先往队尾指针所指位置存放元素，再让队尾指针加 1，指向新位置。操作语句可描述为 q->elem[q->rear]=e；q->rear++。同理，在不考虑队空的情况下，出队操作应先将队头元素删除，然后让队头指针加 1，指向新的队头位置。操作语句可描述为*e=q->elem[q->front]；q->front++。

按照上述思想建立的空队及入队出队示意图如图 4.2 所示，设 q->QueueSize=10。从图中可以看到，随着入队和出队操作反复进行，整个队列整体向后移动，这样就出现了图 4.2(c)中的现象：队尾指针已经移到了最后一个位置，此时，再有元素 a_9 入队就会出现图 4.2(d)中的溢出现象，而事实上此时队中并未真的存满数据元素，这种现象称为“假溢出”，这是由“队尾入，队头出”这种受限制操作所造成。

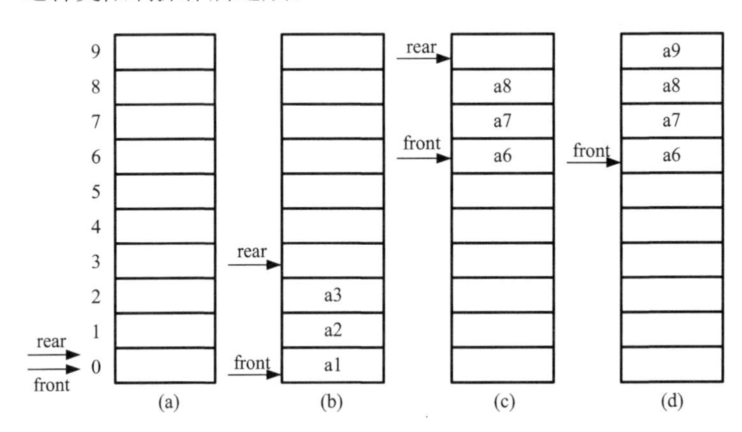

图 4.2　队列操作示意图

解决假溢出的方法之一是将队列的数据区 elem[0…QueueSize-1]看成头尾相接的循环结构，将其称为循环队列。循环队列示意图如图 4.3 所示。

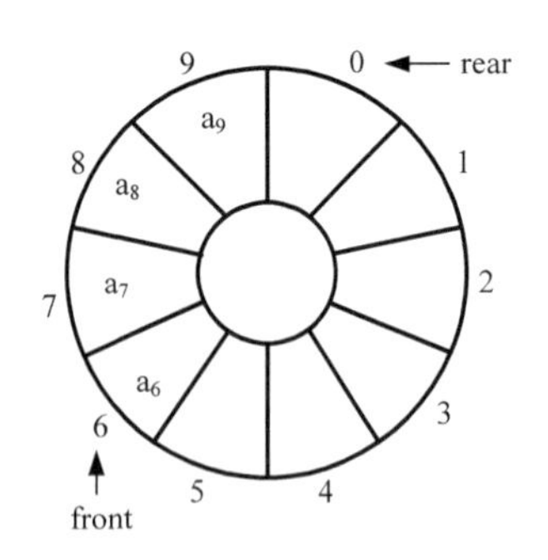

图 4.3　循环队列示意图

因为是头尾相接的循环结构，所以可将入队时队尾指针向后移动的操作修改为 q->rear=(q->rear+1)% q->QueueSize。同理，可将出队时队头指针向后移动的操作修改为 q->front=(q->front+1)% q->QueueSize。这样当 rear 值达到数组最大容量值时，对它进行取余操作，这样巧妙地解决了“假溢出”现象，使得所有单元都得以反复使用。设 q->QueueSize=10，图 4.4 是循环队列操作示意图。

从如图 4.4 所示的循环队列可以看出，经过一系列入队出队操作图 4.4(a)中队列 q 具有 a_5,a_6,a_7,a_8 共四个元素，此时 front=5，rear=9；若此时再有元素 a_9 入队，则队尾指针 rear 循环向后移动一个位置到 0，则形成图 4.4(b)状态。

在图 4.4(b)的基础上又有 a_5,a_6 相继出队，而后又有 $a_{10},a_{11},a_{12},a_{13}$ 相继入队，此时形成了图 4.4(c)状态。

在图 4.4(c)的基础上若所有元素都出队，队头和队尾指针在同一个位置上，此时队列为空，如图 4.4(d)所示。所以，可看出只要队头指针和队尾指针在同一位置上队列就是空的，front==rear 可作为判断循环队列为空的条件。

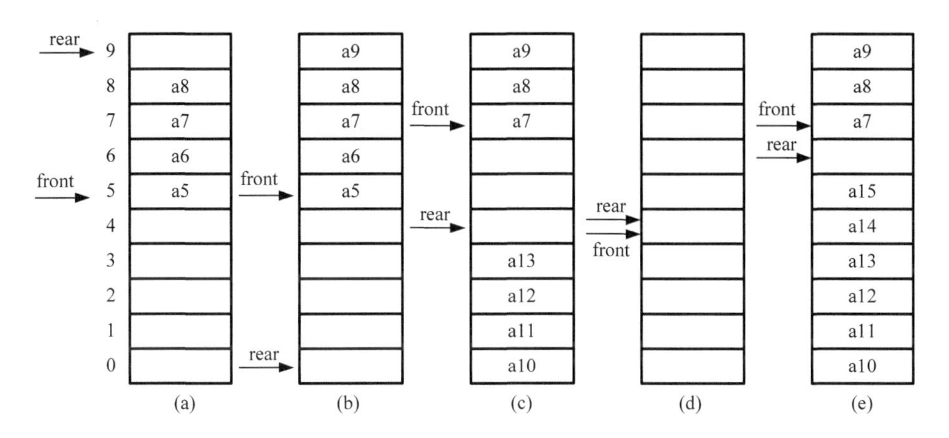

图 4.4　循环队列操作示意图

在图 4.4(c)的基础上又有 a_{14},a_{15} 相继入队，此时队列已满，不能再入队(虽然有一个位置空闲也不能入队，若入队则不能区分队满还是队空)。此时，队尾指针的后一个位置是队头指针，如图 4.4(e)所示。所以，只要队尾指针的下一个位置是队头，循环队列就是满的，q->front==(q->rear+1)%q->QueueSize 可作为判断循环队列已满的条件。

4.2.2　循环队列的基本操作

下面讨论在顺序存储结构下循环队列的初始化、入队、出队、判空、判满，求队长等操作。

1. 循环队列的初始化 int InitQueue(SeqQueue *Q)

首先申请一个大小为 QUEUE_INITSIZE 的存储空间，让 elem 指向这一空间；然后设置该循环队列当前存储空间大小为 QUEUE_INITSIZE，即 Q->QueueSize=QUEUE_INITSIZE；最后将循环队列的队头指针和队尾指针指向循环队列的起始位置，即 Q->front=Q->rear=0。该操作描述如下：

```
int InitQueue(SeqQueue *Q)
{   Q->elem=(ElemType *)malloc(sizeof(ElemType)*QUEUE_INITSIZE);
    if(!(Q->elem))
        return ERROR;
    Q->QueueSize=QUEUE_INITSIZE;
    Q->front=Q->rear=0;
    return OK;
}
```

注意：算法中 Q->front 和 Q->rear 并不是一定要给 0 值，只要同时给 0 到 Q->QueueSize-1 之间的任何一个值都可以，都表示为空队列。

2. 循环队列的入队操作 int EnQueue(SeqQueue *Q,ElemType e)

首先判断循环队列是否已满，如果队尾指针的下一个位置为队头指针所指的位置，即

(Q->rear+1)%Q->QueueSize==Q->front，则表示队满不能进行入队。若队列不满，先将元素放入 Q->rear 所指的位置，再将队尾指针循环向后移动一个位置。该操作描述如下：

```
int EnQueue(SeqQueue *Q,ElemType e)
{   if((Q->rear+1)%Q->QueueSize==Q->front)
        return ERROR;
    Q->elem[Q->rear]=e;
    Q->rear=(Q->rear+1)%Q->QueueSize;
    return OK;
}
```

算法中队尾指针循环向后移动的操作是 Q->rear=(Q->rear+1)%Q->QueueSize 的原因是：如果入队时 rear 一味地增 1，就会出现越界问题。所以所谓的队尾指针"循环向后移动一个位置"是指 Q->rear=(Q->rear+1)%Q->QueueSize，而不是简单地增 1。后面出队操作时 front 指针循环向后移动一个位置也是这个道理。

3. 循环队列的出队操作 int DeQueue(SeqQueue *Q,ElemType *e)

先判断队列是否为空，如果队头指针和队尾指针指向同一位置，既 Q->front==Q->rear，则表示队空不能出队。若队列不空，则由 e 返回队头元素，再让队头指针 front 循环向后移动一个位置。该操作描述如下：

```
int DeQueue(SeqQueue *Q,ElemType *e)
{   if(Q->front==Q->rear)
        return ERROR;
    *e=Q->elem[Q->front];
    Q->front=(Q->front+1)%Q->QueueSize;
    return OK;
}
```

4. 循环队列的判空操作 int QueueEmpty(SeqQueue *Q)

如果循环队列的队头指针和队尾指针指向同一位置，则队列为空，否则不空。该操作描述如下：

```
int QueueEmpty(SeqQueue *Q)
{   if(Q->front==Q->rear)
        return 1;
    else
        return 0;
}
```

5. 循环队列的判满操作 int IsFull(SeqQueue *Q)

如果队尾指针的后一个位置(循环意义下的后一个位置)是队头指针，则队列满，否则队列不满。该操作描述如下：

```
int IsFull(SeqQueue *Q)
{   if((Q->rear+1)%Q->QueueSize==Q->front)
        return 1;
    else
```

```
            return 0;
    }
```

6. 求循环队列的长度 int QueueLength(SeqQueue *Q)

求队列长度就是要返回队列中元素个数。考察一个循环队列会发现：当 Q->rear 大于 Q->front 时，Q->rear–Q->front 正好是队列的长度；当 Q->rear 小于 Q->front 时，Q->rear–Q->front+Q->QueueSize 正好是队列的长度。所以可将这两种情况统一归结为(Q->rear–Q->front+Q->QueueSize)%Q->QueueSize 。该操作描述如下：

```
    int QueueLength(SeqQueue *Q)
    {     return (Q->rear-Q->front+Q->QueueSize)%Q->QueueSize;
    }
```

可根据循环队列特点写出清空队列 ClearQueue(SeqQueue *Q)操作，该操作只须将队头指针和队尾指针指向同一个位置即可。同样，根据出队操作，写出取队头元素 GetHead(SeqQueue *Q,ElemType *e)操作，该操作只须将队头指针向后移动。

4.2.3 动态循环队列

循环队列以有效利用空间的优势在软件系统中被广泛使用。在循环队列的应用中，如果既有元素插入，又有元素删除，且存储在队列中的元素个数始终小于 Q->QueueSize–1 时，上述关于队列的基本操作就完全可用。但是，若已存储的数据把空间都占满后又有新的元素要进入队列，那么就出现溢出现象，数据元素不能进行入队操作。

针对上述问题，若在循环队列运行时出现队满的情形，通过函数 realloc 将该队列存储空间进行扩充后并按一定规则将数据元素移动到合适位置。同理，出队后当发现空闲空间过多时，也可按一定规则将数据元素进行相应的移动后回收部分空闲空间。为了区别普通循环队列，称这种循环队列为动态循环队列。动态循环队列的数据类型可进行如下定义：

```
    # define QUEUE_INITSIZE 20
    # define QUEUE_INCREAMENT 5
    # define QUEUE_PLANSIZE 10
    # define QUEUE_PERCENT 0.5
    typedef struct node
    {   ElemType *elem;
        int front,rear;
        int QueueSize;
    }SeqQueue;
```

其中，QUEUE_INITITSIZE 为循环队列存储空间的初始分配量，即初始化时队列的大小；QUEUE_INCREAMENT 为循环队列存储空间的分配增量，即当队满时需要给循环队列增加空间的大小；QUEUE_PLANSIZE 为队列存储空间的回收预定值，即在出队时若空闲空间达到该值时须对队列进行空间回收；QUEUE_PERCENT 为队列闲置空间的回收比例，即：需要回收的空间占总空闲空间的百分比。

读者可继续在该存储结构上讨论队列的初始化、当队列已满，又要进行入队操作时的动态扩充、当出队后发现空闲空间过多时的动态回收等相关算法。

4.3 链 队 列

4.3.1 链队列的定义及存储结构

链式存储的队列称为链队列，与链栈类似，用带头结点的单链表来实现链队列。根据队列先进先出原则为了操作方便，分别需要一个头指针和一个尾指针，并规定：单链表头结点这边为队头，单链表最后一个结点这边为队尾。所以，可将队头指针指向头结点，尾指针指向单链表的最后一个结点。链队列如图 4.5 所示。

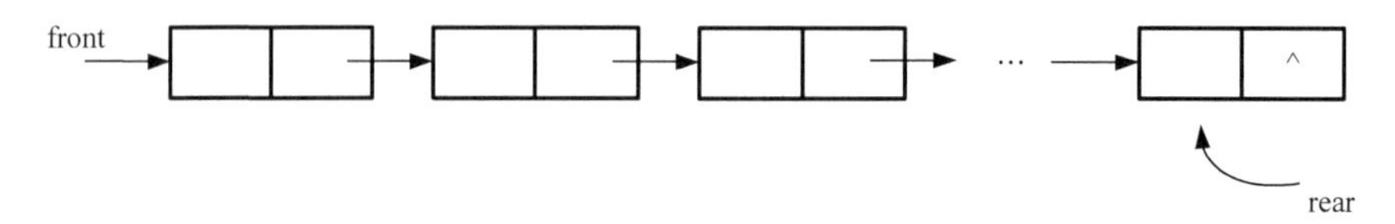

图 4.5 链队列示意图

队头指针 front 和队尾指针 rear 是两个独立的指针变量，从结构上考虑，通常将二者封装在一个结构中。链队列的存储结构描述如下：

```
typedef struct node
{   ElemType data;
    struct node *next;
}QueueNode;
typedef struct
{   QueueNode *front;
    QueueNode *rear;
}LinkQueue;
```

QueueNode 是链队列中结点的结构，与单链表一样，它包括数据域和指针域。LinkQueue 结构中包含两个结点类型为 QueueNode 的指针，这两个指针分别为链队列的队头指针和队尾指针。按这种思想建立的带头结点的链队列 Q 如图 4.6 所示。

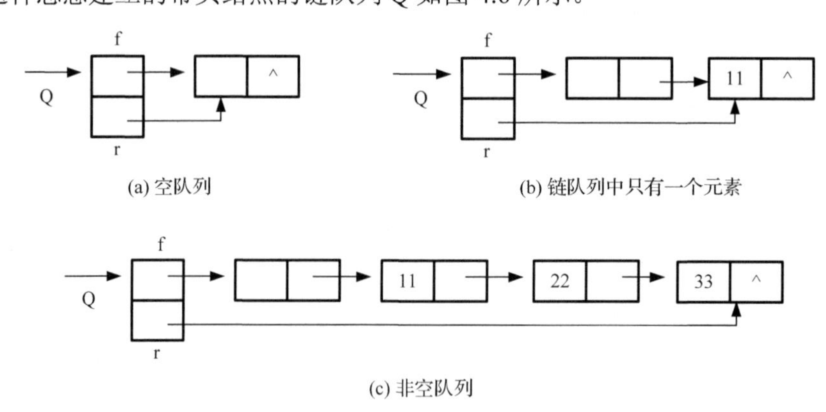

图 4.6 不同情形的链队列

链队列操作的示意图如 4.6 所示，图 4.6(a) 是一个空队列，此时队头和队尾指针都指向头结点；图 4.6(b) 是在图 4.6(a) 基础上元素 11 入队后的结果，此时队头指针不变，队尾指针指向了新插入的结点；图 4.6(c)是在图 4.6(b)基础上元素 22、33 依次入队以后的链列队，尾指针指向队列中最后一个结点。链队列中的删除操作正好与之相反，是删除头结点后的第一个结点。

4.3.2 链队列的基本操作

下面讨论在链式存储结构下队列的初始化、入队、出队、取队头元素、判空、求队长等操作。

1. 链队列的初始化操作 int InitQueue(LinkQueue *Q)

首先申请分配一个类型为 QueueNode 的结点空间并将其指针域给空，然后让队头指针 Q->front 和队尾指针 Q->rear 同时指向该结点。该操作描述如下：

```
int InitQueue(LinkQueue *Q)
{   Q->front=(QueueNode *)malloc(sizeof(QueueNode));
    Q->front->next=NULL;
    Q->rear=Q->front;
    return OK;
}
```

2. 链队列的入队操作 int EnQueue(LinkQueue *Q, ElemType e)

首先申请一个类型为 QueueNode 的结点 p，并将入队元素 e 存放到该结点数据域中，然后将结点 p 插入当前链队列的队尾，最后让队尾指针 Q->rear 指向新插入的 p 结点。该操作描述如下：

```
int EnQueue(LinkQueue *Q, ElemType e)
{   QueueNode *p;
    p=(QueueNode *)malloc(sizeof(QueueNode));
    p->data=e;
    p->next=NULL;
    Q->rear->next=p;
    Q->rear=p;
    return OK;
}
```

3. 链队列的出队操作 int DeQueue(LinkQueue *Q, ElemType *e)

首先判断链队列是否为空，如果链队列为空，则不能出队。若队列不空，先由指针 e 返回队头元素，然后将该结点删除。

当队列中只有一个元素进行删除操作时需要注意，此时若将除头结点之外的最后一个结点删除，队尾指针就丢失了，此时需给队尾指针重新赋值，让其指向头结点。该操作如下：

```
int DeQueue(LinkQueue *Q, ElemType *e)
{   QueueNode *p;
    if(Q->front==Q->rear)
        return ERROR;
    p=Q->front->next;
    *e=p->data;
```

```
        Q->front->next=p->next;
        if(Q->rear==p)
            Q->rear=Q->front;
        free(p);
        return OK;
    }
```

4. 取链队列的队头元素 int GetHead(LinkQueue *Q,ElemType *e)

首先判断链队列是否为空，如果队头指针和队尾指针指向同一个结点，则链队列为空，不能取元素，否则指针 p 指向队头元素，并由 e 返回 p 所指结点数据域中的信息。此操作中队列的头指针、尾指针都不变。该操作如下：

```
    int GetHead(LinkQueue *Q,ElemType *e)
    {   QueueNode *p;
        if(Q->front==Q->rear)
            return ERROR;
        p=Q->front->next;
        *e=p->data;
        return OK;
    }
```

5. 判断链队列是否为空 int QueueEmpty(LinkQueue *Q)

若队头指针和队尾指针同时指向头结点，则队列为空，否则不空。该操作描述如下：

```
    int QueueEmpty(LinkQueue *Q)
    {   if(Q->front==Q->rear)
            return 1;
        else
            return 0;
    }
```

求链队列的长度 QueueLength(LinkQueue *Q)与清空队列操作 ClearQueue(LinkQueue *Q)等操作可根据单链表的相关算法自行写出。

由以上操作可以看出，用单链表表示的链式队列特别适合数据元素变动比较大的情，而且不存在队列满而产生溢出的问题，避免了存储分配不合理和溢出问题。

4.4 队列的其他存储结构

队列是一种重要的数据结构，队列在各种类型的系统中应用广泛，队列技术被广泛应用于编译软件和程序设计中。讨论队列的结构特征与操作实现特点有重要的意义。经常讨论的是循环队列或单队列等传统的队列，但在实际应用中经常会遇到多队列。本节简单介绍循环多队列结构。读者也可根据需要自行设计其他结构的队列。

4.4.1 循环多队列

医院门诊的挂号就诊系统，以及银行、电信等服务行业的排队系统等实际问题的处理过程中可能同时需要许多队列，此时就需要设计多队列。多队列可设计成顺序存储结构，也可设计成链式存储结构。此处介绍顺序存储的多队列，即循环多队列。循环多队列的数据类型描述如下：

```
typedef struct
{   int front,rear;
}frnode;
typedef struct
{   ElemType queue[N][M];
    frnode f[N];
}MultyQueue;
```

说明：f[i].front 为第 i 个队列的队头，f[i].rear 为第 i 个队列的队尾，queue[N][M]为循环队列的存储空间，若 N=4，M=5，则定义的循环多队列的结构如图 4.7 所示。

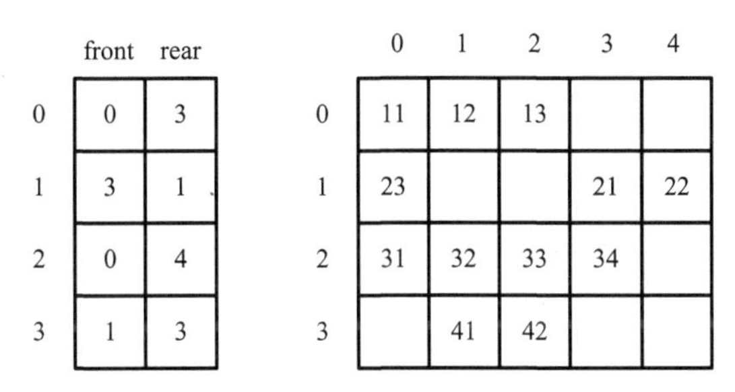

图 4.7　循环多队列示意图

在单队列中，不管是用链式存储结构，还是顺序存储结构，其实现都很简单，因为在单队列中只有一个队头和一个队尾，在多队列中，由于存在多个队列，同时也存在多个指针来指示每个队列的队头和队尾位置，故抽象数据类型多队列的操作须增加一个参数 i 来指定对哪个队列进行操作。下面讨论在顺序存储结构下循环多队列的初始化、入队、出队等操作。

1. 循环多队列的初始化操作 void InitQueue(MultiQueue *Q)

将循环多队列的队头指针和队尾指针都赋值为 0。该操作描述如下：

```
void InitQueue(MultiQueue *Q)
{   int i;
    for(i=0;i<N;i++)
        Q->f[i-1].front=Q->f[i-1].rear=0;
}
```

2. 循环多队列的入队操作 int EnQueue(MultiQueue *Q,int i,ElemType e)

首先将元素放入到相应的队列存储单元中，即在 Q->queue[i−1][Q->f[i−1].rear]中放入待入队的元素 e，然后重置 Q->f[i−1].rear 的位置，即进行 Q->f[i−1].rear=(Q->f[i−1].rear+1)%M 操作。该操作描述如下：

```
int EnQueue(MultiQueue *Q,int i,ElemType e)
{   if(i<1||i>N)
        return ERROR;
    if((Q->f[i-1].rear+1)%M==Q->f[i-1].front)
        return ERROR;
```

```
        Q->queue[i-1][Q->f[i-1].rear]=e;
        Q->f[i-1].rear=(Q->f[i-1].rear+1)%M;
        return OK;
    }
```

3. 循环多队列的出队操作 int DeQueue(MultiQueue *Q,int i,ElemType *e)

若当前要出队的某队列不空，则首先将队头位置元素的值由 e 返回，即进行 *e=Q->queue[i–1] [Q->f[i-1].front]操作，然后重置队头 Q->f[i–1].front 的位置，即让队头循环向后移动一个位置。该操作描述如下：

```
    int DeQueue(MultiQueue *Q,int i,ElemType *e)
    {   if(i<1||i>N)
            return ERROR;
        if(Q->f[i-1].front==Q->f[i-1].rear)
            return ERROR;
        *e=Q->queue[i-1][Q->f[i-1].front];
        Q->f[i-1].front=(Q->f[i-1].front+1)%M;
        return OK;
    }
```

循环多队列的判空操作 int QueueEmpty(MultiQueue *Q,int i)、队列判满操作 int IsFull(MultiQueue *Q,int i)、求队列长度操作 int QueueLength(MultiQueue *Q,int i)、清空队列操作 int ClearQueue(MultiQueue *Q,int i)、取队头元素操作 int GetFront(MultiQueue *Q,int i,ElemType *e)等操作不再一一列出，读者可自行写出。

4.4.2 动态循环多队列与链式多队列

1. 动态循环多队列

循环多队列的顺序存储在定义时已经开辟一定的存储空间，在存储时，如果队列中存储的数据元素太少，就会造成存储空间的浪费，若存储的数据元素太多，就会出现存储空间不够的问题。此时可以根据动态循环队列技术设计实现动态循环多队列，这样可以使存储空间得以合理利用。

2. 链式多队列

与动态循环多队列相比，链式存储的方法更优，其只在插入元素时开辟结点空间。另外，在出队时立即将待删除元素所占的空间释放，因此既不会浪费存储空间，也不会出现存储空间不够的问题。读者也可根据前面介绍的链式多栈技术的设计思路设计实现链式多队列。

如果编程语言不提供指针类型，那么链式存储结构就不能实现，所以对于使用 VB 等没有指针类型的开发工具来说，循环多队列存储结构的研究为其提供了理论依据。

4.5 队列的应用

队列在计算机硬件系统、操作系统、应用软件中使用的非常广泛，在计算机系统中常用队列保存那些希望先来先得到服务的任务。以下举例来说明队列在计算机系统中和实际生活中的应用。

第一，队列可解决主机与外部设备之间的速度不匹配的问题。仅以主机和打印机之间速度不匹配的问题为例简要说明，主机输出数据给打印机打印，输出数据的速度比打印数据的速度快得多，由于速度不匹配，若直接把输出的数据送给打印机打印显然是不行的，解决的方法是设置一个打印数据缓冲区，主机把待打印输出的数据依次写入到这个缓冲区中，写满后就暂停输出，转去处理其他的事情。打印机就从缓冲区中按照先进先出的原则依次取出数据并打印，打印完后再向主机发出请求。主机接到请求后再向缓冲区写入打印数据。这样既保证了打印数据正确，又使主机提高效率。由此可见，数据缓冲区就是一个队列。

第二，队列可解决由多用户引起的资源竞争问题。对于第二方面，CPU 资源的竞争就是一个典型的例子。在一个带有多个终端的计算机系统上，有多个用户需要 CPU 运行各自的程序，它们分别通过各自的终端向操作系统提出占用 CPU 的请求。操作系统通常按照每个请求在时间上的先后顺序把它们排成一个队列，每次把 CPU 分配给队首请求的用户使用。当相应的程序运行结束或用完规定的时间间隔后，则令其出队，再把 CPU 分配给新的队首请求的用户使用。这样既满足了每个用户的请求，又使 CPU 能够正常运行。

第三，队列在实际生活中也随处可见，且有非常广泛的应用。当我们排队买票看电影或买杂货时，实际就是一个队列。又例如：服务行业的排队系统、医院挂号排队看病模拟、各种网上竞买竞拍系统等都是队列的典型应用，都遵循先进先出的原则处理事情。

在程序设计中要使得与保存数据同样的顺序来使用这些数据，就需要队列来实现。队列作为一种简单而又重要的数据结构，在以后章节的算法设计中，如树、二叉树、图的广度优先遍历算法等算法中经常会用到，因此需要很好地掌握该数据结构。

习　题　四

一、选择题

1．栈和队列的共同点是(　　)。

A．先进先出　　B．先进后出

C．只允许在端点处插入和删除元素　　D．没有共同点

2．栈和队都是(　　)。

A．顺序存储的线性结构　　B．链式存储的非线性结构

C．限制存取点的线性结构　　D．限制存取点的非线性结构

3．用带头结点的单链表存储的队列，在进行删除运算时(　　)。

A．仅修改头指针　　B．仅修改尾指针

C．头指针必须修改、尾指针可能要修改　　D．头指针不变，尾指针有可能修改

4．用不带头结点的单链表存储队列时，其队头指针指向队头结点，其队尾指针指向队尾结点，则在进行删除操作时(　　)。

A．仅修改队头指针　　B．仅修改队尾指针

C．头指针必须修改、尾指针可能要修改　　D．头指针不变，尾指针有可能修改

5．循环队列 A[0…m−1]存放其元素值，用 front 和 rear 分别表示队头和队尾，则当前队

列中的元素数是(　　)。

A. (rear−front+m)%m　　B. rear−front+1

C. rear−front−1　　D. rear−front

6. 循环队列存储在数组A[0⋯m]中，则入队时的操作为(　　)。

A. rear=rear+1　　B. rear=(rear+1) mod (m-1)

C. rear=(rear+1) mod m　　D. rear=(rear+1) mod (m+1)

7. 若用一个大小为6的数组来实现循环队列，且当前rear和front的值分别为0和3。从队列中删除一个元素，再加入两个元素后，rear和front的值分别为(　　)。

A. 1和5　　B. 2和4　　C. 4和2　　D. 5和1

8. 设栈S和队列Q的初始状态为空，元素e1,e2,e3,e4,e5和e6依次通过栈S，一个元素出栈后即进队列Q，若6个元素出队的序列是e2,e4,e3,e6,e5,e1，则栈S的容量至少应该是(　　)。

A. 6　　B. 4　　C. 3　　D. 2

9. 用单链表表示的链式队列，其队头在链表的(　　)位置。

A. 链头　　B. 链尾　　C. 链中　　D. 任意

10. 依次读入数据元素序列{a,b,c,d,e,f,g}进栈，每进一个元素，机器可要求下一个元素进栈或出栈，如此进行，则栈空时弹出的元素构成的序列不会是(　　)。

A. {d,e,c,f,b,g,a}　　B. {f,e,g,d,a,c,b}

C. {e,f,d,g,c,b,a}　　D. {c,d,b,e,f,a,g}

二、判断题

1. 栈与队列是一种特殊操作的线性表。(　　)

2. 栈和队列都是限制存取点的线性结构。(　　)

3. 只有那种使用了局部变量的递归过程在转换成非递归过程时才必须使用栈。(　　)

4. 队列和栈都是运算受限的线性表，只允许在表的两端进行运算。(　　)

5. 栈和队列都是线性表，只是在插入和删除时受限。(　　)

6. 栈和队列的存储方式，既可以是顺序存储，又可以是链式存储。(　　)

7. 队列是一种插入操作与删除操作分别在表的两端进行的线性表，是先进后出型结构。(　　)

8. 通常使用队列来处理函数或过程的调用。(　　)

三、填空题

1. 引入的循环队列目的是为了克服________。

2. 已知链队列的头尾指针分别是f和r，则将值x入队的操作序列是________。

3. 区分循环队列空与满的条件语句分别是________________和________________。

4. 表达式求值是________应用的一个典型例子。

5. 用下标0开始的N个单元实现循环队列时，为实现下标变量M加1后在数组有效下标范围内循环，可采用的表达式是：M=________。

四、应用题

1. 什么是循环队列？

2．简要叙述循环队列的数据结构，并写出其初始状态、队列空、队列满时的队首指针与队尾指针的值。

3．如果用一个循环数组 q[0⋯m−1]表示队列时，该队列只有一个队列头指针 front。试确定不设队列尾指针 rear，而改置计数器 count 用以记录队列中结点的个数。试回答能否用该方法实现循环队列。

4．设输入元素为 1,2,3,P 和 A，输入次序为 1,2,3,P,A。元素经过栈后可得到其输出序列，在所有输出序列中，有哪些序列可以作为高级语言的变量名？

五、算法设计题

1．设结点结构为(data,link)，试用一个指针变量 p 和某种链接结构实现一个队列。试画出示意图，并给出入队和出队过程，要求它们的时间复杂度都是 O(1)。

2．在一个循环链队中只有尾指针(记为 rear，结点结构为数据域 data，指针域 next)。试给出这种队列的入队和出队操作的实现过程。

3．将 n 个队列顺序映射到数组 Q[1⋯n][1⋯m]中，每一队列在 Q 中表示为一循环队列。试画出其示意图并写出对应这种表示的入队和出队过程。

第 5 章　串

本章介绍的串(即字符串)也是一种特殊的线性表。从逻辑结构来看串是线性表，从操作角度看串不像栈和队列那样受限，操作方面比较自由。串的数据元素仅由一个字符组成，计算机非数值处理的对象通常是字符串数据，如在汇编和高级语言的编译程序中，源程序和目标程序都是字符串数据。另外，根据串的自身特性，常常把一个串作为一个整体来处理。

学习要点：

- 理解串的定义及其抽象数据类型。
- 熟悉串的定长存储、堆存储和块链存储三种存储结构及其基本运算。
- 掌握串的模式匹配算法。

5.1　串的定义及其基本运算

5.1.1　串的定义

串是由零个或多个任意字符组成的字符序列。一般记作：S="$a_1a_2 \ldots a_n$"。其中，S 是串名；在本书中，用双引号作为串的定界符，引号引起来的字符序列为串值，引号本身不属于串的内容。a_i($1 \leqslant i \leqslant n$)是一个任意字符，称为串的元素，是构成串的基本单位，i 是它在整个串中的序号；n 为串的长度，表示串中所包含的字符个数，当 n=0 时，称为空串，通常记为 Φ。

字符串作为低层数据结构具有较大的价值，原因有二：第一，所有软件都会或多或少涉及文本数据的处理问题，而文本可直接用字符串表示；第二，许多计算机系统支持对内存字节的直接高效访问，而字节直接对应字符串中的字符。也就是说，在很多情况下，字符串的抽象与应用对机器性能的需求相吻合。

在编译过程中需要为一个字符串分配内存。一旦为数组分配空间，就可以填入字符，从第一个字符开始，以字符串终结符结束。如果没有字符串终结符，那么一个字符串完全等价于一个数组。有了字符串终结符，就可以在更高的抽象层次上处理数组，并且可以考虑数组中从开始点到字符串终结符中所包含的有意义的信息。在 C 语言中，字符串终结符的值为 0，也是大家所熟知的"\0";

子串与主串：串中任意连续的字符组成的子序列称为该串的子串。包含子串的串相应地称为主串。

子串的位置：子串的第一个字符在主串中的序号称为子串在主串中的位置。

两串相等：称两个串是相等的，是指两个串的长度相等且对应字符都相同。

5.1.2　串的抽象数据类型

串的逻辑结构和线性表很相似，区别仅在于串的数据对象为字符。然而串的基本操作和线性表又有很大差别。在线性表的基本操作中大多以“单个元素”作为操作对象，而在串的操作中通常以“串的整体”作为操作对象。例如：在串中查找某个子串是否存在、取一个子串、在串的某个位置上插入一个子串、从某个位置开始删除一个子串等。串的抽象数据类型可定义如下：

ADT String{

数据对象：$D = \{ a_i | a_i \in CharacterSet, i=1,2,\cdots,n, n \geqslant 0 \}$

数据关系：$R = \{<a_{i-1}, a_i> | a_{i-1}, a_i \in D, i=2,3,\cdots,n \}$

基本操作：

(1) 串赋值：StrAssign(&S,str)

初始条件：str 是一个字符串常量。

操作结果：生成一个值为 str 的串 S。

(2) 串复制：StrCopy(&T,S)

初始条件：串 S 存在。

操作结果：由串 S 复制得到串 T。

(3) 串比较：StrCompare(S, T)

初始条件：串 S 和串 T 存在。

操作条件：若 S = T，则返回值 ture；若 S !=T，则返回值 false。

(4) 求串长：StrLength(S)

初始条件：字符串 S 已存在。

操作结果：返回串 S 中的元素个数，称为串长。

(5) 串清除：ClearString(&S)

初始条件：字符串 S 已存在。

操作结果：将 S 清空为空串。

(6) 串链接：Concat(&T, S1, S2)

初始条件：串 S1 和 S2 串已存在。

操作结果：将串 S2 联结到串 S1 后形成新串存放到 T 中。

(7) 求子串：SubString(&Sub, S, pos, len)

初始条件：串 S 已存在, 1≤pos≤StrLength(s) 且 0≤len≤StrLength(S)–pos+1。

操作结果：用 sub 返回串 S 的第 pos 个字符起长度为 len 的子串。

(8) 串的模式匹配：Index(S, T, pos)

初始条件：串 S 和 T 存在，T 是非空串，1≤pos≤StrLength(S)。

操作结果：若主串 S 中存在和串 T 值相同的子串，则返回它在主串 S 中第 pos 个字符之后第一次出现的位值，否则函数值为 0。

(9) 串替换：Replace(&S, T, V)

初始条件：串 S 和 T 存在，T 是非空串。

操作结果：用 V 替换主串 S 中出现的所有与 T 相等的不重叠的子串。

(10) 串插入：StrInsert(&S, pos, T)

初始条件：串 S 和 T 存在，1≤pos≤StrLength(S)+1。

操作结果：在串 S 的第 pos 个字符之前插入串 T。

(11) 串删除：StrDelete(&S, pos,len)

初始条件：串 S 存在，1≤pos≤StrLength(S)-len+1。

操作结果：从串 S 中删除第 pos 个字符起长度为 len 的子串。

(12) 串销毁：DestroyString(&S)

初始条件：串 S 存在。

操作结果：串 S 被销毁。

} ADT String

上述定义的操作中，由串赋值 StrAssign、串比较 StrCompare、求串的长度 StrLength、串链接 Concat 及求子串 SubString 等五种基本操作构成串的最小操作子集，即这五种操作不可能用其他串操作实现，而其他串操作(串清除 ClearString 和串销毁 DestroyString 除外)可用这五种基本操作来实现。

由于串是一种特殊的线性表，所以线性表的存储方式也适用于串，只是操作不同而已。常见的串存储方式有定长顺序存储、堆存储和块链存储等三种存储结构。

5.2 串的定长顺序存储

5.2.1 定长顺序存储的定义

串的定长顺序存储类似于顺序表，用一组地址连续的存储单元存储串值中的字符序列。所谓定长是指串的预定义大小固定，即为每一个串变量分配一个固定长度的存储区，可定义如下：

```
# define MAXSTRLEN 255
typedef unsigned char SString[MAXSTRLEN+1];
```

该结构中规定用 SString[0]存放串的实际长度，用从 SString[1]到 SString[MAXSTRLEN]共计 MAXSTRLEN 大小的空间来存放串值，字符的序号和存储位置一致，应用更为方便。

5.2.2 定长顺序串的基本运算

本小节主要讨论定长串的初始化、复制串、串的匹配、求串长、清除串、串的链接、求子串、串的模式匹配、串的替换、串的插入、串的删除等操作。

1. 串创建操作 int StrAssign(SString S,char *str)

将一个字符串常量 str 里面的字符依次存入到定长顺序串 S 结构中，并使 S[0]存储该串的长度。该算法描述如下：

算法 5.1 定长顺序串的初始化算法

```
int StrAssign(SString S,char *str)
{   int i;
    for(i=0;str[i]!='\0';i++)
        S[i+1]=str[i];
    S[0]=i;
    return OK;
}
```

说明：在初始化的过程中，S 串的内容是从 S[1]开始的，而串常量 str 是从 str[0]开始的，所以设计算法时要注意 str 和 S 下标之间的对应关系。

2. 串打印操作 void PrintStr(SString S)

将定长顺序串 S 的长度及串中各字符打印显示。该算法描述如下：

算法 5.2 定长顺序串的打印算法

```
void PrintStr(SString S)
{   int i;
    printf("该串长度为：%d\n",S[0]);
    for(i=1;i<=S[0];i++)
        printf("%c",S[i]);
    printf("\n");
}
```

3. 串的复制 int StrCopy(SString S,SString T)

将 S 串的内容复制到 T 串中，可通过循环语句把 S 中字符依次存入 T 中，并把 S 的长度赋值给 T。该算法描述如下：

算法 5.3 定长顺序串的复制算法

```
int StrCopy(SString T,SString S)
{   int i;
    for(i=1;i<=S[0];i++)
        T[i]=S[i];
    T[0]=S[0];
    return OK;
}
```

4. 串的比较 int StrCompare(SString S,SString T)

首先判断 S 串和 T 串的长度是否相等，若不相等则两串不等，若两串长度相同则继续判断 S 串和 T 串中对应位置的元素是否相等，若对应位置的元素都相同则两串相等，否则两串不相等。该算法描述如下：

算法 5.4 定长顺序串的比较算法

```
int StrCompare(SString S,SString T)
{   int i,flag = TRUE;
    if(S[0]!=T[0])
    {   flag = FALSE;
        return flag;
    }
    for(i=1;i<=S[0];i++)
    {   if(T[i]!=S[i])
        {   flag=FALSE;
            break;
        }
    }
    return flag;
}
```

5. 串的链接操作 int Concat(SString T,SString S1,SString S2)

把两个串 S1 和 S2 首尾连接成一个新串 T。两个串连接时可能出现以下三种情形：①S1 和 S2 串的长度之和小于定长串的固定长度 MAXSTRLEN。此时先将 S1 串放入 T 中、然后将 S2 串放入 T 中，并将 T 的长度修改为两串长度之和，并返回未截断的标识。②S1 和 S2 串的长度之和大于定长串的长度，同时 S1 串小于串的固定长度。此时，先将 S1 串放入 T 串后再截取 S2 的部分放入 T 串中，并将 T 的长度修改为最大值，并返回截断标识。③S1 串的长度已经达到最大值，则只将 S1 串复制到 T 串，并返回截断标识即可。该操作描述如下：

算法 5.5　定长顺序串的连接算法

```
int Concat(SString T, SString S1, SString S2)
{   int i,uncut; //
    if (S1[0]+S2[0]<=MAXSTRLEN)             /*未截断*/
    {   for(i=1;i<=S1[0];i++)
            T[i]=S1[i];
        for (i=1;i<=S2[0];i++)
            T[i+S1[0]]=S2[i];
        T[0]=S1[0]+S2[0];
        uncut=TRUE;
    }
    else if(S1[0]<MAXSTRLEN)                /*截断*/
    {   for(i=1;i<=S1[0];i++)
            T[i]=S1[i];
        for(i=S1[0]+1;i<=MAXSTRLEN;i++)
            T[i]=S2[i-S1[0]];
        T[0]=MAXSTRLEN;
        uncut=FALSE;
    }
    else                                    /*截断(仅取 S1)*/
    {   for(i=0;i<=MAXSTRLEN;i++)
            T[i]=S1[i];
        uncut=FALSE;
    }
    return uncut;
}
```

说明：uncut 表示是否被截断，每次循环的时候注意开始的下标和结束时的下标变换范围。

6. 求子串操作 int SubString(SString Sub,SString S,int pos,int len)

要求用 Sub 串返回串 S 的第 pos 个字符起长度为 len 的子串。首先判断 pos 和 len 是否满足条件 1≤pos≤StrLength(S)且 0≤len≤StrLength(S)–pos+1，如果不满足则返回 ERROR 的标识，如果满足则从 S 串的 pos 位置开始截取长度为 len 的子串并放入串 Sub 中，最后将串 Sub 的长度置为 len。该算法描述如下：

算法 5.6　定长顺序串的求子串算法

```
int SubString(SString Sub,SString S,int pos,int len)
{   int i;
    if(pos<1||pos>S[0]||len<0||len>S[0]-pos+1)
```

```
        return ERROR;
    for(i=1;i<=len;i++)
        Sub[i]=S[pos+i-1];
    Sub[0]=len;
    return OK;
}
```

说明：仔细考虑 pos 和 len 需要满足的条件。截取的位置从串 S 的 pos 下标开始包含 pos。

思考：如何列出一个串中的所有子串，并打印出来？

7. 串的删除操作 int StrDelete(SString S,int pos,int len)

从串 S 中删除第 pos 个字符起长度为 len 的子串。该操作与求子串类似需先判断 pos 和 len 是否满足条件 1≤pos≤StrLength(S)且 0≤len≤StrLength(S)-pos+1，如果不满足则不能删除，如果满足，则将后面的字符向前移动并修改串的最终长度为 S[0]-len。该算法描述如下：

算法 5.7　定长顺序串的删除算法

```
int StrDelete(SString S,int pos,int len)
{   int i;
    if(pos<1||pos>S[0]||len<0||len>S[0]-pos+1)
        return FALSE;
    for(i=pos+len;i<=S[0];i++)
        S[i-len]=S[i];
    S[0]=S[0]-len;
    return TRUE;
}
```

8. 串的插入操作 int StrInsert(SString S,int pos,SString T)

要求在串 S 的第 pos 个字符之前插入串 T，首先判断 pos 的位置是否满足条件，如果满足再判断 S 串和 T 串的长度总和是否小于最大长度，如果也满足则把 S 串从 pos 位置(包含 pos)开始的所有元素向后移动，为 T 串让开位置，接着将 T 串中所有字符复制到从 pos 开始的这些单元中，最后修改串 S 的长度为 S[0]+T[0]。该算法描述如下：

算法 5.8　定长顺序串的插入算法

```
int StrInsert(SString S,int pos,SString T)
{   int i;
    if(pos<1||pos>S[0]+1)
        return FALSE;
    if(S[0]+T[0]>MAXSTRLEN)
        return FALSE;
    for(i=S[0];i>=pos;i--)
        S[i+T[0]]=S[i];
    for(i=pos;i<pos+T[0];i++)
        S[i]=T[i-pos+1];
    S[0]=S[0]+T[0];
    return TRUE;
}
```

思考：如何实现串的截断插入，即长度溢出时自动删除超出的元素，并打印出来？

9. 串的模式匹配 int Index(SString S,SString T,int pos)

该操作要求出主串 S 中第 pos 个字符之后是否存在与 T 相等的子串，并返回子串 T 第一次出现在主串 S 中的位置，若主串中没有子串存在，则返回失败。

首先判断 pos 是否满足 1≤pos≤StrLength(S)−StrLength(T)+1，若不满足，则返回 FALSE。若满足则从主串 S 的 pos 位置开始截取长度为 T[0]的字符串赋值给一个新串 Sub，比较 Sub 和 T 串是否相等，如果相等直接返回该位置，如果不相等则从 pos 的后一个位置继续寻找，直到找见为止或所有位置都找完没有找到而结束算法。该算法描述如下：

算法 5.9　寻找子串 T 在主串 S 中位置的算法

```
int Index(SString S,SString T,int pos)
{   int n,m,i;
    SString Sub;
    if(T[0]<=0)
        return FALSE;
    n=StrLength(S);
    m=StrLength(T);
    if(pos<=0||n-m +1<pos)
        return FALSE;
    i=pos;
    while (i<=n-m+1)
    {   SubString(Sub,S,i,m);
        if(StrCompare(Sub,T)==0)
            return i;
        else
            i++;
    }
    return FALSE;
}
```

上述算法简单明了，但是由于算法中使用的 SubString(Sub,S,i,m)操作须复制串中的字符，时间开销较大。按算法 5.9 的思想也可将模式匹配算法描述为算法 5.11 寻找子串 T 在主串 S 中位置，而不借用取子串、比较、求长度等其他操作。

10. 串的替换操作 int Replace(SString S,SString T,SString V)

该算法要求用串 V 替换主串 S 中出现的所有与 T 相等的不重叠的子串。首先判断 S、T 串是否为空，其中一个为空则替换失败。若串都不空，则首先用串的模式匹配函数 index 获取串 T 在 S 中的位置，再用串的删除函数 StrDelete 从该位置删除与 T 串相同的子串，最后使用串的插入函数 StrInsert 把 V 串插入到 S 串 index 函数返回的位置，这样就完成了替换操作。该算法描述如下：

算法 5.10　定长顺序串的替换算法

```
int Replace(SString S,SString T,SString V)
{   int i=1;                        //从串 S 的第一个字符起查找串 T
```

```
    if(StrEmpty(T)||StrEmpty(S))
        return FALSE;
    do
    {   i=Index(S,T,i);             //结果 i 为从上一个 i 之后找到的子串 T 的位置
        if(i!=0)//串 S 中存在串 T
        {   StrDelete(S,i,StrLength(T));      //删除该串 T
            StrInsert(S,i,V);                 //在原串 T 的位置插入串 V
            i+=StrLength(V);                  //在插入的串 V 后面继续查找串 T
        }
    }while(StrLength(T)+i<=StrLength(S));
    return OK;
}
```

上面给出了定长存储结构下串的一些基本操作，其他操作读者可根据要求自行写出。

5.3 串的模式匹配算法

串的模式匹配(即子串定位)是一种重要的串运算。设 S 和 T 是给定的两个串，在主串 S 中找到等于子串 T 的过程称为模式匹配，如果在 S 中找到等于 T 的子串，则称匹配成功，函数返回 T 在 S 中首次出现的存储位置(或序号)，否则匹配失败，返回–1。T 也称为模式。为了运算方便，设字符串的长度存放在 0 号单元，串值从 1 号单元存放，这样字符序号与存储位置一致。

模式匹配的应用非常广泛。例如，在文本编辑程序中经常要查找某一特定单词在文本中出现的位置。显然，解此问题的有效算法能极大地提高文本编辑程序的响应性能。

模式匹配是一个较为复杂的串操作过程。迄今为止，人们对串的模式匹配提出了许多思想和效率各不相同的计算机算法。下面介绍两种主要的模式匹配算法。

5.3.1 简单模式匹配算法——BF 算法

简单模式匹配算法的思想如下：首先将 s_1 与 t_1 进行比较，若不同，就将 s_2 与 t_1 进行比较，直到 S 的某一个字符 s_i 和 t_1 相同，再将它们之后的字符进行比较，若也相同，则如此继续往下比较，当 S 的某一个字符 s_i 与 T 的字符 t_j 不同时，则 S 返回到本趟开始字符的下一个字符，即 s_{i-j+2}，T 返回到 t_1，继续开始下一趟的比较，重复上述过程。若 T 中的字符全部比完，则说明本趟匹配成功，本趟的起始位置是 i–j+1 或 i–t[0]就是所求的位置。设主串 S="ababcabcacbab"，模式 T="abcac"，匹配过程如图 5.1 所示。

依据这个思想，算法描述如下：

算法 5.11　串的朴素模式匹配算法(BF 算法)

```
int Index01(SString S, SString T, int pos)
{   int i=pos ,j=1;                  //i 为 S 的下标，j 为 T 的下标
    if(S[0]==0||T[0]==0||T[0]>S[0])
        return FALSE;
    while(i<=S[0]&&j<=T[0])
    {   if (S[i]==T[j])              //继续比较后继字符
        {   ++i; ++j;
        }
```

```
            else                        //指针后退重新开始匹配
            {    i=i-j+2; j=1;
            }
        }
        if(j>T[0])
            return i-T[0];
        else
            return FALSE;
    }
```

简单模式匹配算法的时间复杂度为 O(n×m)，其中 n 和 m 分别为主串和模式串的长度。

比较趟数	串的匹配过程														i	j	结果
	S	a	b	a	b	c	a	b	c	a	c	b	a	b			
第 1 趟匹配		=	=	≠											3	3	失败
	T	a	b	c	a	c											
	S	a	b	a	b	c	a	b	c	a	c	b	a	b			
第 2 趟匹配			≠												2	1	失败
	T		a	b	c	a	c										
	S	a	b	a	b	c	a	b	c	a	c	b	a	b			
第 3 趟匹配				=	=	=	=	≠							7	5	失败
	T			a	b	c	a	c									
	S	a	b	a	b	c	a	b	c	a	c	b	a	b			
第 4 趟匹配					≠										4	1	失败
	T				a	b	c	a	c								
	S	a	b	a	b	c	a	b	c	a	c	b	a	b			
第 5 趟匹配						≠									5	1	失败
	T					a	b	c	a	c							
	S	a	b	a	b	c	a	b	c	a	c	b	a	b			
第 6 趟匹配							=	=	=	=	=				11	6	成功
	T						a	b	c	a	c						

图 5.1　简单模式匹配过程

5.3.2　改进的模式匹配算法——KMP 算法

上述算法称为朴素模式匹配算法(BF 算法)，该算法简单，但效率较低。一种对 BF 算法做了很大改进的模式匹配算法是克努特(Knuth)，莫里斯(Morris)和普拉特(Pratt)同时发现并设计的，简称 KMP 算法。KMP 算法的思想为：每当一趟匹配过程出现字符不相等时，主串指示器不用回溯，而是利用已经得到的“部分匹配”结果，将模式串的指示器向右滑动尽可能远的一段距离后，继续进行比较。

回顾图 5.1 的匹配过程，在第 3 趟的匹配中，当 i=7、j=5 字符比较不等时，又从 i=4、j=1 重新开始比较。

然而，经仔细观察可发现，在 i=4 和 j=1，i=5 和 j=1 以及 i=6 和 j=1 这 3 次比较都是不必进行的。因为从第 3 趟部分匹配的结果就可得出，主串中第 4、5 和 6 个字符必然是"b"，"c"和"a"(即模式串中第 2、3 和 4 个字符)。因为模式中第一个字符是 a，因此它无须再和这 3 个字符进行比较，而仅须将模式向右滑动 3 个字符的位置继续进行 i=7,j=2 时的字符比较即可，如图 5.2 所示。同理，在第 1 趟匹配中出现字符不等时，仅须将模式向右移动两个字符的位置继续进行 i=3、j=1 时的字符比较。由此，在整个匹配的过程中，指针 i 没有回溯。

比较趟数	串的匹配过程														i	j	结果
第 3 趟匹配				⇩				⇩									
	S	a	b	a	b	c	a	b	c	a	c	b	a	b	7	5	失败
				=	=	=	=	≠									
	T			a	b	c	a	c									
				⇧				⇧									
第 4 趟匹配								⇩				⇩					
	S	a	b	a	b	c	a	b	c	a	c	b	a	b	11	6	成功
								=	=	=	=						
	T						a	b	c	a	c						
								⇧				⇧					

图 5.2　改进的模式匹配过程

KMP 算法的每趟比较过程让子串向后滑动一个合适的位置，让这个位置上的字符和主串中的那个字符比较，这个合适的位置与子串本身的结构有关。

总之，在主串 S 与模式串 T 的匹配过程中，一旦出现 $s_i \neq t_j$，主串 S 的指针不必回溯，而是直接与模式串的 $t_k(0 \leqq k<j)$ 进行比较，而 k 的取值与主串 S 无关，只与模式串 T 本身的构成有关，即从模式串 T 可求得 k 值。

一般而言，设主串 S="$s_1 s_2 \cdots s_n$"，模式串 T="$t_1\ t_2 \cdots t_m$"。当 $s_i \neq t_j(1 \leqq i \leqq n-m,\ 1 \leqq j<m,\ m<n)$ 时，主串 S 的指针 i 不必回溯，而模式串 T 的指针 j 回溯到第 k(k<j) 个字符继续比较，则模式串 T 的前 k–1 个字符必须满足式(5.1)，而且不可能存在 $k' > k$ 满足式(5.1)。

$$t_1 t_2 \cdots t_{k-1} = s_{i-(k-1)} s_{i-(k-2)} \cdots s_{i-1} \tag{5.1}$$

而已经得到的“部分匹配”的结果为：

$$t_{j-(k-1)} t_{j-(k-2)} \cdots t_{j-1} = s_{i-(k-1)} s_{i-(1-2)} \cdots s_{i-1} \tag{5.2}$$

由式(5.1)和式(5.2)得

$$t_1 t_2 \cdots t_{k-1} = t_{i-(k-1)} t_{i-(k-2)} \cdots t_{i-1} \tag{5.3}$$

反之，若模式串中存在满足式(5.3)的两个子串，则当匹配过程中，主串中第 i 个字符与模式中第 j 个字符比较不等时，仅须将模式向右滑动至模式中第 k 个字符和主串中第 i 个字符对齐，此时，模式中头 k-1 个字符的子串 $t_1 t_2 t_3 \cdots t_{k-1}$ 必定与主串中第 i 个字符之前长度为 k–1 的子串 $s_{i-(k-1)} s_{i-(k-2)} \cdots s_{i-1}$ 相等，由此，匹配仅需从模式中第 k 个字符与主串中第 i 个字符比较起继续进行。

若令 next[j] = k，则 next[j]表明当模式中第 j 个字符与主串中相应字符“失配”时，在模式匹配中需要重新和主串中该字符进行比较的字符位置。由此可引出模式串的 next 函数的定义：

$$\text{next}[j] = \begin{cases} 0 & \text{当} j=1 \\ \max & \{k \mid 1<k<j \text{且} "t_1 t_2 \ldots t_{k-1}" = "t_{j-(k-1)} t_{j-(k-2)} \ldots t_{j-1}" \\ 1 & \text{其他情况} \end{cases} \tag{5.4}$$

1. 求得 next[j]值之后，KMP 算法的思想

设目标串(主串)为 S，模式串为 T，并设指针 i 和指针 j 分别指示目标串和模式串中正待比较的字符，设 i 和 j 的初值均为 1。若有 $s_i=t_j$，则 i 和 j 分别加 1。否则 i 不变，j 退回到 j=next[j]的位置。再比较 s_i 和 t_j，若相等，则 i 和 j 分别加 1，否则 i 不变，j 再次退回到 j=next[j]的位置。依此类推。直到下列两种情形：

(1) j 退回到某个下一个[j]值时字符比较相等，则指针各自加 1 继续进行匹配。

(2) 退回到 j=0，将 i 和 j 分别加 1，即从主串的下一个字符 s_{i+1} 模式串的 t_1 重新开始匹配。如图 5.3 所示的正是上述匹配过程的一个例子。

若主串为 S="acabaabaabcacaabc"求得子串 T="abaabcac"的 next 数组 {0,1,1,2,2,3,1,2} 后模式匹配过程如图 5.3 所示。

趟数	利用 next 数组 {0,1,1,2,2,3,1,2} 进行模式匹配过程																		i	j	结果
1			⇩																		
	S	a	c	a	b	a	a	b	a	a	b	c	a	c	a	a	b	c			
		=	≠																2	2	失败
	T	**a**	**b**	a	a	b	c	a	c												
			⇧																		
2			⇩																		
	S	a	c	a	b	a	a	b	a	a	b	c	a	c	a	a	b	c			
			≠																2	1	失败
	T		**a**	**b**	a	a	b	c	a	c											
			⇧																		
3				⇩					⇩					⇩							
	S	a	c	a	b	a	a	b	a	a	b	c	a	c	a	a	b	c			
				=	=	=	=	=	≠										8	6	失败
	T			**a**	**b**	a	a	b	c	a	c										
				⇧					⇧					⇧							
4									⇩						⇩						
	S	a	c	a	b	a	a	b	a	a	b	c	a	c	a	a	b	c			
							=	=	=	=	=	=	=	=					14	9	成功
	T						**a**	**b**	a	a	b	c	a	c							
									⇧						⇧						

图 5.3　利用模式 next 函数进行匹配的过程示例

与 next 数组的求解相比，KMP 的匹配算法就相对简单很多，它在形式上与简单的模式匹配算法很相似。不同之处仅在于当匹配过程产生失配时，指针 i 不变，指针 j 退回到 next[j]的位置并重新进行比较，并且当指针 j 为 0 时，指针 i 和 j 同时加 1。即若主串的第 i 个位置和模式串的第一个字符不等，应从主串的第 i+1 个位置开始匹配。在假设已有 next 函数情况下，KMP 算法如下：

算法 5.12　改进后的模式匹配算法(KMP 算法)

```
int Index_KMP(SString S,SString T,int pos)
{   int next[255];
    int i=pos,j=1;
```

```
        if(S[0]==0||T[0]==0||T[0]>S[0])
            return FALSE;
        get_nextval(T,next);
        while (i<=S[0]&&j<=T[0])
        {   if (j==0||S[i]==T[j])
            {   ++i; ++j;
            }                       //继续比较后继字符
            else
                j=next[j];          //模式串向右移动
        }
        if (j>T[0])
            return i-T[0];          //匹配成功
        else
            return FALSE;
    } //Index_KMP
```

2\. 如何求 next 函数

由以上讨论知，next 函数值仅取决于模式本身而和主串无关。可以从分析 next 函数的定义出发用递推的方法求得 next 函数值。

由定义知

$$next[1]=0 \tag{5.5}$$

设 next[j]=k，这表明在模式串中存在下列关系：

$$t_1t_2\cdots t_{k-1}=t_{j-(k-1)}\cdots t_{j-1} \tag{5.6}$$

式中，k 为满足 1<k<j 的某个值，并且不可能存在 $k'>k$ 满足等式(5.6)。那么 next[j+1]为何值？可能有两种情况：

第一种情况：若 $t_k=t_j$ 则表明在模式串中

$$t_1t_2\cdots t_{k-1}=t_{j-(k-1)}\cdots t_{j-1} \tag{5.7}$$

并且不可能存在 $k'>k$ 满足等式(5.7)。这就是说 next[j+1]=k+1，即

$$next[j+1]=next[j]+1 \tag{5.8}$$

第二种情况：若 $t_k\neq t_j$ 则表明在模式串中

$$t_1t_2\cdots t_k=t_{j-(k-1)}\cdots t_j \tag{5.9}$$

此时，可把求 next 函数值的问题看成是一个模式匹配问题，整个模式串既是主串，又是模式串，而当前在匹配的过程中，已有式(5.6)成立，则当 $t_k\neq t_j$ 时应将模式向右滑动，使得模式串中的第 next[k]个字符和“主串”中的第 j 个字符相比较。若 next[k]=k′，且 $t_{k'}=t_j$，则说明在主串中第 j+1 个字符之前存在一个最大长度为 k′ 的子串，使得

$$t_1t_2\cdots t_{k'}=t_{j-(k'-1)}\cdots t_j\quad(1<k'<k<j) \tag{5.10}$$

这就是说 next[j+1]= k′+1，即：next[j+1]=next[k]+1

同理，若 $t_k\neq t_j$，则将模式串继续向右滑动至使第 next[k′]个字符和 t_j 对齐，依此类推，直至 t_j 和模式串中的某个字符匹配成功或者不存在任何 k′(1<k′<j) 满足式(5.10)，则有：next[j+1]=1。

综上所述，可将求 next 函数值的过程描述成算法 5.13。

算法 5.13　求解 next 数组的算法

```
void get_nextval(SString T, int *next)
{   int i=1;
    int j=0;
    next[1]=0;
    while(i<T[0])
    {   if (j==0||T[i]==T[j])
        {   ++i;++j;
            if (T[i]!=T[j])
                next[i]=j;
            else
                next[i]=next[j];
        }
        else
            j=next[j];
    }
}
```

依据算法 5.13 求得的子串 T="abaabcac"的 next 数组如表 5.1 所示。

表 5.1　求子串 T="abaabcac"的 next 数组

编号	1	2	3	4	5	6	7	8
T	a	b	a	a	b	c	a	c
next	0	1	1	2	2	3	1	2

尽管朴素的模式匹配算法的时间复杂度是 O(m×n)，KMP 算法的时间复杂度是 O(m+n)。但在一般情况下，朴素的模式匹配算法的实际执行时间近似 O(m+n)，因此至今仍被采用。KMP 算法仅仅是在主串与子串有很多“部分匹配”时才显得比朴素的算法快得多，其主要优点是主串不回溯。

读者可根据上述过程设求出模式串 T="abcac"的 next 数组，并根据主串 S="ababcabcacbab"画出利用 KMP 算法进行模式匹配的过程示意图。

5.4　串的堆存储结构

5.4.1　堆存储结构的定义

在实际应用中，参与运算的串变量之间的长度相差较大，并且操作中串值的长度变化也较大，因此为串变量预分配固定大小的空间不尽合理。系统提供一个空间足够大且地址连续的内存存储区，该存储区称之为“堆”。堆存储结构的基本思想：在内存中为每个新产生的串分配一块实际串长所需的存储空间，并将该空间的基地址作为串的基址，为了处理方便，并将串的长度也作为存储结构的一部分。所以，可将串的堆存储结构定义如下:

```
typedef struct
{   char *ch;              /*若非空，按长度分配，否则为NULL*/
```

```
    int len;              /*串的长度*/
}HString;
```

该结构中仍然以一组地址连续的存储空间来存储字符串值，但其所需的存储空间是在程序执行过程中动态分配，故是动态的，变长的。

5.4.2 基于堆结构的基本运算

本小节主要讨论堆存储结构下串的基本算法，算法思想和串的定长存储结构下的基本一致，在此仅给出部分操作。

1．建串 StrAssign(HString *S,char *str)

首先判断串 S 是否为空，不为空则释放以前的空间。然后统计串 str 的长度，如果长度为 0，则 S->ch 指针不需要开辟空间，给空地址，长度 S->len 给 0 即可。若长度不为 0，则给 S->ch 动态分配与串 str 长度相同的一块空间，并把串放入其中，串长度存入 S->len 中。该算法描述如下：

算法 5.14　堆存储结构下串的创建算法

```
int StrAssign(HString *S,char *str)
{   int i;
    if(!S->ch)
        free(S->ch);
    for(i=0;str[i]!='\0';i++);
    if(i==0)
    {   S->ch=NULL;
        S->len=0;
    }
    else
    {   S->len=i;
        if(!(S->ch=(char *)malloc(i*sizeof(char))))
            return ERROR;
        for(i=0;i<S->len;i++)
            S->ch[i]=str[i];
    }
    return OK;
}
```

2．串插入 int StrInsert(HString *S,int pos,HString T)

该算法要求在串 S 的第 pos 个位置插入串 T。首先判断串 S、串 T 是否为空，pos 表示的位置是否合法，如果以上两条件同时满足，则首先为串 S 增加与串 T 长度相等的一块存储空间，然后将串 S 从 pos 位置(包含 pos)开始的所有元素向后移动 T.len 个位置，接着将 T 串插入到串 S 中 pos 位置，最后修改串 S 的长度 S->len 为 S->len+T.len。该算法描述如下：

算法 5.15　堆存储结构下串的插入算法

```
int StrInsert(HString *S,int pos,HString T)
{   int i;
```

```
        if(!S->ch||!T.ch)
            return ERROR;
        if(pos<=0||pos>S->len+1)
            return ERROR;
        S->ch=(char *)realloc(S->ch,S->len+T.len);
        for(i=S->len-1;i>=pos-1;i--)
            S->ch[i+T.len]=S->ch[i];
        for(i=0;i<T.len;i++)
            S->ch[i+pos-1]=T.ch[i];
        S->len=S->len+T.len;
        return OK;
    }
```

3. *求子串* int SubString(HString *Sub,HString S,int pos,int len)

使 Sub 返回串 S 的第 pos 个字符起长度为 len 的子串。首先判断 Sub 是否为空，不为空则释放 Sub 空间。然后再判断 pos、len 是否满足 1≤pos≤S.len 且 0≤len≤S.len-pos+1,不满足则分配失败，满足则给 Sub 开辟一个 len 长度的 ch 空间，将串 S 中 pos 位置后(包含 pos)的 len 个元素赋值给 Sub。该算法描述如下：

算法 5.16　堆存储结构下求子串算法

```
    int SubString(HString *Sub,HString S,int pos,int len)
    {   int i;
        if(Sub->len)
        {   free(Sub->ch);
            Sub->len=0;
        }
        if(pos<=0||pos>S.len||len<1||len>S.len-pos+1)
        {   Sub->ch=NULL;
            Sub->len=0;
            return OK;
        }
        Sub->ch=(char *)malloc(len*sizeof(char));
        for(i=0;i<len;i++)
            Sub->ch[i]=S.ch[pos+i-1];
        Sub->len=len;
        return OK;
    }
```

4. *串删除* int StrDelete(HString *S,int pos,int len)

删除串 S 中第 pos 个字符起长度为 len 的子串。删除时条件和取子串算法一样。若条件都满足，则将待删除串之后的那些元素都向前移动 len 个位置，删除后回收部分空间，并给 S->len 重新赋值为 S->len-len。该算法描述如下：

算法 5.17　堆存储结构下删除子串的算法

```
    int StrDelete(HString *S,int pos,int len)
    {   int i;
```

```
    if(pos<=0||pos>S->len||len<1||len>S->len-pos+1)
        return ERROR;
    for(i=pos+len-1;i<=S->len-1;i++)
        S->ch[i-len]=S->ch[i];
    S->ch=(char *)realloc(S->ch,S->len-len);
    S->len=S->len-len;
    return OK;
}
```

5. 串链接 int Concat (HString *S,HString T1,HString T2)

首先判断串 T1、串 T2 是否为空，如果不为空，则首先给串 S 开辟大小为 T1.len +T2.len 的存储空间，然后并把串 T1、串 T2 依次复制到该空间中。该算法描述如下：

算法 5.18 堆存储结构下串的链接算法

```
int Concat(HString *S,HString T1,HString T2)
{   int i;
    if(S->ch)
        free(S->ch);
    if(!(S->ch=(char *)malloc((T1.len+T2.len)*sizeof(char))))
        return ERROR;
    S->len=T1.len+T2.len;
    for(i=0;i<S->len;i++)
    {   if(i<=T1.len)
            S->ch[i]=T1.ch[i];
        else
            S->ch[i]=T2.ch[i-T1.len];
    }
    return OK;
}
```

6. 串复制 StrCopy (HString *T,HString S)

由串 S 复制得串 T，首先判断串 S 是否为空，为空则复制失败。若不空，则释放串 T 原有的存储空间，并给串 T 开辟一个大小与串 S 长度相等的空间。最后将串 S 的长度和所有字符赋值给 T。该算法描述如下：

算法 5.19 堆存储结构下串的复制算法

```
int StrCopy(HString *T,HString S)
{   int i;
    if(!S.len)
        return ERROR;
    T->ch=(char *)malloc(sizeof(S.len));
    for(i=0;i<S.len;i++)
        T->ch[i]=S.ch[i];
    T->len=S.len;
    return OK;
}
```

7. 串比较 int StrCompare（HString S,HString T）

比较串 S 和串 T 的大小。若 S>T ，则返回一个大于 0 的正整数；若 S=T 则返回 0；若 S<T，则返回一个小于 0 的负整数。该算法描述如下：

算法 5.20 堆存储结构下串的比较算法

```
int StrCompare(HString S,HString T)
{   int i;
    for(i=0;i<S.len&&i<T.len;++i)
        if(S.ch[i]!=T.ch[i])
            return(S.ch[i]-T.ch[i]);
    return(S.len-T.len);
}
```

读者可根据串的堆存储结构特点和定长存储结构上的相关算法，写出堆存储结构下的其他操作。以上堆空间和算法是由算法编写者设计和编写实现的，这里重点介绍这种存储的处理思想，很多问题及细节尚未涉及。在常用的高级语言及开发环境中，大多系统本身都提供串的类型及大量的库函数，用户可直接使用，这样会使算法的设计和调试更方便，更容易，可靠度更高。

5.5 串的块链存储结构

5.5.1 块链存储结构的定义及其存储结构

串的链式存储结构和线性表的链式存储结构类似，采用单链表来存储串，结点也由数据域 data 和指针域 next 构成。数据域用来存放多个字符，数据域可存放的字符个数称为结点的大小；指针域 next 用来存放下一结点的地址，功能与其他链表相同。

若每个结点仅存放一个字符，此时就是一个数据元素为字符的单链表，此时因指针域非常多而造成系统空间浪费。在一般情况下，为节省存储空间，考虑串结构的特殊属性，每个结点存放若干个字符，这种结构称为串的块链结构。带头结点的块链存储结构如图 5.4 所示。

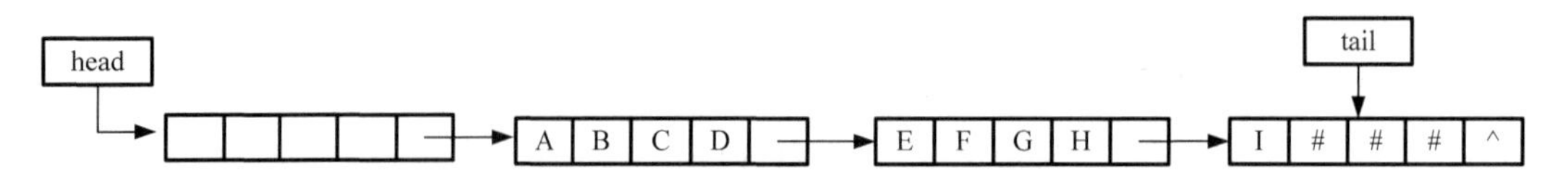

图 5.4 串的块链存储结构示意图

和单链表一样，该部分中设计的所有算法都是带头结点的块链结构，为了操作方便，再附设一尾指针 tail 和串长度 curlen。所以可将块链结构存储定义如下：

```
#define BLANK   '#'                 //用于填补空余
#define BLOCKNODESIZE 4
typedef struct BlockLinkNode
{   char ch[BLOCKNODESIZE];
    struct BlockLinkNode *next;
}BlockLinkNode;
```

```
typedef struct
{   BlockLinkNode *head,*tail;
    int CurLength;
}LString;
```

在块链存储方式中，节点的大小直接影响着串处理的效率。在各种串的处理系统中，若所处理的串很长就要求考虑串值的存储密度。存储的密度可以定义为

$$存储密度=\frac{串值所占的存储位}{实际分配的存储位}$$

在这种存储结构下，结点的分配总是以完整的结点为单位，因此，为使一个串能存放在整数个结点中，在串的末尾填上不属于串值的特殊字符，以表示串终结。

串值的链式存储结构对某些串的操作，如链接操作等有一定方便之处，但总的来说不如另外两种存储结构灵活，因为它占用的存储量大且操作复杂。

5.5.2 基于块链结构的基本运算

1. 串创建 int StrAssign(LString *S,char *str)

将一个字符串 str 存入块链结构 S 中。首先统计出 str 串的长度 cnum，并根据串长度 cnum 和结点的大小 BLOCKNODESIZE 计算出块链所需的结点个数 bnum。然后根据带头节点的单链表的创建算法创建链表，在连接块结点的同时将字符串常量中的字符分块放入相应的块结点中。若最后一个结点中有串字符以外的空闲空间，则将该结点的空闲空间用特殊符号(如"#")填充。最后，用尾指针 S->tail 指向该最后结点，并将串长度 cnum 赋值给 S->curlen。所以，该算法可描述如下：

算法 5.21 块链的创建算法

```
int StrAssign(LString *S,char *str)
{   BlockLinkNode *p,*r;
    int cnum,bnum,i,j;
    for(i=0;str[i]!='\0';i++);cnum=i;     //统计出字符个数 cnum
    if(cnum==0||strchr(str,BLANK))        //字符串中出现字符 BLANK
        return ERROR;
    bnum=cnum/BLOCKNODESIZE;              //计算出块链中需要的结点数 bnum
    if(cnum%BLOCKNODESIZE)  bnum++;
    S->head=(BlockLinkNode *)malloc(sizeof(BlockLinkNode));
                                          //创建带头结点的单链表
    r=S->head;
    for(i=1;i<=bnum;i++)
    {   p=(BlockLinkNode *)malloc(sizeof(BlockLinkNode));
        r->next=p;
        r=p;
        for(j=0;j<BLOCKNODESIZE&&*str;j++)
            *(p->ch+j)=*str++;
    }
    if(!*str)                         //最后一个结点的剩余数据域用 BLANK 填充
    {   S->tail=p;
```

```
            p->next=NULL;
            for(;j<BLOCKNODESIZE;j++)
                *(p->ch+j)= BLANK;
        }
    S->CurLength=cnum;
        return OK;
    }
```

2. 串打印 void StrPrint(LString T)

先让指针 h 指向块链中的第一个结点，并打印该结点中的字符，通过工作指针 h 逐个向后移动，继续打印后面其他结点的内容，直到将所有字符打印完毕为止。该算法描述如下：

算法 5.22 块链的打印算法

```
    void StrPrint(LString T)
    {   int i=0,j;
        BlockLinkNode *h;
        h=T.head->next;
        while(i<T.CurLength)
        {   for(j=0;j<BLOCKNODESIZE;j++)
                if(*(h->ch+j)!=BLANK)          //不是填充的 BLANK 字符打印
                {   printf("%c",*(h->ch+j));
                    i++;
                }
            h=h->next;
        }
        printf("\n");
    }
```

3. 串复制 int StrCopy(LString *T,LString S)

由原串 S 复制生成新串 T。初始条件:串 S 存在。操作结果:由串 S 复制得串 T(连同填补空余的字符一块复制)。该算法描述如下：

算法 5.23 串的复制算法

```
    int StrCopy(LString *T,LString S)
    {   BlockLinkNode *h=S.head,*p,*q;
        T->CurLength=S.CurLength;
        if(h==NULL)
        return ERROR;
        p=T->head=(BlockLinkNode *)malloc(sizeof(BlockLinkNode));
        *p=*h;                        //复制一个结点
        h=h->next;
        while(h!=NULL)
        {   q=p;
            p=(BlockLinkNode *)malloc(sizeof(BlockLinkNode));
            q->next=p;
            *p=*h;
            h=h->next;
        }
```

```
        p->next=NULL;
        T->tail=p;
        return OK;
    }
```

4. 串比较 int StrCompare(LString S,LString T)

若 S>T，则返回一大于 0 的正整数；若 S=T，则返回 0；若 S<T，则返回一小于 0 的负整数。逐个比较两块链中的字符，若长度相同且对应字符相同，则两串相等。比较过程中要跳过填补空余的字符。该算法描述如下：

算法 5.24　串的比较算法

```
    int StrCompare(LString S,LString T)
    {   int i=0;                              //i 为当前待比较字符在 S 串和串 T 中的位置
        BlockLinkNode *ps=S.head->next,*pt=T.head->next;
                                              //ps,pt 分别指向 S 和 T 的待比较块
        int js=0,jt=0;                    //js,jt 分别指示 S 和 T 的待比较字符在块中的位序
        while(i<S.CurLength&&i<T.CurLength)
        {   i++;                              //分别找 S 和 T 的第 i 个字符
            while(*(ps->ch+js)==BLANK)   //跳过填补空余的字符
            {   js++;
                if(js==BLOCKNODESIZE)
                {   ps=ps->next;
                    js=0;
                }
            }                                 //*(ps->ch+js)为 S 的第 i 个有效字符
            while(*(pt->ch+jt)==BLANK)   //跳过填补空余的字符
            {   jt++;
                if(jt==BLOCKNODESIZE)
                {   pt=pt->next;
                    jt=0;
                }
            }                                 //*(pt->ch+jt)为 T 的第 i 个有效字符
            if(*(ps->ch+js)!=*(pt->ch+jt))
                return *(ps->ch+js)-*(pt->ch+jt);
            else //继续比较下一个字符
            {   js++;
                if(js==BLOCKNODESIZE)
                {   ps=ps->next;
                    js=0;
                }
                jt++;
                if(jt==BLOCKNODESIZE)
                {   pt=pt->next;
                    jt=0;
                }
            }
        }
        return S.CurLength-T.CurLength;
    }
```

5. 求子串 int SubString(LString *Sub, LString S,int pos,int len)

用 Sub 返回串 S 中第 pos 个字符起长度为 len 的子串。首先判断 pos 和 len 是否满足条件，要求满足 1≤pos≤StrLength(S)且 0≤len≤StrLength(S)-pos+1。若满足条件，先创建一个长度为 len 的 Sub 串，然后将串 S 的字符从 pos 位置开始复制给 Sub。该算法描述如下：

算法 5.25 求子串算法

```
int SubString(LString *Sub, LString S,int pos,int len)
{   BlockLinkNode *p,*r,*q;
    int i,k,n,flag=1;
    if(pos<1||pos>S.CurLength||len<0||len>S.CurLength-pos+1)
        return ERROR;
    n=len/BLOCKNODESIZE;                  //生成空的 Sub 串
    if(len%BLOCKNODESIZE)n++;             //n 为块的个数
    Sub->head=(BlockLinkNode *)malloc(sizeof(BlockLinkNode));
    r=Sub->head;
    for(i=1;i<=n;i++)
    {   p=(BlockLinkNode *)malloc(sizeof(BlockLinkNode));
        r->next=p;
        r=p;
    }
    r->next=NULL;Sub->tail=r;
    Sub->CurLength=len;
    for(i=len%BLOCKNODESIZE;i<BLOCKNODESIZE;i++)
        *(r->ch+i)=BLANK;                 //填充 Sub 尾部的多余空间
    q=Sub->head->next;                    //q 指向 Sub 串即将复制的块
    i=0;                                  //i 指示即将复制的字符在块中的位置
    p=S.head->next;                       //p 指向 S 串的当前块
    n=0;                                  //n 指示当前字符在串中的序号
    while(flag)
    {   for(k=0;k<BLOCKNODESIZE;k++)              //k 指示当前字符在块中的位置
            if(*(p->ch+k)!=BLANK)
            {   n++;
                if(n>=pos&&n<=pos+len-1)      //复制
                {   if(i==BLOCKNODESIZE)      //到下一块
                    {   q=q->next;
                        i=0;
                    }
                    *(q->ch+i)=*(p->ch+k);
                    i++;
                }
                if(n==pos+len-1)              //复制结束
                {   flag=0;
                    return OK;
                }
            }
        p=p->next;
    }
    return OK;
}
```

6. 串压缩 Void Zip(LString *S)

清除块中不必要的填补空余的字符，即将块链字符串中非最后一个结点中所有的填补空余的字符去除。先将 LString 类型的字符串 S 转换为 char 类型的字符串 q，然后使用建串函数 StrAssign(S,q)把 q 重新转换成块链串 S。该操作描述如下：

算法 5.26　串的压缩算法

```
void Zip(LString *S)
{   int j,n=0;
    BlockLinkNode *h=S->head->next;
    char *q;
    q=(char*)malloc((S->CurLength+1)*sizeof(char));
    while(h)                //将 LString 类型的字符串转换为 C 语言的标准字符串
    {   for(j=0;j<BLOCKNODESIZE;j++)
            if(*(h->ch+j)!=BLANK)
            {   *(q+n)=*(h->ch+j);
                n++;
            }
        h=h->next;
    }
    *(q+n)=0;               //串结束符
    ClearString(S);         //清空 S
    StrAssign(S,q);         //重新生成 S
}
```

7. 串链接 int Concat(LString *T,LString S1,LString S2)

用 T 返回由 S1 和 S2 连接而成的新串。将第二个串 S2 去掉头结点后连接到第一个串的最后一个结点之后。该算法描述如下：

算法 5.27　串的连接算法

```
int Concat(LString *T,LString S1,LString S2)
{   LString a1,a2;
    InitString(&a1);
    InitString(&a2);
    StrCopy(&a1,S1);
    StrCopy(&a2,S2);
    T->CurLength=S1.CurLength+S2.CurLength;
    T->head=a1.head;
    a1.tail->next=a2.head->next;
    T->tail=a2.tail;
    Zip(T);                 //最后把整个串 T 进行压缩，就变成一个整串
    free(a2.head);
    return OK;
}
```

8. 串的模式匹配 int Index(LString S,LString T,int pos)

T 为非空串，若主串 S 中第 pos 个字符之后存在与 T 相等的子串，则返回第一个这样的

子串在 S 中的位置，否则返回 0。从主串 S 中的第 pos 个位置开始，逐个位置开始取和 T 长度一样的一个子串 sub，看该串是不是和 T 串相等，若相等则找到位置，若不等则从下一个位置开始再继续取子串比较。该算法描述如下：

算法 5.28　串的模式匹配算法

```
int Index(LString S,LString T,int pos)
{   int i,n,m;
    LString sub;
    if(pos>=1&&pos<=StrLength(S))     //pos 满足条件
    {   n=StrLength(S);               //主串长度
        m=StrLength(T);               //T 长度
        i=pos;
        while(i<=n-m+1)
        {   SubString(&sub,S,i,m);    //sub 为从 S 的第 i 个字符起长度为 m 的子串
            if(StrCompare(sub,T)!=0)  //sub 不等于 T
                ++i;
            else
                return i;
        }
    }
    return 0;
}
```

9. 串插入 int StrInsert(HString *S,int pos,HString T)

该算法要求在串 S 的第 pos 个位置插入串 T。首先判断串 S、串 T 是否为空，pos 表示的位置是否合法，即判断 1≤pos≤StrLength(S)+1 条件是否成立。如果以上两条件同时满足再经过压缩操作，则可能出现以下三种情形。

第一种情形：若 pos=1，即插在 S 串之前。此时在串 T 之后连接上串 S 即可。

第二种情形：插入位置正好在块与块之间。则找到插入位置的前面一个结点 p 和后面一个结点 q，将 T 串插入到 p 结点之后，q 结点之前即可。

第三种情形：插入位置在同一块内的两个字符之间。首先找到插入点所在的结点 p，然后生成一个新的结点 q，把 p 中插入点之后的字符装入 q，之后再将 q 结点插入到 p 结点之后，最后将 T 串插入到 p 结点之后，q 结点之前即可。综上分析，该算法可描述如下：

算法 5.29　串的插入算法

```
int StrInsert(LString *S,int pos,LString T)
{   int i,j,k;
    BlockLinkNode *p,*q;
    LString t;
    if(pos<1||pos>StrLength(*S)+1)    //pos 超出范围
        return ERROR;
    InitString(&t);
    StrCopy(&t,T);                    //复制 T 为 t
    Zip(S);                           //去掉串 S 中多余的填补空余的字符
    i=(pos-1)/BLOCKNODESIZE;          //到达插入点要移动的块数
```

```
        j=(pos-1)%BLOCKNODESIZE;            //到达插入点在最后一块上要移动的字符数
        p=S->head->next;
        if(pos==1)                          //第一种情形：插在串 S 前
        {   t.tail->next=S->head->next;
            S->head->next=t.head->next;
        }else if(j==0)                      //第二种情形：插在块与块之间
        {   for(k=1;k<i;k++)
                p=p->next;                  //p 指向插入点的左块
            q=p->next;                      //q 指向插入点的右块
            p->next=t.head->next;           //插入 t
            t.tail->next=q;
            if(q==NULL)                     //插在串 S 后
                S->tail=t.tail;             //改变尾指针
        }else                               //第三种情形：插在一块内的两个字符之间
        {   for(k=1;k<=i;k++)
                p=p->next;                  //p 指向插入点所在块
            q=(BlockLinkNode *)malloc(sizeof(BlockLinkNode)); //生成新块
            for(i=0;i<j;i++)
                *(q->ch+i)=BLANK;           //块 q 的前 j 个字符为填补空余的字符
            for(i=j;i<BLOCKNODESIZE;i++)
            {   *(q->ch+i)=*(p->ch+i);      //复制插入点后的字符到 q
                *(p->ch+i)=BLANK;           //p 的该字符为填补空余的字符
            }
            q->next=p->next;
            p->next=t.head->next;
            t.tail->next=q;
        }
        S->CurLength+=t.CurLength;
        Zip(S);
        return OK;
    }
```

10. 串删除 int StrDelete(LString *S,int pos,int len)

该算法要求在串 S 的第 pos 个位置开始删除长度为 len 的字符。首先找到 pos 个字符，然后将第 pos 个字符开始到第 pos+len−1 个字符的 len 个字符全用空余字符填补，最后修改串的当前长度。综上分析该算法可描述如下：

算法 5.30　串的删除算法

```
    int StrDelete(LString *S,int pos,int len)
    {   int i=1;                    //当前字符是串 S 的第 i 个字符(1～S.CurLength)
        BlockLinkNode *p=S->head->next;          //p 指向串 S 的当前块
        int j=0;                    //当前字符在当前块中的位序(0～BlockLinkNodeSIZE-1)
        if(pos<1||pos>S->CurLength-len+1||len<0)     //pos 和 len 的值超出范围
            return ERROR;
        while(i<pos)                        //找第 pos 个字符
        {   while(*(p->ch+j)==BLANK)        //跳过填补空余的字符
            {   j++;
```

```
            if(j==BLOCKNODESIZE)     //应转向下一块
            {   p=p->next;
                j=0;
            }
        }
        i++;                          //当前字符是串 S 的第 i 个字符
        j++;
        if(j==BLOCKNODESIZE)     //应转向下一块
        {   p=p->next;
            j=0;
        }
    }; //i=pos,*(p->ch+j)为串 S 的第 pos 个有效字符
    while(i<pos+len)              //删除从第 pos 个字符起到第 pos+len-1 个字符
    {   while(*(p->ch+j)==BLANK) //跳过填补空余的字符
        {   j++;
            if(j==BLOCKNODESIZE)     //应转向下一块
            {   p=p->next;
                j=0;
            }
        }
        *(p->ch+j)=BLANK;             //把字符改成填补空余的字符来删除第 i 个字符
        i++;                          //到下一个字符
        j++;
        if(j==BLOCKNODESIZE)          //应转向下一块
        {   p=p->next;
            j=0;
        }
    }
    S->CurLength=len;                 //串的当前长度
    return OK;
}
```

11. 串替换 int Replace(LString *S,LString T,LString V)

串 S，串 T 和串 V 存在，T 是非空串，要求用串 V 替换主串 S 中出现所有与串 T 相等的不重叠的子串。该算法思想与前面介绍的定长和堆存储结构上的思想相同。该算法可描述如下：

算法 5.31　串的替换算法

```
int Replace(LString *S,LString T,LString V)
{   int i=1;                     //从串 S 的第一个字符起查找串 T
    if(StrEmpty(T))              //T 是空串
        return ERROR;
    do
    {   i=Index(*S,T,i);         //结果 i 为从上一个 i 之后找到的子串 T 的位置
        if(i)                                   //串 S 中存在串 T
        {   StrDelete(S,i,StrLength(T));        //删除该串 T
            StrInsert(S,i,V);                   //在原串 T 的位置插入串 V
            i+=StrLength(V);                    //在插入的串 V 后面继续查找串 T
```

```
            }
        }while(i);
        return OK;
    }
```

5.6 串的应用

文本编辑器是一个特别有用的系统服务程序，广泛用于文字编辑和修改、源程序编写，以及办公室的文本书信编写和润色。它的实质就是修改字符数据的形式和格式。虽然文本编辑器的功能不一样，但是它们的基本操作是一致的，一般都包括串的查找、插入和删除等基本的操作。

为了编辑用户操作查看方便，用户可以利用换行符和换页符把文本分成若干的行和页。可以把文本看成是一个字符串，称为文本串。页是文本串的子串，行又是页的子串。

为了管理文本串的页和行，在进入文本编辑的时候，编辑程序先为文本串建立相应的页表和行表，即建立各个串的存储映像。页表的每一项给出了页号和该页的起始号。行表的每一项则指示每一行的行号、起始地址和该行子串的长度。

文本编辑器程序中一般设页指针、行指针和字符指针，分别指示当前操作的页、行和字符。假如要在某行内插入或删除若干字符，则要修改行表中该行的长度。若该行的长度超出了分配给它的存储空间，则要为该行重新分配存储空间，同时还要修改行的起始位置。

如果要插入或删除一行，则涉及行表的插入或删除等操作。若被删除的行是所在页的起始行，则还要修改页表中相对应页的起始行号。为了查找方便，行表是按行号递增顺序存储的，因此，对于表进行的插入或删除运算须移动操作位置以后的全部表项。页表的维护与行表类似，在此不再赘述。由于访问是以页表作相应的修改，不必删除所涉及的字符，这可以节省不少时间。

以上介绍文本编辑程序中的几基本操作。如果读者有兴趣其具体的算法，可以在学习本章知识后自行研究。

习题五

一、选择题

1．设有两个串 S1 和 S2，求 S2 在 S1 中首次出现的位置的运算称作（　　）。

A．求子串　　B．判断是否相等

C．模式匹配　　D．连接

2．KMP 算法的特点是在模式匹配时指示主串的指针（　　）。

A．不会变大　　B．都有可能　　C．不会变小　　D．无法判断

3．设主串的长度为 n，子串的长度为 m，那么简单的模式匹配算法的时间复杂度为（　　）。

A．O(m)　　B．O(n)　　C．O(m*n)　　D．O(m+n)

4．下面关于串的的叙述中，（　　）是不正确的。

A．串是字符的有限序列　　B．空串是由空格构成的串

C．模式匹配是串的一种重要运算

D．串既可以采用顺序存储，也可以采用链式存储

5．若串 S1="ABCDEFG", S2="9898" ,S3="###",S4="012345",执行：

concat(replace(S1,substr(S1,length(S2),length(S3)),S3),substr(S4,index(S2,'8'),length(S2)))

其结果为（　　）。

A．ABC###G0123　　B．ABCD###2345

C．ABC###G2345　　D．ABC###01234

E．ABC###G1234　　F．ABCD###1234

6．设主串的长度为 n，子串的长度为 m，那么 KMP 算法的时间复杂度为（　　）。

A．O(m)　　B．O(n)　　C．O(m×n)　　D．O(m+n)

7．串"ababaaababaa"的 next 数组为（　　）。

A．012345678999　　B．012121111212　　C．011234223456　　D．0123012322345

8．字符串"ababaabab"的 nextval 为（　　）。

A．(0,1,0,1,0,4,1,0,1)　　B．(0,1,0,1,0,2,1,0,1)

C．(0,1,0,1,0,0,0,1,1)　　D．(0,1,0,1,0,1,0,1,1)

9．若串为 S="software"，则其子串的数目是（　　）。

A．8　　B．37　　C．36　　D．9

10．设串 S 为一个长度为 n 的字符串，其中的字符各不相同，则串 S 中的互异的非平凡子串(非空且不同于串 S 本身)的个数为（　　）。

A．n^2　　B．$(n^2/2)-(n/2)-1$

C．$(n^2/2)+(n/2)$　　D．$(n^2/2)+(n/2)-1$

11．串的长度是指（　　）。

A．串中所含不同字母的个数　　B．串中所含字符的个数

C．串中所含不同字符的个数　　D．串中所含非空格字符的个数

12．设有串 S1="ABCDEFG"，S2="PQRST"，假设函数 con(x,y)返回 x 和 y 串的连接串，subs(S,i,j)返回串 S 的从序号 i 的字符开始的 j 个字符组成的子串，len(S)返回串 S 的长度，则 con(subs(S1,2,len(S2))),subs(S1,len(S2),2)的结果串是（　　）。

A．BCDEFEF　　B．BCPQRST

C．BCDEFG　　D．CDEFGFG

二、填空题

1．空格串是指____________，其长度等于____________。

2．组成串的数据元素只能是____________。

3．一个字符串中____________称为该串的子串。

4．INDEX("DATASTRUCTURE","STR")=____________。

5．设正文串长度为 n，模式串长度为 m，则串匹配的 KMP 算法的时间复杂度为_______。

6．模式串 P="abaabcac"的 next 函数值序列为_______。

7．设 T 和 P 是两个串，在 T 中寻找等于 P 的子串的过程称为_______，又称 P 为_______。

8．串是一种特殊的线性表，其特殊点表现在_______。

9．串的两种最基本的存储方式是_______、_______。

10．两个字符串相等的充分必要条件是_______。

三、算法设计题

1. 设 S 和 T 为两个字符串，分别放在两个一维数组中，M 和 N 分别为其长度，判断 T 是否为 S 的子串。如果是，输出子串所在位置(第一个字符)，否则输出 0。(注：用程序实现)

2. 输入一个字符串，内有数字和非数字字符，如"ak123x456 17960?302gef4563"，将其中连续的数字作为一个整体，依次存放到一数组 a 中，例如 123 放入 a [0]，456 放入 a [1]，……。编程统计其共有多少个整数，并输出这些数。

3. 如果字符串的一个子串(其长度大于 1)的各个字符均相同，则称之为等值子串。试设计一算法，输入字符串 S，以“！”作为结束标志。如果串 S 中不存在等值子串，则输出信息“无等值子串”，否则求出(输出)一个长度最大的等值子串。例如：若 S="abc123abc123!"，则输出“无等值子串”；若 S="abceebccadddddaaadd!"，则输出"ddddd"。

4. 编写算法实现串的置换操作。

5. 函数 void insert(S,T,int pos)将字符串 T 插入到字符串 S 中，插入位置为 pos。试用 C 语言实现该函数。假设分配给字符串 S 的空间足够让字符串 T 插入。

6. 设计一个二分检索的算法，在一组字符串中找出给定的字符串，假设所有字符串的长度为 4。

(1) 简述算法的主要思想；

(2) 用 C 语言分别对算法中用到的类型和变量作出说明；

(3) 用类 C 语言或自然语言写算法的非递归过程；

(4) 分析该算法的最大检索长度；

(5) 必要处加上中文注释。

7. 设计一 C 语言的函数 atoi(X)。其中，X 为字符串，由 0～9 共十个数字符和表示正负数的‘–’组成，返回值为整型数值。

8. 编写一用于求 T 是否为 S 的子串的算法，返回 T 第一次出现在 S 中的序号(从 1 开始计)，否则返回 0。例如，S="abcdefcdek"，T="cde"，则 indse(S,T)=3，index(S,"aaa")=0 。已知 T 和 S 的串长分别是 Lt 和 Ls。

9. 下列程序判断字符串 S 是否对称，对称则返回 1，否则返回 0，如 Fun("abba")返回 1，Fun("abab")返回 0。

10. 在串的定长存储结构下，字符串 S1 中存放一段英文，写出算法 format(S1,S2,S3,n)，将其按给定的长度 n 格式化成两端对齐的字符串 S2, 其多余的字符送 S3。

11. 串以静态存储结构存储，试实现串的比较操作 equal 算法。

12. 编写程序，统计在输入字符串中各个不同字符出现的频度并将结果存入文件(字符串中的合法字符为 A～Z 这 26 个字母和 0～9 这 10 个数字)。

13. 写一个递归算法来实现字符串逆序存储，要求不另设串存储空间。

14. 采用顺序结构存储串，编写一个函数计算一个子串在一个字符串中出现的次数，如果该子串不出现则为 0。

15. S="$s_1s_2\cdots s_n$"是一个长为 n 的字符串，存放在一个数组中，编写程序将 S 改造之后输出：

(1) 将 S 的所有第偶数个字符按照其原来的下标从大到小的次序放在 S 的后半部分；

(2) 将 S 的所有第奇数个字符按照其原来的下标从小到大的次序放在 S 的前半部分。

例如：S="ABCDEFGHIJKL"，则改造后的 S 为"ACEGIKLJHFDB"。

第 6 章　数组和广义表

数组作为一种数据结构，特点是结构中的元素本身可以具有某种结构，但属于同一数据类型，如一维数组可以看作一个线性表，二维数组可以看作元素是线性表的线性表，以此类推。所以，数组是线性表的推广结构，数组中的元素一般同时属于多个线性表。在高级程序设计语言中，重点介绍数组，而本章重点介绍数组的内部实现，即如何在计算机内处理数组，其主要问题是数组的存储结构与寻址。

广义表是一种特殊的结构，兼有线性表、树、图等结构的特点。从各层元素各自具有的线性关系讲，它属于线性表。广义表的元素不仅可以是单元素，还可以是一个广义表。因此，广义表也是线性表的推广结构。

学习要点：

- 数组在内存中的存储结构、数组元素地址的寻址方法。
- 特殊矩阵的压缩存储、矩阵实现压缩存储时的下标变化。
- 稀疏矩阵的压缩存储，以三元组表示稀疏矩阵时进行运算采用的处理方法。
- 广义表的定义、基本操作及其存储结构。

6.1　数组的概念和存储

数组是程序设计中最常用的数据类型。在最早的高级语言中，数组是唯一可供使用的结构类型。本节详细讨论数组的特点、逻辑结构及其存储方式。

6.1.1　数组的概念

数组是由 n(n>1)个具有相同类型的数据元素 $a_1,a_2,a_3,\cdots,a_n$ 组成的有限序列，数组也称为向量。由于数组中各数据元素(分量)具有相同的类型，并且可用下标来区分各元素，一个下标唯一地对应一个元素，元素的下标一般具有固定的上界和下界。因此，数组的处理较其他复杂的结构更为简单。

一维数组 A[n]是由 A[1] ,A[2], A[3],…,A[n−1],A[n]这 n 个元素组成的，每个元素除了具有相同的类型外，还有一个确定元素位置的下标，显然一维数组是一个线性表。

二维数组 A[m][n]是由 m×n 个元素组成的有规则的排列。每个元素由值和两个能确定元素位置的下标组成，如图 6.1 所示。

$$A_{m\times n}=\begin{bmatrix} a_{11} & a_{12} & \cdots & a_{1n} \\ a_{21} & a_{22} & \cdots & a_{2n} \\ \vdots & \vdots & \cdots & \vdots \\ a_{m1} & a_{m2} & \cdots & a_{mn} \end{bmatrix}$$

图 6.1　$m\times n$ 的二维数组

可以把二维数组 $A_{m\times n}$ 看成是由 m 个行向量组成的向量，也可以看成是由 n 个列向量组成的向量。所以可将二维数组 $A_{m\times n}$ 的元素看成是一个线性表：$A=(B_1,B_2,\cdots,B_p)$ (p=m 或 p=n)，其中每个元素都是由行向量或列向量形成的线性表。若把二维数组 $A_{m\times n}$ 看成是由 m 个行向量组成的向量，则 $B_i=(a_{i1},a_{i2},\cdots,a_{in})$ $(1\leqslant i\leqslant m)$。若把二维数组 $A_{m\times n}$ 看成是由 n 个列向量组成的向量，则 $B_j=(a_{1j},a_{2j},\cdots,a_{mj})$ $(1\leqslant j\leqslant n)$。因此，二维数组就是一个具有 m 个(或 n 个)

元素的特殊线性表，其元素类型为一维数组：

$$A_{m\times n}=((a_{11},a_{12},\cdots,a_{1n}),(a_{21},a_{22},\cdots,a_{2n}),\cdots,(a_{m1},a_{m2},\cdots,a_{mn}))$$

$$A_{m\times n}=((a_{11},a_{21},\cdots,a_{m1}),(a_{12},a_{22},\cdots,a_{m2}),\cdots,(a_{1n},a_{2n},\cdots,a_{mn}))$$

二维数组 A[m][n]中的每个元素 a_{ij} 均属于两个向量：第 i 行的行向量和第 j 列的列向量。也就是说，除边界外，每个元素 a_{ij} 都恰好有两个直接前驱和两个直接后继：元素 a_{ij} 行向量的直接前驱 $a_{i,j-1}$ 和直接后继 $a_{i,j+1}$，列向量的直接前驱 $a_{i-1,j}$ 和直接后继 $a_{i+1,j}$。二维数组有且仅有一个开始结点 a_{11}，没有前驱；仅有一个终端结点 a_{mn}，没有后继。另外，边界结点(开始结点和终端结点除外)只有一个直接前驱或者只有一个直接后继。也就是说，除开始结点 a_{11} 外，第一行 a_{1j}(j=2,3,⋯,n)和第一列 a_{i1}(i=2,3,⋯,m)都只有一个直接前驱；除终端结点 a_{mn} 外，第 m 行和第 n 列上的结点 a_{mj}(j=1,2,⋯,n−1)和 a_{in}(i=1,2,⋯,m−1)都只有一个直接后继。

同理，三维数组 A[m][n][p]由 m×n×p 个元素组成，数组中的每个元素 a_{ijk} 都属于 3 个向量，每个元素最多可以有 3 个直接前驱和 3 个直接后继。同样，n 维数组 $A[t_1][t_2]\cdots[t_n]$ 由 $t_1\times t_2\times\cdots\times t_n$ 个元素组成，每个元素都属于 n 个向量，最多可以有 n 个直接前驱和 n 个直接后继。每个元素由值及 n 个能确定元素位置的下标组成，根据数组 n 个下标的变化次序关系可以确定数组元素的前驱和后继关系并写出对应的线性表。因此，一个 n 维数组可以看成是由 n−1 维数组为元素的一维数组。

这样，多维数组可由 n−1 维线性表结构辗转合成得到，是线性表的推广结构。数组一旦被定义，它的维数和维界就不再改变。因此，数组是一个具有固定格式和固定元素数量的数据结构，在数组上一般无插入和删除元素的操作。所以除了数组的初始化之外，数组上通常只有读取数据元素和修改数据元素这两种操作。

6.1.2 数组的存储结构

从定义可知，多维数组中元素之间的关系是线性关系。但多维数组不能像一般线性表那样进行插入和删除运算。多维数组一旦建立起来，结构中的元素个数和元素之间的关系就不再发生变动。因此，多维数组通常采用顺序存储方式，即把数组中各元素的值按某种次序存放在计算机的一组连续存储单元中。

数组采用顺序存储方式可以随机存取数组元素或修改数组元素的值。由于计算机的存储单元是一维结构，而多维数组是个多维结构，因此，用一组连续的存储单元存放多维数组就必须按照某种次序将数组中的元素排成一个线性序列，然后将这个线性序列顺序存放到计算机中。那么，如何通过数组的下标给出该数组元素的存放位置是实现数组顺序存储首先要解决的问题。下面详细介绍一维数组、二维数组、三维数组的顺序存储方法、存储地址的计算公式，并给出一般的 n 维数组的存储地址的计算公式。

1. 一维数组的存储结构

一维数组 A[n]是由元素 a[1],a[2],⋯,a[n]组成的有限序列。若从某个地址开始将数组中各元素依次存放在一组连续的存储单元中，则其存储分配情况如图 6.2 所示。

1	2	3	4	5	6	⋯	i	⋯	n
a_1	a_2	a_3	a_4	a_5	a_6	…	a_i	…	a_n

图 6.2 一维数组 A[n]的存储分配示意图

假设数组中每个元素占用 d 个存储单元，则一维数组 A 中第 i 个元素 a_i 的存储位置的计算公式为

$$LOC(a_i)=LOC(a_1)+(i-1)\times d \qquad (1\leqslant i\leqslant n) \tag{6.1}$$

式中，$LOC(a_i)$ 是一维数组 A 中第 i 个元素 a_i 的存储位置；$LOC(a_1)$ 是数组第一个元素 a_1 的存储位置，即一维数组的起始存储位置，亦称为基地址或基址或数组的首地址。

2. 二维数组的两种存储方式

二维数组通常有两种顺序存储方式：一种是以行序为主序的存储方式，另一种是以列序为主序的存储方式。

(1) 以行序为主序的存储方式。

以行序为主序的存储方式又称为行优先存储方式，该方法把数组元素按行向量排列，第 i+1 个行向量紧接在第 i 个行向量后面。在高级语言中，如 Pascal、COBOL、Basic 和 C 等语言中，数组都是按行优先顺序存放的。例如，对于图 6.1 的二维数组 A，其 m×n 个元素按行优先顺序存储的线性序列如图 6.3 所示。

	第 1 行元素			第 2 行元素			…	第 m 行元素		
元素序号	1	…	n	n+1	…	2n	…	n(m−1)+1	…	nm
元素	$a_{1,1}$	…	$a_{1,n}$	$a_{2,1}$	…	$a_{2,n}$	…	$a_{m,1}$	…	$a_{m,n}$

图 6.3　二维数组 A 按行优先顺序存储分配

下面讨论以行序为主序存储二维数组时，数据元素存储位置的计算方法。

假设二维数组 A[m][n]按行优先存储方式存储在计算机中，每个元素占用 d 存储单元，则二维数组中任一元素 a_{ij} 的存储位置应该是该数组的起始地址加上排在 a_{ij} 前面的元素所占用的存储单元数。因为 a_{ij} 位于第 i 行的第 j 列，其前面 i−1 行共有 $(i-1)\times n$ 个元素，而第 i 行上 a_{ij} 前面又有 j−1 个元素，故 a_{ij} 之前共有 $(i-1)\times n+(j-1)$ 个元素。因此，二维数组中任一元素 a_{ij} 存储位置的计算公式为

$$LOC(a_{ij})=LOC(a_{11})+((i-1)\times n+(j-1))\times d \tag{6.2}$$

式中，$LOC(a_{ij})$ 是二维数组 A 中任一元素 a_{ij} 的存储位置；$LOC(a_{11})$ 是数组第一个元素 a_{11} 的存储位置，即二维数组的起始存储位置。

上述讨论的是假设数组的下界为 1 的情况。但是，一般来说，数组下界并非一定从 1 开始。在 C 语言中，数组下标的下界均为 0，因此，二维数组中任一元素 a_{ij} 存储位置为

$$LOC(a_{ij})=LOC(a_{00})+(i\times n+j)\times d \tag{6.3}$$

后面在讨论数组的存储结构时，需要注意数组下标的下界是以 0 开始，还是以 1 开始。

(2) 以列序为主序的存储方式。

以列序为主序的存储方式又称为列优先存储方式，该方法把数组元素按列向量排列，第 j +1 个列向量紧接在第 j 个列向量后面。在 Fortran 语言中，数组是按列优先顺序存放的。例如，对于图 6.1 的二维数组 A，其 m×n 个元素按列优先顺序存储的线性序列如图 6.4 所示。

	第 1 列元素			第 2 列元素			…	第 n 列元素		
元素序号	1	…	m	m+1	…	2m	…	(n−1)m+1	…	nm
元素	$a_{1,1}$	…	$a_{m,1}$	$a_{1,2}$	…	$a_{m,2}$	…	$a_{1,n}$	…	$a_{m,n}$

图 6.4　二维数组 A 按列优先顺序存储分配情况示意图

假设二维数组 A[m][n]按列优先存储方式存储在计算机中，每个元素占用 d 存储单元，则二维数组中任一元素 a_{ij} 的存储位置应该是该数组的起始地址加上排在 a_{ij} 前面的元素所占用的存储单元数。

因为 a_{ij} 位于第 j 列的第 i 行，其前面 j−1 列共有 $(j-1)\times m$ 个元素，而第 j 列上 a_{ij} 前面又有 i−1 个元素，故 a_{ij} 之前共有 $(j-1)\times m+(i-1)$ 个元素。因此，二维数组中任一元素 a_{ij} 存储位置的计算公式为

$$LOC(a_{ij})=LOC(a_{11})+((j-1)\times m+(i-1))\times d \tag{6.4}$$

式中，$LOC(a_{ij})$ 是二维数组 A 中任一元素 a_{ij} 的存储位置；$LOC(a_{11})$ 是数组第一个元素 a_{11} 的存储位置，即二维数组的起始存储位置。

上述讨论的是假设数组的下界为 1 的情况。若数组下标的下界为 0，二维数组中任一元素 a_{ij} 存储位置为

$$LOC(a_{ij})=LOC(a_{00})+(j\times m+i)\times d \tag{6.5}$$

二维数组按上述两种方式顺序存放时，只要给出数组的起始位置(即基地址)、维数和各维的长度，以及每个数组元素占用的存储单元数，就可以为它分配存储空间。反之，只要给出数组的起始位置、数组的行号数和列号数，以及每个数组元素所占用的存储单元数，便可以求出任意元素在内存中的存储位置。由此可知，数组元素的存储位置可表示为其下标的线性函数。

3. 三维数组的存储结构

(1) 低下标优先存储方式。

对于三维数组 A[m][n][p]按行优先顺序存储时，三维数组中任一元素 a_{ijk} 存储位置的计算公式为

$$LOC(a_{ijk})=LOC(a_{000})+(i\times n\times p+j\times p+k)\times d \tag{6.6}$$

式中，$LOC(a_{ijk})$ 是三维数组中任一元素 a_{ijk} 的存储位置，$LOC(a_{000})$ 是数组第一个元素 a_{000} 的存储位置。因在三维数组中没有办法区分行和列，所以称此存储方式为低下标优先存储方式。

(2) 高下标优先存储方式。

同样，对于三维数组 A[m][n][p]按列优先顺序存储时，三维数组中任一元素 a_{ijk} 存储位置的计算公式为

$$LOC(a_{ijk})=LOC(a_{000})+(k\times m\times n+j\times m+i)\times d \tag{6.7}$$

式中，$LOC(a_{ijk})$ 是三维数组中任一元素 a_{ijk} 的存储位置，$LOC(a_{000})$ 是数组第一个元素 a_{000} 的存储位置。因在三维数组中没有办法区分行和列，所以称此存储方式为高下标优先存储方式。

4. 多维数组的存储结构

可以将三维数组中的低下标优先存储方式和高下标优先存储方式规则推广到 n 维数组。

(1) 低下标优先存储方式。

对于 n 维数组 $A[b_1][b_2][b_3]\ldots[b_{n-1}][b_n]$，按低下标优先方式存储时，多维数组中任一元素存储位置的计算公式为

$$\begin{aligned}&loc(a_{j_1j_2j_3\cdots j_{n-1}j_n})=loc(a_{000\cdots00})+\\&(j_1\times b_2\times b_3\times b_4\times b_5\times\cdots\times b_{n-1}\times b_n+\end{aligned} \tag{6.8}$$

$$
\begin{aligned}
&j_2 \times b_3 \times b_4 \times b_5 \times \cdots \times b_{n-1} \times b_n + \\
&j_3 \times b_4 \times b_5 \times \cdots \times b_{n-1} \times b_n + \\
&\cdots \\
&j_{n-3} \times b_{n-2} \times b_{n-1} \times b_n + \\
&j_{n-2} \times b_{n-1} \times b_n + \\
&j_{n-1} \times b_n + \\
&j_n) \times d
\end{aligned}
$$

式中，$loc(a_{j_1j_2j_3\cdots j_{n-1}j_n})$ 是多维数组中任一元素的存储位置，$loc(a_{000\cdots00})$ 是数组第一个元素的存储位置。可将上式缩写为

$$loc(a_{j_1j_2j_3\cdots j_{n-1}j_n}) = loc(a_{000\cdots00}) + \left(\left(\sum_{i=1}^{n-1}\left(j_i\prod_{k=i+1}^{n} b_k\right) + j_n\right) \times d\right) \tag{6.9}$$

(2)高下标优先存储方式。

对于 n 维数组 $A[b_1][b_2][b_3]\ldots[b_{n-1}][b_n]$，按高下标优先方式存储时，多维数组中任一元素存储位置的计算公式为

$$
\begin{aligned}
&loc(a_{j_1j_2j_3\cdots j_{n-1}j_n}) = loc(a_{000\cdots00}) + \\
&(j_n \times b_1 \times b_2 \times b_3 \times b_4 \times b_5 \cdots \times b_{n-1} + \\
&j_{n-1} \times b_1 \times b_2 \times b_3 \times b_4 \cdots \times b_{n-2} + \\
&j_{n-2} \times b_1 \times b_2 \times b_3 \cdots \times b_{n-3} + \\
&\cdots \\
&j_4 \times b_1 \times b_2 \times b_3 + \\
&j_3 \times b_1 \times b_2 + \\
&j_2 \times b_1 + \\
&j_1) \times d
\end{aligned}
\tag{6.10}
$$

式中，$loc(a_{j_1j_2j_3\cdots j_{n-1}j_n})$ 是多维数组中任一元素的存储位置，$loc(a_{000\cdots00})$ 是数组第一个元素的存储位置。将上式缩写为

$$loc(a_{j_1j_2j_3\cdots j_{n-1}j_n}) = loc(a_{000\cdots00}) + \left(\left(\sum_{i=n}^{2}\left(j_i\prod_{k=1}^{i-1} b_k\right) + j_1\right) \times d\right) \tag{6.11}$$

推导出 n 维数组的低下标优先存储方式和高下标优先存储方式的地址变换公式以后会发现，前面介绍的三维数组、二维数组、一维数组的地址变换公式只是此公式的特殊情形，即式(6.8)和式(6.10)中，当 n=3 时，就是三维数组的地址变换公式(6.6)和式(6.7)；当 n=2 时，就是二维数组的地址变换公式(6.3)和式(6.5)；当 n=1 时，就是一维维数组的地址变换公式(6.1)。

在高级语言的层次上，一般不会涉及数组元素地址的计算公式，这一计算内存地址的任务是由高级语言的编译系统完成的。在使用时，用户只需要给出数组的下标范围，编译系统根据用户提供的必要参数进行地址分配，用户则不必考虑内存情况。但是由式(6.8)和式(6.10)看出，数组的维数越高，数组元素存储地址的计算量就越大，计算花费的时间就越多。

6.2 特殊矩阵的压缩存储

矩阵是科学计算和工程计算问题中常用的数学对象。在数据结构中，我们感兴趣的不是数据本身，而是如何存储矩阵中的元素，使矩阵的各种运算能有效地运行。

用高级语言编程时，通常使用二维数组顺序存储矩阵中的元素。矩阵采用这种存储方法时，可以随机访问每一个数据元素，因而能够很容易地实现矩阵的各种运算，例如，矩阵的转置运算、加法运算、乘法运算等。

但是，当矩阵中非零元素呈现某种规律分布，同时又出现大量零元素等特殊元素时，若使用二维数组存储矩阵，将使许多单元重复存储相同的特殊元素。对于高阶矩阵而言，这种存储方法不仅浪费大量的存储单元，而且在运算中又要花费大量的时间进行零元素的无效计算，显然是不可取的。有时为了节省存储空间，可以对这类矩阵进行压缩存储。所谓压缩存储，就是根据矩阵元素的分布规律，使多个相同的非零元素共享同一个存储单元，而对零元素则不分配存储空间。

通常有两种矩阵需要采用压缩方式存储：特殊矩阵和稀疏矩阵。

特殊矩阵是指非零元素或零元素的分布有一定规律的矩阵，常见的特殊矩阵有对称矩阵、三角矩阵和对角矩阵等。本节讨论这几种特殊矩阵的压缩存储方法。

稀疏矩阵是指非零元素的个数远远小于零元素的个数且非零元素的分布没有规律的矩阵。稀疏矩阵的压缩存储在下一节中进行讨论。

6.2.1 对称矩阵的压缩存储

对称矩阵的特点：在一个 n 阶方阵中，有 $a_{ij}=a_{ji}$，其中 $1\leqslant i, j\leqslant n$，如图 6.5 所示是一个五阶对称矩阵。对称矩阵关于主对角线对称，因此只须存储上三角或下三角部分即可。例如，若只存储下三角中的元素 a_{ij}，其特点是矩阵中 $j\leqslant i$ 且 $1\leqslant i\leqslant n$，对于上三角中的元素 a_{ij} 它和对应的 a_{ji} 相等，因此当访问的元素在上三角时，直接去访问和它对应的下三角元素即可。这样，原来存放矩阵需要 $n\times n$ 个存储单元，现在只需要 $n(n+1)/2$ 个存储单元，节约了 $n(n-1)/2$ 个存储单元，当 n 较大时，可节省较多的存储单元。

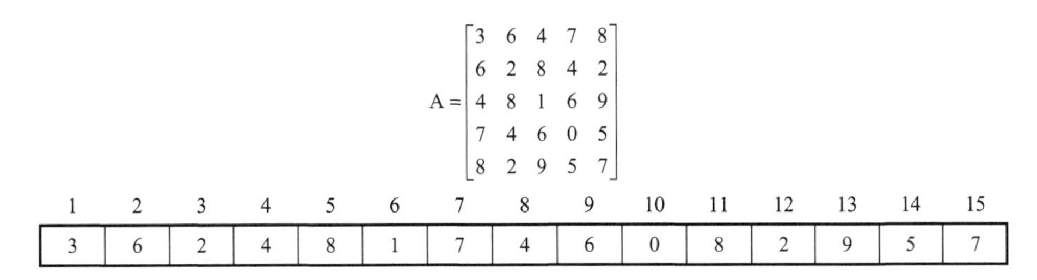

$$A=\begin{bmatrix}3&6&4&7&8\\6&2&8&4&2\\4&8&1&6&9\\7&4&6&0&5\\8&2&9&5&7\end{bmatrix}$$

1	2	3	4	5	6	7	8	9	10	11	12	13	14	15
3	6	2	4	8	1	7	4	6	0	8	2	9	5	7

图 6.5 五阶对称方阵及它的压缩存储

对于矩阵中下三角部分的存储，和数组的地址变换一样有两种常见的存储形式：行优先压缩存储和列优先压缩存储。

(1) 以行为主序压缩存储。

对下三角部分，以行为主序顺序存储到一个向量中去，在下三角中共有 $n\times(n+1)/2$ 个元素，因此，一般而言，设存储到向量 $B[1\cdots n(n+1)/2]$中，存储顺序可用图 6.6 所示。这样，原矩阵下三角中的某一个元素 a_{ij} 唯一地对应一个 B[k]，得到 k 与 i,j 之间的关系。

1	2	3	4	5	6	…	k	…	n×(n+1)/2
$a_{1,1}$	$a_{2,1}$	$a_{2,2}$	$a_{3,1}$	$a_{3,2}$	$a_{3,3}$	…	$a_{i,j}$	…	$a_{n,n}$

图 6.6　对称方阵以行为主序压缩存储示意图

对于下三角中的元素 a_{ij}，其特点是 i≥j 且 1≤i≤n，存储到向量 B 中后，根据存储原则，它前面有 i–1 行，共有 1+2+3+…+i–1=i×(i–1)/2 个元素，而 a_{ij} 又是它所在的行中的第 j 个元素，所以在如图 6.6 所示的存储中 a_{ij} 是第 i×(i–1)/2+j 个元素。

对于上三角中的元素，即 i<j 时，因为 $a_{ij}=a_{ji}$，这样，访问上三角中的元素 a_{ij} 时则只须访问和它对应的下三角中的 a_{ji} 即可。

综上所述，若矩阵 A 经过压缩存储后，对于矩阵中的任意元素 a_{ij} 存储在 B 中下标为 k 的单元，则 k 与 i,j 之间的关系为

$$k=\begin{cases} i(i-1)/2+j & i\geqslant j \\ j(j-1)/2+i & i<j \end{cases} \tag{6.12}$$

(2) 以列为主序压缩存储。

对下三角部分，以列为主序顺序存储到一个向量中去，将下三角中的 n×(n+1)/2 个元素存储到向量 B[1…n(n+1)/2]中，存储顺序如图 6.7 所示。

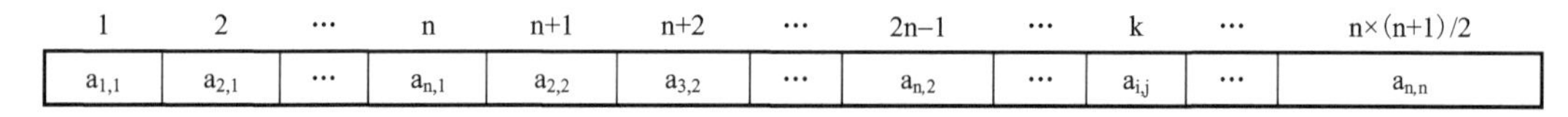

1
2
…
n
n+1
n+2
…
2n–1
…
k
…
n×(n+1)/2
a1,1
a2,1
…
an,1
a2,2
a3,2
…
an,2
…
ai,j
…
an,n

图 6.7　对称方阵以列为主序压缩存储示意图

对于下三角中的元素 a_{ij}，其特点是：i≥j 且 1≤i≤n，存储到向量 B 中后，根据存储原则，它前面有 j–1 列，共有 n+(n–1)+(n–2)+…+(n–(j–1)+1)=((2n–j+2)×(j–1))/2 个元素，而 a_{ij} 又是它所在的列中的第 i–j+1 个元素，所以 a_{ij} 是向量 B 中的第((2n–j+2)×(j–1))/2+i–j+1 个元素。

对于上三角中的元素，即 i<j 时，因为 $a_{ij}=a_{ji}$，这样，访问上三角中的元素 a_{ij} 时则只须访问和它对应的下三角中的 a_{ji} 即可。

综上所述，若矩阵 A 经过压缩存储后，对于矩阵中的任意元素 a_{ij} 存储在 B 中下标为 k 的单元，则 k 与 i,j 之间的关系为

$$k=\begin{cases} \dfrac{(2n-j+2)(j-1)}{2}+i-j+1 & i\geqslant j \\ \dfrac{(2n-i+2)(i-1)}{2}+j-i+1 & i<j \end{cases} \tag{6.13}$$

6.2.2　三角矩阵的压缩存储

以主对角线划分，三角矩阵分为两种：上三角矩阵和下三角矩阵。所谓上三角矩阵，是指下三角(不包括主对角线)中的元素均为常数 c 的 n 阶方阵。下三角矩阵正好相反，其主对角线上方均为常数 c。在多数情况下，三角矩阵的常数 c 为 0。

形如图 6.8 的矩阵称为三角矩阵，其中 c 为某个常数。主对角线以上均为同一个常数 c 的矩阵称为下三角矩阵；主对角线以下均为同一个常数 c 称为上三角矩阵。下面讨论它们的压缩存储方法。

$$A=\begin{bmatrix}3 & c & c & c & c\\ 6 & 2 & c & c & c\\ 4 & 8 & 1 & c & c\\ 7 & 4 & 6 & 0 & c\\ 8 & 2 & 9 & 5 & 7\end{bmatrix}\qquad A=\begin{bmatrix}3 & 6 & 4 & 7 & 8\\ c & 2 & 8 & 4 & 2\\ c & c & 1 & 6 & 9\\ c & c & c & 0 & 5\\ c & c & c & c & 7\end{bmatrix}$$

图 6.8　下三角矩阵和上三角矩阵

1. 下三角矩阵

下三角矩阵的压缩存储与对称矩阵类似，不同之处在于：存储完下三角中的元素之后，紧接着存储主对角线上方的常量，因为是同一个常数，所以存储一个即可，这样一共存储了 $n\times(n+1)/2+1$ 个元素。设存入向量：$B[1\cdots n\times(n+1)/2+1]$ 中，这种的存储方式可节约 $n\times(n-1)/2-1$ 个存储单元，$B[k]$ 与 $a_{i,j}$ 的对应关系为

$$k=\begin{cases}\dfrac{i(i-1)}{2}+j & i\geqslant j\\ \dfrac{n(n+1)}{2}+1 & i<j\end{cases}\tag{6.14}$$

以上分析推导出了下三角矩阵以行为主序压缩存储的地址映射函数，下三角矩阵以列为主序压缩存储的地址映射函数读者也可自行推导得到。

2. 上三角矩阵

对于上三角矩阵，存储思想与下三角类似，以行为主序顺序存储上三角部分，最后存储对角线下方的常量。第 1 行，存储 n 个元素，第 2 行存储 $n-1$ 个元素，……，第 p 行存储 $(n-p+1)$ 个元素，a_{ij} 的前面有 $i-1$ 行，共存储的元素个数是：

$$n+(n-1)\ +\ldots+(n-p+1)=\sum_{p=1}^{i-1}(n-p+1)=(i-1)(2n-i+2)/2$$

而 a_{ij} 所在的行中前面又有 $j-i$ 个数据元素，因此 a_{ij} 在 B 中的下标为 $(i-1)\times(2n-i+2)/2+j-i$。综上，$B[k]$ 与 a_{ji} 的对应关系为

$$k=\begin{cases}\dfrac{(i-1)(2n-i+2)}{2}+j-i & i\leqslant j\\ \dfrac{n(n+1)}{2}+1 & i>j\end{cases}\tag{6.15}$$

上面分析推导出了上三角矩阵以行为主序压缩存储的地址映射函数，上三角矩阵以列为主序压缩存储的地址映射函数读者也可自行推导得到。

6.2.3　带状矩阵的压缩存储

若一个矩阵中所有非零元素都集中在以主对角线为中心的带状区域中，则这种矩阵称为带状矩阵。其中，最常见的一种是三对角带状矩阵。

一般而言，在带状矩阵 A 中，如果存在最小正数 m，满足当 $|i-j|\geqslant m$ 时，$a_{ij}=0$，这时称 $w=2m-1$ 为矩阵 A 的带宽。若 A 是一个 $w=3\,(m=2)$ 的带状矩阵，则称 A 为三对角带状矩阵。带状矩阵也称为对角矩阵。可以看出，在这种矩阵中，所有非零元素都集中在以主对角线

为中心的带状区域中，即除了主对角线和它的上下方若干条对角线的元素外，所有其他元素都为零(或同一个常数 c)。

可将一个三对角带状矩阵压缩存储在一个向量 B[1,⋯,3n−1]中，其中 B[1,⋯,3n−2]中存放对角线上的非零元素，B[3n−1]中用来存放常数 c 或 0。按行优先存储每一行上的非零元素，如图 6.9 所示。

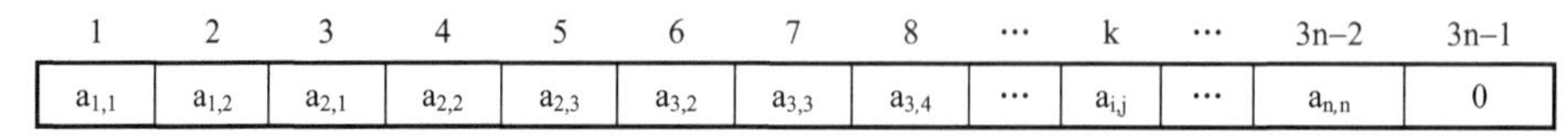

1	2	3	4	5	6	7	8	⋯	k	⋯	3n−2	3n−1
$a_{1,1}$	$a_{1,2}$	$a_{2,1}$	$a_{2,2}$	$a_{2,3}$	$a_{3,2}$	$a_{3,3}$	$a_{3,4}$	⋯	$a_{i,j}$	⋯	$a_{n,n}$	0

图 6.9　对称方阵以行为主序压缩存储示意图

可以得到该压缩存储方法的映射关系：

$$k=\begin{cases}2i+j-2 & |i-j|\leqslant 1\\ 3n-1 & |i-j|>1\end{cases}\tag{6.16}$$

另一种压缩方法是将带状矩阵压缩到到一个 w 行 n 列的二维数组 B[w][n]中。当某行非零元素的个数小于 n 时，先存放非零元素后补零或先补零后存放非零元素。相关存储方式读者可自行设计，映射函数读者可自行推导。

在工程实践中还会用到一些像图 6.10 那样的分块邻接矩阵和分块三角矩阵，感兴趣的读者可讨论其压缩存储问题，并推导其映射函数。

$$A=\begin{bmatrix}3&6&6&0&0&0&0\\6&2&3&0&0&0&0\\8&1&2&4&9&0&0\\0&0&6&8&5&0&0\\0&0&9&5&7&9&1\\0&0&0&0&6&2&3\\0&0&0&0&7&4&8\end{bmatrix}\qquad B=\begin{bmatrix}3&0&0&0&0&0&0\\6&2&0&0&0&0&0\\8&1&2&0&0&0&0\\0&0&6&8&0&0&0\\0&0&9&5&7&0&0\\0&0&0&0&6&2&0\\0&0&0&0&7&4&8\end{bmatrix}$$

图 6.10　分块邻接矩阵 A 和分块三角矩阵 B

6.3　稀疏矩阵的压缩存储

在一个矩阵中，若它的绝大多数元素都是零，只有少数的非零元素，这类矩阵称为稀疏矩阵(Sparse Matrix)。稀疏矩阵是一种特殊的矩阵，其非零元素个数远远小于零元素的个数。例如，图 6.11(a)是一个 4×5 的稀疏矩阵，该矩阵共有 20 个元素，其中非零元素的个数为 3，占总数的 3/20。图 6.11(b)是一个 5×4 的稀疏矩阵，共有 20 个元素，其中非零元素的个数为 3，占总数的 3/20。对于 100×100 的稀疏矩阵，若非零元素的个数为 200，则非零元素占总元素的比例仅为 1/50。在实际应用中，稀疏矩阵一般都比较大，其非零元素所占的比例都比较小。

$$A_{4\times5}=\begin{bmatrix}0&5&0&0&0\\0&-3&0&0&0\\9&0&0&0&0\\0&0&0&0&0\end{bmatrix}$$

(a)稀疏矩阵 A

$$B_{5\times4}=\begin{bmatrix}0&0&0&0\\10&0&0&0\\0&0&22&0\\27&0&0&0\\0&0&0&0\end{bmatrix}$$

(b)稀疏矩阵 B

图 6.11　稀疏矩阵 A 和稀疏矩阵 B

在存储稀疏矩阵时，为了节省存储空间，必须采用压缩存储方式，即只存储非零元素。但是，由于非零元素在矩阵中的分布通常是没有规律的，因此，在存储非零元素的同时，还必须存储其行号和列号信息，这样才能确定非零元素在矩阵中的位置。对于任何一个稀疏矩阵来说，我们可用一个三元组(i,j,a_{ij})来表示位于第 i 行 j 列的非零元素 a_{ij}。若将每个非零元素表示为一个三元组元素，并且按行号的递增次序(行号相同则按列号的递增次序)顺序存放到一个三元组线性表中，这就是稀疏矩阵的三元组表示方法。显然，稀疏矩阵采用这种压缩存储方式使其不具有随机存取功能。

若用三元组表示一个非零元素，则稀疏矩阵有两种压缩存储方式：顺序存储方式和链式存储方式。下面分别讨论稀疏矩阵的两种存储方式。

6.3.1 稀疏矩阵的三元组表存储

对于这类稀疏矩阵，通常零元素分布没有规律，为了能找到相应的元素，所以仅存储非零元素的值是不够的，还要记下它所在的行和列。于是采取如下方法：将非零元素所在的行、列及它的值构成一个三元组(i,j,v)，然后再按某种规律存储这些三元组，这种方法可以节约存储空间。

将三元组按行优先的顺序且同一行中列号按从小到大的规律排列成的一个线性表，称为三元组表，可采用顺序存储方法存储该表。图 6.12 稀疏矩阵对应的三元组表如图 6.13 所示。

$$A=\begin{bmatrix}15 & 0 & 0 & 22 & 0 & 5\\ 0 & 11 & 3 & 0 & 0 & 0\\ 0 & 0 & 0 & 6 & 0 & 0\\ 0 & 0 & 0 & 0 & 0 & 0\\ 91 & 0 & 0 & 0 & 0 & 0\\ 0 & 0 & 0 & 0 & 0 & 0\end{bmatrix}$$

图 6.12　稀疏矩阵 A

序号	i	j	v
1	1	1	15
2	1	4	22
3	1	6	5
4	2	2	11
5	2	3	3
6	3	4	6
7	5	1	91

图 6.13　稀疏矩阵 A 的三元组表

显然，要唯一地表示一个稀疏矩阵，在存储三元组表的同时还需要存储该矩阵的行数、列数，为了运算方便，矩阵非零元素的个数也同时存储。这种存储的思想实现如下：

```
typedef struct
{   int i,j;                          //行下标,列下标
    ElemType e;                       //非零元素值
}Triple;
typedef struct
{   Triple data[MAXSIZE+1];           //非零元三元组表,data[0]未用
    int mu,nu,tu;                     //矩阵的行数、列数和非零元个数
}TSMatrix;
```

这样的存储方法确实节约了存储空间，但矩阵的运算可能变得更复杂。下面讨论这种存储方式下稀疏矩阵的转置运算。

1. 稀疏矩阵的普通转置算法

设矩阵 A 是一个 m×n 的稀疏矩阵，其转置矩阵 B 是一个 n×m 的稀疏矩阵，定义矩阵 A、

B 均为 TSMatrix 存储类型。由矩阵 A 求转置矩阵 B，需要先将矩阵 A 的行数、列数转化成 B 的列数、行数，再将 A.data 中每个三元组的行、列交换后转化到 B.data 中。以上操作完成之后，似乎完成了 B，其实不然，因为我们前面规定三元组的存储是按行优先且每行中的元素是按列号从小到大的规律顺序存放的，所以矩阵 B 也必须按此规律实现，矩阵 A 的转置矩阵 B 如图 6.14 所示，其对应的三元组存储如图 6.15 所示。也就是说，在矩阵 A 的三元组存储基础上得到矩阵 B 的三元组表存储(为了运算方便，矩阵的行列都从 1 算起，三元组表 data 也从 1 单元用起)。

算法思路：

(1)矩阵 A 的行、列转化成矩阵 B 的列、行；

(2)在 A.data 中依次找第 1 列、第 2 列、……，直到最后一列的元素，并将找到的每个三元组的行、列交换后顺序存储到 B.data 中即可。

$$B=\begin{bmatrix}15&0&0&0&91&0\\0&11&0&0&0&0\\0&3&0&0&0&0\\22&0&6&0&0&0\\0&0&0&0&0&0\\5&0&0&0&0&0\end{bmatrix}$$

图 6.14　A 的转置 B

序号	i	j	v
1	1	1	15
2	1	5	91
3	2	2	11
4	3	2	3
5	4	1	22
6	4	3	6
7	6	1	5

图 6.15　B 的三元组表

所以，可将稀疏矩阵转置算法描述如下：

算法 6.1　稀疏矩阵转置算法

```
Status TransposeSMatrix(TSMatrix M,TSMatrix *T)
{   int p,q,col;
    T->mu=M.nu; T->nu=M.mu; T->tu=M.tu;
    if(T->tu)
    {   q=1;
        for(col=1;col<=M.nu;++col)
            for(p=1;p<=M.tu;++p)
                if(M.data[p].j==col)
                {   T->data[q].i=M.data[p].j;
                    T->data[q].j=M.data[p].i;
                    T->data[q].e=M.data[p].e;
                    ++q;
                }
    }
    return OK;
}
```

分析该算法，其时间主要耗费在 col 和 p 的循环上，所以时间复杂度为 $O(n\times t)$，(设 m、n 是原矩阵的行、列，t 是稀疏矩阵的非零元素个数)，显然当非零元素的个数 t 和 $m\times n$ 同数量级时，算法的时间复杂度为 $O(m\times n^2)$，和通常存储方式下矩阵转置算法相比，可能节约一定量的存储空间，但算法的时间性能更差。

2. 稀疏矩阵的快速转置算法

算法 6.1 效率低的原因是算法要从矩阵 A 的三元组表中寻找第 1 列、第 2 列、……，直到最后一列的元素要反复搜索 A 表，若能直接确定 A 中每一三元组在 B 中的位置，则对矩阵 A 的三元组表扫描一次即可。

直接确定 A 中每一三元组在 B 中的位置是可以做到的，因为矩阵 A 中第 1 列的第 1 个非零元素一定存储在 B.data[1]，如果还知道第 1 列的非零元素的个数，那么第 2 列的第 1 个非零元素在 B.data 中的位置便等于第 1 列的第 1 个非零元素在 B.data 中的位置加上第 1 列的非零元素的个数，如此类推。因为 A 中三元组的存放顺序是先行后列，对同一行来说，必定先遇到列号小的元素，这样只须扫描一遍 A.data 即可。

根据这个想法，须引入两个向量来实现：num[n+1]和 cpot[n+1]。num[col]表示矩阵 A 中第 col 列的非零元素的个数(为了方便计数，均从 1 单元用起)，cpot[col]初始值表示矩阵 A 中的第 col 列的第一个非零元素在 B.data 中的位置。于是 cpot 的值可描述为

```
cpot[1]=1;
cpot[col]=cpot[col-1]+num[col-1]  (2≤col≤n)
```

所以，对于如图 6.14 所表示的矩阵 A 的 num 数组和 cpot 数组的值如图 6.16 所示。

col	1	2	3	4	5	6
num[col]	2	1	1	2	0	1
cpot[col]	1	3	4	5	7	7

图 6.16　矩阵 A 的 num 与 cpot 值

若成功求得 num 数组和 cpot 数组中各元素的值，那么可依次扫描 A.data，扫描到一个 col 列元素时，直接将其存放在 B.data 的 cpot[col]位置上，cpot[col]加 1，cpot[col]中始终是下一个 col 列元素在 B.data 中的位置。用该方法描述的稀疏矩阵转置算法称为稀疏矩阵的快速转置算法，该算法描述如下。

算法 6.2　稀疏矩阵快速转置算法

```
Status FastTransposeSMatrix(TSMatrix M,TSMatrix *T)
{   //快速求稀疏矩阵 M 的转置矩阵 T。
    int p,q,t,col,*num,*cpot;
    num=(int *)malloc((M.nu+1)*sizeof(int));      //生成数组([0]不用)
    cpot=(int *)malloc((M.nu+1)*sizeof(int));     //生成数组([0]不用)
    T->mu=M.nu; T->nu=M.mu; T->tu=M.tu;
    if(T->tu)
    {   for(col=1;col<=M.nu;col++)
            num[col]=0;                            //设初值
        for(t=1;t<=M.tu;t++)                      //求 M 中每一列含非零元素个数
            num[M.data[t].j]++;
        cpot[1]=1;
        for(col=2;col<=M.nu;col++)//求第 col 列中第一个非零元在 T.data 中的序号
            cpot[col]=cpot[col-1]+num[col-1];
        for(p=1;p<=M.tu;p++)
        {   col=M.data[p].j;
```

```
                q=cpot[col];
                T->data[q].i=M.data[p].j;
                T->data[q].j=M.data[p].i;
                T->data[q].e=M.data[p].e;
                cpot[col]++;
            }
        }
        free(num);free(cpot);
        return OK;
    }
```

分析这个算法的时间复杂度：这个算法中有 4 个循环，分别执行 n、t、n–1、t 次，在每个循环中，每次迭代的时间是一常量，因此总的计算量是 O(n+t)。当然，它所需要的存储空间比前一个算法多了两个向量。

有兴趣的读者可在此基础上继续讨论关于矩阵的复制、相加、相乘等其他有关矩阵的运算。

6.3.2 稀疏矩阵的十字链表存储

用三元组顺序表存储稀疏矩阵时，可以节约存储空间和运算的时间，因此在某些应用中不失为一种好的方法。但是，在进行矩阵的加法、减法和乘法等运算时，由于矩阵中非零元素的位置或个数在操作中经常发生变化，这必将引起数据大量移动，此时，如果还用三元组顺序存放稀疏矩阵就不太合适了。例如，将两个稀疏矩阵 A 和 B 相加且将相加的结果存于 A 中，由于矩阵中非零元素的插入或删除操作引起三元组顺序表中元素大量移动，这时，采用链接存储结构表示稀疏矩阵更为恰当。

稀疏矩阵的链接存储结构就是对其相应的三元组线性表进行链接存储。稀疏矩阵的链接存储方法有多种，这里仅介绍稀疏矩阵的十字链表存储结构。

1. 十字链表的组成

(1) 非零元素的结点结构。

十字链表是一种既有行指针向量，又有列指针向量的链接存储结构。在十字链表中，稀疏矩阵中每个非零元素表示为十字链表中的一个结点，链表的每个结点有五个域，除了表示非零元素所在的行、列和值的三元组(i,j,v)外，还需要增加两个链域：行指针域 rptr，用于指向本行下一个非零元素；列指针域 cptr，用于指向本列下一个非零元素。其结点的结构如图 6.17 所示。

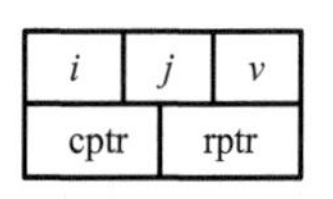

图 6.17 十字链表的结点结构

(2) 结点的类型定义。

采用十字链表表示稀疏矩阵时，结点的结构类型可定义如下：

```
typedef struct OLNode
{   int i,j;
    int v;
    struct OLNode *rptr,*cptr;
}OLNode,*OLink;
```

(3) 表头结点结构。

为了运算方便，可以在每一个行链表和列链表上增加一个结构和表结点相同的表头结点。

表头结点的行域和列域均设置为 0。对于矩阵中的每一行，rptr 域指向相应行第一个非零元素结点，next(与 v 域公用结构中相同空间)域指向下一行的表头结点。同样，对于矩阵中每一列，令 cptr 域指向相应列第一个非零元素结点，next 指向下一列表头结点。

(4)行链表和列链表。

对于矩阵中的每一行，行指针域 rptr 将同一行的非零元素及相应的表头结点链接成一个线性链表。同样，对于矩阵中的每一列，列指针域 cptr 将同一列的非零元素及相应的表头结点链接成一个线性链表。

在这种链接存储中，每个非零元素 $a_{i,j}$ 既是第 i 行链表中的一个结点，又是第 j 列链表中的一个结点。行链表和列链表在位于该行和该列的结点处构成一个十字交叉的链表，这种链表结构称为十字链表(也称为正交链表)。

在十字链表中，所有的结点都可用两个指针向量表示：一个行指针向量，用来存储所有的行链表的表头指针；一个列指针向量，用来存储所有的列链表的表头指针。

$$A=\begin{bmatrix}3&0&0&7&0\\0&0&5&0&0\\2&0&0&0&0\\0&0&0&0&0\\0&0&0&8&0\end{bmatrix}$$

图 6.18　稀疏矩阵 A

图 6.19 给出了如图 6.18 所示稀疏矩阵 A 的十字链接存储结构示意图。

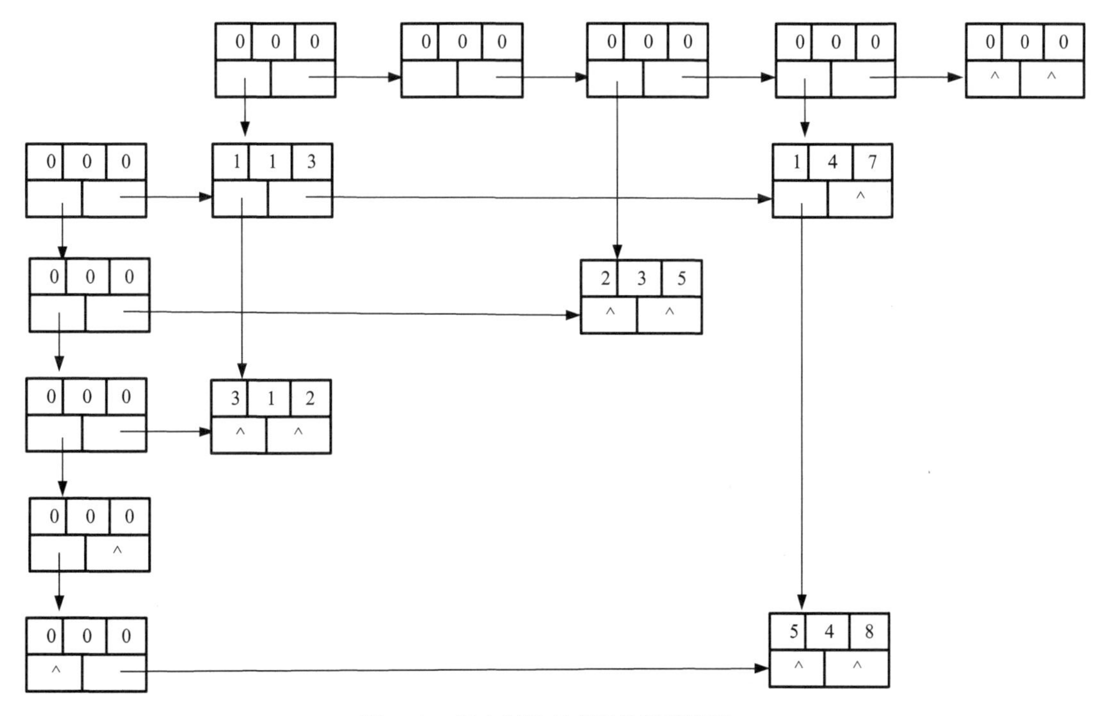

图 6.19　用十字链表表示的稀疏矩阵 A

对于稀疏矩阵的十字链表，其结点的类型定义和十字链表的存储结构可以采用以下的类型定义：

```
typedef struct OLNode
{   int i,j;
    int v;
    struct OLNode *rptr,*cptr;
}OLNode,*OLink;
typedef struct
```

```
    {   int mu,nu,tu;
        OLink *rhead,*chead;
    }CrossList;                    //十字链表结构体定义
```

下面介绍基于这种存储结构的稀疏矩阵的运算。这里仅介绍两个算法:创建一个稀疏矩阵的十字链表的算法和用十字链表表示的两个稀疏矩阵相加的算法。

2. 建立稀疏矩阵 A 的十字链表

首先输入的信息是 m(矩阵 A 的行数)、n(矩阵 A 的列数)、t(非零项的数目)，紧跟着输入的是 t 个形如 (i,j,a_{ij}) 的三元组。

算法的设计思想：首先建立每行(每列)只有头结点的空链表，然后每输入一个三元组 (i,j,a_{ij})，则将其结点按其列号的大小插入到第 i 个行链表中，同时也按其行号的大小将该结点插入到第 j 个列链表中。建立稀疏矩阵的十字链表算法可描述如下。

算法 6.3　十字链表创建算法

```
    CrossList *CreateSMatix()
    {   CrossList M;
        int i,j,e;
        OLink q;
        OLink p;
        printf("请输入稀疏矩阵的行数，列数、非零元素的个数:");
        scanf("%d%d%d",&M.mu,&M.nu,&M.tu);
        M.rhead=(OLink *)malloc((M.mu+1)*sizeof(OLNode));    //分配内存空间
        M.chead=(OLink *)malloc((M.nu+1)*sizeof(OLNode));    //分配内存空间
        for(i=1;i<=M.mu;i++)                //矩阵行数，列数下标均从 1 开始
            M.rhead[i]=NULL;                //把矩阵行向量置空值
        for(i=1;i<=M.nu;i++)
            M.chead[i]=NULL;                //把矩阵列向量置空值
        printf("请按格式输入稀疏矩阵(行号列号数值)并以(0 0 0)结尾");
        scanf("%d,%d,%d",&i,&j,&e);
        while(i!=0)
        {   p=(OLink)malloc(sizeof(OLNode));
            p->i=i;p->j=j;p->v=e;
            if(M.rhead[i]==NULL||M.rhead[i]->j>j)
            {   p->rptr=M.rhead[i];
                M.rhead[i]=p;
            }
            else
            {   q=M.rhead[i];
                while(q->rptr&&q->rptr->j<j)
                    q=q->rptr;
                p->rptr=q->rptr;
                q->rptr=p;
            }
            if(M.chead[j]==NULL||M.chead[j]->i>i)
            {   p->cptr=M.chead[j];
                M.chead[j]=p;
```

```
            }
            else
            {   q=M.chead[j];
                while(q->cptr&&q->cptr->i<i)
                    q=q->cptr;
                p->cptr=q->cptr;
                q->cptr=p;
            }
            scanf("%d%d%d",&i,&j,&e);
        }
        return &M;
    }
```

在上述算法中，建立头结点链表时间复杂度为O(s)。由于每个结点插入时都要在链表中寻找插入位置，所以插入每个结点到相应的行表和列表的时间复杂度为O(t×s)。

3. 稀疏矩阵十字链表的输出运算

若按行顺序输出稀疏矩阵中所有的非零元素，则稀疏矩阵十字链表的输出算法如下：

算法 6.4　十字链表输出算法

```
    void ShowMAtrix(CrossList A)
    {   int col;
        OLink p;
        for(col=1;col<=A.mu;col++)
            if(A.rhead[col])
            {   p=A.rhead[col];
                while(p)
                {   printf("%3d%3d%3d\n",p->i,p->j,p->v);
                    p=p->rptr;
                }
            }
    }
```

4. 两个十字链表表示的稀疏矩阵的加法

已知两个稀疏矩阵A和B，分别采用十字链表存储，计算C=A+B，矩阵C也采用十字链表方式存储，并且在矩阵A的基础上形成矩阵C。

由矩阵的加法规则知，只有矩阵A和B行、列对应相等，两者才能相加。矩阵C中的非零元素 c_{ij} 只可能有3种情况：或者是 $a_{ij}+b_{ij}$，或者是 a_{ij} $(b_{ij}=0)$，或者是 b_{ij} $(a_{ij}=0)$。因此当B加到A上时，对A十字链表的当前结点来说，对应下列4种情况：或者改变结点的值($a_{ij}+b_{ij}\neq 0$)，或者不变($b_{ij}=0$)，或者插入一个新结点($a_{ij}=0$)，还可能是删除一个结点($a_{ij}+b_{ij}=0$)。整个运算从矩阵的第一行起逐行进行。对每一行都从行表的头结点出发，分别找到矩阵A和B在该行中的第一个非零元素结点后开始比较，然后按4种不同情况分别处理。设pa和pb分别指向矩阵A和B的十字链表中行号相同的两个结点，4种情况如下。

(1)若pa->col=pb->col且pa->v+pb->v≠0，则只要用 $a_{ij}+b_{ij}$ 的值改写pa所指结点的值域即可。

(2) 若 pa->col=pb->col 且 pa->v+pb->v=0，则需要在矩阵 A 的十字链表中删除 pa 所指结点，此时需改变该行链表中前驱结点的 rptr 域，以及该列链表中前驱结点的 cptr 域。

(3) 若 pa->col < pb->col 且 pa->col≠0(即不是表头结点)，则只需要将 pa 指针向右推进一步，并继续进行比较。

(4) 若 pa->col > pb->col 或 pa->col=0(即是表头结点)，则需要在矩阵 A 的十字链表中插入一个 pb 所指结点。

所以可将十字链表存储结构下稀疏矩阵的相加算法描述如下。

算法 6.5　十字链表相加算法

```
int Matrix_ADD(CrossList *A,CrossList *B)
{   OLNode *pa,*pb,*pre,*p,*cp[100];          //定义 OLNode 类型的变量
    int i,j,t;
    t=A->tu+B->tu;
    for(j=1;j<=A->nu;j++)cp[j]=A->chead[j];//将矩阵 A 的列表头指针赋给 cp 数组
    for(i=1;i<=A->mu;i++)
    {   pa=A->rhead[i];
        pb=B->rhead[i];             //将矩阵 A 和矩阵 B 的行表头指针分别赋给 pa 和 pb
        pre=NULL;
        while(pb)//当 pb 不为空
        {   if(pa==NULL||pa->j>pb->j)
            {   p=(OLink)malloc(sizeof(OLNode)); //给 p 动态分配空间
                if(!pre)A->rhead[i]=p;
                else
                    pre->rptr=p;
                p->rptr=pa;
                pre=p;
                p->i=i;
                p->j=pb->j;
                p->v=pb->v;
                if(!A->chead[p->j])
                {   A->chead[p->j]=cp[p->j]=p;
                    p->cptr=NULL;
                }
                else
                {   cp[p->j]->cptr=p;
                    cp[p->j]=p;
                }
                pb=pb->rptr;
            }
            else if(pa->j<pb->j)
            {   pre=pa;
                pa=pa->rptr;
            }
            else if(pa->v+pb->v)
            {   t--;
                pa->v+=pb->v;
```

```
                    pre=pa;
                    pa=pa->rptr;
                    pb=pb->rptr;
                }
                else
                {   t=t-2;
                    if(!pre)
                        A->rhead[i]=pa->rptr;
                    else
                        pre->rptr=pa->rptr;
                    p=pa;pa=pa->rptr;
                    if(A->chead[p->j]==p)
                        A->chead[p->j]=cp[p->j]=p->cptr;
                    else
                        cp[p->j]->cptr=p->cptr;
                    free(p);
                    pb=pb->rptr;
                }
            }
        }
        A->mu=A->mu>B->mu?A->mu:B->mu;
        A->nu=A->nu>B->nu?A->nu:B->nu;  //A的行与列为A及B当中较大的一个
        return 1;
    }//十字链表相加
```

稀疏矩阵的十字链表存储结构下的操作相对比较难写。因为这种结构是由链式结构和顺序结构组成的一个复杂结构。

6.4 广 义 表

广义表(Generalized List)又称为列表。它不仅是线性表的推广结构，也是树的推广结构。线性表的元素仅限于原子项，原子是结构不可分割的独立部分，它可以是一个数或一个结构。若取消对线性表元素的这种限制条件，允许元素具有自身的结构，就得到了广义表。

本节讨论广义表的基本概念和定义、广义表的图形表示、广义表的链接存储结构，广义表的基本运算。

6.4.1 广义表的基本概念

广义表是 $n(n\geq0)$ 个数据元素 $a_1,a_2,\cdots,a_n$ 的有限序列，一般记做 $LS=(a_1,a_2,\cdots,a_n)$。式中，LS 是广义表 $(a_1,a_2,\cdots,a_n)$ 的名称。n 是广义表的长度，即广义表中所含元素的个数，若 n=0，则广义表为空表。a_i 是广义表的元素，它可以是原子，也可以是一个广义表。若 a_i 是单个元素，则 a_i 称为广义表 LS 的原子；若 a_i 是一个广义表，则 a_i 称为广义表 LS 的子表。若广义表 LS 为非空表 $(n\geq1)$，则表中第一个元素 a_1 称为广义表的表头(head)，其余元素组成的表 $(a_2,a_3\cdots,a_n)$ 称为广义表的表尾(tail)，分别记做 $head(LS)=a_1$ 和 $tail(LS)=(a_2,a_3\cdots,a_n)$。可见，一个广义表的表尾始终是一个广义表。

显然，广义表的定义是递归的，因为在描述广义表时又用到了广义表的概念。广义表是一种递归的数据结构。

在广义表的讨论中，为了区分原子和广义表，通常用小写字母表示原子，用大写字母表示广义表的表名。为清楚起见，用圆括号将广义表括起来，用逗号分隔其中的数据元素。下面给出一些广义表的示例。

(1) E=()：E 是一个空表，其长度为 0。

(2) L=(a,b)：L 是长度为 2 的广义表，它的两个元素 a、b 均为原子。

(3) A=(u,L)=(u,(a,b))：A 是长度为 2 的广义表，表中第一个元素是原子 u，第二个元素是广义表 L。

(4) B=(A,v)=((u,(a,b)),v)：B 是长度为 2 的广义表，表中第一个元素是广义表 A，第二个元素是原子 v。

(5) C=(A,B)=((u,(a,b)),((u,(a,b)),v))：C 是长度为 2 的广义表，表中两个元素都是广义表。

(6) D=(a,D)=(a,(a,(a,(⋯))))：D 是一个递归表，它的长度为 2，表中第一个元素是原子 a，第二个元素是 D 自身，展开后它是一个无限的广义表。

为了既表明每个表的名字，又说明它的组成，可以在每个表的前面加上该表的名字，这样，上述广义表也可相应地表示为：

(1) E()；

(2) L(a,b)；

(3) A(u,(a,b))；

(4) B(A(u,L(a,b)),v)；

(5) C(A(u,L(a,b)),B(A(u,L(a,b)),v))；

(6) D(a,D(a,D(⋯)))。

由此可见，广义表具有如下 5 个重要的特征。

(1) 广义表是一种多层次的数据结构。因为广义表的元素可以是子表，而子表的元素还可以是子表。

(2) 可用广义表的深度来衡量广义表的层次。所谓深度，是指广义表中括号嵌套的最大层数，是广义表的一种度量。例如，广义表 A 的深度为 2，广义表 D 的深度为 ∞。

(3) 广义表可以为其他广义表所共享。例如，广义表 A 和 B 都是 C 的一个子表。因此，在 C 中可以通过子表的名称来引用，而不必列出每个子表的值。

(4) 广义表可以是一个递归表，即广义表也可以是其自身的一个子表。例如，广义表 D 就是一个递归表。

(5) 广义表可用图形表示。例如，如图 6.20 所示就是上述 6 个广义表的图形表示。图中分支结点对应的是广义表，非分支结点一般对应的是原子。空表对应的也是非分支结点。

从图 6.20 可以看出，图 6.20(a)～(c)的形状像一棵倒着画的树，树的根结点代表整个广义表，各层树枝结点代表相应的子表，树叶结点则代表原子结点或空表。这就是后续章节中将要讨论的树。通常把与树对应的广义表称为**纯表**，它限制了表中成分共享和递归。把允许结点共享的表称为**再入表**。例如，在图 6.20(d)中，子表 A 是共享结点，它既是表 C 的一个元素，又是子表 B 的一个元素。把允许递归的表称为**递归表**。例如图 6.20(e)中，表 D 就是其自身的子表。它们之间的关系满足：递归表 $\supset$ 再入表 $\supset$ 纯表 $\supset$ 线性表。

由此可见，广义表不仅是线性表的推广结构，也是树的推广结构。

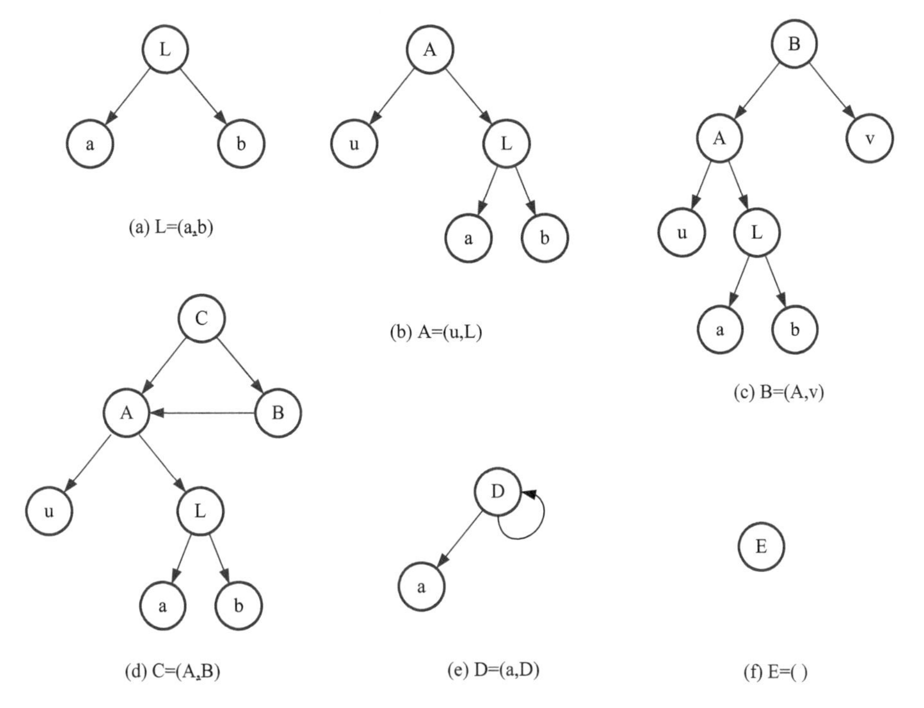

图 6.20　广义表的图形表示

6.4.2　广义表的基本运算

广义表的运算主要有：求广义表的表头和表尾、求广义表的长度和深度、广义表建立和输出、广义表复制、向广义表插入元素，以及在广义表中查找或删除元素等。由于广义表是一种递归的数据结构，所以对广义表的运算一般采用递归的算法。

由于广义表是对线性表和树的推广，并且具有共享和递归特性的广义表可与有向图建立对应关系，因此广义表的大部分运算与这些数据结构上的运算相类似。这里仅讨论求广义表表头 head 和表尾 tail 的运算、广义表的复制运算，以及建立和输出广义表。

根据广义表表头和表尾的定义可知：任何一个非空广义表的表头都是表中第一个元素，它可能是原子，也可能是子表，而其表尾始终是一个子表。空表无表头和表尾。

若有广义表 L=(a,b)，则 head(L)=a，tail(L)=(b)。由于 tail(L)是一个非空表，可继续分解得到 head(tail(L))=b，tail(tail(L))=()。

又有广义表 B=((u,(a,b)),v)，则 head(B)=(u,(a,b))，tail(B)=(v)。同理，对非空表 head(B)和 tail(B)也可以继续进行分解。

值得注意的是：广义表()和(())不同。前者是长度为 0 的空表，对其不能求表头和表尾运算；后者是长度为 1 的非空表，可以继续分解，得到表头和表尾均为空表()。

【例 6.1】已知广义表 LA=(a,(b,(a,b)),((a,b),(a,b)))，求广义表 LA 的表头 head(LA)和表尾 tail(LA)，并计算广义表 LA 的深度。

【解】

(1)广义表 LA 表头为 head(LA)=a，广义表 LA 表尾 tail(LA)=((b,(a,b)),((a,b),(a,b)))。

(2)广义表 LA 的深度为 3。

【例 6.2】已知广义表 LB=((),(()),((()))))，给出它的长度和深度。

【解】广义表 LB 的长度为 2，深度为 5。

【例 6.3】已知广义表 LC=(((a)),(b),c,(a),(((d,e))))，写出广义表 LC 的长度和深度，并求出元素 e。

【解】

(1)广义表 LC 的长度为 5，深度为 4。

(2)求表 LC 元素 e 的方法是：e=head(tail(head(head(head(tail(tail(tail(tail(LC)))))))))。

6.4.3 广义表的存储结构

由于广义表$(a_1,a_2,\cdots,a_n)$中的元素可以具有不同的结构(可以是原子，也可以是广义表)，因此很难用顺序结构存储广义表，通常采用链接存储方法来存储广义表，即广义表的每个元素可用一个结点表示，每个结点按其在表中的次序用指针链接起来。广义表的链接存储结构称为广义链表。广义表的链接存储方法很多，这里仅介绍广义表的单链表表示法。

由于广义表中的数据元素可能是原子或广义表，所以对应的存储结构有两种：原子结点和表结点。原子结点用来表示原子；表结点用来表示广义表。为了使这两类结点既能在形式上保持一致，又能够加以区别，因此，用单链表存储广义表时，其结点的结构如图 6.21 所示。

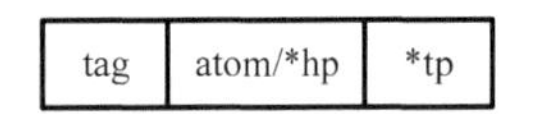

图 6.21 广义表的单链表结点结构

在图 6.21 中，第一个域 tag 为标志字段，用于区分原子和广义表，其值为 0 或 1。第二个域由 tag 来决定：当 tag=0 时，表示该结点为原子结点，则第二个域是 atom，用来存放相应原子结点的信息；当 tag=1 时，表示该结点为表结点，则第二个域是 hp，用来存放该广义表的表头指针。第三个域 tp 广义表的表尾指针。广义链表中结点的类型定义如下：

```
#include <stdio.h>
#include <malloc.h>
#include<stdlib.h>
#define MAXSIZE 1024
typedef char ElemType;
typedef struct GLNode                  //广义表结构体的定义
{   int tag;                           //结点类型标识
    union
    {   ElemType atom;                 //原子值
        struct GLNode *hp;             //指向表头的指针
    }element;
    struct GLNode *tp;                 //指向表尾的指针
}GList;
```

广义表采用单链表存储时，广义表中每个数据元素表示为链表中的一个结点，同一层结点按其在表中的次序用 tp 指针链接起来，每个结点的 hp 指针用于指向其子表的第一个元素。广义表的表头结点是表中第一个元素，若用一个表头指针指向表头结点，则广义表就可以由该表头指针来确定。广义表若采用这种链接存储方式，则空表没有结点，其表头指针为空。所以图 6.22 所示是广义表 B 和 D 的单链表表示。

广义表的单链表表示有两个缺点。一个缺点是：如果要在某个表中插入或删除一个结点，则必须找出所有指向该结点的指针，逐一加以修改。例如，若要删除表 A 的第一个结点 u，

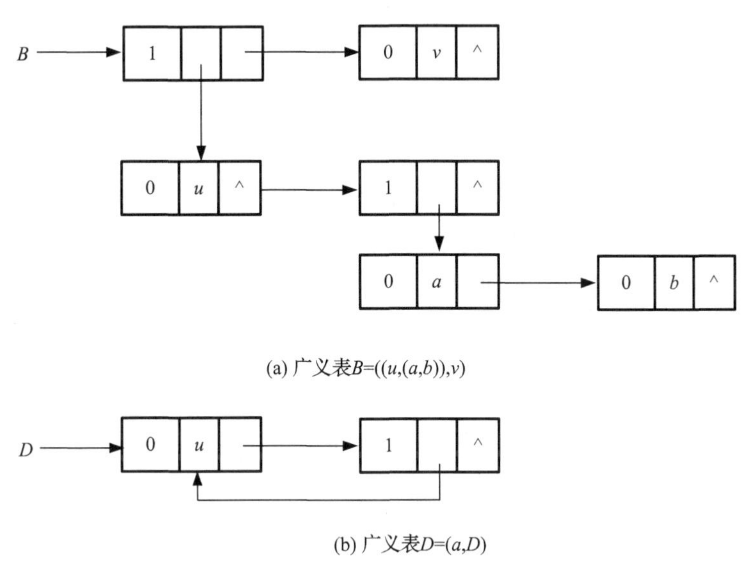

(a) 广义表$B=((u,(a,b)),v)$

(b) 广义表$D=(a,D)$

图 6.22　广义表的单链表表示

除了要修改表 A 的头结点外，还必须修改来自表 C 的两个指针，使之指向表 A 的第二个结点。然而，通常并不知道正在被引用的一个特定表的所有来源，即使知道，结点的增加和删除等操作也须耗费大量的时间。

该方法另一个缺点是：删除某个子表时，若释放该子表的所有结点空间可能会导致错误。例如，删除表 A 时，由于广义表 A 是广义表 C 和 B 的一个子表，故不能释放表 A 的空间。

为了克服上述两个缺点，可以给每个广义表增加一个表头结点。使用表头结点后，任何子表内部变化都不会涉及该表外部数据元素的变化。表头结点的结构与其他结点的结构相同，为了区分表头和其他结点，可将表头结点的 tag 域设置为–1，表头结点的 tp 域指向表中第一个结点。

若采用这种链接存储方法，则空广义表有一个表头结点，其结点的 hp 和 tp 域均为空指针，表的头指针就指向空表头结点。

相对于不带表头结点的广义链表而言，这种带表头结点的广义链表在进行元素的插入、删除和表的共享等处理时，将给广义表的某些运算带来方便。图 6.23 就是广义表 B=((u,(a,b)),v)对应的带头结点的单链表存储结构示意图。

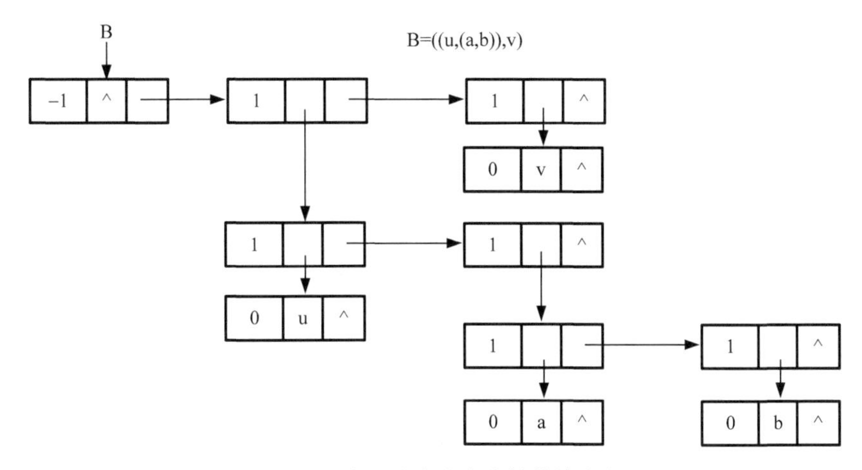

图 6.23　带表头结点广义表的单链表表示

6.4.4 广义表上的基本算法

1. 建立广义表的链接存储结构

假设广义表中元素类型 datatype 为 char，元素值限定为英文字母。又假设广义表是一个表达式，元素之间用一个逗号分隔，表元素的起止符号为左右圆括号，空表为在其圆括号内不包含任何字符的空白串，为了清晰起见，也可以用一个字符#代替空白串，最后以$作为整个广义表的结束符。例如，(a,(#),(b,c,d,e))$就是一个符合上述规定的广义表格式。

建立广义表链接存储结构的算法是一个递归算法。该算法使用一个具有广义表格式的字符串参数 s，返回所建立的广义链表的表头指针 p。该算法的基本思想：在算法执行过程中，从头到尾扫描字符串 s 的每一个字符。若当前字符为左括号(，表明它是一个表元素的开始，则应建立一个由 p 指向的表结点，并用它的 sublist 域作为子表的表头指针进行递归调用来建立子表的存储结构；若当前字符是一个英文字符，表明它是一个原子，则应建立一个由 p 指向的原子结点；若当前字符为右括号)，表明它是一个空表，应将置空。建立一个由 p 指向的结点之后，再取下一个未处理的字符，若当前字符为逗号(，)，表明存在后继结点，需要建立当前结点的后续表；若当前字符为右括号)或$，表明当前所处理的表已经结束，应将当前结点的 link 域设置为空。重复上述过程，直到字符串全部处理完毕，当前字符为$，则算法结束。

根据上述分析，给出建立广义表的链接存储结构的算法如下：

算法 6.6 广义表的创建算法

```
GList *CreateGL(char *&s)                    //建立广义表 ,生成广义表的链式存储结构
{   GList *h;                                //定义个新广义表
    char ch;
    ch=*s;                                   //取一个扫描字符
    s++;                                     //往后扫描字符
   if(ch!='\0')                              //判断是否为回车，若不是，则执行下面操作
    {   h=(GList *)malloc(sizeof(GList));    //动态申请个新广义表
        if (ch=='(')                         //若当前字符为“(”时，执行下列操作
        {   h->tag=1;                        //新节点做为表头节点
            h->element.hp=CreateGL(s);       //递归调用字表，链接到表头结点上
        }
        else if (ch==')')
            h=NULL;                          //若为“)”时，子表为空
        else
        {   h->tag=0;
            h->element.atom=ch;              //若都不满足，则为原子结点
        }
    }
    ch=*s;                                   //取下一个字符
    s++;                                     //指针后移
    if (h!=NULL)                             //判断是否为空
        if (ch==',')                         //当前字符为“,”
            h->tp=CreateGL(s);               //递归调用后续子表
        else
```

```
            h->tp=NULL;                         //否则，则后续字表为空
        return h;
    }
```

该算法需要扫描输入广义表中的所有字符，并且对每个字符都是简单的比较和赋值操作，其时间复杂度为 O(1)，所以整个算法的时间复杂度为 O(n)，n 也可以看成是生成的广义表中所有结点的个数。在这个算法中，既包含向子表的递归调用，也包含向后继表的递归调用，所以递归调用的最大深度不会超过生成的广义表中所有结点的个数，因而其空间复杂度也为 O(n)。

2. 求广义表表头的算法

假设把广义表看成是 n 个并列的子表(假设原子也看成为子表)的子表。求带表头结点的广义链表表头的过程如下：若广义链表为空表或原子时，则不能求表头；若表头结点是原子，则复制该结点到 q；若表头结点是子表，则由于结点的 link 不一定为 NULL，所以复制该表头结点产生一个结点 t，并设置 t->link=NULL，t 称为虚拟表头结点。

下面给出带表头结点的广义链表求表头的算法：

算法 6.7　求广义表表头的算法

```
    GList *head(GList *g)                   //求广义表表头
    {   GList *p;                           //定义个新广义表 p
        if (g->tag ==1&&g->element.hp==NULL)
        {   printf("空表不能求表头\n");
            return NULL;                    //返回
        }
        else
        {   p=g->element.hp;                //不为空表时，返回广义表 g 的子表表头结点
            return  p;
        }
    }
```

3. 求广义表表尾的算法

同理，广义表求表尾的过程如下：空表或原子不能求表尾。若广义表为非空表，则创建一个虚拟表头结点 t，并设置 t->element.sublink=ha->element.sublink->link，然后调用广义表的复制函数 glistcopy，将 t 复制为 q，最后函数返回 q 指针。

带表头结点的广义表求表尾的算法如下：

算法 6.8　求广义表表尾的算法

```
    GList *tail(GList *g)                       //求广义表表尾
    {   GList *p;                               //定义个新广义表 p
        p=g->element.hp;                        //P 被赋值为广义表 g 的表头结点
        GList *t;
        if (g->tag ==1&&g->element.hp==NULL)//若其为空表时，输出空表不能求表尾
        {   printf("空表不能求表尾\n");
            return   NULL;                      //返回
        }
        else  if (g->tag==0)                    //若为原子结点时，输出原子结点不能求表尾
```

```
        {   printf("原子不能求表尾\n");
            return NULL;
        }                                       //否则，为表结点
            p=p->tp;                            //p 被赋为其后续结点
        t=(GList *)malloc(sizeof(GList));       //申请一个新结点 t
        t->tag=1;                               //t 为表结点
        t->element.hp=p;                        //t 的子表为 p
        t->tp=NULL;                             //t 的后续结点被赋为空
        return t;
    }
```

4. 广义表的复制运算

任何一个非空的广义表均可分解成表头和表尾两部分。反之，一对确定的表头和表尾可唯一地确定一个广义表。由此可知，复制一个广义表只要分别复制其表头和表尾，然后合成即可。复制广义表的操作就是建立相应的链表。只要建立和原表的结点一一对应的新结点，便可以得到复制广义表的新链表。

广义链表的复制过程如下。假设 p 表示原表，q 表示复制的新表。广义链表的表头结点指针为*p，若 p 为空，则返回空指针；若 p 为表结点，则递归复制 p 的子表，否则复制原子结点 p，然后继续递归复制 p 的后续表。函数返回所复制的广义链表的表头指针 p。

下面给出复制广义链表的递归算法：

算法 6.9　广义表的复制算法

```
    GList *CopyGList(GList *p)//广义表的复制
    {   GList *q;
        if(p==NULL)
            return NULL;
        q=(GList *)malloc(sizeof(GList));
        q->tag=p->tag;
        if(p->tag==1)
            q->element.hp=CopyGList(p->element.hp);
        else
        {   q->element.atom=p->element.atom;
            q->tp=CopyGList(p->tp);
        }
        return p;
    }
```

广义表的其他操作不再列出。广义表最适合描述递归结构和分层结构。例如，可用来处理多元多项式和 n 叉树等。

习　题　六

一、选择题

1. 设有一个 10 阶的对称矩阵 A，采用压缩存储方式，以行序为主存储，$a_{1,1}$ 为第一元素，其存储地址为 1，每个元素占一个地址空间，则 $a_{8,5}$ 的地址为(　　)。

A．13　　　　B．33　　　　C．18　　　　D．40

2．假设以行序为主序存储二维数组 A=array[1…100,1…100]，设每个数据元素占两个存储单元，基地址为 10，则 LOC[5,5]=(　　)。

A．808　　　　B．818　　　　C．1010　　　　D．1020

3．若对 n 阶对称矩阵 A 以行序为主序方式将其下三角形的元素(包括主对角线上所有元素)依次存放于一维数组 B［1…(n(n+1))/2］中，则在 B 中确定 a_{ij}(i≤j)的位置 k 等于(　　)。

A．i*(i−1)/2+j　　B．j*(j−1)/2+i　　C．i*(i+1)/2+j　　D．j*(j+1)/2+i

4．设 A 是 n*n 的对称矩阵，将 A 的对角线及对角线上方的元素以列为主序存放在一维数组 B[1…n(n+1)/2]中，对上述任一元素 a_{ij}(1≤i,j≤n,且 i≤j)在 B 中的位置为(　　)。

A．i(i−l)/2+j　　B．j(j−l)/2+i　　C．j(j−l)/2+i−1　　D．i(i−l)/2+j−1

5．对稀疏矩阵进行压缩存储目的是(　　)。

A．便于进行矩阵运算　　　　B．便于输入和输出

C．节省存储空间　　　　D．降低运算的时间复杂度

6．已知广义表 L=((x,y,z),a,(u,t,w))，从 L 表中取出原子项 t 的运算是(　　)。

A．head(tail(tail(L)))　　　　B．tail(head(head(tail(L))))

C．head(tail(head(tail(L))))　　　　D．head(tail(head(tail(tail(L)))))

7．广义表((a,b,c,d))的表头是(　　)。

A．a　　　　B．()　　　　C．(a,b,c,d)　　　　D．(b,c,d)

8．广义表((a,b,c,d))的表尾是(　　)。

A．a　　　　B．()　　　　C．(a,b,c,d)　　　　D．(b,c,d)

9．设广义表 L=((a,b,c))，则 L 的长度和深度分别为(　　)。

A．1 和 1　　　　B．1 和 3　　　　C．1 和 2　　　　D．2 和 3

10．下面说法不正确的是(　　)。

A．广义表的表头总是一个广义表　　　　B．广义表的表尾总是一个广义表

C．广义表难以用顺序存储结构　　　　D．广义表可以是一个多层次的结构

二、判断题

1．广义表的取表尾运算，其结果通常是个列表，但有时也可能是个原子。　(　　)

2．广义表中的元素或者是一个不可分割的原子，或者是一个非空的广义表。　(　　)

3．所谓取广义表的表尾就是返回广义表中最后一个元素。　(　　)

4．一个广义表可以为其他广义表所共享。　(　　)

5．广义表中原子个数就是广义表的长度。　(　　)

三、填空题

1．设二维数组 A[−20…30,−30…20]，每个元素占有 4 个存储单元，存储起始地址为 200，若按行优先顺序存储,则元素 A[25,18]的存储地址为_______。

2．广义表的表尾是指_______。

3．广义表的深度是指_______。

4．广义表的长度是指_______。

5．广义表(a,(a,b),d,e,((i,j),k))的长度是_______，深度是______。

6．利用广义表的 GetHead 和 GetTail 操作，从广义表 L=((apple,pear),(banana,orange))中分离出原子 banana 的函数表达式是_______。

四、应用题

1．数组 A[1…8,–2…6,0…6]以行为主序存储，设第一个元素的首地址是 78，每个元素的长度为 2。试求元素 A[4,2,3]的存储首地址。

2．数组 A 中，每个元素 A[i,j]的长度均为 32 个二进制位，行下标从–1 到 9，列下标从 1 到 11，从首地址 S 开始连续存放元素到主存储器中，主存储器字长为 16 位。

(1)存放该数组所需多少单元？

(2)存放数组第 4 列所有元素需多少单元？

(3)数组按行存放时，元素 A[7,4]的起始地址是多少？

(4)数组按列存放时，元素 A[4,7]的起始地址是多少？

3．设有五对角矩阵 $A=(a_{ij})_{20\times20}$，按特殊矩阵压缩存储的方式将其五条对角线上的元素存于数组 A[–10…m]中，计算元素 A[15,16]的存储位置。

4．若按照压缩存储的思想将 n×n 阶的对称矩阵 A 的下三角部分(包括主对角线元素)以行序为主序方式存放于一维数组 B[1…n(n+1)/2]中。那么，A 中任一个下三角元素 $a_{ij}(i\geq j)$，在数组 B 中的下标位置 k 是什么？

5．设有矩阵 a 且 a={(2,1,3),(3,3,1),(1,2,1)}执行下列语句后，矩阵 c 和 a 的结果分别是什么？

(1)

```
for(i=1;i<=3;i++)
    {for(j=1;j<=3;j++)
        { c[i,j]=a[a[i,j],a[j,i]] };
    }
```

(2)

```
for(i=1;i<=3;i++)
    {  for(j=1;j<=3;j++)
        {a[i,j]=a[a[i,j],a[j,i]] };
    }
```

6．设有上三角矩阵 $(a_{ij})_{n\times n}$，将其上三角中的元素按先行后列的顺序存于数组 B[1:m]中，使得 $B[k]=a_{ij}$ 且 $k = f_1(i) + f_2(j)+c$。试推导出函数 f_1, f_2 和常数 c，要求 f_1 和 f_2 中不含常数项。

7．设矩阵 A={(2,0,0,4),(0,0,3,0),(0,3,0,0),(4,0,0,0)}。

(1)若将 A 视为对称矩阵，画出对其压缩存储的存储表，并讨论如何存取 A 中元素 a_{ij} (0<=i,j<4)；(2)若将 A 视为稀疏矩阵，画出 A 的十字链表结构。

8．已知广义表 A=(((a)),(b),c,(a),(((d,e))))：

(1)画出其两种存贮结构图；

(2)写出表的长度与深度；

(3)用求头部，尾部的方式求出 e。

五、算法设计题

1．编写完整的程序。如果矩阵 A 中存在这样的一个元素 A[i,j]满足条件:A[i,j]是第 i 行中值最小的元素,且又是第 j 列中值最大的元素，则称为该矩阵的一个马鞍点。试编程计算出 m×n 的矩阵 A 的所有马鞍点。

2. 给定一个整数数组 B[0…N−1]，B 中连续相等的元素构成的子序列称为平台。试设计算法，求出 B 中最长平台的长度。

3. 编写算法，将自然数 1～n^2 按“蛇形”填入 n×n 矩阵中。例(1～4^2)如图所示：

1	3	4	10
2	5	9	11
6	8	12	15
7	13	14	16

4. 设任意 n 个整数存放于数组 A[1…n]中。试编写程序，将所有正数排在所有负数前面(要求算法复杂度为 O(n))。

第 7 章　二叉树和树

在前面几章里讨论的数据结构都属于线性结构。线性结构的特点是逻辑结构简单，易于实现插入、查找和删除等操作，其主要用于对客观世界中具有单一的前驱和后继的数据关系进行描述，而现实中许多事物的关系并非如此简单，如人类社会的族谱、各种社会组织机构等，这些事物中的联系都是非线性的，所以采用非线性结构进行描述会更加明确和便利。

所谓非线性结构是指，在该结构中至少存在一个数据元素，有两个或两个以上的直接前驱(或直接后继)元素。树型结构就是其中十分重要的非线性结构，可以用来描述客观世界中广泛存在的层次结构的关系，如前面提到的族谱、各种社会组织机构等。本章将对树型结构进行讨论。

学习要点：

- 二叉树的定义、二叉树的性质及相应的证明方法。
- 二叉树的顺序表示和链式表示。
- 二叉树的前序、中序、后序及层次序遍历算法及应用。
- 线索二叉树的概念及二叉树的线索化。
- 树的定义、树的存储表示、树与二叉树之间的转化方法及遍历。
- 哈夫曼树及其应用。

7.1　二叉树的定义与性质

7.1.1　二叉树的基本概念

1. 二叉树

二叉树(Binary Tree)是有限元素的集合，该集合或者为空、或者是由一个被称为根(root)的元素及两个互不相交、被分别称为左子树和右子树的二叉树组成。当集合为空时，称该二叉树为空二叉树。在二叉树中，一个元素也称作一个结点。

二叉树是有序的，即若将其左右子树颠倒，就会变成一棵与之不同的二叉树，即便是树中只有一棵子树，也要区分它是左子树还是右子树。因此，二叉树具有五种基本形态，如图 7.1 所示。

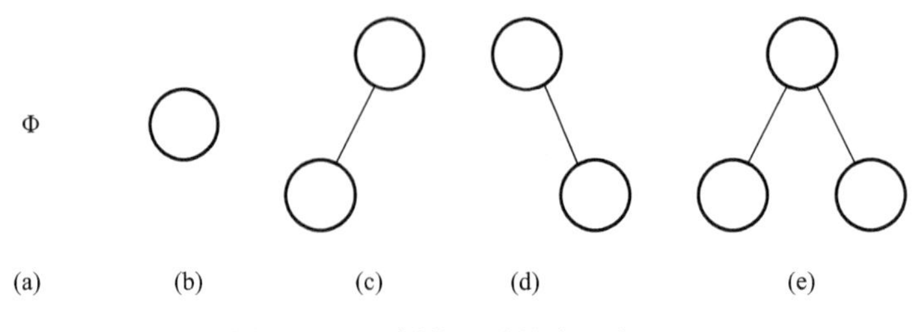

图 7.1　二叉树的五种基本形态

2. 二叉树的相关概念

本章要用到以下一些相关的概念和术语，这些术语一般借用树或人类家族树中的一些术语，读者可以很直观地理解结点间的层次关系。

(1)结点的度(Degree)：结点所拥有的子树的个数称为该结点的度。在二叉树中结点的度不大于 2。

(2)叶子结点(Leaf)：度为 0 的结点称为叶子结点，或者称为终端结点。

(3)分支结点(Branch)：度不为 0 的结点称为分支结点，或者称为非终端结点。一棵树的结点除叶子结点外，其余的都是分支结点。

(4)左孩子、右孩子、双亲(Parent)、兄弟(Sibling)、堂兄弟：树中一个结点的子树的根结点称为这个结点的孩子。这个结点称为这些孩子结点的双亲。具有同一个双亲的孩子结点互称为兄弟。若双亲结点在同一层，但不是同一个点的结点互称为堂兄弟。

(5)路径、路径长度：如果一棵树的一串结点 $n_1,n_2,\cdots,n_k$ 有如下关系：结点 n_i 是 n_{i+1} 的父结点($1\leqslant i<k$),就把 $n_1,n_2,\cdots,n_k$ 称为一条由 n_1 至 n_k 的路径。这条路径的路径长度为 k−1。

(6)祖先(Ancestor)、子孙(Descendant)：在树中，从根结点到该结点所经分支上的所有结点都是该结点的祖先；以某结点为根的子树中的所有结点都是该根结点的子孙。

(7)结点的层数(Level)：规定树的根结点的层数为 1，其余结点的层数等于它的双亲结点的层数加 1。

(8)树的深度(Depth)：树中所有结点的最大层数称为树的深度。

(9)树的度：树中各结点度的最大值称为该树的度。

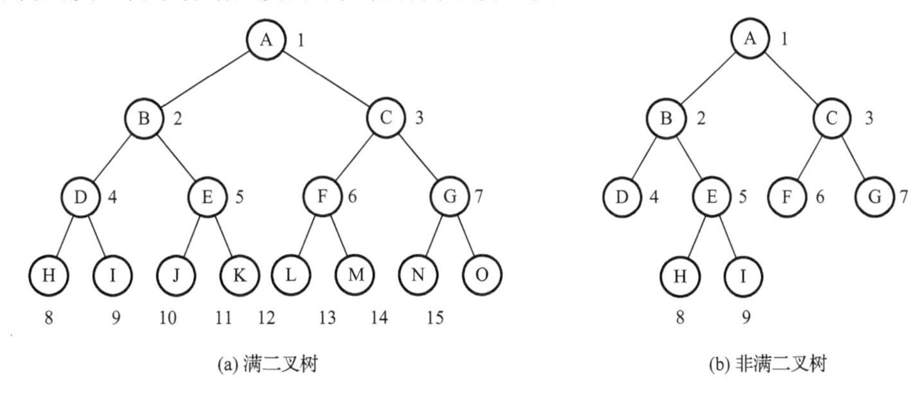

图 7.2　满二叉树和非满二叉树示意图

(10)满二叉树：在一棵二叉树中，如果所有分支结点都存在左子树和右子树，并且所有叶子结点都在同一层上,这样的一棵二叉树称作满二叉树。图 7.2(a)显示为满二叉树,图 7.2(b)则不是满二叉树，因为虽然其所有结点要么是含有左右子树的分支结点，要么是叶子结点，但由于其叶子未在同一层上，故不是满二叉树。

(11)完全二叉树：一棵深度为 k 且有 n 个结点的二叉树若对该二叉树中的结点按从上至下、从左到右的顺序进行编号，当且仅当其每一个结点都与深度为 k 的满二叉树中编号为 1 到 n 的结点一一对应，则这棵二叉树称为完全二叉树。

完全二叉树的特点：叶子结点只能出现在最下层和次下层，且最下层的叶子结点集中在二叉树的左边。显然，一棵满二叉树必定是一棵完全二叉树，而完全二叉树未必是满二叉树。如图 7.3 所示，图 7.3(a)显示为完全二叉树，图 7.3(b)和图 7.2(b)不是完全二叉树。

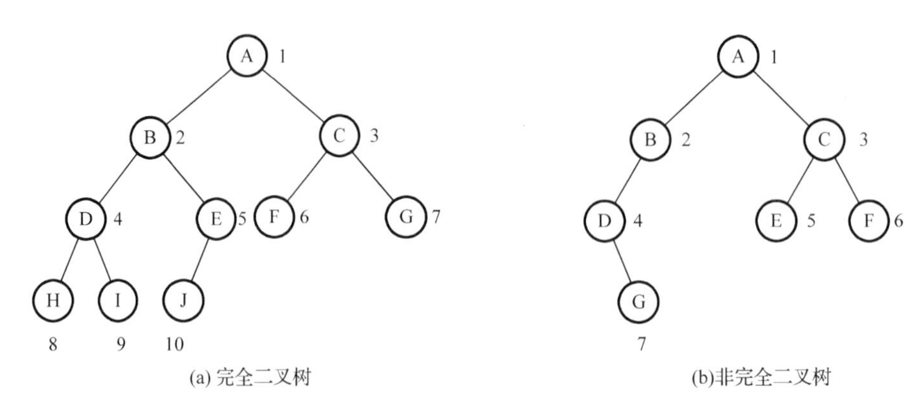

(a) 完全二叉树　　(b)非完全二叉树

图 7.3　完全二叉树和非完全二叉树示意图

7.1.2　二叉树的主要性质

二叉树具有下面的一些重要性质。这些性质是分析和解决其他问题的关键所在，需要认真掌握，灵活应用。

性质 1　一棵非空二叉树的第 i 层上最多有 2^{i-1} 个结点(i≥1)。

该性质可由数学归纳法证明。证明略。

性质 2　一棵深度为 k 的二叉树中最多具有 2^k-1 个结点。

证明：设第 i 层的结点数为 $x_i(1\leqslant i\leqslant k)$，$x_i$ 最多为 2^{i-1}，第 k 层上结点数最多为 2^{k-1} 个。那么深度为 k 的二叉树总结点数 M 最多为 $M=1+2+4+8+\cdots+2^{i-1}+\cdots+2^{k-1}=2^k-1$。

性质 3　对于一棵非空的二叉树，如果叶子结点个数为 n_0，度为 2 的结点个数为 n_2，则有 $n_0=n_2+1$。

证明：设 n 为二叉树的结点总数，n_1 为二叉树中度为 1 的结点数，则有 $n=n_0+n_1+n_2$。

在二叉树中，除根结点外，其余结点都有唯一的一条边指向它。设 E 为二叉树中的边数，那么有 E=n−1。

这些边是由度为 1 和度为 2 的结点发出的，一个度为 1 的结点发出一条边，一个度为 2 的结点发出两条边，所以有 $E=n_1+2n_2$ 。

综合上述三式得到：$E=n_0+n_1+n_2-1=n_1+2n_2$。因此，有 $n_0=n_2+1$。

性质 4　具有 n 个结点的完全二叉树的深度为$[\log_2 n]+1$。

证明：根据完全二叉树的定义和性质 2 可知，若一棵完全二叉树的深度为 k、结点个数为 n 时，有 $2^{k-1}\leqslant n<2^k$，对不等式取对数，有 $k-1\leqslant \log_2 n<k$，即：$[\log_2 n]<k\leqslant[\log_2 n]+1$。由于 k 是整数，所以有 $k=[\log_2 n]+1$。

性质 5　具有 n 个结点的完全二叉树，如果按照从上至下、从左到右的顺序对二叉树中的所有结点从 1 开始编号，则对任意序号为 i 的结点，有

(1) 如果 i>1，则序号为 i 的结点的双亲结点的序号为[i/2]；如果 i=1，则序号为 i 的结点是根结点，无双亲结点。

(2) 如果 $2i\leqslant n$，则序号为 i 的结点的左孩子结点的序号为 2i；如果 2i>n，则序号为 i 的结点无左孩子。

(3) 如果 $2i+1\leqslant n$，则序号为 i 的结点的右孩子结点的序号为 2i+1；如果 2i+1>n，则序号为 i 的结点无右孩子。

此外，若对二叉树的根结点从 0 开始编号，则相应的 i 号结点的双亲结点的编号为 $\lfloor (i-1)/2 \rfloor$，左孩子的编号为 2i+1，右孩子的编号为 2i+2。此性质可采用数学归纳法证明。证明略。

7.1.3 二叉树的抽象数据类型

二叉树是一种简单的树形结构，它的特点是每个结点至多有两棵子树，并且，二叉树的子树有左右之分，其次序不能任意颠倒。可以看出二叉树中不存在度大于 2 的结点。二叉树抽象数据类型可定义如下：

ADT BinaryTree{

数据对象：$D=\{a_i|a_i \in ElemSet, i=1,2,\cdots,n, n\geq 0\}$

数据关系：$R=\{<a_{i-1}, a_i>|<a_{i-1}, a_i>$满足层次关系}

基本操作：

(1)二叉树初始化：InitBiTree(&T)

初始条件：二叉树 T 不存在。

操作结果：构造一个空的二叉树。

(2)创建二叉树：CreateBiTree(&T)

初始条件：二叉树 T 不存在。

操作结果：创建一个二叉树。

(3)清空操作：ClearBiTree(&T)

初始条件：二叉树 T 已经存在。

操作结果：将 T 重新置为空二叉树。

(4)判空操作：BiTreeEmpty(T)

初始条件：二叉树 T 已经存在。

操作结果：若 T 为空二叉树，返回 TRUE，否则返回 FALSE。

(5)求二叉树的深度：BiTreeDepth (T)

初始条件：二叉树 T 存在。

操作结果：返回二叉树中的深度(高度)。

(6)结点赋值：Assign (&T,e,value)

初始条件：二叉树 T 存在，e 是 T 中某个结点。

操作结果：结点 e 赋值为 Value。

(7)返回二叉树的根：Root (T)

初始条件：二叉树 T 存在。

操作结果：返回二叉树 T 的根。

(8)返回结点的双亲：Parent (T,e)

初始条件：二叉树 T 存在，e 是 T 中某个结点。

操作结果：e 是 T 的非根结点返回其双亲，否则返回“空”。

(9)返回结点的左孩子：LeftChild (T,e)

初始条件：二叉树 T 存在，e 是 T 中某个结点。

操作结果：返回 e 的左孩子，若无左孩子则返回“空”。

(10)返回结点的右孩子：RightChild (T,e)

初始条件：二叉树 T 存在，e 是 T 中某个结点。

操作结果：返回 e 的右孩子，若无右孩子则返回“空”。

(11)返回结点的左兄弟：LeftSibling (T,e)

初始条件：二叉树 T 存在，e 是 T 中某个结点。

操作结果：返回 e 的左兄弟，若无左兄弟则返回“空”。

(12)返回结点的右兄弟：RightSibling (T,e)

初始条件：二叉树 T 存在，e 是 T 中某个结点。

操作结果：返回 e 的右兄弟，若无右兄弟则返回“空”。

(13)前序遍历操作：PreOrder (T,visit())

初始条件：二叉树 T 已经存在。

操作结果：按前序遍历二叉树 T 中的数据元素一次且仅一次。

(14)中序遍历操作：InOrder (T,visit())

初始条件：二叉树 T 已经存在。

操作结果：按中序遍历二叉树 T 中的数据元素一次且仅一次。

(15)后序遍历操作：PostOrder (T,visit())

初始条件：二叉树 T 已经存在。

操作结果：按后序遍历二叉树 T 中的数据元素一次且仅一次。

(16)层次遍历操作：LevelOrder (T,visit())

初始条件：二叉树 T 已经存在。

操作结果：按层次序遍历二叉树 T 中的数据元素一次且仅一次。

} ADT BiTree

与其他抽象数据类型一样，以上只列出二叉树的常见操作，也可根据需要自行再添加相关操作。

7.2 二叉树的存储结构及创建

二叉树的常见存储结构有顺序存储、二叉链表存储、三叉链表存储等，下面分别介绍。

7.2.1 顺序存储结构

所谓二叉树的顺序存储，就是用一组连续的存储单元存放二叉树中的所有结点。一般是按照二叉树结点从上至下、从左到右的顺序存储。这样结点在存储位置上的前驱后继关系并不一定就是它们在逻辑上的邻接关系，只有通过一些方法确定某结点在逻辑上的前驱结点和后继结点。因此，依据二叉树的性质，完全二叉树和满二叉树采用顺序存储比较合适，树中结点的序号可以唯一地反映出结点之间的逻辑关系，这样既能够最大可能地节省存储空间，又可以利用数组元素的下标值确定结点在二叉树中的位置，以及结点之间的关系。图 7.4 是图 7.3(a)所示的完全二叉树的顺序存储示意图。

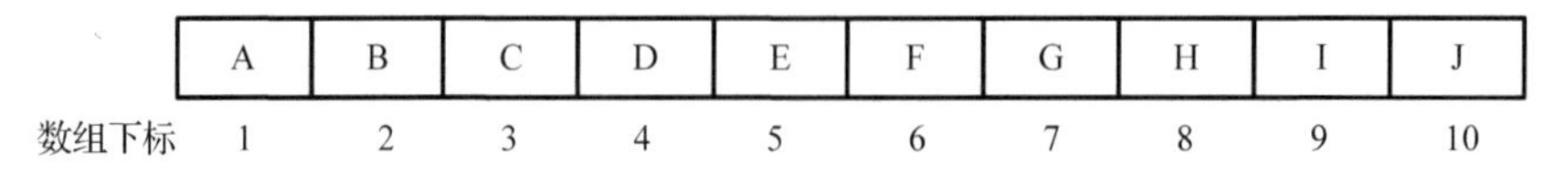

图 7.4 完全二叉树的顺序存储示意图

对于一般的二叉树，如果仍按从上至下、从左到右的顺序将树中的结点顺序存储在一维数组中，则数组元素下标之间的关系不能够直接反映二叉树中结点之间的逻辑关系，只有在原来的树上增添一些并不存在的空结点，将其虚拟化成一棵完全二叉树的形式，然后再用一维数组顺序存储。图 7.5 给出一棵一般二叉树改造后的完全二叉树形态和其顺序存储状态示意图。

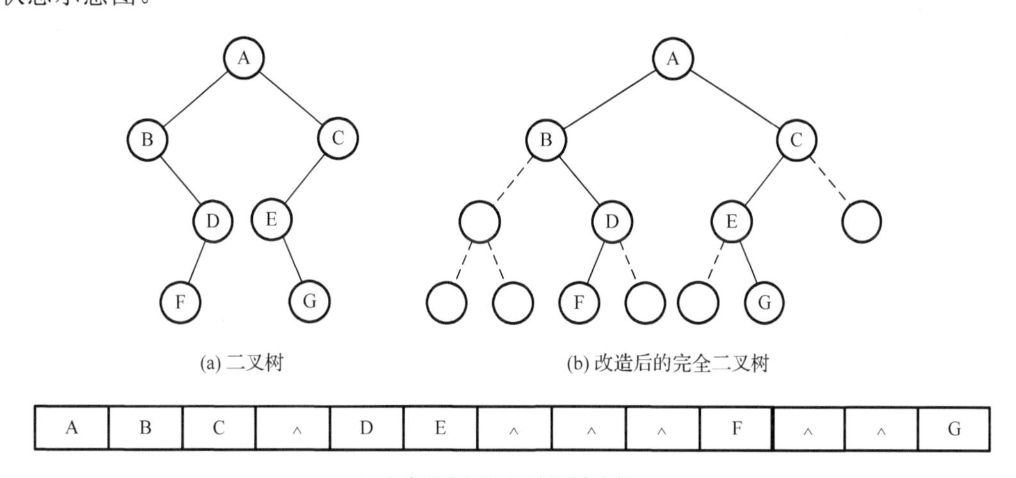

A	B	C	∧	D	E	∧	∧	∧	F	∧	∧	G

(c) 改造后的完全二叉树顺序存储

图 7.5　一般二叉树及其顺序存储示意图

显然，这种存储对那些需增加许多空结点才能将其改造成为一棵完全二叉树的情况而言，会造成空间大量浪费。最坏的情况是单支树，如图 7.6 所示，一棵深度为 k 的单支树只有 k 个结点，却需分配 2^k-1 个存储单元。

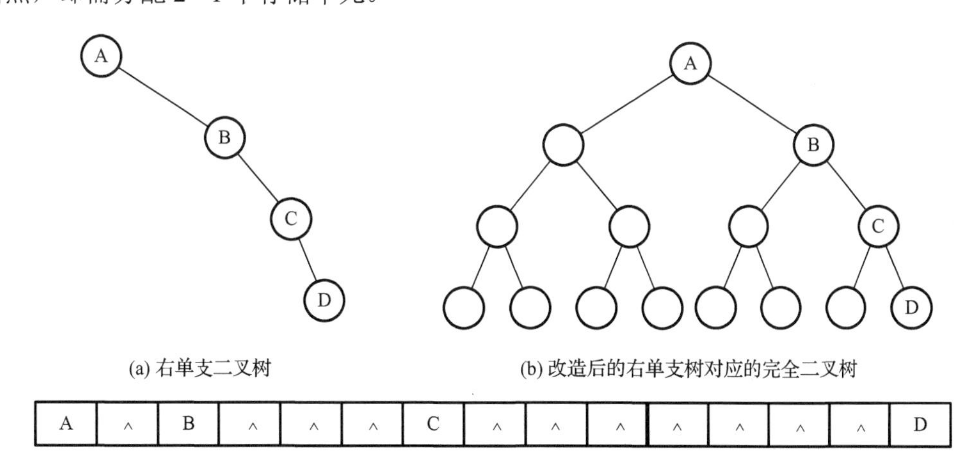

A	∧	B	∧	∧	∧	C	∧	∧	∧	∧	∧	∧	∧	D

(c) 单支树改造后完全二叉树的顺序存储状态

图 7.6　右单支二叉树及其顺序存储示意图

二叉树的顺序存储表示可描述为：

```
#define MAXNODE                                    /*二叉树的最大结点数*/
typedefElemType SeqBiTree[MAXNODE]                /*1 号单元存放根结点*/
SqBiTree  bt;
```

7.2.2 二叉树的链式存储结构

二叉树的链式存储结构是指用链表来表示一棵二叉树，即用链来指示元素的逻辑关系，通常有二叉链表和三叉链表等两种存储形式。下面分别介绍这两种链式存储结构。

1. 二叉链表存储结构

二叉链表中每个结点由三个域组成，除了数据域外，还有两个指针域，分别用来存储该结点左孩子和右孩子所在结点的存储地址。结点的存储结构为

left	data	right

其中，data 域存放结点的数据信息，left 与 right 分别存放指向左孩子和右孩子的指针。当左孩子或右孩子不存在时，相应指针域值为空(用符号∧或 NULL 表示)。

图 7.7(a)给出了如图 7.3(b)所示的一棵二叉树的二叉链表示。二叉链表也可以用带头结点的方式存放，如图 7.7(b)所示。

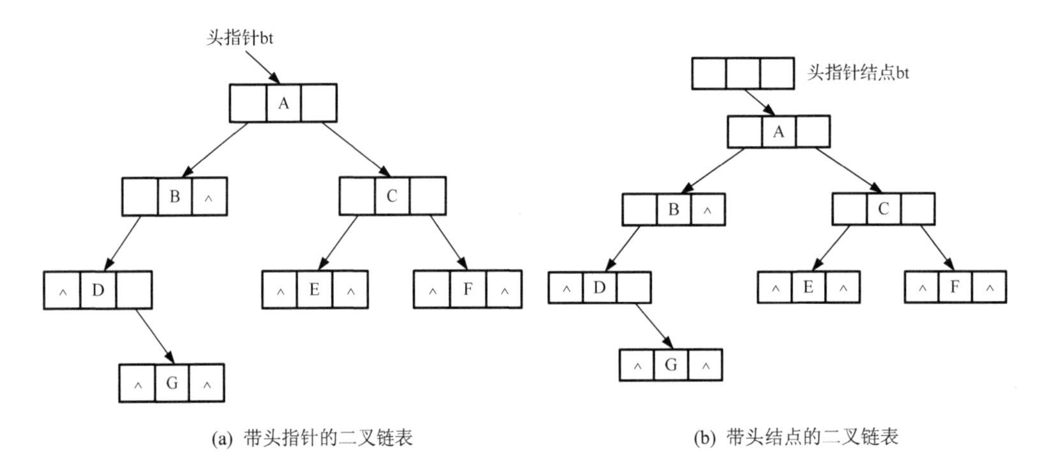

(a) 带头指针的二叉链表　　(b) 带头结点的二叉链表

7.7 如图 7.3(b)所示二叉树的二叉链表表示示意图

尽管在二叉链表中无法由结点直接找到其双亲，但由于二叉链表结构灵活，操作方便，对于一般情况的二叉树，甚至比顺序存储结构还节省空间。因此，二叉链表是最常用的二叉树存储方式。本书后面所涉及的二叉树的链式存储结构不加特别说明的都是指二叉链表结构。二叉树的二叉链表存储表示可描述为：

```
typedef char ElemType;
typedef struct node
{   ElemType data;
    struct node *left,*right;
}BiTree;
```

2. 三叉链表存储结构

三叉链表存储结构中每个结点由四个域组成，具体结构为：

left	data	right	parent

其中，data、left 及 right 等三个域的意义和二叉链表结构相同，parent 域为指向该结点双亲结点的指针。这种存储结构既便于查找孩子结点，又便于查找双亲结点。但是，相对于二叉链表存储结构而言，它增加了空间开销。图 7.8 为图 7.3(b)的三叉链表存储示意图。

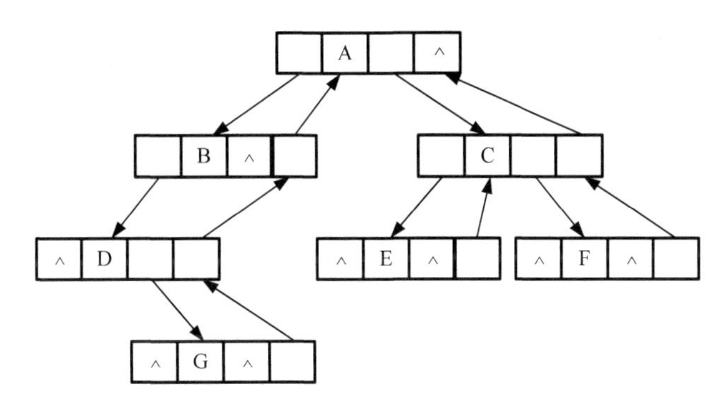

图 7.8　如图 7.3(b)所示二叉树的三叉链表表示示意图

二叉树的三叉链表存储表示可描述为：

```
typedef char ElemType;
typedef struct node
{   ElemType data;
    struct node *left,*right,*parent;
}BiTree;
```

7.2.3　二叉树的创建算法

算法的实现依赖于具体的存储结构，当二叉树采用不同的存储结构时，各种操作的实现算法是不同的。下面讨论基于二叉链表存储结构的算法实现。

二叉树的创建算法 BiTree *CreateBiTree()

建立二叉树可以有多种方法，一种较为简单的方法是根据一个结点序列来建立二叉树。由于前序、中序、后序遍历序列中的任何一个都不能确定一个二叉树，因此不能直接使用。三种序列之一不能唯一确定二叉树的原因是：不能确定其左右子树的情况。针对以上问题，按如下处理：将每个结点的空指针引出一个虚结点，其值为一特定值，如#，以标识其为空，把这样处理后的二叉树称为原二叉树的扩展二叉树。扩展二叉树的遍历序列就能唯一确定一棵二叉树。

为了简化问题，设二叉树的结点均为一个字符，假设扩展二叉树的前序序列由键盘输入，t 为指向根结点的指针，二叉链表的建立过程：首先输入根结点，若输入的是一个#字符，则表明该二叉树为空，即 t=NULL，否则应该为 t 申请一块空间，输入的字符赋值给 t->data，之后依次递归建立它的左子树和右子树。建立二叉链表的递归算法如下：

算法 7.1　二叉树的创建算法

```
BiTree *CreateBiTree(    )
{   BiTree *t;
    char ch;
    scanf("%c",&ch);
```

```
        if(ch!='#')
        {   t=(BiTree *)malloc(sizeof(BiTree));
            t->data=ch;
            t->left=CreateBiTree();
            t->right=CreateBiTree();
        }
        else
            t=NULL;
        return t;
    }
```

根据该算法，若输入字符串为 ABD#G###CE##F##，则创建的二叉树为 t 如图 7.9 所示。

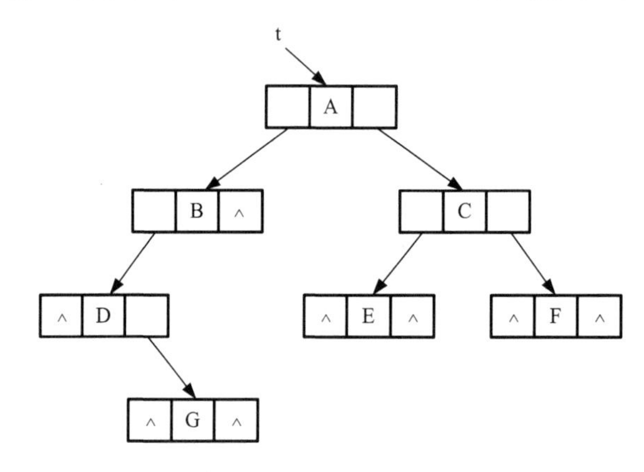

图 7.9　根据输入序列 ABD#G###CE##F##创建的二叉链表

7.3　二叉树的遍历及应用

7.3.1　二叉树的遍历

二叉树的遍历是指按照某种顺序访问二叉树中的每个结点，使每个结点都被访问一次且仅被访问一次。遍历是二叉树中经常要用到的一种操作。因为在实际应用中，常常需要按一定顺序对二叉树中的每个结点逐个进行访问，查找具有某一特性的结点，然后对这些满足条件的结点进行相关处理操作。通过一次完整的遍历，可使二叉树中结点信息由非线性排列变为某种意义上的线性序列。也就是说，遍历操作使非线性结构线性化。

由二叉树的定义可知，一棵二叉树由根结点、根结点的左子树和根结点的右子树三部分组成。因此，只要依次遍历这三部分，就可以遍历整个二叉树。若以 D、L、R 分别表示访问根结点、遍历根结点的左子树、遍历根结点的右子树，则二叉树的遍历方式有六种：DLR、DRL、LDR、LRD、RDL 和 RLD。

如果限定在遍历时必须为先左后右，则只有三种遍历方式，即 DLR(称为先序遍历)、LDR(称为中序遍历)和 LRD(称为后序遍历)。

对于如图 7.3(b)所示的二叉树，按先序遍历所得到的结点序列为 A B D G C E F，按中序遍历所得到的结点序列为 D G B A E C F，按后序遍历所得到的结点序列为 G D B E F C A。

1. 先序遍历(DLR)

先序遍历的递归过程为：若二叉树为空，遍历结束。否则，①访问根结点；②先序遍历根结点的左子树；③先序遍历根结点的右子树。先序遍历二叉树的递归算法如下：

算法 7.2　二叉树的先序遍历递归算法

```
void PreOrder(BiTree *t)                /*先序遍历递归算法*/
{   if(t!=NULL)
    {   printf("%c ",t->data);
        PreOrder(t->left);
        PreOrder(t->right);
    }
}
```

2. 中序遍历(LDR)

中序遍历的递归过程为：若二叉树为空，遍历结束。否则，①中序遍历根结点的左子树；②访问根结点；③中序遍历根结点的右子树。中序遍历二叉树的递归算法如下：

算法 7.3　二叉树的中序遍历递归算法

```
void InOrder(BiTree *t)                 /*中序遍历递归算法*/
{   if(t!=NULL)
    {   InOrder(t->left);
        printf("%c ",t->data);
        InOrder(t->right);
    }
}
```

3. 后序遍历(LRD)

后序遍历的递归过程为：若二叉树为空，遍历结束。否则，①后序遍历根结点的左子树；②后序遍历根结点的右子树；③访问根结点。后序遍历二叉树的递归算法如下：

算法 7.4　二叉树的后序遍历递归算法

```
void PostOrder(BiTree *t)               /*后序遍历递归算法*/
{   if(t!=NULL)
    {   PostOrder(t->left);
        PostOrder(t->right);
        printf("%c ",t->data);
    }
}
```

上述三种深度优先方式以及遍历算法描述简单易懂，算法中遍历左右子树的顺序都是固定的，只是访问结点的顺序不同。不管采用哪种遍历算法，每个结点都访问一次且仅访问一次，故时间复杂度都是 O(n)。在递归遍历中，递归工作栈的深度恰好为树的深度，所以在最坏情况下，二叉树是有 n 个结点且深度为 n 的单支树，遍历算法的空间复杂度为 O(n)。在理想情况下，有 n 个结点的二叉树是深度约为 $\log_2 n$ 的完全二叉树遍历算法的空间复杂度为 $O(\log_2 n)$。

4. *层次遍历*

所谓二叉树的层次遍历，是指从二叉树的第一层(根结点)开始，从上至下逐层遍历，在同一层中，则按从左到右的顺序对结点逐个访问。对于图 7.3(b)中的二叉树，按层次遍历所得到的结果序列为 A B C D E F G。

下面讨论层次遍历的算法。由层次遍历的定义可以推知，在进行层次遍历时，对一层结点访问完后，再按照它们的访问次序对各个结点的左孩子和右孩子顺序访问，这样一层一层进行，先遇到的结点先访问，这与队列的操作原则相吻合。所以，在进行层次遍历时可设置一个队列结构。

二叉树的层次遍历过程可描述如下：遍历从二叉树的根结点开始，首先将根结点指针入队列，然后从队头取出一个元素，每取一个元素，执行下面两个操作：①访问该结点中的数据元素；②若该结点的左右孩子非空，则将该结点的左孩子指针和右孩子指针顺序入队。此过程不断进行，当队列为空时，二叉树的层次遍历结束。

二叉树以二叉链表存放，用一维数组 queue[M]来实现队列，变量 front 和 rear 分别表示当前队列的队头和队尾在数组中的位置。所以，二叉树的层次遍历算法可描述如下：

算法 7.5　二叉树的层次遍历算法

```
void LevelOrder(BiTree *t)                    //层次遍历算法
{   BiTree *p;
    BiTree *queue[M];
    int front,rear;
    if (t=NULL) return;
    front=rear=0;
    queue[rear]=t;rear=(rear+1)%M;
    while(front!=rear)
    {    p=queue[front];
         front=(front+1)%M;
         printf("%c ",p->data);
         if(p->left!=NULL)
         {    queue[rear]=p->left;
              rear=(rear+1)%M;
         }
         if(p->right!=NULL)
         {    queue[rear]=p->right;
              rear=(rear+1)%M;
         }
    }
}
```

上述层次遍历算法中遍历左右子树的顺序也是固定的，只是访问结点的顺序不同，每个结点都访问一次且仅访问一次，故时间复杂度都是 O(n)。在层次遍历中，工作队列的长度最长为 n/2，所以层次遍历二叉树算法的空间复杂度为 O(n)。

7.3.2　二叉树遍历的非递归实现

前面给出二叉树的先序、中序和后序等三种遍历算法都是递归算法。给出二叉树的链式存储结构以后，用具有递归功能的程序设计语言很方便就能实现上述算法。然而，并非所有程序设计语言都允许递归。另一方面，递归程序虽然简洁，但可读性一般不好，执行效率也不高。因此，就存在如何把一个递归算法转化为非递归算法的问题。解决这个问题的方法可以通过对三种遍历方法的实质过程的分析得到。

对于如图 7.3(b)所示的二叉树，对其进行先序、中序和后序等三种遍历都是从根结点 A 开始的，且在遍历过程中经过结点的路线是一样的，只是访问的时机不同而已。如图 7.10 中所示的从根结点左外侧开始，由根结点右外侧结束的曲线为遍历图 7.3(b)的路线。沿着该路线按△标记的结点读得的序列为先序序列，按○标记读得的序列为中序序列，按☆标记读得的序列为后序序列。

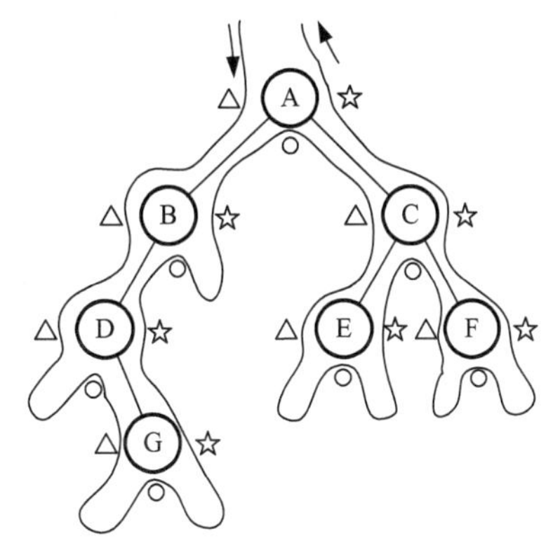

图 7.10　二叉树遍历过程线路图

然而，这一路线正是从根结点开始沿左子树深入下去，当深入到最左端，无法再深入下去时，则返回，再逐一进入刚才深入时遇到结点的右子树，再进行如此的深入和返回，直到最后从根结点的右子树返回到根结点为止。先序遍历是在深入时遇到结点就访问，中序遍历是在从左子树返回时遇到结点访问，后序遍历是在从右子树返回时遇到结点访问。

在这一过程中，返回结点的顺序与深入结点的顺序相反，即后深入先返回，正好符合栈结构后进先出的特点。因此，可以用栈来帮助实现这一遍历路线。其过程如下：①在沿左子树深入时，深入一个结点入栈一个结点，若为先序遍历，则在入栈之前访问之；沿左分支深入不下去时，则返回，即从堆栈中弹出前面压入的结点。②若为中序遍历，则此时访问该结点，然后从该结点的右子树继续深入。③若为后序遍历，则将此结点再次入栈，然后从该结点的右子树继续深入，与前面类同，仍为深入一个结点入栈一个结点，深入不下去再返回，直到第二次从栈里弹出该结点，才访问之。

1. 先序遍历的非递归实现

从根结点出发沿左子树深入，深入到一个结点时先访问该结点，再让该结点入栈；沿左分支深入不下去时，则返回，即从堆栈中弹出前面压入的结点，然后从该结点的右子树开始继续从该结点出发深入下去。重复该操作，直到将所有的结点都遍历完。

在算法中，二叉树以二叉链表存放，需引入一维数组 s[M]用以实现栈，变量 top 用来表示当前栈顶的位置。二叉树的先序遍历非递归算法可描述如下：

算法 7.6　二叉树的先序遍历非递归算法

```
void PreOrder_Nonrecursive(BiTree *t)          /*先序遍历非递归算法*/
{   BiTree *s[M],*p;
    int top=0;
    if(t!=NULL)
    {   p=t;
        do
        {   while(p!=NULL)
            {   printf(" %c ",p->data);
                s[top]=p;top++;
                p=p->left;
```

```
                }
                if(top>0)
                {   top--;p=s[top];
                    p=p->right;
                }
            }while(p!=NULL || top>0);
        }
    }
```

对于如图 7.3(b)所示的二叉树，用该算法进行遍历过程中，栈 stack 和当前指针 p 的变化情况，以及树中各结点的访问次序如表 7.1 所示。

表 7.1　二叉树先序非递归遍历过程

步骤	指针 p	栈 stack 内容	访问结点值
初态	A	空	
1	B	A	A
2	D	A，B	B
3	∧	A，B，D	D
4	G	A，B	
5	∧	A，B，G	G
6	∧	A，B	
7	∧	A	
8	C	空	
9	E	C	C
10	∧	C，E	E
11	∧	C	
12	F	空	
13	∧	F	F
14	∧	空	

2. 中序遍历的非递归实现

从根结点出发沿左子树深入，深入一个结点入栈一个结点，沿左分支深入不下去时，则返回，即从堆栈中弹出前面压入的结点，此时访问该结点，然后从该结点的右子树继续深入下去。重复该操作，直到将所有的结点都遍历完。

在算法中，需引入一维数组 s[M]和变量 top 用以实现栈操作。二叉树的中序遍历非递归算法可描述如下：

算法 7.7　二叉树的中序遍历非递归算法

```
void InOrder_Nonrecursive(BiTree *t)          /*中序遍历非递归算法*/
{   BiTree *s[M],*p;
    int top=0;
    if(t!=NULL)
    {   p=t;
        do
        {   while(p!=NULL)
            {   s[top]=p;top++;
```

```
                p=p->left;
            }
            if(top>0)
            {   top--;p=s[top];
                printf(" %c ",p->data);
                p=p->right;
            }
        }while(p!=NULL||top>0);
    }
}
```

可以看出，在中序遍历的非递归算法的实现中，只是将先序遍历的非递归算法中的访问语句移到出栈之后，其他语句不变。先序遍历和中序遍历算法实质是同一个算法，只是访问时机不同。

3. 后序遍历的非递归实现

由前面的讨论可知，后序遍历与先序遍历和中序遍历不同，在后序遍历过程中，结点在第一次出栈后，还需再次入栈，也就是说，结点要入栈两次，出栈两次，而访问是在结点第二次出栈时进行的。

所以，需要对先序和中序遍历二叉树时用到的栈加以改进，以适应算法要求。为了区别同一个结点指针的两次出栈，设置一标志 tag。当结点指针进出栈时，其标志 tag 也同时进出栈。因此，可将栈中元素的数据类型定义为指针和标志 tag 合并的结构体类型。定义如下：

```
typedef struct
{   BiTree *ptr;
    char tag;
}seqstack;
```

在遍历过程中，第一次遇到某结点时，将其标志域置为 L 后连同结点一起压入栈中，继续向其左子树深入。有出栈操作发生时，判断其标志域是否为 L，若为 L，则表明该结点是从其左子树回来出栈的，也即第一次出栈，此时不能访问该结点，而应该将其标志域置为 R 后再次压入栈中。若出栈结点的标志域为 R，则表明该结点是从其右子树回来而出栈的，也即第二次出栈，此时应该访问该结点。

所以，后序遍历二叉树的非递归算法可描述如下：

算法 7.8　二叉树的后序遍历非递归算法

```
void PostOrder_Nonrecursive(BiTree *t)       /*后序遍历的非递归算法*/
{   BiTree *p;
    seqstack s[M],q;
    int top=0;
    if(t!=NULL)
    do
    {   while(p!=NULL)
        {   q.ptr=p;q.tag='L';
            s[top]=q;top++;
            p=p->left;
```

```
            }
            top--;q=s[top];p=q.ptr;
            while(q.tag=='R')
            {   printf(" %c ",p->data);
                if(p==t)
                    break;
                if(top>0)
                {   top--;q=s[top];
                    p=q.ptr;
                }
            }
            if(q.tag=='L')
            {   q.ptr=p;
                q.tag='R';
                s[top]=q;top++;
                p=p->right;
            }
        }while(top>0);
    }
```

在算法中，一维数组 s[M]用于实现栈的结构，整型变量 top 用来表示当前栈顶的位置，指针变量 p 指向当前要处理的结点，q 为入栈或出栈的栈元素(栈中元素由结点指针 ptr 和标志 tag 构成)。

7.3.3 遍历算法的应用

二叉树的遍历是一个重要的基础操作，在遍历过程中可解决其他问题，下面举例说明遍历算法的应用。

1. 统计二叉树中满足要求的结点数

统计二叉树中满足条件的结点个数，如统计叶子结点数、统计度为 1 的结点数，统计度为 2 的结点数，统计只有左子树而没有右子树的结点数、统计结点中元素满足一定条件的结点个数等。这些操作都可在遍历过程中完成。下面以统计叶子结点个数为例说明。

统计二叉树中的叶子结点个数并没有先后次序的要求，因此可用四种遍历算法中的任何一种完成，只需要将访问操作修改为判断是否为叶子结点及统计操作即可。此处以先序遍历实现该算法。

所以，统计二叉树中叶子结点个数的算法可描述如下：

算法 7.9　统计二叉树中叶子结点个数的算法

```
    int CountLeaf(BiTree *t)                /*统计叶子结点个数*/
    {   BiTree *s[M],*p;
        int cnt=0,top=0;
        if(t!=NULL)
        {   p=t;
            do
            {   while(p!=NULL)
```

```
            {   if(p->left==NULL&&p->right==NULL)
                    cnt++;
                s[top]=p;top++;
                p=p->left;
            }
            if(top>0)
            {   top--;p=s[top];
                p=p->right;
            }
        }while(p!=NULL||top>0);
    }
    return cnt;
}
```

上述算法也可用递归的方法来实现。

2. 求二叉树的高度

二叉树的高度(或深度)为二叉树中结点层次的最大值。设根为第 1 层的结点，所有 h 层的结点的左右孩子结点在 h+1 层，故可以通过遍历计算二叉树中每个结点的层次，其中最大值就是二叉树的高度。所以，求二叉树深度的算法可描述如下：

算法 7.10 求二叉树深度的算法

```
int TreeDepth(BiTree *t)                /*后序遍历求二叉树的高度递归算法*/
{   int hl,hr,max;
    if(t!=NULL)
    {   hl=TreeDepth(t->left);   /*求左子树的深度*/
        hr=TreeDepth(t->right);         /*求右子树的深度*/
        max=hl>hr?hl:hr;                /*得到左、右子树深度较大者*/
        return max+1;                   /*返回树的深度*/
    }
    else return 0;                      /*如果是空树，则返回 0*/
}
```

该算法也可用非递归算法来实现。例如，在采用先序遍历二叉树中结点的同时计算栈的深度，栈能达到的最大深度即为二叉树的深度。

7.3.4 由遍历序列恢复二叉树

从二叉树的遍历可知，任意一棵二叉树结点的先序序列和中序序列都是唯一的。反过来，若已知结点的先序序列和中序序列，能否确定这棵二叉树呢？这样确定出来的二叉树是否是唯一的呢？回答是肯定的。

根据定义，二叉树的先序遍历先访问根结点，其次再按先序遍历方式遍历根结点的左子树，最后按先序遍历方式遍历根结点的右子树。这就是说，在先序序列中，第一个结点一定是二叉树的根结点。另一方面，中序遍历先遍历左子树，然后访问根结点，最后再遍历右子树。这样，根结点在中序序列中必然将中序序列分割成两个子序列，前一个子序列是根结点的左子树的中序序列，而后一个子序列是根结点的右子树的中序序列。根据这两个子序列，在先序序列中找到对应的左子序列和右子序列。在先序序列中，左子序列的第一个结点是左子树的根结点，右子序列的第一个结点是右子树的根结点。这样，就确定了二叉树的三个结点。同时，左子树和右子树的根结点又可以分别把左子序列和右子序列划分成两个子序列，如此递归下去，当取尽先序序列中的结点时，便可以得到一棵二叉树。

同样的道理，由二叉树的后序序列和中序序列也可唯一地确定一棵二叉树。因为，依据后序遍历和中序遍历的定义，后序序列的最后一个结点，就如同先序序列的第一个结点，可将中序序列分成两个子序列，分别为这个结点的左子树的中序序列和右子树的中序序列，再拿出后序序列的倒数第二个结点，并继续分割中序序列，如此递归下去，倒着取尽后序序列中的结点时，便可以得到一棵二叉树。

下面通过一个例子来给出由二叉树的先序序列和中序序列构造唯一的一棵二叉树的过程。已知一棵二叉树的先序序列与中序序列分别如下，试恢复该二叉树。

先序序列：A B C D E F G H I。

中序序列：B C A E D G H F I。

首先，由先序序列可知，结点 A 是二叉树的根结点。其次，在中序序列中，在 A 之前的所有结点都是根结点左子树的结点，在 A 之后的所有结点都是根结点右子树的结点，由此得到如图 7.11(a)所示的状态。然后，再对左子树进行分解，从前序序列得知 B 是左子树的根结点，又从中序序列知道，B 的左子树为空，B 的右子树只有一个结点 C。接着对 A 的右子树进行分解，从先序序列得知 A 的右子树的根结点为 D；结点 D 把其余结点分成两部分，即左子树为 E，右子树为 F、G、H、I，如图 7.11(b)所示。接下去的工作就是按上述原则对 D 的右子树继续分解下去，最后得到如图 7.11(c)的整棵二叉树。

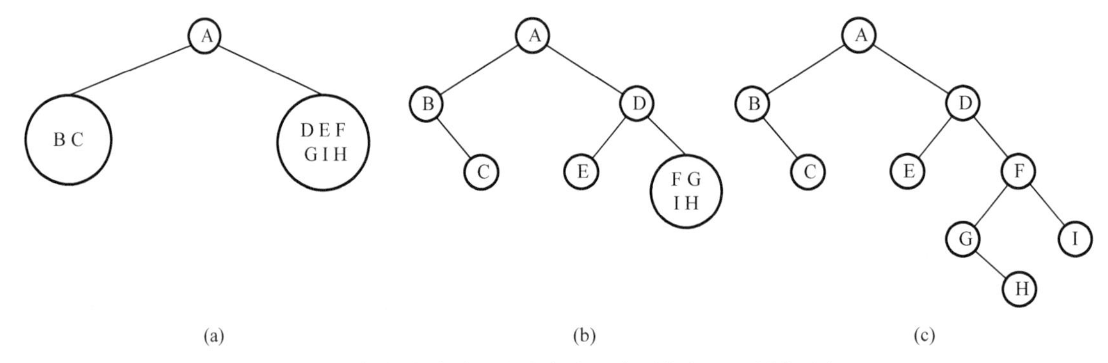

图 7.11　根据先序遍历和中序遍历序列恢复二叉树的过程

上述过程是一个递归过程，先根据先序序列的第一个元素建立根结点；然后在中序序列中找到该元素，确定根结点的左右子树的中序序列；再在先序序列中确定左右子树的先序序列；最后由左子树的先序序列与中序序列建立左子树，由右子树的先序序列与中序序列建立右子树。

另外，需要注意的是，如果只知道二叉树的先序序列和后序序列，则不能唯一地确定一棵二叉树。

可以把任意一个算术表达式用一棵二叉树表示，图 7.12 所示为表达式 $3x^2+x-1/x+5$ 的二叉树表示。在表达式二叉树中，每个叶结点都是操作数，每个非叶结点都是运算符。对于一个非叶子结点，它的左右子树分别是它的两个操作数。

对该二叉树分别进行先序、中序和后序等遍历，可以得到表达式的三种不同表示形式。前缀表达式： +–+*3*xxx/1x5；中缀表达式：3*x*x+x–1/x+5；后缀表达式：3xx**x+1x/–5+。

中缀表达式是经常使用的算术表达式，前缀表达式和后缀表达式分别称为波兰式和逆波兰式。它们在编译程序中有非常重要的作用。

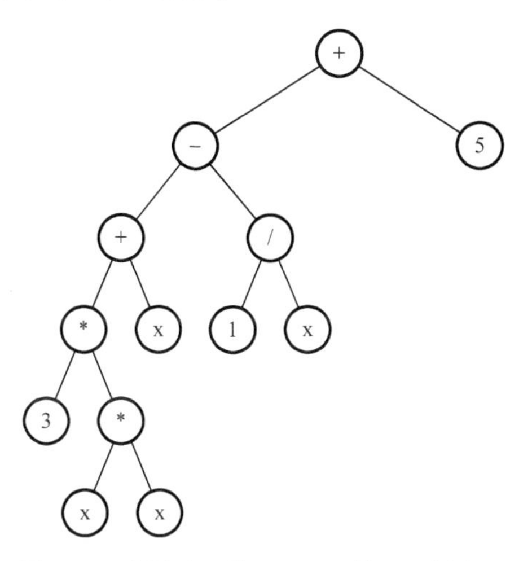

图 7.12　表达式 $3x^2+x-1/x+5$ 的二叉树表示

7.4　线索二叉树

7.4.1　线索二叉树的定义及结构

1. 线索二叉树的定义

按照某种遍历方式对二叉树进行遍历，可以把二叉树中所有结点排列为一个线性序列。在该序列中，除第一个结点外，每个结点有且仅有一个直接前驱结点；除最后一个结点外，每个结点有且仅有一个直接后继结点。但是，二叉树中每个结点在这个序列中的直接前驱结点和直接后继结点是什么，二叉树的存储结构中并没有反映出来，只能在对二叉树遍历的动态过程中得到这些信息。为了保留结点在某种遍历序列中直接前驱结点和直接后继结点的位置信息，可以利用二叉树的二叉链表存储结构中的那些空指针域来指示。这些指向直接前驱结点和直接后继结点的指针被称为线索(thread)，加了线索的二叉树称为线索二叉树。

一个具有 n 个结点的二叉树若采用二叉链表存储结构，在 2n 个指针域中只有 n–1 个指针域是用来存储结点的孩子的地址，而另外 n+1 个指针域存放的都是 NULL。因此，可以利用某结点空的左指针域(left)指出该结点在某种遍历序列中直接前驱结点的存储地址，利用结点空的右指针域(right)指出该结点在某种遍历序列中直接后继结点的存储地址；对于那些非空的指针域，则仍然存放指向该结点左右孩子的指针。这样，就得到了一棵线索二叉树。

由于序列可由不同的遍历方法得到，因此，线索树有先序线索二叉树、中序线索二叉树和后序线索二叉树等三种。把二叉树改造成线索二叉树的过程称为线索化。

对如图 7.3(b)所示的二叉树进行线索化，得到先序线索二叉树、中序线索二叉树和后序线索二叉树，如图 7.13 所示，实线表示指针，虚线表示线索。

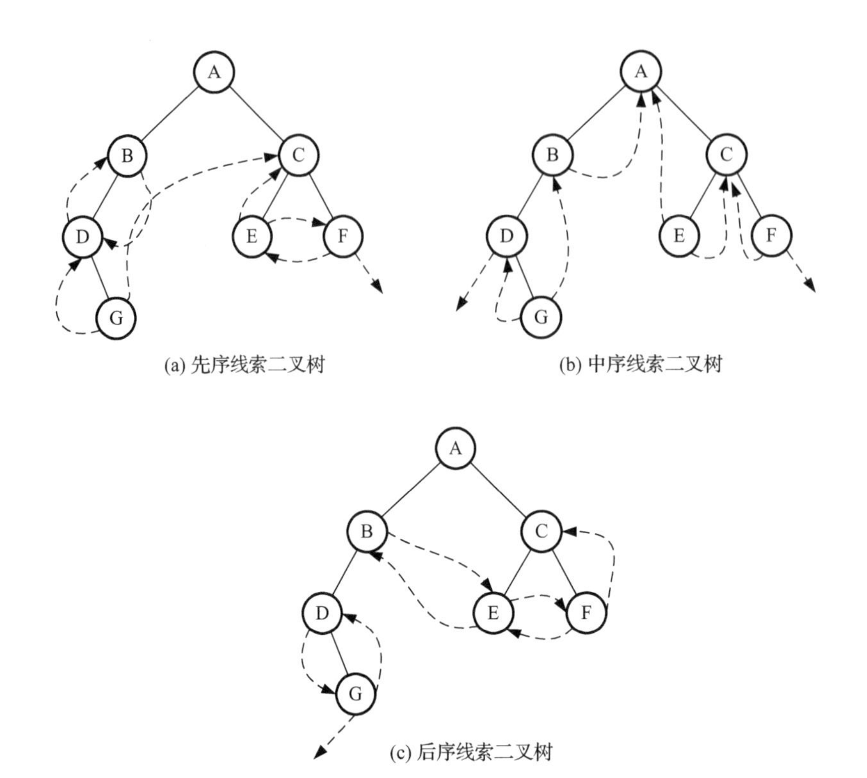

(a) 先序线索二叉树　　(b) 中序线索二叉树

(c) 后序线索二叉树

图 7.13　线索二叉树

2. 线索二叉树的结构

在存储时如何区别某结点的指针域内存放的是指针，还是线索？线索二叉树可不改变结点结构，仅在作为线索的地址前加一个负号，即负的地址表示线索，正的地址表示指针。用这种方法可实现线索二叉树存储。

在大多数情况下，在前面介绍的二叉链表存储结构基础上，为每个结点增设两个标志位域 ltag 和 rtag，同时如下规定：

(1) 当 ltag=0 时，左指针 left 指向该结点的左孩子；当 ltag=1 时，左指针 left 指向该结点在某种遍历时的前驱结点(线索)。

(2) 当 rtag=0 时，右指针 right 指向该结点的右孩子；当 rtag=1 时，右指针 right 指向该结点在某种遍历时的后继结点(线索)。

每个标志位若语言允许可令其只占一个 bit，这样就只须增加很少的存储空间，所以结点的结构改造为：

ltag	left	data	right	rtag

为了将二叉树中所有空指针域都利用上，以及操作便利的需要，在存储线索二叉树时往往增设一头结点，其结构与其他线索二叉树的结点结构一样，只是其数据域不存放信息，其左指针域指向二叉树的根结点，右指针域指向某种遍历下的最后一个结点。原二叉树在某种遍历下的第一个结点的前驱线索和最后一个结点的后继线索都指向该头结点。

图 7.14 给出了如图 7.12(b)所示中序线索树完整的线索树存储。

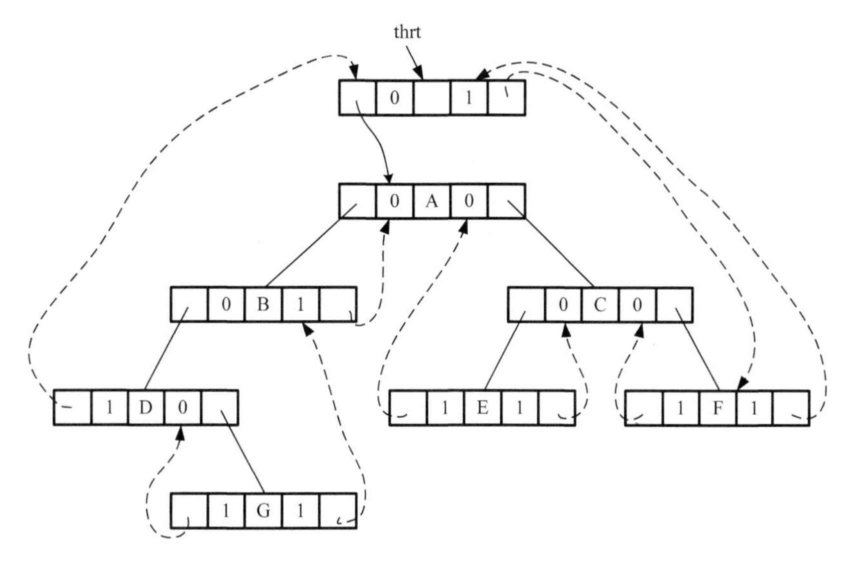

图 7.14　线索树中序线索二叉树的存储示意

7.4.2　线索二叉树的创建及遍历

在线索二叉树中，每个结点在普通的二叉链表存储结构基础上增设两个标志位域 ltag 和 rtag。所以，结点的结构可以定义为如下形式：

```
typedef char ElemType;
typedef struct node
{   ElemType data;
    int ltag,rtag;
    struct node *left,*right;
}BiTree;
```

下面以中序线索二叉树为例，讨论线索二叉树的建立、线索二叉树的遍历及在线索二叉树上查找前驱结点、查找后继结点、插入结点和删除结点等操作的实现算法。

1. 创建中序线索二叉树

建立线索二叉树，或者说对二叉树线索化，实质上就是遍历一棵二叉树。在遍历过程中，访问结点的操作是检查当前结点的左右指针域是否为空，如果为空，将它们改为指向前驱结点或后继结点的线索。为实现这一过程，设指针 pre 始终指向已访问过的结点，即若指针 p 指向当前结点，则 pre 指向它的前驱结点，以便增设线索。

另外，在对一棵二叉树加线索时，必须首先申请一个头结点，建立头结点与二叉树的根结点的指向关系，对二叉树线索化后，还须建立最后一个结点与头结点之间的线索。

假设初始的二叉树 t 中左右标志域都为 0，若设左右孩子相应的指针域为空。建立中序线索二叉树的算法可描述如下：

算法 7.11　创建中序线索二叉树算法

```
BiTree *ThrtBiTree(BiTree *t)
{   BiTree *s[N],*p,*thrt,*pre;
    int top=0;
```

```
        thrt=(BiTree *)malloc(sizeof(BiTree));
        thrt->ltag=0;thrt->rtag=1;
        thrt->right=thrt;
        if(t==NULL)
            thrt->left=thrt;
        else
        {   thrt->left=t;
            pre=thrt;p=t;
            do
            {   while(p!=NULL)
                {   s[top]=p;top++;
                    p=p->left;
                }
                if(top>0)
                {   top--;p=s[top];
                    if(p->left==NULL)
                    {
                        p->left=pre;p->ltag=1;
                    }
                    if(pre->right==NULL)
                    {
                        pre->right=p;pre->rtag=1;
                    }
                    pre=p;
                    p=p->right;
                }
            }while(p!=NULL||top>0);
            pre->right=thrt;
            pre->rtag=1;
            thrt->right=pre;
        }
        return thrt;
    }
```

2. 遍历中序线索二叉树

中序线索二叉树主要是为访问运算服务的，在遍历中序线索二叉树时，无须再借助栈，因为它的结点中隐含了线索二叉树前驱和后继的信息。

在中序线索二叉树上进行遍历，从根结点出发，沿左指针找到中序遍历序列中的第一个结点，然后依次找每个结点的后继结点，某结点无后继为止。

中序线索二叉树中进行中序遍历的算法可描述如下：

算法 7.12　遍历中序线索二叉树算法

```
    void InOrderthrt(BiTree *thrt)
    {   BiTree *p;
        p=thrt->left;
        while(p!=thrt)
        {   while(p->ltag==0)
```

```
                p=p->left;
            printf("%d\t%c\t%d\n",p->ltag,p->data,p->rtag);
            while(p->rtag==1&&p->right!=thrt)
            {   p=p->right;
                printf("%d\t%c\t%d\n",p->ltag,p->data,p->rtag);
            }
            p=p->right;
        }
    }
```

7.4.3 线索二叉树的其他相关算法

1. 在中序线索二叉树上查找任意结点的中序前驱结点

对于中序线索二叉树上的任一结点，寻找其中序的前驱结点，有以下两种情况：

(1) 如果该结点的左标志为 1，那么其左指针域所指向的结点便是它的前驱结点；

(2) 如果该结点的左标志为 0，表明该结点有左孩子，根据中序遍历的定义，它的前驱结点是以该结点的左孩子为根结点的子树的最右结点，即沿着其左子树的右指针链向下查找，当某结点的右标志为 1 时，它就是所要找的前驱结点。

在中序线索二叉树上寻找结点 p 的中序前驱结点的算法如下：

算法 7.13 在中序线索二叉树上寻找结点 p 的中序前驱结点算法

```
/*在中序线索二叉树上寻找结点 p 的中序前驱结点*/
BiTree *InPreNode(BiTree *p)
{   BiTree *pre;
    pre=p->left;
    if (p->ltag!=1)
    {   while(pre->rtag==0)
            pre=pre->right;
    }
    return pre;
}
```

2. 在中序线索二叉树上查找任意结点的中序后继结点

对于中序线索二叉树上的任一结点，寻找其中序的后继结点，有以下两种情况：

(1) 如果该结点的右标志为 1，那么其右指针域所指向的结点便是它的后继结点；

(2) 如果该结点的右标志为 0，表明该结点有右孩子，根据中序遍历的定义，它的后继结点是以该结点的右孩子为根结点的子树的最左结点，即沿着其右子树的左指针链向下查找，当某结点的左标志为 1 时，它就是所要找的后继结点。

在中序线索二叉树上寻找结点 p 的中序后继结点的算法如下：

算法 7.14 在中序线索二叉树上寻找结点 p 的中序后继结点算法

```
/*在中序线索二叉树上寻找结点 p 的中序后继结点*/
BiTree *InPostNode(BiTree *p)
{   BiTree *post;
    post=p->right;
    if (p->rtag!=1)
```

```
        {   while (post->rtag==0)
                post=post->left;
        }
        return post;
    }
```

以上给出的仅是在中序线索二叉树中寻找某结点的前驱结点和后继结点的算法。在先序线索二叉树中寻找结点的后继结点及在后序线索二叉树中寻找结点的前驱结点可以采用同样的方法分析和实现。

3. 在中序线索二叉树上查找任意结点在先序下的后继结点

这一操作的实现依据是：若一个结点是某子树在中序下的最后一个结点，则它必是该子树在先序下的最后一个结点。下面就依据这一结论，讨论在中序线索二叉树上查找某结点在先序下后继结点的情况。设开始时，指向此某结点的指针为 p。

(1)若待确定先序后继的结点为分支结点，则又有两种情况：

① 当 p->ltag=0 时，p->left 为 p 在先序下的后继结点；

② 当 p->ltag=1 时，p->right 为 p 在先序下的后继结点。

(2)若待确定先序后继的结点为叶子结点，则也有两种情况：

① 若 p->right 是头结点，则遍历结束；

② 若 p->right 不是头结点，则结点 p 一定是以 p->right 结点为根的左子树中在中序遍历下的最后一个结点，因此结点 p 也是在该子树中按先序遍历的最后一个结点。此时，若 p->right 结点有右子树，则所找结点在先序下的后继结点的地址为 p->right->right；若 p->right 为线索，则让 p=p->right，反复情况(2)的判定。

在中序线索二叉树上寻找结点 p 的先序后继结点的算法如下：

算法 7.15 在中序线索二叉树上查找任意结点 p 在先序下的后继结点算法

```
    /*在中序线索二叉树上寻找结点 p 的先序后继结点，head 为线索树的头结点*/
    BiTree *IPrePostNode(BiTree *head,BiTree *p)
    {   BiTree *post;
        if (p->ltag==0)
            post=p->left;
        else
        {   post=p;
            while (post->rtag==1&&post->right!=head)
                post=post->right;
            post=post->right;
        }
        return post;
    }
```

4. 在中序线索二叉树上查找任意结点在后序下的前驱结点

这一操作的实现依据是：若一个结点是某子树在中序下的第一个结点，则它必是该子树在后序下的第一个结点。该结论可以用反证法证明。

下面就依据这一结论，讨论在中序线索二叉树上查找某结点在后序下前驱结点的情况。设开始时，指向此某结点的指针为 p。

(1) 若待确定后序前驱的结点为分支结点，则又有两种情况：

① 当 p->ltag=0 时，p->left 为 p 在后序下的前驱结点；

② 当 p->ltag=1 时，p->right 为 p 在后序下的前驱结点。

(2) 若待确定后序前驱的结点为叶子结点，则也有两种情况：

① 若 p->left 是头结点，则遍历结束；

② 若 p->left 不是头结点，则结点 p 一定是以 p->left 结点为根的右子树中在中序遍历下的第一个结点，因此结点 p 也是在该子树中按后序遍历的第一个结点。此时，若 p->left 结点有左子树，则所找结点在后序下的前驱结点的地址为 p->left->left；若 p->left 为线索，则让 p=p->left，反复情况 (2) 的判定。

在中序线索二叉树上寻找结点 p 的后序前驱结点的算法如下：

算法 7.16　在中序线索二叉树上查找任意结点 p 在后序下的前驱结点算法

```
/*在中序线索二叉树上寻找结点 p 在后序下的前驱结点，head 为线索树的头结点*/
BiTree *IPostPreNode(BiTree *head,BiTree *p)
{   BiTree *pre;
    if (p->rtag==0)
        pre=p->right;
    else
    {   pre=p;
        while(pre->ltag==1&& pre->right!=head)
            pre=pre->left;
        pre=pre->left;
    }
    return pre;
}
```

5. 在中序线索二叉树上查找值为 x 的结点

利用在中序线索二叉树上寻找后继结点和前驱结点的算法，就可以遍历到二叉树的所有结点。比如，先找到按某序遍历的第一个结点，然后再依次查询其后继，或先找到按某序遍历的最后一个结点，然后再依次查询其前驱。这样，既不用栈也不用递归就可以访问到二叉树的所有结点。

在中序线索二叉树上查找值为 x 的结点，实质上就是在线索二叉树上进行遍历，将访问结点的操作改写为结点的值与 x 比较的语句。其算法可以描述为：

算法 7.17　在中序线索二叉树上查找值为 x 的结点

```
/*在以 head 为头结点的中序线索二叉树中查找值为 x 的结点*/
BiTree *Search(BiTree *head,ElemType x)
{   BiTree *p;
    p=head->left;
    while(p->ltag==0&&p!=head)
        p=p->left;
    while(p!=head && p->data!=x)
        p=InPostNode(p);
    if (p==head)
```

```
    {   printf("Not Found the data!\n");
        return 0;
    }
    else
        return p;
}
```

6. 在中序线索二叉树上的更新

线索二叉树的“更新”是指，在线索二叉树中插入一个结点或者删除一个结点。在一般情况下，这些操作有可能会破坏原有的线索，因此，在修改指针时，还须相应修改线索。一般来说，这个过程的代价几乎与重新进行线索化一样。这里仅讨论一种比较简单的情况，即在中序线索二叉树中插入一个结点 p，使它成为结点 s 的右孩子。下面分两种情况来分析：

(1)若 s 的右子树为空，如图 7.15(a)所示，则插入结点 p 之后成为如图 7.15(b)所示的情形。在这种情况中，s 的后继将成为 p 的中序后继，s 成为 p 的中序前驱，而 p 成为 s 的右孩子。二叉树中其他部分的指针和线索不发生变化。

(2)若 s 的右子树非空，如图 7.16(a)所示，插入结点 p 之后如图 7.16(b)所示。s 原来的右子树变成 p 的右子树，由于 p 没有左子树，故 s 成为 p 的中序前驱，p 成为 s 的右孩子；又由于 s 原来的后继成为 p 的后继，因此还要将 s 原来的本来指向 s 的后继的左线索改为指向 p。

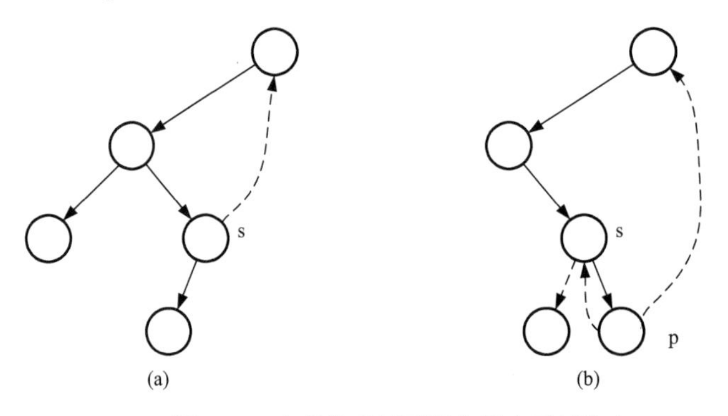

图 7.15　中序线索树更新位置右子树为空

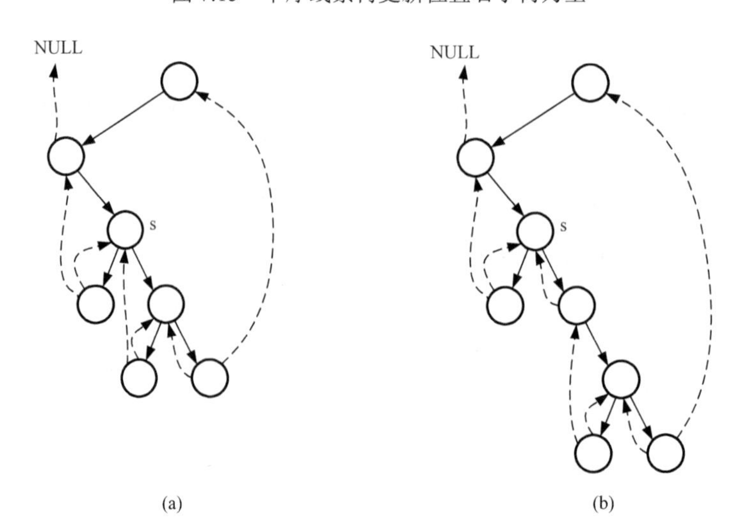

图 7.16　中序线索树更新位置右子树不为空

该操作可描述如下：

算法 7.18　在中序线索二叉树中插入结点 p 使其成为结点 s 的右孩子

```
/*在中序线索二叉树中插入结点 p 使其成为结点 s 的右孩子*/
void InsertThrRight(BiTree *s,BiTree *p)
{   BiTree *w;
    p->right=s->right;
    p->rtag=s->rtag;
    p->left=s;
    p->ltag=1;            /*将 s 变为 p 的中序前驱*/
    s->right=p;
    s->rtag=0;            /*p 成为 s 的右孩子*/
    if(p->rtag==0)        /*s 原右子树不空，找到 s 的后继 w，变 w 为 p 的后继，p 为 w 的
                            前驱*/
    {     w=InPostNode(p);
          w->left=p;
    }
}
```

7.5　哈夫曼树及其应用

7.5.1　哈夫曼树的基本概念

哈夫曼(Haffman)树也称为最优二叉树，是指对于一组带有确定权值的叶子结点，构造的具有最小带权路径长度的二叉树。

那么什么是二叉树的带权路径长度呢？前面介绍过路径和结点的路径长度的概念，而二叉树的路径长度则是指由根结点到所有叶子结点的路径长度之和。如果二叉树中的叶结点都具有一定的权值，则可将这一概念加以推广。设二叉树具有 n 个带权值的叶子结点，那么从根结点到各个叶子结点的路径长度与相应结点权值的乘积之和叫做二叉树的带权路径长度，记为

$$\mathrm{WPL}=\sum_{k=1}^{n} \mathrm{W_k L_k}$$

式中 W_k 为第 k 个叶子结点的权值，L_k 为第 k 个叶子结点的路径长度。如图 7.17 所示，它的带权路径长度值 WPL=2×2+4×2+5×2+3×2=28。

给定一组具有确定权值的叶子结点，可以构造出不同的带权二叉树。例如，给出 4 个叶子结点，设其权值分别为 W={7,5,3,1}，可以构造出形状不同的多个二叉树。这些形状不同的二叉树的带权路径长度可能各不相同。图 7.18 给出了其中 5 个不同形状的二叉树。这 5 棵树的带权路径长度分别为：

(a) WPL=1×2+3×2+5×2+7×2=32；

(b) WPL=1×3+3×3+5×2+7×1=29；

(c) WPL=1×2+3×3+5×3+7×1=33；

(d) WPL=7×3+5×3+3×2+1×1=43；

(e) WPL=7×1+1×3+3×3+5×2=29。

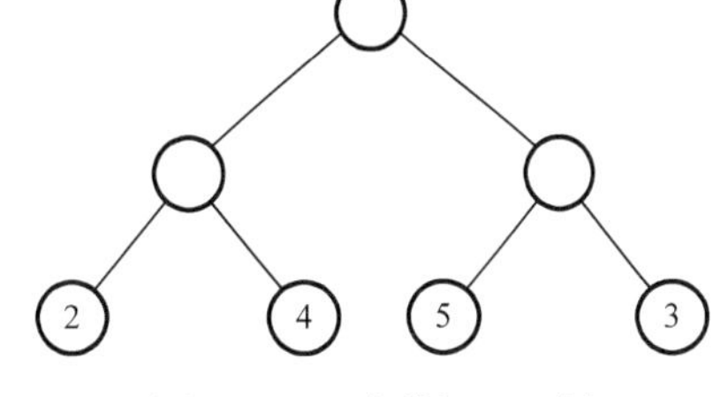

图 7.17　一个带权二叉树

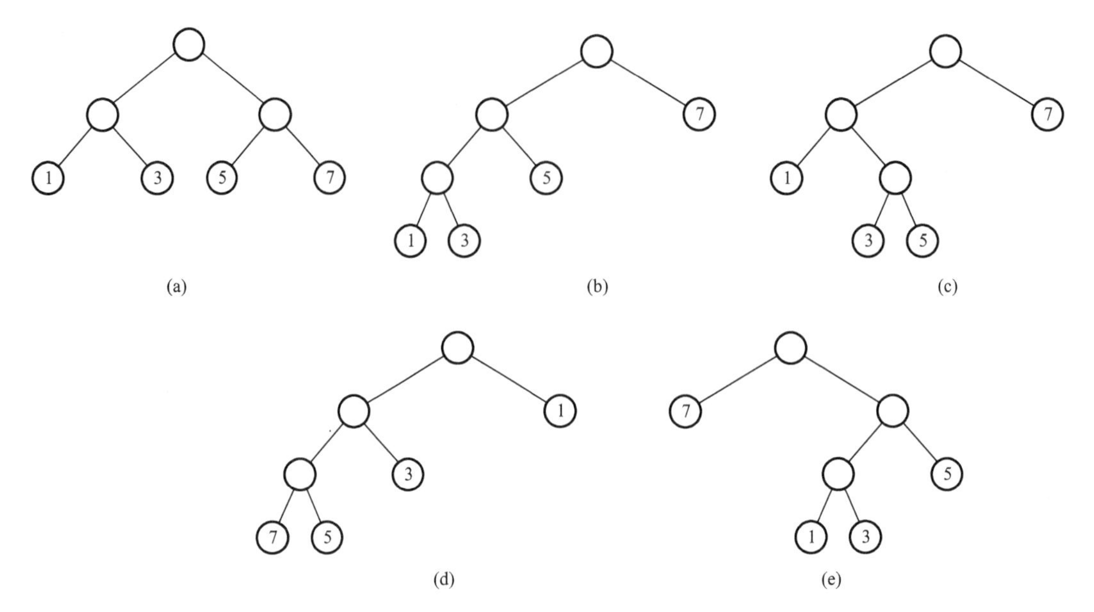

图 7.18　具有相同叶子结点和不同带权路径长度的二叉树

由此可见，由相同权值的一组叶子结点所构成的二叉树有不同的形态和不同的带权路径长度，那么如何找到带权路径长度最小的二叉树(即哈夫曼树)呢？根据哈夫曼树的定义，一棵二叉树要使其 WPL 值最小，必须使权值越大的叶结点越靠近根结点，而权值越小的叶结点越远离根结点。

哈夫曼依据这一特点提出了一种算法，该算法的基本思想是：

(1) 由给定的 n 个权值$\{W_1,W_2,\cdots,W_n\}$构造 n 棵只有一个结点的二叉树，从而得到一个二叉树的集合 $F=\{T_1,T_2,\cdots,T_n\}$；

(2) 在 F 中选取根结点的权值最小和次小的两棵二叉树作为左右子树构造一棵新的二叉树，这棵新的二叉树根结点的权值为其左右子树根结点权值之和；

(3) 在集合 F 中删除作为左右子树的两棵二叉树，并将新建立的二叉树加入到集合 F 中；

(4) 重复(2)(3)两步，当 F 中只剩下一棵二叉树时，这棵二叉树便是所要建立的哈夫曼树。

图 7.19 给出了前面提到的叶结点权值集合为 W={7,5,3,1}的哈夫曼树的构造过程。可以计

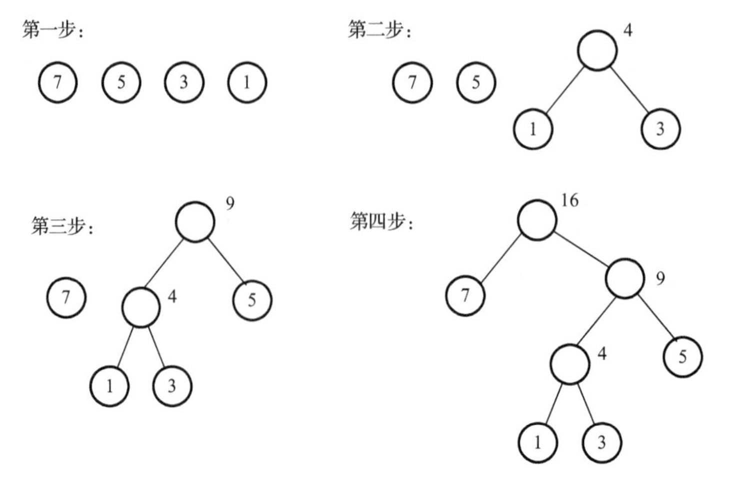

图 7.19　哈夫曼树的建立过程

算出其带权路径长度为 29，由此可见，对于同一组给定叶结点所构造的哈夫曼树，树的形状可能不同，但带权路径长度值是相同的，一定是最小的。

7.5.2 构造哈夫曼树

哈夫曼树可采用静态三叉链表作为其存储结构。在构造哈夫曼树时，可以设置一个结构数组 HTNode 保存哈夫曼树中各结点的信息，根据二叉树的性质可知，具有 n 个叶子结点的哈夫曼树共有 2n–1 个结点，所以数组 HTNode 的大小设置为 2n–1，数组元素的结构形式如下：

weight	lchild	rchild	parent

其中，weight 域保存结点的权值，lchild 和 rchild 域分别保存该结点的左右孩子结点在数组 HTNode 中的序号，从而建立起结点之间的关系。为了判定一个结点是否已加入到要建立的哈夫曼树中，可通过 parent 域的值来确定。初始时 parent 的值为–1，当结点加入到树中时，该结点 parent 的值为其双亲结点在数组 HTNode 中的序号，就不会是–1 了。

构造哈夫曼树时，首先将由 n 个字符形成的 n 个叶结点存放到数组 HTNode 的前 n 个分量中，然后根据前面介绍的哈夫曼算法的基本思想，不断将两个权值最小的子树合并为一个权值较大的子树，每次构成的新子树的根结点依次存放到 HTNode 数组中的 n+1 到 2n–1 分量中。

构造哈夫曼树的算法描述如算法 7.19 所示。其中，void SelectMin(HTNode ht[],int *min1,int *min2,int pos1,int pos2)操作的功能是在静态三叉链表中下标从 pos1 开始到 pos2 结束位置选择权值最小的两棵二叉树 min1 和 min2。

算法 7.19 哈夫曼树的构造算法

```
# include <stdio.h>
# include <string.h>
# define N 50                    /*叶子结点数*/
# define M 2*N-1                 /*树中结点总数*/
# define INF 32767               /*定义无穷大 INF*/
typedef struct
{   char data[5];                /*结点值*/
    int weight;                  /*权重*/
    int parent,lchild,rchild;
}HTNode;
/*min1 和 min2 为最小权重的两个结点位置*/
void SelectMin(HTNode ht[],int *min1,int *min2,int pos1,int pos2)
{   int k,m1,m2;
    m1=m2=INF;
    for (k=pos1;k<=pos2;k++)
    {   if (ht[k].parent==-1)    /*只在尚未构造二叉树的结点中查找*/
        {   if (ht[k].weight<m1)
            {   m2=m1;
                *min2=*min1;
                m1=ht[k].weight;
                *min1=k;
            }
            else if (ht[k].weight<m2)
```

```
                    {   m2=ht[k].weight;
                        *min2=k;
                    }
                }
            }
        }
        void CreateHT(HTNode ht[],int n)
        {   int i;
            int min1,min2;
            for (i=0;i<2*n-1;i++)           /*所有结点的相关域置初值-1*/
                ht[i].parent=ht[i].lchild=ht[i].rchild=-1;
            for (i=n;i<2*n-1;i++)           /*构造哈夫曼树*/
            {   SelectMin(ht,&min1,&min2,0,i-1);
                ht[min1].parent=i;
                ht[min2].parent=i;
                ht[i].weight=ht[min1].weight+ht[min2].weight;
                ht[i].lchild=min1;
                ht[i].rchild=min2;
            }
        }
```

假设用于通讯的电文由{a,b,c,d,e,f,g}中的字符构成，它们在电文中出现的频率分别为{0.31,0.16,0.10,0.08,0.11,0.20,0.04}，为简单期间将各权值扩大100倍，而形成正整数，则初始的树林和为这7个字符构造的哈夫曼树如图7.20所示。

下标	元素	权值	双亲	左孩子	右孩子
0	A	31	−1	−1	−1
1	B	16	−1	−1	−1
2	C	10	−1	−1	−1
3	D	8	−1	−1	−1
4	E	11	−1	−1	−1
5	F	20	−1	−1	−1
6	G	4	−1	−1	−1
7			−1	−1	−1
8			−1	−1	−1
9			−1	−1	−1
10			−1	−1	-1
11			−1	−1	−1
12			−1	−1	−1

下标	元素	权值	双亲	左孩子	右孩子
0	A	31	11	−1	−1
1	B	16	9	−1	−1
2	C	10	8	−1	−1
3	D	8	7	−1	−1
4	E	11	8	−1	−1
5	F	20	10	−1	−1
6	G	4	7	−1	−1
7		12	9	6	3
8		21	10	2	4
9		28	11	7	1
10		41	12	5	8
11		59	12	9	0
12		100	−1	10	11

图7.20　权值{31,16,10,8,11,20,4}对应的树林与构造的哈夫曼树

7.5.3　哈夫曼编码

在构造的哈夫曼树中，规定二叉树的左分支代表0，右分支代表1，则从根结点到每个叶结点所经过的路径分支组成的0和1的序列便为该结点对应字符的编码，我们称之为哈夫曼编码。

求哈夫曼编码，实质上就是在已建好的哈夫曼树中从叶结点开始，沿结点的双亲链域回

到根结点，每回退一步，就走过了哈夫曼树的一个分支，从而得到一位哈夫曼编码值，由于一个字符的哈夫曼编码是从根结点到相应叶结点所经过的路径上各分支所组成的 0、1 序列，因此先得到的分支代码为所求编码的低位码，后得到的分支代码为所求编码的高位码。

可以设置一结构数组 HCode 以存放各字符的哈夫曼编码信息，数组元素的结构如下：

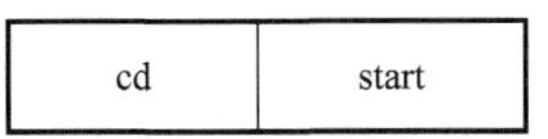

其中，分量 cd 为一维数组，用来保存字符的哈夫曼编码，start 表示该编码在数组 cd 中的开始位置。所以，对于第 i 个字符，它的哈夫曼编码存放在 HCode[i].cd 中的从 HCode[i].start 到 n 的分量上。哈夫曼编码及打印显示算法描述如下：

算法 7.20　哈夫曼树的编码及显示算法

```
typedef struct
{   char cd[N];                          /*存放哈夫曼编码*/
    int start;
}HCode;
void CreateHCode(HTNode ht[],HCode hcd[],int n)
{   int i,f,c;
    HCode hc;
    for (i=0;i<n;i++)                    /*根据哈夫曼树求哈夫曼编码*/
    {   hc.start=n;
        c=i;
        f=ht[i].parent;
        while (f!=-1)                    /*循序直到树根结点*/
        {   if (ht[f].lchild==c)         /*处理左孩子结点*/
            {   hc.cd[hc.start]='0';
                hc.start--;
            }
            else                         /*处理右孩子结点*/
            {   hc.cd[hc.start]='1';
                hc.start--;
            }
            c=f;
            f=ht[f].parent;
        }
        hc.start++;                      /*start 指向哈夫曼编码最开始字符*/
        hcd[i]=hc;
    }
}
void DispHCode(HTNode ht[],HCode hcd[],int n)
{   int i,k;
    int sum=0,m=0,j;
    printf("  输出哈夫曼编码:\n");        /*输出哈夫曼编码*/
    for (i=0;i<n;i++)
    {   j=0;
        printf("     %s:\t",ht[i].data);
        for (k=hcd[i].start;k<=n;k++)
```

```
                {   printf("%c",hcd[i].cd[k]);
                    j++;
                }
                m+=ht[i].weight;
                sum+=ht[i].weight*j;
                printf("\n");
            }
        printf("\n  平均长度=%g\n",1.0*sum/m);
    }
```

根据权值分别为{0.31,0.16,0.10,0.08,0.11,0.20,0.04}创建的哈夫曼树(图 7.20)，得到的哈夫曼编码如下：

a:11；b:101；c:010；d:1001；e:011；f:00；g:1000

7.5.4 哈夫曼树的应用

在数据通信中，经常需要将传送的文字转换成由二进制字符 0、1 组成的二进制串，我们称之为编码。例如，假设要传送的电文为 ABACCDA，电文中只含有 A、B、C、D 共四种字符，若这四种字符采用如表 7.2(a)所示的编码，则电文的代码为 000010000100100111 000，长度为 21。在传送电文时，总是希望传送时间尽可能短，这就要求电文代码尽可能短，显然，这种编码方案产生的电文代码不够短。如表 7.2(b)所示为另一种编码方案，用此编码对上述电文进行编码所建立的代码为 00010010101100，长度为 14。在这种编码方案中，四种字符的编码均为两位，是一种等长编码。如果在编码时考虑字符出现的频率，让出现频率高的字符采用尽可能短的编码，出现频率低的字符采用稍长的编码，构造一种不等长编码，则电文的代码就可能更短。如当字符 A,B,C,D 采用如表 7.2(c)所示的编码时，上述电文的代码为 0110010101110，长度仅为 13。

表 7.2 字符的四种不同的编码方案

(a)

字符	编码
A	000
B	010
C	100
D	111

(b)

字符	编码
A	00
B	01
C	10
D	11

(c)

字符	编码
A	0
B	110
C	10
D	111

(d)

字符	编码
A	01
B	010
C	001
D	10

哈夫曼树可用于构造使电文的编码总长最短的编码方案。具体做法如下：设需要编码的字符集合为{$d_1,d_2,\cdots,d_n$}，它们在电文中出现的次数或频率集合为{$w_1,w_2,\cdots,w_n$}，以 $d_1,d_2,\cdots,d_n$ 作为叶结点，$w_1,w_2,\cdots,w_n$ 作为它们的权值，构造一棵哈夫曼树，规定哈夫曼树中的左分支代表 0，右分支代表 1，则从根结点到每个叶结点所经过的路径分支组成的 0 和 1 的序列便为该结点对应字符的编码，我们称之为哈夫曼编码。所以，实现哈夫曼编码的算法可分为两大部分：①构造哈夫曼树；②在哈夫曼树上求叶结点的编码。

在哈夫曼编树中，树的带权路径长度的含义是各个字符的码长与其出现次数的乘积之和，也就是电文的代码总长，所以采用哈夫曼树构造的编码是一种能使电文代码总长最短的不等长编码。

在建立不等长编码时，必须使任何一个字符的编码都不是另一个字符编码的前缀，这样才能保证译码的唯一结果。例如，对于表 7.2(d)的编码方案，字符 A 的编码 01 是字符 B 的编码 010 的前缀部分，这样代码串 0101001，既是 AAC 的代码，也是 ABA 和 BDA 的代码，因此，这样的编码不能保证译码的唯一结果，我们称之为具有二义的译码。

然而，采用哈夫曼树进行编码，则不会产生上述二义问题。因为，在哈夫曼树中，每个字符结点都是叶子结点，它们不可能在根结点到其他字符结点的路径上，所以一个字符的哈夫曼编码不可能是另一个字符的哈夫曼编码的前缀，从而保证译码的唯一结果。

7.6 树的概念与表示

本节讨论具有一般意义的树结构。所讨论的树结构，其结点可以有任意数目的子结点，这使其在存储以及操作实现上比二叉树更加复杂。

7.6.1 树的定义及相关术语

树(Tree)是 n(n≥0)个有限数据元素的集合。当 n=0 时，称这棵树为空树。在一棵非空树 T 中：

(1)有一个没有前驱结点的特殊数据元素，称为树的根。

(2)若 n>1，除根之外的其余数据元素被分成 m(m>0)个互不相交的集合 $T_1,T_2,\cdots,T_m$，其中每一个集合 $T_i(1\leqslant i\leqslant m)$本身又是一棵树。树 $T_1,T_2,\cdots,T_m$ 称为这个根结点的子树。

可以看出，在树的定义中用了递归概念，即用树来定义树。因此，树结构的算法类同于二叉树结构的算法，也可以使用递归方法。

图 7.21(a)是一棵具有 9 个结点的树，即 T={A,B,C,…,H,I}，结点 A 为树 T 的根结点，除根结点 A 之外的其余结点分为两个不相交的集合：T_1={B,D,E,F,H,I}和 T_2={C,G}，T_1 和 T_2 构成了结点 A 的两棵子树，T_1 和 T_2 本身也是一棵树。例如，子树 T_1 的根结点为 B，其余结点又分

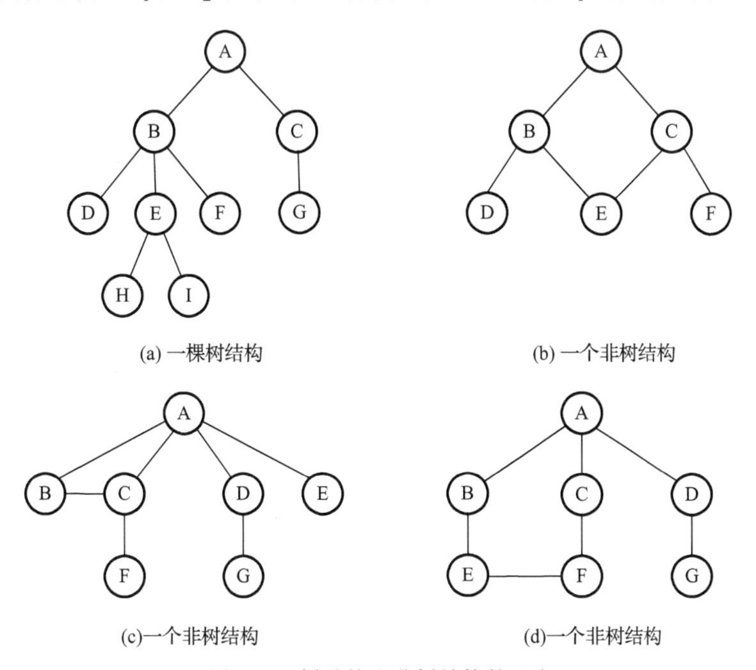

图 7.21　树结构和非树结构的示意

为三个不相交的集合：T_{11}={D}，T_{12}={E,H,I}和 T_{13}={F}。T_{11}、T_{12}和 T_{13}构成了子树 T_1的根结点 B 的三棵子树。如此可继续向下分，得到更小的子树，直到每棵子树只有一个根结点为止。

从树的定义和图 7.21(a)的示例可以看出，树具有下面两个特点：①树的根结点没有前驱结点，除根结点之外的所有结点有且只有一个前驱结点。②树中所有结点可以有零个或多个后继结点。由以上特点可知，图 7.21(b)～图 7.21(d)都不是树结构。

在二叉树中介绍的相关概念在树中仍然适用。除此之外，再介绍两个关于树的术语。

(1)有序树和无序树。如果一棵树中结点的各子树从左到右是有次序的，即若交换某结点各子树的相对位置，则构成不同的树，称这棵树为有序树，反之则称为无序树。

(2)森林(或树林)。零棵或有限棵不相交的树的集合称为森林，与自然界中“树”和“森林”的概念不同。在数据结构中，树和森林只有很小的差别，任何一棵树删去根结点就变成了森林。

7.6.2 树的表示

1. 直观表示法

树的直观表示法就是以倒着的分支树的形式表示，图 7.21(a)就是一棵树的直观表示。其特点就是对树的逻辑结构的描述非常直观，是数据结构中最常用的树的描述方法。

2. 嵌套集合表示法

所谓嵌套集合是指一些集合的集体，对于其中任何两个集合，或者不相交，或者一个包含另一个。用嵌套集合的形式表示树，就是将根结点视为一个大的集合，其若干棵子树构成这个大集合中若干个互不相交的子集，如此嵌套下去，即构成一棵树的嵌套集合表示。图 7.22(a)就是一棵树的嵌套集合表示。嵌套集合表示法又叫文氏图表示法。

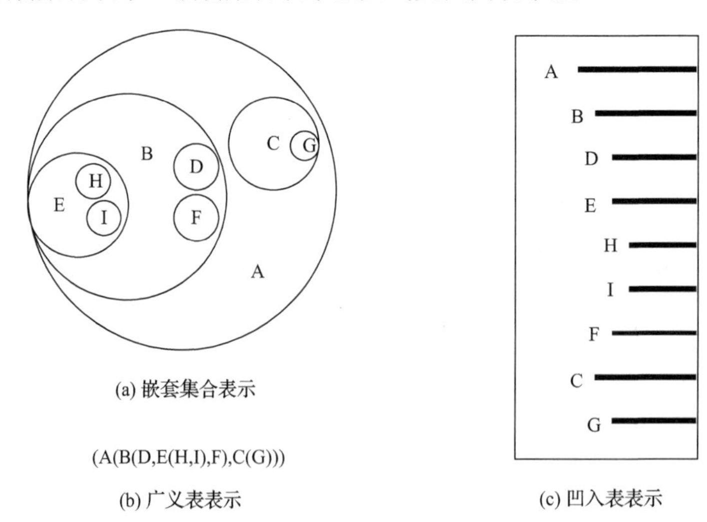

图 7.22 对图 7.21(a)所示树的其他三种表示法

3. 广义表表示法

树用广义表表示，就是将根作为由子树森林组成的表的名字，写在表的左边，这样依次将树表示出来。图 7.22(b)就是一棵树的广义表表示。广义表表示法又称为嵌套括号表示法。

4. 凹入表示法

树的凹入表示法如图 7.22(c)所示。树的凹入表示法主要用于树的屏幕打印输出。凹入表示法又称为长短线表示法。

7.6.3 树的存储

在计算机中，树的存储有很多种方式，既可以采用顺序存储结构，也可以采用链式存储结构，但无论采用何种存储方式，都要求存储结构不但能存储各结点本身的数据信息，还能唯一地反映树中各结点之间的逻辑关系。下面介绍几种树的常见存储方式。

1. 双亲表示法

由树的定义可以知道，树中的每个结点都有一个唯一的双亲结点，根据这一特性，可用一组连续的存储空间(一维数组)存储树中的各个结点，数组中的一个元素表示树中的一个结点，数组元素为结构体类型，其中包括结点本身的信息及结点的双亲结点在数组中的序号，树的这种存储方法称为双亲表示法。双亲表示法可描述为：

```
typedef struct
{   elemtype  data;
    int  parent;
}NodeType;
NodeType  t[MAXNODE];
```

如图 7.21(a)所示树的双亲表示法如图 7.23 所示。图中用 parent 域的值为–1 表示该结点无双亲结点，即该结点是一个根结点。

树的双亲表示法对于实现求双亲操作和求根操作很方便，但若求某结点的孩子结点操作时，则需要查询整个数组。此外，这种存储方式不能反映各兄弟结点之间的关系，所以实现求兄弟结点操作也比较困难。在实际中，如果需要实现这些操作，可在结点结构中增设存放第一个孩子的域和存放下一个兄弟的域，这样就能较方便地实现上述操作了。

序号	data	parent
0	A	–1
1	B	0
2	C	0
3	D	1
4	E	1
5	F	1
6	G	2
7	H	4
8	I	4

图 7.23　如图 7.21(a)所示树的双亲表示法

2. 孩子表示法

1)多重链表法

由于树中每个结点都有零个或多个孩子结点，因此，可以令每个结点包括一个结点信息域和多个指针域，每个指针域指向该结点的一个孩子结点，通过各个指针域值反映出树中各结点之间的逻辑关系。在这种表示法中，树中每个结点有多个指针域，形成了多条链表，所以这种方法常被称为多重链表法。

在一棵树中，各结点的度数各异，因此结点的指针域个数的设置方法有两种：

(1)每个结点指针域的个数等于该结点的度数；

(2)每个结点指针域的个数等于树的度数。

对于方法(1)，它虽然在一定程度上节约了存储空间，但由于树中各结点是不同结构的，各种操作方法不容易实现，所以这种方法很少采用；方法(2)中各结点都是同一种结构，各操作方法相对容易实现，但为此付出的代价是浪费存储空间。图 7.24 是如图 7.21(a)所示的树采用多重链表法存储示意图。显然，多重链表法适用于各结点的度数相差不大的情况。树中结点的存储表示可描述为：

```
typedef struct TreeNode
{   elemtype data;
    struct TreeNode *son[MAXSON];
}NodeType;
```

对于任意一棵树 t，可定义成 NodeType *t，使变量 t 为指向树的根结点的指针。

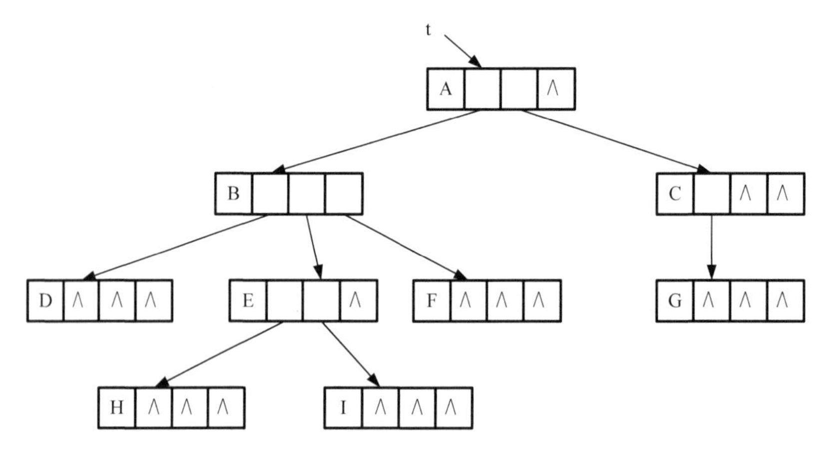

图 7.24　如图 7.21(a)所示树的多重链表表示法

2)孩子链表表示法

孩子链表表示法是将树按如图 7.25 所示的形式存储。其主体是一个与结点个数一样大小的一维数组，数组的每一个元素由两个域组成；一个域用来存放结点信息；另一个用来存放指针，该指针指向由该结点孩子组成的单链表中第一个孩子结点。单链表的结构也由两个域组成：一个存放孩子结点在一维数组中的序号；另一个是指针域，指向下一个孩子。

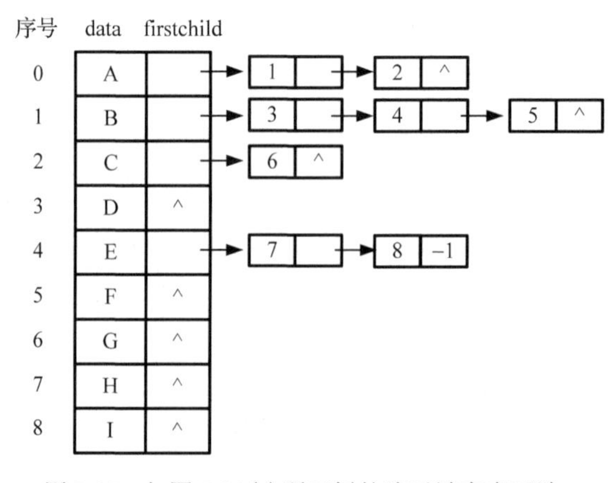

图 7.25　如图 7.21(a)所示树的孩子链表表示法

在孩子表示法中查找双亲比较困难，查找孩子十分方便，故适用于对孩子操作多的应用。这种存储表示可描述为：

```
typedef struct ChildNode
{   int childcode;
    struct ChildNode *nextchild;
};
typedef struct
{   elemtype data;
    struct ChildNode *firstchild;
}NodeType;
NodeType t[MAXNODE];
```

3. 双亲孩子表示法

双亲孩子表示法是将双亲表示法和孩子链表表示法相结合的结果。其仍将各结点的孩子结点分别组成单链表，同时用一维数组顺序存储树中的各结点，数组元素除了包括结点本身的信息和该结点的孩子结点链表的头指针之外，还增设一个域，用来存储该结点双亲结点在数组中的序号。图 7.26 是如图 7.21(a)所示树的双亲孩子表示法存储示意图。

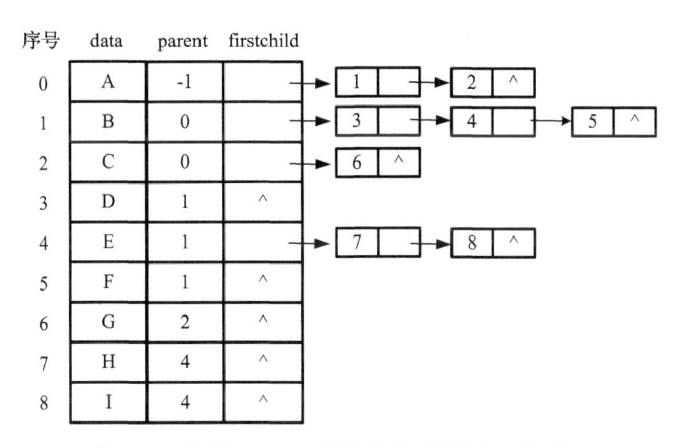

图 7.26　如图 7.21(a)所示树的双亲孩子表示法

这种存储表示可描述为：

```
typedef struct ChildNode
{   int childcode;
    struct ChildNode *nextchild;
};
typedef struct
{   elemtype data;
    int parent;
    struct ChildNode *firstchild;
}NodeType;
NodeType t[MAXNODE];
```

4. 孩子兄弟表示法

这是一种常用的存储结构，其方法是在树中每个结点除其信息域外，再增加两个分别指向该结点的第一个孩子结点和下一个兄弟结点的指针。在这种存储结构下，树中结点的存储表示可描述为：

```
typedef struct TreeNode
{   elemtype data;
    struct TreeNode *firstchild;
    struct TreeNode *nextsibling;
}NodeType;
```

图 7.27 给出如图 7.21(a)所示的树采用孩子兄弟表示法时的存储示意图。

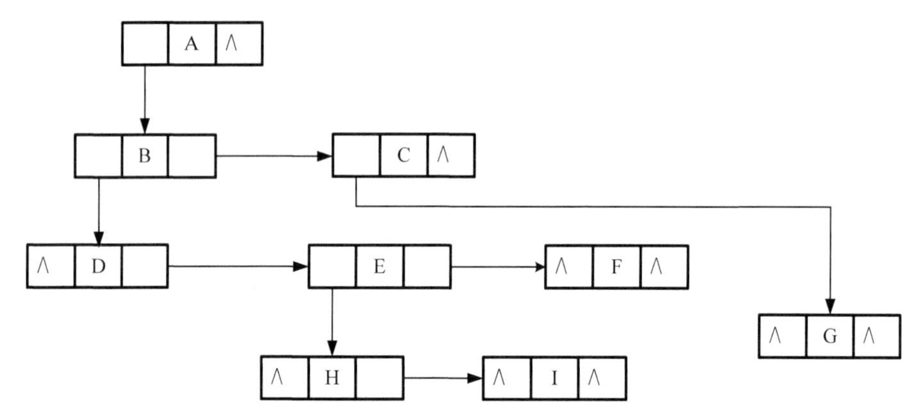

图 7.27　如图 7.21(a)所示树的孩子兄弟表示法

7.7　树与二叉树的转换

从树的孩子兄弟表示法可以看到，如果设定一个规则，就可用二叉树结构表示树和森林了，这样，对树的操作实现就可以借助二叉树存储，利用二叉树上的操作来实现。本节讨论树和森林与二叉树之间的转换方法。

7.7.1　树或树林转换为二叉树

1. 树转换为二叉树

对于一棵无序树，树中结点的各孩子结点的次序是无关紧要的，而二叉树中结点的左右孩子结点是有区别的。为了避免发生混淆，约定树中每一个结点的孩子结点按从左到右的次序顺序编号。如图 7.28 所示的一棵树，根结点 A 有 B、C、D 共三个孩子，可以认为结点 B 为 A 的第一个孩子结点，结点 C 为 A 的第二个孩子结点，结点 D 为 A 的第三个孩子结点。将一棵树转换为二叉树的方法是：

(1)将树中所有相邻兄弟用线连起来。

(2)对于树中的每个结点，只保留它与第一个孩子结点之间的连线，删去它与其他孩子结点之间的连线。

(3)以树的根结点为轴心，将整棵树顺时针转动一定的角度，使之结构层次分明。

可以证明，树作这样的转换所构成的二叉树是唯一的。图 7.29 给出了如图 7.28 所示的树转换为二叉树的转换过程示意图。由上面的转换过程可以看出，在二叉树

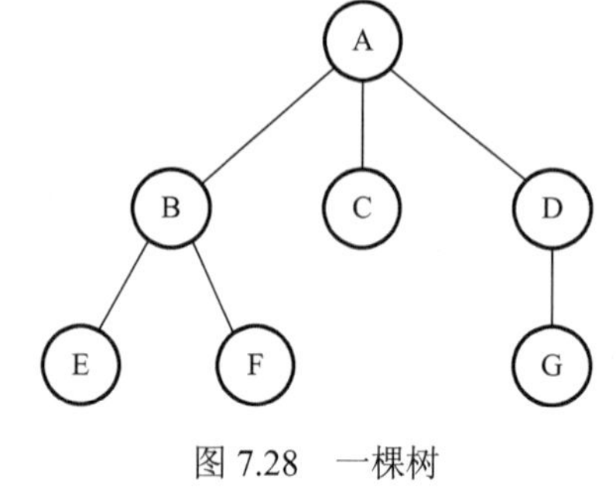

图 7.28　一棵树

中，左分支上的各结点在原来的树中是父子关系，而右分支上的各结点在原来的树中是兄弟关系。由于树的根结点没有兄弟，所以变换后的二叉树的根结点的右孩子必为空。

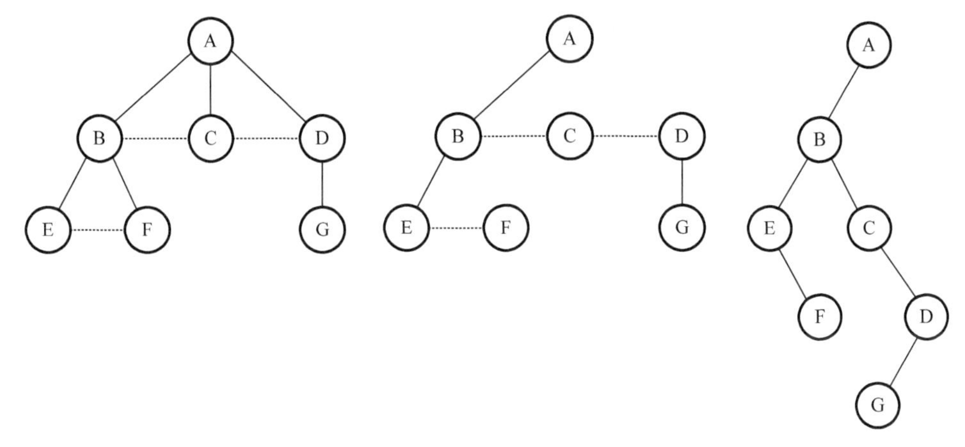

图 7.29　如图 7.28 所示树转换为二叉树的过程

事实上，一棵树采用孩子兄弟表示法所建立的存储结构与它所对应的二叉树的二叉链表存储结构是完全相同的。

2. 树林转换为二叉树

由“森林”的概念可知，森林是若干棵树的集合，只要将森林中各棵树的根视为兄弟，每棵树又可以用二叉树表示，这样，森林也同样可以用二叉树表示。森林转换为二叉树的方法如下：

(1)将森林中的每棵树转换成相应的二叉树。

(2)第一棵二叉树不动，从第二棵二叉树开始，依次把后一棵二叉树的根结点作为前一棵二叉树根结点的右孩子。当所有的二叉树连起来后，此时所得到的二叉树就是由森林转换得到的二叉树。

这一方法可形式化描述为：如果 $F=\{T_1,T_2,\cdots,T_m\}$是森林，则可按如下规则转换成一棵二叉树 $B=(root,LB,RB)$。

(1)若 F 为空，即 $m=0$，则 B 为空树；

(2)若 F 非空，即 $m\neq0$，则 B 的根 root 即为森林中第一棵树的根 $Root(T_1)$；B 的左子树 LB 是从 T_1 中根结点的子树森林 $F_1=\{T_{11},T_{12},\cdots,T_{1m}\}$转换而成的二叉树；其右子树 RB 是从森林 $F'=\{T_2,T_3,\cdots,T_m\}$转换而成的二叉树。

图 7.30 给出了森林转换为二叉树的过程。

7.7.2　二叉树转换为树或树林

树和森林都可以转换为二叉树，二者不同的是树转换成的二叉树，其根结点无右分支，而森林转换后的二叉树，其根结点有右分支。显然这一转换过程是可逆的，即可以依据二叉树的根结点有无右分支，将一棵二叉树还原为树或森林，具体方法如下：

(1)若某结点是其双亲的左孩子，则把该结点的右孩子、右孩子的右孩子、右孩子的右孩子的右孩子……都与该结点的双亲结点用线连起来；

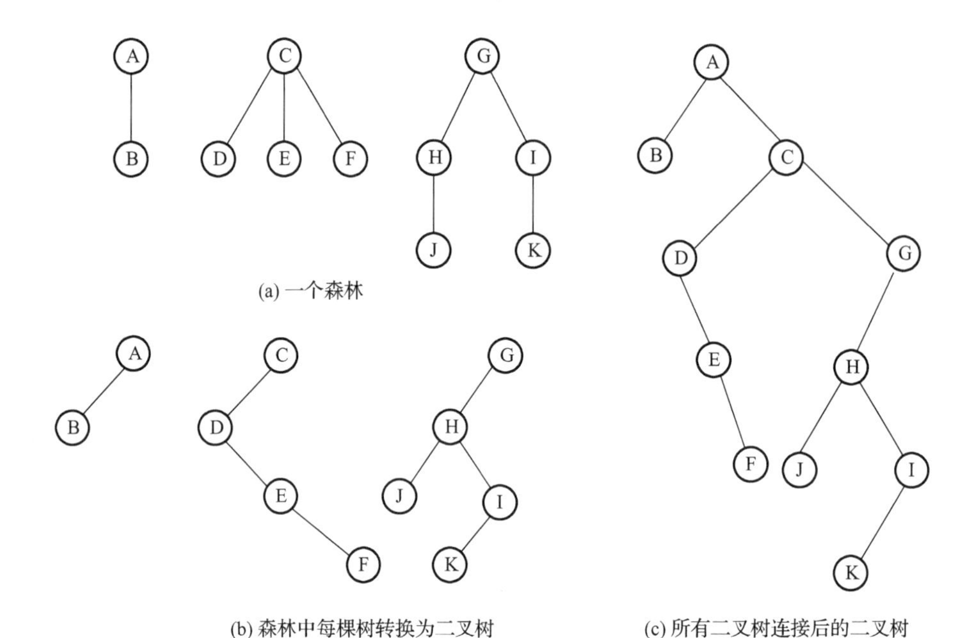

图 7.30　树或森林转换为二叉树的过程

(2) 删去原二叉树中所有的双亲结点与右孩子结点的连线；

(3) 整理由(1)、(2)两步所得到的树或森林，使之结构层次分明。

这一方法可形式化描述为：如果 B=(root,LB,RB)是一棵二叉树，则可按如下规则转换成森林 F={ $T_1,T_2,\cdots,T_m$ }。

(1) 若 B 为空，则 F 为空；

(2) 若 B 非空，则森林中第一棵树 T_1 的根 ROOT(T1)即为 B 的根 root；T_1 中根结点的子树森林 F_1 是由 B 的左子树 LB 转换而成的森林；F 中除 T_1 之外其余树组成的森林 F'={ $T_2,T_3,\cdots,T_m$ }是由 B 的右子树 RB 转换而成的森林。

图 7.31 给出了一棵二叉树还原为森林的示意过程。

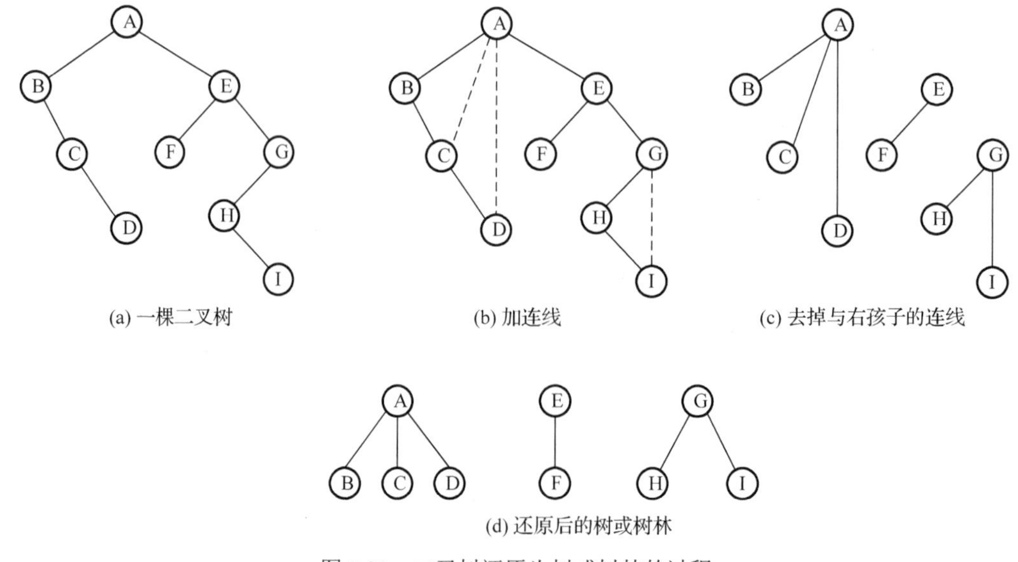

图 7.31　二叉树还原为树或树林的过程

7.7.3 树或树林的遍历

二叉树有先序、中序、后序和层次共四种种遍历方式。树或树林的遍历有先根、后根和层次遍历共三种方式。树或树林的层次遍历与二叉树的相似。下面仅介绍先根遍历和后根遍历。

1. 先根遍历

树的先根遍历定义为：①访问根结点；②按照从左到右的顺序先根遍历根结点的每一棵子树。

按照树的先根遍历的定义，如图 7.28 所示的树进行先根遍历，得到的结果序列为 A B E F C D G。

树林先根遍历的定义为：①访问森林中第一棵树的根结点；②先根遍历第一棵树的根结点的子树；③先根遍历去掉第一棵树后的子森林。

对如图 7.30(a)所示的森林进行先序遍历，得到的结果序列为 A B C D E F G H J I K。

2. 后根遍历

树的后根遍历定义为：(1)按照从左到右的顺序后根遍历根结点的每一棵子树；(2)访问根结点。

按照树的后根遍历的定义，对如图 7.28 所示的树进行后根遍历，得到的结果序列为 E F B C G D A。

对于树林后根遍历的定义为：①后根遍历第一棵树的根结点的子树；②访问森林中第一棵树的根结点；③后根遍历去掉第一棵树后的子森林。

对于如图 7.30(a)所示的森林进行后根遍历，得到的结果序列为 B A D E F C J H K I G。

根据树与二叉树的转换关系及树和二叉树的遍历定义可以推知，树或树林的先根遍历序列与其转换后对应的二叉树的先序遍历序列相同；树或树林的后根遍历序列与其转换后对应的二叉树的中序遍历序列相同。因此树的遍历算法是可以采用相应二叉树的遍历算法来实现的。

7.8 树的应用

树的应用十分广泛，在后面介绍的排序和查找常用的两项技术中，就有以树结构组织数据进行操作的，本节仅讨论树在判定树和集合表示与运算方面的应用。

7.8.1 判定树

前面介绍了最优二叉树，即哈夫曼树在判定问题中的应用，在实际应用中，树也可用于判定问题的描述和解决，著名的八枚硬币问题就是其中一例。

设有八枚硬币，分别表示为 a,b,c,d,e,f,g,h，其中有一枚且仅有一枚硬币是伪造的，假硬币的重量与真硬币的重量不同，可能轻，也可能重。现要求以天平为工具，用最少的比较次数挑选出假硬币，并同时确定这枚硬币的重量比其他真硬币是轻，还是重。

问题的解决过程如图 7.31 所示，解决过程中的一系列判断构成了树结构，称这样的树为判定树。

图中大写字母 H 和 L 分别表示假硬币较其他真硬币重或轻。下面对这一判定方法加以说明，并分析它的正确性。

从八枚硬币中任取六枚，假设是 a,b,c,d,e 和 f，在天平两端各放三枚进行比较。假设 a,b,c 三枚放在天平的一端，d,e,f 三枚放在天平的另一端，可能出现三种比较结果：

(1) $a+b+c>d+e+f$;

(2) $a+b+c=d+e+f$;

(3) $a+b+c<d+e+f$。

这里，只以第一种情况为例进行讨论。若 $a+b+c>d+e+f$，根据题目的假设条件，可以肯定这六枚硬币中必有一枚为假币，同时也说明 g,h 为真币。这时可将天平两端个去掉一枚硬币，假设它们是 c 和 f，同时将天平两端的硬币各换一枚，假设硬币 b,d 互换，然后进行第二次比较，那么比较的结果同样可能有三种：

结果 1：$a+d>b+e$。这种情况表明天平两端去掉硬币 c,f,且硬币 b,d 互换后，天平两端的轻重关系保持不变，从而说明了假币必然是 a,e 中的一个，这时只要用一枚真币(b,c,d,f,g,h)和 a 或 e 进行比较，就能找出假币。例如，用 b 和 a 进行比较，若 $a>b$，则 a 是较重的假币；若 $a=b$，则 e 为较轻的假币；不可能出现 $a<b$ 的情况。

结果 2：$a+d=b+e$。此时天平两端由不平衡变为平衡，表明假币一定在去掉的两枚硬币 c,f 中，a,b,d,e,g,h 必定为真硬币，同样的方法，用一枚真币和 c 或 f 进行比较，例如，用 a 和 c 进行比较，若 $c>a$，则 c 是较重的假币；若 $a=c$，则 f 为较轻的假币；不可能出现 $c<a$ 的情况.

结果 3：$a+d<b+e$。此时表明由于天平两端两枚硬币 b,d 对换，引起了两端轻重关系的变化，那么可以肯定 b 或 d 中有一枚是假硬币，再只要用一枚真币和 b 或 d 进行比较，就能找出假币。例如，用 a 和 b 进行比较，若 $a<b$，则 b 是较重的假币；若 $a=b$，则 d 为较轻的假币；不可能出现 $a>b$ 的情况。

对于结果(2)和(3)的各种情况，可按照上述方法作类似的分析。如图 7.32 所示的判定树包括了所有可能发生的情况，八枚硬币中每一枚硬币都可能是或轻或重的假币，因此共有 16 种结果，反映在树中，则有 16 个叶结点，从图中可看出，每种结果都需要经过三次比较才能得到。

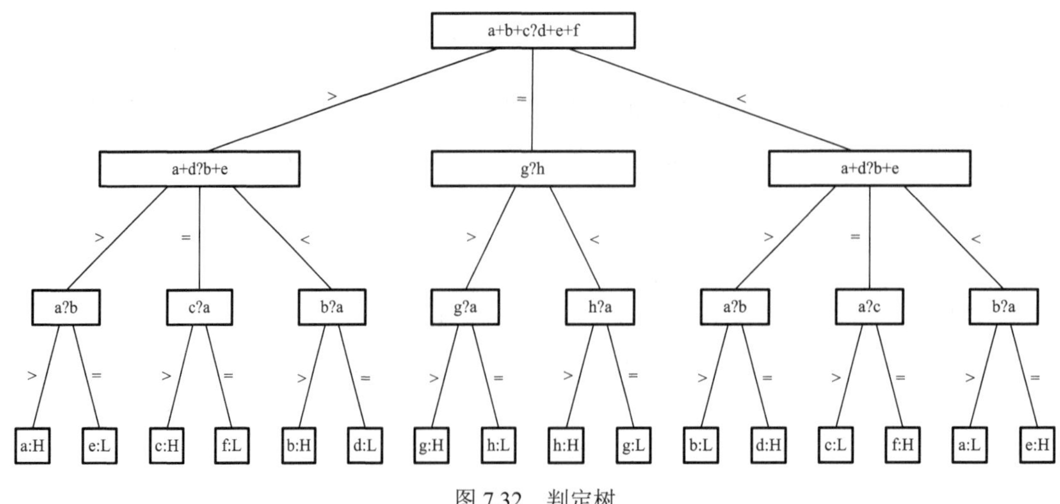

图 7.32　判定树

7.8.2 集合的表示

集合是一种常用的数据表示方法，对集合可以做多种操作，假设集合 S 由若干个元素组成，可以按照某一规则把集合 S 划分成若干个互不相交的子集合。

例如，集合 S={1,2,3,4,5,6,7,8,9,10}，可以被分成如下三个互不相交的子集合：

$$S_1=\{1,2,4,7\};\ S_2=\{3,5,8\};\ S_3=\{6,9,10\}$$

集合$\{S_1,S_2,S_3\}$就被称为集合 S 的一个划分。此外，在集合上还有最常用的一些运算，比如集合的交、并、补、差及判定一个元素是否是集合中的元素，等等。

为了有效地对集合执行各种操作，可以用树结构表示集合。用树中的一个结点表示集合中的一个元素，树结构采用双亲表示法存储。例如，集合 S_1、S_2 和 S_3 可分别表示为如图 7.33(a)、图 7.33(b)和图 7.33(c)所示的结构。

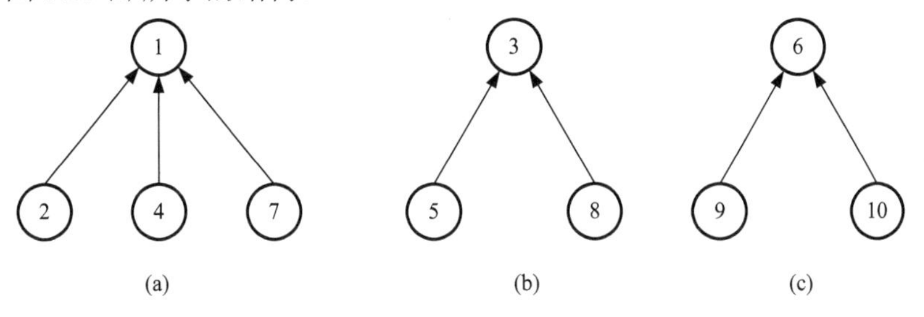

(a) (b) (c)

图 7.33 集合的树结构表示

将它们作为集合 S 的一个划分，存储在一维数组中，如图 7.34 所示。树或树林存储用双亲表示法描述为：

```
typedef struct
{   elemtype data;
    int parent;
}NodeType;
```

其中，data 域存储结点本身的数据，parent 域为指向双亲结点的指针，即存储双亲结点在数组中的序号。当集合采用这种存储表示方法时，很容易实现集合的一些基本操作。例如，求两个集合的并集，就可以简单地把一个集合的树根结点作为另一个集合的树根结点的孩子结点。该结果用树结构表示如图 7.35 所示。

序号	data	parent
0	1	−1
1	2	0
2	3	−1
3	4	0
4	5	2
5	6	−1
6	7	0
7	8	2
8	9	5
9	10	5

图 7.34 集合 S_1、S_2、S_3 的树结构存储

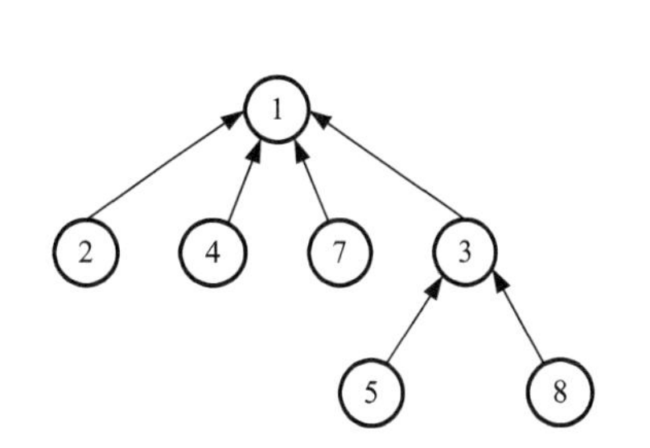

图 7.35 集合 S_1 并集合 S_2 后的树结构

如求集合 S_1 和 S_2 的并集，可以表示为 $S_1 \cup S_2=\{1,2,3,4,5,7,8\}$，只需要将图 7.33 第三行 parent 值由–1 修改为 0 即可。

如果要查找某个元素所在的集合，可以沿着该元素的双亲域向上查，当查到某个元素的双亲域值为–1 时，该元素就是所查元素所属集合的树根结点。

习　题　七

一、选择题

1．已知一算术表达式的中缀形式为 A+B*C-D/E，后缀形式为 ABC*+DE/-，其前缀形式为(　　)。

A．-A+B*C/DE　　B．-A+B*CD/E

C．-+*ABC/DE　　D．-+A*BC/DE

2．算术表达式 a+b*(c+d/e)转为后缀表达式后为(　　)。

A．ab+cde/*　　B．abcde/+*+　　C．abcde/*++　　D．abcde*/++

3．在下述结论中，正确的是(　　)。

①只有一个结点的二叉树的度为 0;

②二叉树的度为 2;

③二叉树的左右子树可任意交换;

④深度为 K 的完全二叉树的结点个数小于或等于深度相同的满二叉树。

A．①②③　　B．②③④　　C．②④　　D．①④

4．设森林 F 对应的二叉树为 B，它有 m 个结点，B 的根为 p，p 的右子树结点个数为 n，森林 F 中第一棵树的结点个数是(　　)。

A．m–n　　B．m–n–1　　C．n+1　　D．条件不足，无法确定

5．若二叉树具有 10 个度为 2 的结点，5 个度为 1 的结点，则度为 0 的结点个数是(　　)。

A．9　　B．11　　C．15　　D．不确定

6．在一棵三叉树中度为 3 的结点数为 2 个，度为 2 的结点数为 1 个，度为 1 的结点数为 2 个，则度为 0 的结点数为(　　)个。

A．4　　B．5　　C．6　　D．7

7．具有 10 个叶结点的二叉树中有(　　)个度为 2 的结点。

A．8　　B．9　　C．10　　D．11

8．一棵完全二叉树上有 1001 个结点，其中叶子结点的个数是(　　)。

A．251　　B．500　　C．505　　D．以上答案都不对

9．若度为 m 的哈夫曼树中叶结点个数为 n，则非叶结点的个数为(　　)。

A．n–1　　B．$\lfloor n/m \rfloor -1$　　C．$\lceil (n-1)/(m-1) \rceil$

D．$\lceil n/(m-1) \rceil -1$　　E．$\lceil (n+1)/(m+1) \rceil -1$

10．二叉树的第 i 层上最多含有结点数为(　　)。

A．2^i　　B．$2^{i-1}-1$　　C．2^{i-1}　　D．2^i-1

11．某二叉树高度为 h，所有结点的度或为 0 或为 2，则这棵二叉树最少有(　　)结点。

A．2h　　B．2h–1　　C．2h+1　　D．h+1

12．对于有 n 个结点的二叉树，其高度为(　　)。

A．$n\log_2 n$　　B．$\log_2 n$　　C．$\lfloor \log_2 n \rfloor+1$　　D．不确定

13．一棵具有 n 个结点的完全二叉树的树高度(深度)是(　　)。

A．$\lfloor \log_2 n \rfloor+1$　　B．$\log_2 n+1$　　C．$\lfloor \log_2 n \rfloor$　　D．$\log_2 n-1$

14．深度为 h 的满 m 叉树的第 k 层有(　　)个结点。($1 \leqslant k \leqslant h$)

A．m^{k-1}　　B．m^k-1　　C．m^{h-1}　　D．m^h-1

15．高度为 k 的二叉树最大的结点数为(　　)。

A．2^k　　B．2^{k-1}　　C．2^k-1　　D．$2^{k-1}-1$

16．一棵树高为 K 的完全二叉树至少有(　　)个结点。

A．2^k-1　　B．$2^{k-1}-1$　　C．2^{k-1}　　D．2^k

17．将有关二叉树的概念推广到三叉树，则一棵有 244 个结点的完全三叉树的高度(　　)。

A．4　　B．5　　C．6　　D．7

18．对二叉树的结点从 1 开始进行连续编号，要求每个结点的编号大于其左右孩子的编号，同一结点的左右孩子中，其左孩子的编号小于其右孩子的编号，可采用(　　)次序的遍历实现编号。

A．先序　　B．中序　　C．后序　　D．从根开始按层次遍历

19. 若二叉树采用二叉链表存储结构，要交换其所有分支结点左右子树的位置，利用(　　)遍历方法最合适。

A．先序　　B．中序　　C．后序　　D．按层次

20．在下列存储形式中，(　　)不是树的存储形式。

A．双亲表示法　　B．孩子链表表示法

C．孩子兄弟表示法　　D．顺序存储表示法

21．某二叉树中序序列为 ABCDEFG，后序序列为 BDCAFGE，则先序序列是(　　)。

A．EGFACDB　　B．EACBDGF

C．EAGCFBD　　D．上面的都不对

22．一棵非空二叉树的先序序列与后序序列正好相反，则该二叉树一定满足(　　)。

A．所有的结点均无左孩子　　B．所有的结点均无右孩子

C．只有一个叶子结点　　D．是任意一棵二叉树

23．若 X 是二叉中序线索树中一个有左孩子的结点，且 X 不为根，则 X 的前驱结点为(　　)。

A．X 的双亲　　B．X 的右子树中最左的结点

C．X 的左子树中最右结点　　D．X 的左子树中最右叶结点

24．引入二叉线索树的目的是(　　)。

A．为了能方便找到双亲　　B．加快查找结点的前驱结点或后继结点的速度

C．使二叉树的遍历结果唯一　　D．为了能在二叉树中方便地插入与删除

25．n 个结点的线索二叉树上含有的线索数为(　　)。

A．2n　　B．n−l　　C．n+l　　D．n

26．二叉树在线索后，仍不能有效求解的问题是(　　)。

A．后序线索二叉树中求后序后继　　B．中序线索二叉树中求中序后继

C．中序线索二叉树中求中序前驱　D．先序线索二叉树中求前序后继

27．由 3 个结点可以构造出(　　)种不同的二叉树。

A．2　B．3　C．4　D．5

28．下述编码中(　　)不是前缀码。

A．(00,01,10,11)　B．(0,1,00,11)

C．(0,10,110,111)　D．(1,01,000,001)

29．当一棵有 n 个结点的二叉树按层次从上到下，同层次从左到右将数据存放在一维数组 A[1…n]中时，数组中第 i 个结点的左孩子为(　　)。

A．A[2i]($2i \leqslant n$)　B．A[2i+1]($2i+1 \leqslant n$)

C．A[i/2]　D．无法确定

二、判断题

1．一个树的叶结点，在先序遍历和后序遍历下，皆以相同的相对位置出现。(　　)

2．二叉树的先序遍历并不能唯一确定这棵树，但是，如果还知道该树的根结点是哪一个，则可以确定这棵二叉树。(　　)

3．一棵一般树结点的先根遍历和后根遍历分别与它相应二叉树结点的先序遍历和后序遍历是一致的。(　　)

4．对一棵二叉树进行层次遍历时，应借助于一个栈。(　　)

5．用树的先根遍历和后根遍历可以求出树的层次遍历。(　　)

6．后序线索二叉树是不完善的，要对它进行遍历，还需要使用栈。(　　)

7．完全二叉树中，若一个结点没有左孩子，则它必是叶子结点。(　　)

8．一棵有 n 个结点的二叉树从上到下、从左到右用自然数依次给予编号，则编号为 i 的结点的左儿子的编号为 2i($2i<n$)，右儿子是 2i+1($2i+1<n$)。(　　)

9．给定一棵树，可以找到唯一的一棵二叉树与之对应。(　　)

10．在二叉树的第 i 层上至少有 2^{i-1} 个结点($i \geqslant 1$)。(　　)

11．必须把一般树转换成二叉树后才能进行存储。(　　)

12．完全二叉树采用顺序存储结构比较节省空间。(　　)

13．将一棵树转成二叉树，根结点没有左子树。(　　)

14．非空的中序线索二叉树一定满足：某结点若有左孩子，则其中序前驱一定没有右孩子。(　　)

15．度为 2 的树就是二叉树。(　　)

16．有 n 个结点的完全二叉树，其编号最小的叶子结点序号为 $\lfloor n/2 \rfloor+1$。(　　)

17．深度为 k 的完全二叉树编号最小的叶子结点序号可能是 $\lfloor 2^{k-2} \rfloor+1$。(　　)

18．线索二叉树的优点是便于是在中序下查找前驱结点和后继结点。(　　)

19．在中序线索二叉树中，每一非空的线索均指向其祖先结点。(　　)

20．哈夫曼树的结点个数不能是偶数。(　　)

21．当一棵具有 n 个叶子结点的二叉树的 WPL 值为最小时，称其树为哈夫曼树，且其二叉树的形状必是唯一的。(　　)

22．哈夫曼树是带权路径长度最短的树，路径上权值较大的结点离根较近。(　　)

三、填空题

1．二叉树由__________，__________，__________等三个基本单元组成。

2．中缀式 a+b*3+4*(c−d)对应的前缀式为__________；若 a=1,b=2,c=3,d=4，则后缀式 db/cc*a−b*+的运算结果为__________。

3．具有 256 个结点的完全二叉树的深度为__________。

4．深度为 h 的完全二叉树至少有________个结点；至多有_______个结点；深度 h 和结点总数 n 之间的关系是__________。

5．在完全二叉树中，编号为 i 和 j 的两个结点处于同一层的条件是__________。

6．假设根结点的层数为 1，具有 n 个结点的二叉树的最大高度是__________。

7．已知二叉树有 50 个叶子结点，则该二叉树的总结点数至少是__________。

8．一个有 2001 个结点的完全二叉树的高度为__________。

9．设 F 是由 T_1,T_2,T_3 三棵树组成的森林，与 F 对应的二叉树为 B，已知 T_1,T_2,T_3 的结点数分别为 n_1,n_2,n_3，则二叉树 B 的左子树中有_______个结点，右子树中有______个结点。

10．一棵树 T 包括一个度为 1 的结点、两个度为 2 的结点、三个度为 3 的结点、四个度为 4 的结点和若干个叶子结点，则 T 的叶子结点数为__________。

11．含有 n(n 大于 1)个结点的各棵树中，其深度最小的那棵树的深度是_______，它共有_______个叶子结点和_______个非叶子结点。其深度最大的那棵树的深度是_______，它共有_______个叶子结点和______个非叶子结点。

12．二叉树的先序序列和中序序列相同的条件是____________________。

13．现有按中序遍历二叉树的结果为 abc，问有_____种不同的二叉树可以得到这一遍历结果。

14．利用树的孩子兄弟表示法存储，可以将一棵树转换为__________。

15．若一个二叉树的叶子结点是某子树的中序遍历序列中的最后一个结点，则它必是该子树__________序列中的最后一个结点。

16．后序线索二叉树中结点的左线索指向其__________，右线索指向其__________。

17．有数据 WG=(7,19,2,6,32,3,21,10)，则所建哈夫曼树的树高是__________。

18．有一份电文中共使用 6 个字符:a,b,c,d,e,f，它们的出现频率依次为 2,3,4,7,8,9。试构造一棵哈夫曼树，则其加权路径长度 WPL 为__________，字符 c 的编码是__________。

19．设 n_0 为哈夫曼树的叶子结点数目，则该哈夫曼树共有______个结点。

20．具有 n 个结点的满二叉树叶子结点的个数是______。

四、应用题

1．从概念上讲，树、森林和二叉树是三种不同的数据结构，将树、森林转化为二叉树的基本目的是什么？并指出树和二叉树的主要区别。

2．将算术表达式((a+b)+c*(d+e)+f)*(g+h)转化为二叉树。

3．一个深度为 L 的满 K 叉树有以下性质：第 L 层上的结点都是叶子结点，其余各层上每个结点都有 K 棵非空子树，如果按层次顺序从 1 开始对全部结点进行编号。回答下列问题：

(1)计算各层的结点数。

(2)编号为 n 的结点的双亲结点(若存在)的编号。

(3)编号为 n 的结点的第 i 个孩子结点(若存在)的编号。

(4) 编号为 n 的结点有右兄弟的条件是什么？如果有，其右兄弟的编号是多少？

4．证明：任一结点个数为 n 的二叉树的高度至少为 $O(\log_2 n)$。

5．高度为 10 的二叉树结点最多可能为多少？

6. 设一个含有 n 个结点的二叉树，已知它有 m 个叶子结点。试证明非叶子结点中有(m–1)个度为 2 的结点，其余结点度为 1。

7．给定 K(K≥1)，对一棵含有 N 个结点的 K 叉树(N> 0)。试讨论其可能的最大高度和最小高度。

8．求含有 n 个结点、采用顺序存储结构的完全二叉树中的序号最小的叶子结点的下标。要求写出简要步骤。

9．对于任何一棵非空的二叉树，假设叶子结点的个数为 n_0，而度为 2 的结点个数为 n_2，请给出 n_0 和 n_2 之间所满足的关系式，要求给出推导过程。

10．若一棵树中有度数为 1 至 m 的各种结点数为 $n_1,n_2,\cdots,n_m$(n_m 表示度数为 m 的结点个数)。试推导出该树中含有的叶子结点 n_0 的公式。

11．试求有 n 个叶结点的非满的完全二叉树的高度。

12．假设高度为 H 的二叉树上只有度为 0 和度为 2 的结点，问此类二叉树中的结点数可能达到的最大值和最小值各为多少。

13．二叉树 T 有 n 个顶点，编号为 1,2,3,⋯,n。设 T 中任一顶点 V 的编号等于左子树中最小编号减 1；T 中任一顶点 V 的右子树中的最小编号等于其左子树中的最大编号加 1。试描绘该二叉树。

14．由二叉树的中序序列及行序序列能唯一的建立二叉树。试问中序序列及后序序列是否也能唯一的建立二叉树？不能则说明理由，若能，对中序序列为 DBEAFGC 和后序序列为 DEBGFCA 构造二叉树。

15．设一棵二叉树的先序遍历、中序遍历序列分别为 ABDFCEGH 和 BFDAGEHC。

(1) 画出这棵二叉树。

(2) 画出这棵二叉树的先序线索树、中序线索树及后序线索树。

(3) 将这棵二叉树转换成对应的树(或森林)。

16．设某二叉树的先序遍历序列为 ABCDEFGHI，中序遍历序列为 BCAEDGHFI。试画出该二叉树和它的中序线索树。

17．假设二叉树的层次序(按层次递增顺序排列，同一层次自左向右)为 ABECFGDHI，中序序列为 BCDAFEHIG。试画出该二叉树，并将其转换为对应的森林。

18．已知一个森林的先根序列 ABCDEFGHIJKLMNO，后根序列 CDEBFHIJGAMLONK。试构造出该森林。

19．用一维数组存放的一棵完全二叉树如下图所示，写出该二叉树的后序遍历序列。

A	B	C	D	E	F	G	H	I	J	K	L

20．在二叉树的二叉链表存储表示中，简述引入“线索”的好处。

21．在先序线索树上，要找出结点 p 的直接后继结点，写出相关语句。

22．对于后序线索二叉树，怎样查找任意结点的直接后继结点；对于中序线索二叉树，怎样查找任意结点的直接前驱结点。

23．给定一组权值(15,3,14,2,6,9,16,17)，构造哈夫曼树。

(1) 计算该哈夫曼树的带权路径长度；

(2) 写出它的哈夫曼编码；

(3) 哈夫曼编码常用来译码，试用语言叙述其译码的过程。

24. 如果一棵哈夫曼树 T 有 n_0 个叶子结点，那么树 T 一共含有多少个结点，要求给出求解过程。

五、算法设计题

1. 要求二叉树按二叉链表形式存储，写一个建立二叉树的算法。

2. 写一个判别给定的二叉树是否是完全二叉树的算法。

3. 设计算法，求出二叉树深度。

4. 试给出二叉树的自下而上、自右而左的层次遍历算法。

5. 对于二叉树的链接实现，完成非递归的中序遍历过程。

6. 在一棵以二叉链表表示的二叉树上，试写出用按层次顺序遍历二叉树的方法统计树中具有度为 1 的结点数目的算法。

7. 设 t 为一棵二叉树的根结点地址指针，试设计一个非递归的算法完成把二叉树中每个结点的左右孩子位置交换。

8. 设二叉树采用二叉链表作为存储结构。试用 C 语言实现按前序遍历顺序输出二叉树中结点的非递归算法。要求定义所用结构。设栈已经定义：inits(S)、empty(S)、push(S,p)、pop(S,p)、top(S,p) 分别为栈初始化、判栈空、入栈、出栈、取栈顶元素等操作。

9. 试编写算法实现：各层中结点 data 域数值大于 50 的结点个数，并输出这些结点的 data 域的数值和序号。

10. 已知一二叉树中结点的左右孩子为 left 和 right，p 指向二叉树的某一结点。编写一个非递归算法 postfirst(p)，求 p 所对应子树的第一个后序遍历结点。

11. 试写出一判别两棵二叉树是否相等的算法。

12. 试设计一个算法，要求该算法把二叉树的叶子结点按从左到右的顺序连成一个单链表，表头指针为 head。二叉树按二叉链表方式存储，链接时用叶子结点的右指针域来存放单链表指针。分析该算法的时间复杂度和空间复杂度。

13. 设二叉树以二叉链表表示。设计算法，输出二叉树中各结点的数据及其所在的层数。

14. 试编写算法，对一棵以孩子兄弟链表表示的树统计叶子结点的个数。

15. 一棵二叉树以二叉链表来表示，求其指定的某一层 k(k>1) 上的叶子结点的个数。

16. 假设二叉树采用链式存储结构进行存储，root 为根结点，p 为任一给定的结点。试写出求从根结点到 p 之间路径的非递归算法。

17. 编写一算法，利用二叉树中叶子结点的空指针域将所有叶子结点链接为一个带有头结点的双链表，算法返回头结点的地址。

18. 设有二叉树 BT，每个结点包括 ltag、left、data、right、rtag 共五个字段，依次为左标志、左指针、数据域、右指针、右标志，写出中序线索二叉树的线索化算法。

19. 试在中序线索二叉树上编写非递归算法，求某一结点 p 的按中序遍历次序的后继结点的地址 q，设该中序线索二叉树的根结点地址为 thrt。

20. 试在中序线索二叉树上编写非递归算法，求某一结点 p 的按中序遍历次序的前驱结点的地址 q，设该中序线索二叉树的根结点地址为 thrt。

第8章　图　　论

在线性结构中，数据元素之间仅具有线性关系，每个数据元素最多只有一个前驱结点和一个后继结点；在树形结构中，结点之间具有层次关系，每个结点最多只有一个双亲，但可以有多个孩子；图结构是一种比树型结构更复杂的非线性结构，在图结构中任意两个顶点之间都可能有关系。因此，图结构具有极强的表达能力，可以用于描述各种复杂的数据对象。图的应用十分广泛，典型的应用领域有电路分析、项目规划、鉴别化合物、统计力学、遗传学、人工智能、语言学等。

离散数学的图论重点讨论的是图的数学性质，而本章重点讨论的是图的存储结构及其基本操作的实现过程。本章重点介绍图的基本概念、图的邻接表存储结构、图的邻接矩阵存储结构、图的深度优先遍历算法(DFS)和图的广度优先遍历算法(BFS)。

学习要点：

- 图的基本概念。
- 图的邻接矩阵存储结构和图的邻接表存储结构。
- 图的邻接矩阵存储结构和图的邻接表存储结构上基本操作的实现过程。
- 图的深度优先遍历算法(DFS)和图的广度优先遍历算法(BFS)及其应用。

8.1　图的基本概念

图状结构是一种比树形结构更复杂的非线性结构。在树状结构中，结点间具有分支层次关系，每一层上的结点只能和上一层中的至多一个结点相关，但可能和下一层的多个结点相关。在图状结构中，任意两个结点之间都可能相关，即结点之间的邻接关系可以是任意的。因此，图状结构被用于描述各种复杂的数据对象，在自然科学、社会科学和人文科学等许多领域有非常广泛的应用。

8.1.1　图的定义

图(Graph)由非空的顶点集合和一个描述顶点之间关系的边(或者弧)的集合组成。图的形式化定义为：

$$G=(V, E)$$
$$V=\{v_i \mid v_i \in \text{data object}\}$$
$$E=\{(v_i, v_j) \mid v_i, v_j \in V \wedge P(v_i, v_j)\}$$

其中，G 表示一个图，V 是图 G 中顶点的集合，E 是图 G 中边的集合，集合 E 中 $P(v_i,v_j)$ 表示顶点 v_i 和顶点 v_j 之间有一条直接连线，即偶对 (v_i,v_j) 表示一条边。图 8.1 给出一个图的示例，在该图中：

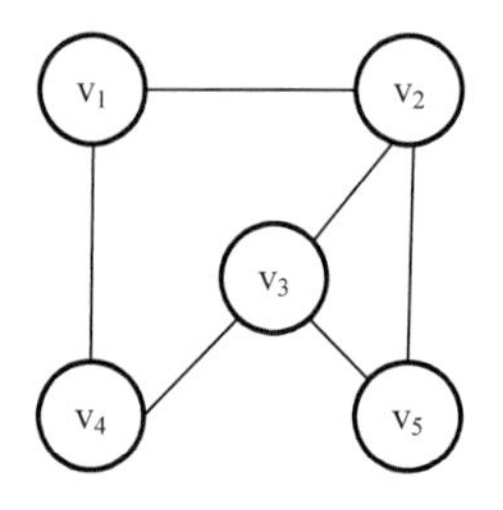

图 8.1　无向图 G_1

集合 $V=\{v_1,v_2,v_3,v_4,v_5\}$；

集合 $E=\{(v_1,v_2),(v_1,v_4),(v_2,v_3),(v_3,v_4),(v_3,v_5),(v_2,v_5)\}$。

8.1.2 图的相关术语

1) 无向图

在一个图中，如果任意两个顶点构成的偶对 $(v_i, v_j) \in E$ 是无序的，即顶点之间的连线是没有方向的，则称该图为无向图。如图 8.1 所示的图 G_1 是一个无向图。

2) 有向图

在一个图中，如果任意两个顶点构成的偶对 $(v_i, v_j) \in E$ 是有序的，即顶点之间的连线是有方向的，则称该图为有向图。如图 8.2 所示的图 G_2 是一个有向图。

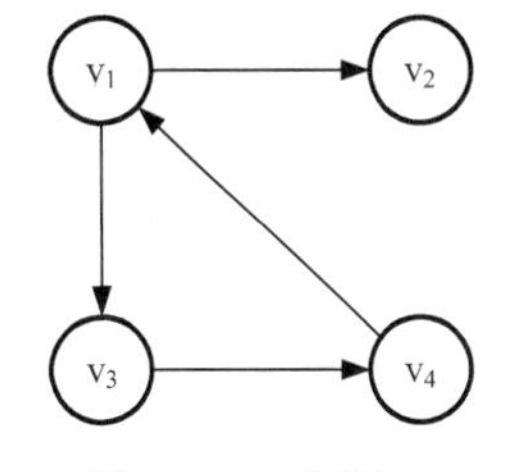

图 8.2　有向图 G_2

3) 顶点、邻接点、边、弧、弧头、弧尾

在图中，数据元素 v_i 称为顶点(vertex)；$P(v_i, v_j)$ 表示在顶点 v_i 和顶点 v_j 之间有一条直接连线。如果是在无向图中，则称这条连线为边(edge)；如果是在有向图中，一般称这条连线为弧(arc)。边用顶点的无序偶对 (v_i, v_j) 来表示，称顶点 v_i 和顶点 v_j 互为邻接点，边 (v_i, v_j) 依附于顶点 v_i 与顶点 v_j；弧用顶点的有序偶对 $<v_i, v_j>$ 来表示，有序偶对的第一个顶点 v_i 被称为始点(或弧尾)，在图中就是不带箭头的一端；有序偶对的第二个顶点 v_j 被称为终点(或弧头)，在图中就是带箭头的一端。

4) 无向完全图

在一个无向图中，如果任意两个顶点之间都有一条边直接相连，则称该图为无向完全图。可以证明，在一个含有 n 个顶点的无向完全图中有 $n(n-1)/2$ 条边。

5) 有向完全图

在一个有向图中，如果任意两个顶点之间都有方向相反的两条弧相连接，则称该图为有向完全图。在一个含有 n 个顶点的有向完全图中有 $n(n-1)$ 条有向边。

6) 稠密图、稀疏图

若一个图接近完全图，称该图为稠密图；相反，称边数很少的图为稀疏图。

7) 顶点的度、入度、出度

顶点的度(degree)是指依附于某顶点 v 的边数，通常记为 TD(v)。在有向图中，要区别顶点的“入度”与“出度”的概念。顶点 v 的入度是指以该顶点为终点的弧的数目，记为 ID(v)；顶点 v 的出度是指以该顶点 v 为始点的弧的数目，记为 OD (v)。有向图中某个顶点的度为该顶点的入度与出度之和，即 TD (v)=ID (v)+OD (v)。

8) 边的权、网图

与边有关的数据信息称为权(weight)。在实际应用中，权值可以有某种含义。比如，在一个反映城市交通线路的图中，边上的权值可以表示该线路的长度或者等级；对于一个电子线路图，边上的权值可以表示两个端点之间的电阻值、电流值或电压值；对于反映工程进度的图而言，边上的权值可以表示从前一个工程到后一个工程所需要的时间。边上带权的图称为网图或网络(network)。

8.1.3 图的抽象数据类型

在图的定义中，图的顶点之间没有明确的次序，任何一个顶点都可以作为第一个顶点，和任一顶点相邻的顶点之间也不存在先后顺序。

为操作方便，可以将图中的顶点按某个顺序排列，“顶点在图中的位置”便是指该顶点在这个序列中的位置(或序号)。在这个序列中，对每个顶点的所有相邻顶点进行排列，这样很自然地形成了当前顶点的“第一个邻接点”和“第二个邻接点”等概念。在此基础上，可归纳图如下的抽象数据类型：

ADTGraph{

数据对象：$D=\{v_i|v_i\in ElemSet,i=1,2,\ldots,n,n\geqslant 0\}$

数据关系：$R=\{<v_i,v_j>|v_i,v_j\in V$ 且 $P(v_i,v_j)\}$

基本操作：

(1)创建图操作：CreatGraph(&G)

操作结果：输入图 G 的顶点和边，创建图 G 的存储结构。

(2)销毁图操作：DestroyGraph (&G)

操作结果：释放图 G 占用的存储空间。

(3)返回顶点信息操作：GetVex(G,v)

操作结果：在图 G 中找顶点 v，并返回顶点 v 的相关信息。

(4)给顶点赋值操作：PutVex(&G,v,value)

操作结果：在图 G 中找到顶点 v，并将 value 值赋给顶点 v。

(5)插入新顶点操作：InsertVex(&G,v)

操作结果：在图 G 中增添新顶点 v。

(6)删除顶点操作：DeleteVex(&G,v)

操作结果：在图 G 中，删除顶点 v 以及所有和顶点 v 相关联的边或弧。

(7)插入边操作：InsertArc(&G,v,w)

操作结果：在图 G 中增添一条从顶点 v 到顶点 w 的边或弧。

(8)删除边操作：DeleteArc(&G,v,w)

操作结果：在图 G 中删除一条从顶点 v 到顶点 w 的边或弧。

(9)深度优先遍历图：DFSTraverse(G,v)

操作结果：在图 G 中，从顶点 v 出发深度优先遍历图 G。

(10)广度优先遍历图：BFSTtaverse(G,v)

操作结果：在图 G 中，从顶点 v 出发广度优先遍历图 G。

(11)顶点的定位操作：LocateVex(G,u)

操作结果：在图 G 中找到顶点 u，返回该顶点在图中位置。

(12)找顶点的第一个邻接点操作：FirstAdjVex(G,v)

操作结果：在图 G 中，返回 v 的第一个邻接点。若没有，则返“空”。

(13)找顶点的下一个邻接点操作：NextAdjVex(G,v,w)

操作结果：在图 G 中，返回 v 的（相对于 w 的）下一个邻接顶点。若 w 是 v 的最后一个邻接点，则返回“空”。

} ADTGraph

注：在一个图中，顶点是没有先后次序的，但当采用某一种确定的存储方式存储后，存储结构中顶点的存储次序构成了顶点之间的相对次序，这里用顶点在图中的位置表示该顶点的存储顺序。同样，对于一个顶点的所有邻接点，采用该顶点的第 i 个邻接点表示与该顶点相邻接的某个顶点的存储顺序，在这种意义下，图的基本操作增加(11)、(12)、(13)等三种操作。

在图的实际应用中还有其他操作，可以根据实际的问题结合以上的基本操作来考虑相应的算法，从而解决图中的实际问题。

8.2　图的邻接表存储结构

图的存储结构必须要完整、准确地反映顶点集和边集的信息。根据图的不同结构特征和实际问题的需要，可以采取不同的存储方式，但不同的存储方式将对算法的效率产生相当大的影响。因此，所选的存储结构应该适合于欲求解的问题。无论是无向图，还是有向图，主要的存储方式有两种：邻接矩阵存储结构和邻接表存储结构。前者属于图的顺序存储结构，后者属于图的链接存储结构。首先来分析图的邻接表存储结构。

8.2.1　图的邻接表存储结构定义

邻接表(adjacent list)是图的一种顺序存储与链式存储相结合的存储结构，类似于树的孩子表示法存储结构。“顺序存储”指用一个**顶点数组**存储图中各个顶点，每个数组元素有两个域：顶点域(data)和指针域(firstarc)，顶点域用来存放顶点的信息，指针域指向一个单链表，此单链表存储依附于该顶点所有边或弧的信息，故称为邻接表(或**邻接边表**)。邻接表的一个表结点对应一条边或弧，由邻接点域(adjvex)和指向下一条邻接边的指针域(nextarc)构成，如图 8.3 所示。

图 8.3　图的邻接表表示的顶点数组元素和邻接表结点结构

网图的边表须再增设一个存储边上信息(如权值等)的域(info)，网图的边表结构如图 8.4 所示。

图 8.5 给出与图 8.2 对应的邻接表表示图。

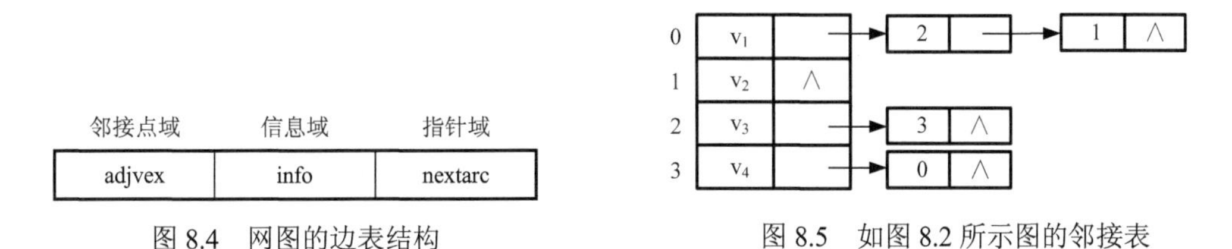

图 8.4　网图的边表结构　　　　图 8.5　如图 8.2 所示图的邻接表

若无向图中有 n 个顶点、e 条边，则它的邻接表需 n 个头结点和 2e 个边表结点。显然，在稀疏图中($e \ll n(n-1)/2$)，用邻接表表示图比用邻接矩阵表示图节省存储空间。当和边相关的信息较多时用邻接表表示图更方便灵活且节省空间。图的邻接表存储结构描述如下：

```
#define MAX_VERTEX_NUM 20
typedef enum{DG,DN,AG,AN}GraphKind;      /*{有向图,有向网,无向图,无向网}*/
typedef struct ArcNode
{   int adjvex;                          /*该弧所指向的顶点的位置*/
    InfoType *info;                      /*网的权值指针*/
    struct ArcNode *nextarc;             /*指向下一条弧的指针*/
}ArcNode;                                /*表结点*/
```

```
typedef struct
{   VertexType data;                        /*顶点信息*/
    ArcNode *firstarc;      /*第一个表结点的地址,指向第一条依附该顶点的弧*/
}VNode;                                     /*头结点*/
typedef struct
{   VNode vertices[MAX_VERTEX_NUM];
    int vexnum,arcnum;                      /*图的当前顶点数和弧数*/
    int kind;                               /*图的种类标志*/
}ALGraph;
```

在无向图的邻接表中，顶点 v_i 的度恰为第 i 个链表中的结点数；在有向图中，第 i 个链表中的结点个数只是顶点 v_i 的出度，为求入度，必须遍历整个邻接表。在所有链表中其邻接点域的值为 i 的结点的个数是顶点 v_i 的入度。有时，为了便于确定顶点的入度或以顶点 v_i 为头的弧，可以建立一个有向图的逆邻接表，即对每个顶点 v_i 建立一个链接以 v_i 为头的弧的链表。

如图 8.6 所示为有向图 G_2(图 8.2)的邻接表和逆邻接表。建立邻接表或逆邻接表时，若输入的顶点信息即为顶点的编号，则建立邻接表的复杂度为 O(n+e)，否则需要通过查找才能得到顶点在图中的位置，时间复杂度为 O(n×e)。

在邻接表上容易找到任一顶点的第一个邻接点和下一个邻接点，但要判定任意两个顶点(v_i 和 v_j)之间是否有边或弧相连，则需搜索第 i 个或第 j 个链表，因此，跟后面的邻接矩阵存储结构相比较，并不方便。

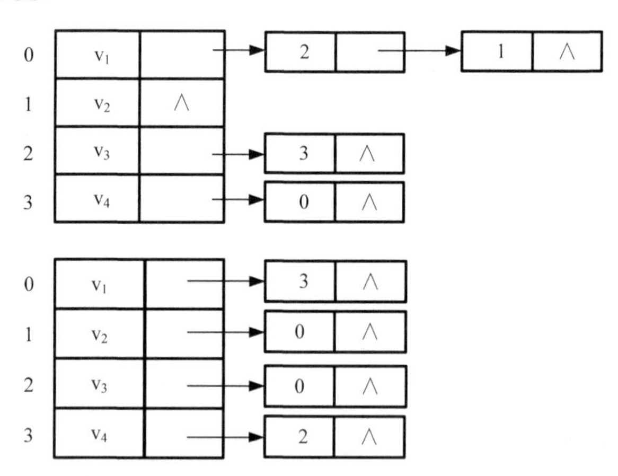

图 8.6 图 8.2 中有向图 G_2 的邻接表和逆邻接表

8.2.2 建立在图的邻接表存储结构的基本算法

由于后续章节中算法设计的需要，该部分设计实现了图的几个常用操作。这些操作可作为基本操作在其他较复杂的图算法中调用。

1. 求顶点位置算法

初始条件：图 G 存在，u 是 G 中的某个顶点。

操作结果：若 G 中存在顶点 u，则返回该顶点在图中位置，否则返回−1。

算法步骤：遍历图 G 中的顶点信息，寻找与 u 顶点信息匹配的顶点，然后返回该顶点在图中的位置。

算法 8.1　求顶点位置算法

```
int LocateVex(ALGraph G,VertexType u)
{   int i;
    for(i=0;i<G.vexnum;++i)
        if(strcmp(u,G.vertices[i].data)==0)
            return i;
    return -1;
}
```

对于该操作，应该明确一个概念，即“顶点在图中的位置”。从图的逻辑结构定义来看，应该将图中的顶点排列成一个线性序列，即可以将图中任意一个顶点看成是图的第一个顶点，对于该顶点而言，它的邻接点之间不存在顺序关系。但是，为了对图的操作方便，需要将图中的顶点按任意序列排列起来(这个排列与图中顶点之间的联系无关，完全是人为规定的)，所谓“顶点的位置”是指图中某顶点在这个人为规定的排列中的位置序号。

2. 求顶点信息的操作

初始条件：图 G 存在，v 是 G 中某个顶点的序号。
操作结果：返回序号为 v 的顶点的值。
算法步骤：先判断序号参数是否在合法范围内，若在，则直接返回相应的顶点信息。

算法 8.2　求顶点信息的算法

```
VertexType* GetVex(ALGraph G,int v)
{   if(v>=G.vexnum||v<0)
        exit(ERROR);
    return &G.vertices[v].data;
}
```

3. 对顶点赋新值的操作

初始条件：图 G 存在，v 是 G 中某个顶点。
操作结果：对 v 赋新值 value。
算法步骤：先通过 LocateVex(*G，v)找到顶点 v 在图中的位置，然后通过恰当的函数赋予结点 v 新的名称。

算法 8.3　对顶点赋新值的算法

```
Status PutVex(ALGraph *G,VertexType v,VertexType value)
{   int i;
    i=LocateVex(*G,v);
    if(i>-1)          /*v是G的顶点*/
    {   strcpy((*G).vertices[i].data,value);
        return OK;
    }
    return ERROR;
}
```

注：“恰当的函数”指根据不同的结点数据类型，选择不同的函数。在此书中，大多数结点的数据类型为字符串，因此通过采用复制字符串函数 strcpy()来赋予新的名称。

4. 求顶点的第一个邻接顶点的序号

初始条件：图 G 存在，v 是 G 中某个顶点。

操作结果：返回 v 的第一个邻接顶点的序号，若顶点 v 在 G 中没有邻接顶点，则返回–1。

操作步骤：先通过 LocateVex( )函数找到顶点 v 在图 G 中的序号。根据图的邻接表存储结构可知，图的顶点数组 vertices 中存在指向该顶点的第一条邻接边的指针，然后找到对应的第一个邻接顶点的序号并返回。

算法 8.4　求顶点的第一个邻接顶点序号的算法

```
int FirstAdjVex(ALGraph G,VertexType v)
{   ArcNode *p;
    int i;
    i=LocateVex(G,v);      /*i 为顶点 v 在图 G 中的序号*/
    p=G.vertices[i].firstarc;
    if(p)
        return p->adjvex;
    else
        return -1;
}
```

注：该操作是图中其他操作及图的应用算法最基本的步骤，因此应该熟练掌握该操作的形式参数、返回值和它的算法思想。

5. 求一顶点 v 相对于某顶点 w 的下一个邻接顶点的序号

初始条件：图 G 存在，v 是 G 中某个顶点，w 是 v 的邻接顶点。

操作结果：返回 v(相对于 w)的下一个邻接顶点的序号。若 w 是 v 的最后一个邻接点,则返回–1。

操作步骤：首先通过 LocateVex()函数找到两个顶点在图中的序号，同上一小节中的操作步骤找到顶点 v 的指向第一个邻接顶点的指针，判断是否有其他的邻接边，若有则继续遍历，直到找到顶点 w 的下一个邻接顶点，并返回 v(相对于 w)的下一个邻接顶点的序号；若 w 是 v 的最后一个邻接点，则直接返回–1。

算法 8.5　求顶点 v 相对于某顶点 w 的下一个邻接顶点序号的算法

```
int NextAdjVex(ALGraph G,VertexType v,VertexType w)
{   ArcNode *p;
    int v1,w1;
    v1=LocateVex(G,v);
    w1=LocateVex(G,w);
    p=G.vertices[v1].firstarc;
    while(p&&p->adjvex!=w1)       /*指针 p 不空且所指表结点不是 w*/
        p=p->nextarc;
    if(!p||!p->nextarc)           /*没找到 w 或 w 是最后一个邻接点*/
        return -1;
    else /*p->adjvex==w*/
        return p->nextarc->adjvex;  /*返回 v(相对于 w)的下一个邻接顶点的序号*/
}
```

6. 插入新顶点的操作

初始条件：图 G 存在，v 和图中顶点有相同特征。

操作结果：在图 G 中增添新顶点 v(不增添与顶点相关的弧，留待 InsertArc()去完成)。

算法步骤：通过函数 strcpy()将参数 v 赋值于(*G).vertices[(*G).vexnum]，其中(*G).vexnum 为顶点的数目，给新增加顶点的第一条邻接边指针赋值为 NULL，然后将图 G 的顶点数加 1。

算法 8.6 插入新顶点的算法

```
void InsertVex(ALGraph *G,VertexType v)
{   strcpy((*G).vertices[(*G).vexnum].data,v); /*将新顶点插入到顶点数组的数
                                                 据域*/
    (*G).vertices[(*G).vexnum].firstarc=NULL;
    (*G).vexnum++;                              /*图 G 的顶点数加 1*/
}
```

注：上述部分应该根据结点不同的数据类型选择恰当的赋值函数。

7. 删除顶点及与该顶点相关弧的操作

初始条件：图 G 存在，v 是 G 中某个顶点。

操作结果：删除 G 中顶点 v 及其相关的弧。

算法步骤：先根据给定的结点 v 找到 v 在邻接表中的位置 j。然后删除以 v 为出度的弧和边，即释放以结点 v 为头结点的链表。最后删除以 v 为入度的弧或边，即在以其他顶点为头结点的边表中找邻接点序号为 j 的边结点并删除。在删除边结点的同时若发现有必要修改表结点的顶点位置则修改之。

算法 8.7 删除顶点的算法

```
Status DeleteVex(ALGraph *G,VertexType v)
{   int i,j;
    ArcNode *p,*q;
    j=LocateVex(*G,v);                    /*j 是顶点 v 的序号*/
    if(j<0)                               /*v 不是图 G 的顶点*/
        return ERROR;
    p=(*G).vertices[j].firstarc;          /*删除以 v 为出度的弧或边*/
    while(p)
    {   q=p;
        p=p->nextarc;
        if((*G).kind%2)                   /*网*/
            free(q->info);
        free(q);
        (*G).arcnum--;                    /*弧或边数减 1*/
    }
    (*G).vexnum--;                        /*顶点数减 1*/
    for(i=j;i<(*G).vexnum;i++)            /*顶点 v 后面的顶点前移*/
        (*G).vertices[i]=(*G).vertices[i+1];
    for(i=0;i<(*G).vexnum;i++)
```

```
        {   /*删除以v为入度的弧或边且必要时修改表结点的顶点位置值*/
            p=(*G).vertices[i].firstarc;     /*指向第一条弧或边*/
            while(p)                         /*有弧*/
            {   if(p->adjvex==j)
                {   if(p==(*G).vertices[i].firstarc)/*待删结点是第一个结点*/
                    {   (*G).vertices[i].firstarc=p->nextarc;
                        if((*G).kind%2)      /*网*/
                            free(p->info);
                        free(p);
                        p=(*G).vertices[i].firstarc;
                        if((*G).kind<2)      /*有向*/
                            (*G).arcnum--;   /*弧或边数减1*/
                    }
                    else
                    {   q->nextarc=p->nextarc;
                        if((*G).kind%2)      /*网*/
                            free(p->info);
                        free(p);
                        p=q->nextarc;
                        if((*G).kind<2)      /*有向*/
                            (*G).arcnum--;   /*弧或边数减1*/
                    }
                }
                else
                {   if(p->adjvex>j)
                        p->adjvex--;         /*修改表结点的顶点位置值(序号)*/
                    q=p;
                    p=p->nextarc;
                }
            }
        }
        return OK;
    }
```

注：如何理解“在删除边结点的同时若发现有必要修改表结点的顶点位置则修改之”呢？从“1．求顶点位置算法”中的说明可以知道，顶点的位置是人为排列成的一个序列，若其中一个元素被删除，那么该元素后面的元素则应该依次改变它们在顶点表中的位置序号。

8．插入新弧的操作

初始条件：图G存在，v和w是G中两个顶点。

操作结果：在G中增添弧<v,w>，若G是无向的，则还应增添对称弧<w,v>。

算法步骤：先根据给定的弧<v,w>找到顶点v、w在邻接表中的位置i，j。然后申请一个边结点，将该结点插入到以v为头结点的边表中。若为无向图，还应该在顶点为w的边表中增加一个对应边的边结点。

算法8.8　插入新弧的算法

```
Status InsertArc(ALGraph *G,VertexType v,VertexType w)
{   ArcNode *p;
```

```
    int w1,i,j;
    i=LocateVex(*G,v);
    j=LocateVex(*G,w);
    if(i<0||j<0)
        return ERROR;
    (*G).arcnum++;                                  /*图 G 的弧或边的数目加 1*/
    if((*G).kind%2)                                 /*网*/
    {   printf("请输入弧(边)%s→%s 的权值: ",v,w);
        scanf("%d",&w1);
    }
    p=(ArcNode*)malloc(sizeof(ArcNode));
    p->adjvex=j;
    if((*G).kind%2)                                 /*网*/
    {   p->info=(int*)malloc(sizeof(int));
        *(p->info)=w1;
    }
    else
        p->info=NULL;
    p->nextarc=(*G).vertices[i].firstarc;           /*插在表头*/
    (*G).vertices[i].firstarc=p;
    if((*G).kind>=2)                                /*无向，生成另一个表结点*/
    {   p=(ArcNode*)malloc(sizeof(ArcNode));
        p->adjvex=i;
        if((*G).kind==3)                            /*无向网*/
        {   p->info=(int*)malloc(sizeof(int));
            *(p->info)=w1;
        }
        else
            p->info=NULL;
        p->nextarc=(*G).vertices[j].firstarc;  /*插在表头*/
        (*G).vertices[j].firstarc=p;
    }
    return OK;
}
```

注：在边表中插入一个边结点时采用头插法，由此方法可联想创建链表的算法。

9. 删除弧的算法

初始条件：图 G 存在，v 和 w 是 G 中两个顶点。

操作结果：在 G 中删除弧<v,w>，若 G 是无向的，则还需删除对称弧<w,v>。

操作步骤：首先通过 Locate()函数找到顶点 v 和 w 的位置，即找到弧尾和弧头的位置。然后通过遍历顶点 v 的边表找到待删除弧对应的结点并删除。若是无向图，还应该找到它的对称弧，用同样的方式将该对称弧删除。

算法 8.9　删除弧的算法

```
Status DeleteArc(ALGraph *G,VertexType v,VertexType w)
{   ArcNode *p,*q;
```

```
    int i,j;
    i=LocateVex(*G,v);
    j=LocateVex(*G,w);
    if(i<0||j<0||i==j)
        return ERROR;
    p=(*G).vertices[i].firstarc;     /*p指向顶点v的第一条出弧*/
    while(p&&p->adjvex!=j)           /*p不空且所指之弧不是待删除弧<v,w>*/
    {   q=p;
        p=p->nextarc;
    }
    if(p&&p->adjvex==j)              /*找到弧<v,w>*/
    {   if(p==(*G).vertices[i].firstarc)              /*p所指是第一条弧*/
            (*G).vertices[i].firstarc=p->nextarc;     /*指向下一条弧*/
        else
            q->nextarc=p->nextarc;   /*指向下一条弧*/
        if((*G).kind%2)              /*网*/
            free(p->info);
        free(p);                     /*释放此结点*/
        (*G).arcnum--;               /*弧或边数减1*/
    }
    if((*G).kind>=2)                 /*无向，删除对称弧<w,v>*/
    {   p=(*G).vertices[j].firstarc;                  /*p指向第一条出弧*/
        while(p&&p->adjvex!=i)       /*p不空且所指之弧不是待删除弧<w,v>*/
        {   q=p;
            p=p->nextarc;
        }
        if(p&&p->adjvex==i)          /*找到弧<w,v>*/
        {   if(p==(*G).vertices[j].firstarc)              /*p所指是第一条弧*/
                (*G).vertices[j].firstarc=p->nextarc;     /*指向下一条弧*/
            else
                q->nextarc=p->nextarc;                    /*指向下一条弧*/
            if((*G).kind==3)                              /*无向网*/
                free(p->info);
            free(p);                                      /*释放此结点*/
        }
    }
    return OK;
}
```

注：在删除弧时一定要注意图的类型，若是无向图，还应该删除对应的对称弧。

10. 图的销毁算法

初始条件：图G存在。

操作结果：销毁图中表结点所占空间，使其恢复到初始化状态。

操作步骤：首先将图的顶点数、边数赋值为0，然后释放边表结点所占存储空间。

算法8.10 图的销毁算法

```
void DestroyGraph(ALGraph *G)
{   int i;
```

```
    ArcNode *p,*q;
    (*G).vexnum=0;
    (*G).arcnum=0;
    for(i=0;i<(*G).vexnum;++i)
    {   p=(*G).vertices[i].firstarc;
        (*G).vertices[i].firstarc=NULL;
        while(p)
        {   q=p->nextarc;
            if((*G).kind%2)          /*网*/
                free(p->info);
            free(p);
            p=q;
        }
    }
}
```

8.2.3 创建图的邻接表存储结构

通过对图的邻接表存储结构的定义和相关的基本操作可知创建图的邻接表存储结构变得尤为重要。它是其他各操作的前提，只有创建了图的存储结构，其他操作才能进行。

1. 图的邻接表存储结构的创建算法

创建图的邻接表存储结构的操作可描述为：首先确定图的类型 kind，输入顶点数 vexnum 和边数 arcnum；然后根据输入的顶点数构造顶点数组并读入各顶点信息；最后根据边数读入图中所有的边，同时构造各顶点的边表(若为网，还要读入边的权值等相关信息)。

创建图的邻接表存储结构的算法描述如下：

算法 8.11 图的创建算法

```
Status CreateGraph(ALGraph *G)
{   int i,j,k;
    int w;              /*权值*/
    VertexType va,vb;
    ArcNode *p;
    printf("请输入图的类型(有向图:0,有向网:1,无向图:2,无向网:3): ");
    scanf("%d",&(*G).kind);
    printf("请输入图的顶点数,边数: ");
    scanf("%d,%d",&(*G).vexnum,&(*G).arcnum);
    printf("请输入%d 个顶点的值(<%d 个字符):\n",(*G).vexnum,MAX_NAME);
    for(i=0;i<(*G).vexnum;++i)/*构造顶点向量*/
    {   scanf("%s",(*G).vertices[i].data);
        (*G).vertices[i].firstarc=NULL;
    }
    if((*G).kind==1||(*G).kind==3)/*网*/
        printf("请顺序输入每条弧(边)的权值、弧尾和弧头(以空格作为间隔):\n");
    else /*图*/
        printf("请顺序输入每条弧(边)的弧尾和弧头(以空格作为间隔):\n");
    for(k=0;k<(*G).arcnum;++k)/*构造表结点链表*/
```

```
    {   if((*G).kind==1||(*G).kind==3)/*网*/
            scanf("%d%s%s",&w,va,vb);
        else /*图*/
            scanf("%s%s",va,vb);
        i=LocateVex(*G,va); /*弧尾*/
        j=LocateVex(*G,vb); /*弧头*/
        p=(ArcNode*)malloc(sizeof(ArcNode));
        p->adjvex=j;
        if((*G).kind==1||(*G).kind==3)/*网*/
        {   p->info=(int *)malloc(sizeof(int));
            *(p->info)=w;
        }
        else
            p->info=NULL;                          /*图*/
        p->nextarc=(*G).vertices[i].firstarc;   /*插在表头*/
        (*G).vertices[i].firstarc=p;
        if((*G).kind>=2)                     /*无向图或网，产生第二个表结点*/
        {   p=(ArcNode*)malloc(sizeof(ArcNode));
            p->adjvex=i;
            if((*G).kind==3)                          /*无向网*/
            {   p->info=(int*)malloc(sizeof(int));
                *(p->info)=w;
            }
            else
                p->info=NULL;                         /*无向图*/
            p->nextarc=(*G).vertices[j].firstarc;   /*插在表头*/
            (*G).vertices[j].firstarc=p;
        }
    }
    return OK;
}
```

2. 图的邻接表存储结构的打印输出算法

图的邻接表存储结构的打印操作可描述为：首先输出图的类型 kind；然后输出顶点数 vexnum 及各顶点信息；最后输出边数 arcnum 及各条具体的边，在输出无向图时还要避免两次输出同一条边。邻接表存储结构的输出算法描述如下：

算法 8.12　图的打印输出算法

```
void Display(ALGraph G)
{   int i;
    ArcNode *p;
    switch(G.kind)
    {
    case DG: printf("有向图\n");
        break;
    case DN: printf("有向网\n");
        break;
```

```
        case AG: printf("无向图\n");
            break;
        case AN: printf("无向网\n");
        }
        printf("%d 个顶点: \n",G.vexnum);
        for(i=0;i<G.vexnum;++i)
            printf("%s ",G.vertices[i].data);
        printf("\n%d 条弧(边):\n",G.arcnum);
        for(i=0;i<G.vexnum;i++)
        {   p=G.vertices[i].firstarc;
            while(p)
            {   if(G.kind<=1)           /*有向*/
                {   printf("%s→%s ",G.vertices[i].data,G.vertices[p->adjvex].data);
                    if(G.kind==DN)  /*网*/
                        printf(":%d ",*(p->info));
                }
                else                    /*无向(避免输出两次)*/
                {   if(i<p->adjvex)
                    { printf("%s→%s ",G.vertices[i].data,G.vertices[p->adjvex].data);
                        if(G.kind==AN)/*网*/
                            printf(":%d ",*(p->info));
                    }
                }
                p=p->nextarc;
            }
            printf("\n");
        }
    }
```

对于稀疏图，采用邻接表表示法可极大地节省存储空间。在邻接表中，给定一顶点，能很容易地找出它的所有邻边，因为只需要读取它的邻接表即可。但是，如果要确定给定的两个顶点之间是否存在边，则需要在对应的边表中查找另一结点。相对于后面介绍的邻接矩阵存储结构而言效率较低。

8.3 图的邻接矩阵存储结构

8.3.1 图的邻接矩阵存储结构定义

图的邻接矩阵(Adjacent Matrix)存储结构就是通过矩阵来表示图中各顶点之间的邻接关系。

假设图 G=(V,E)有 n 个确定的顶点，即 $V=\{v_0,v_1,\cdots,v_{n-1}\}$，则表示 G 中各顶点相邻关系为一个 n×n 的矩阵，矩阵的元素为

$$A[i][j]=\begin{cases}1 & <v_i,v_j>\text{或}(v_i,v_j)\in E\\0 & <v_i,v_j>\text{或}(v_i,v_j)\notin E\end{cases}$$

若 G 是网图，则邻接矩阵可定义为

$$A[i][j]=\begin{cases} w_{i,j} & <v_i,v_j>或(v_i,v_j)\in E \\ 0或\infty & <v_i,v_j>或(v_i,v_j)\notin E \end{cases}$$

其中，$w_{i,j}$表示边(v_i, v_j)或弧$<v_i,v_j>$上的权值；∞表示一个计算机允许的、大于边上所有权值的数。用邻接矩阵表示法表示图或网如图 8.7 和图 8.8 所示。

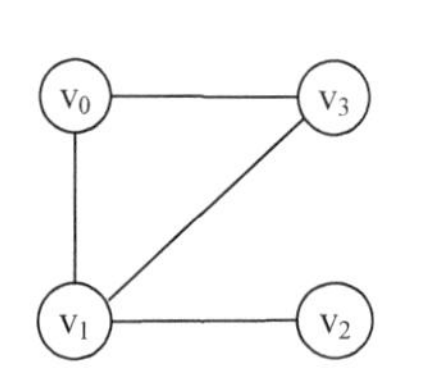

$$A=\begin{pmatrix} 0 & 1 & 0 & 1 \\ 1 & 0 & 1 & 1 \\ 0 & 1 & 0 & 0 \\ 1 & 1 & 0 & 0 \end{pmatrix}$$

图 8.7　一个无向图的邻接矩阵表示

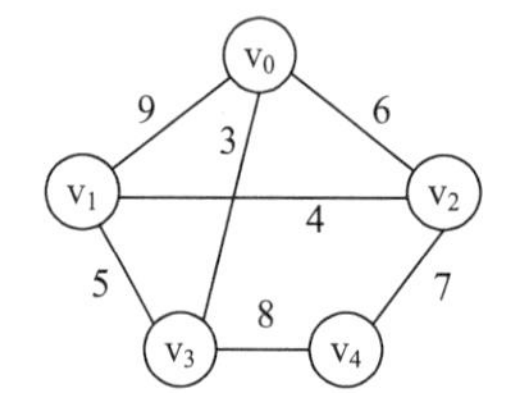

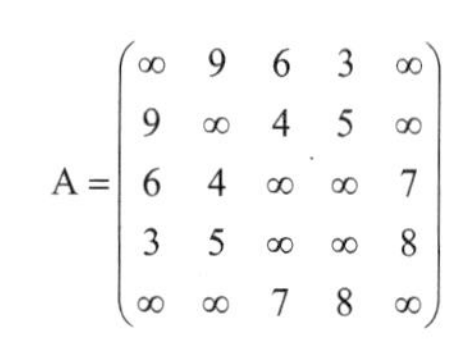

图 8.8　一个无向网的邻接矩阵表示

从图的邻接矩阵存储方法容易看出这种表示具有以下特点：

(1)无向图的邻接矩阵一定是一个对称矩阵。

(2)对于无向图，邻接矩阵的第 i 行(或第 i 列)非零元素(或非∞元素)的个数正好是第 i 个顶点的度 $TD(v_i)$。

(3)对于有向图，邻接矩阵的第 i 行非零元素(或非∞元素)的个数是第 i 个顶点的出度 $OD(v_i)$。

(4)对于有向图，邻接矩阵的第 i 列非零元素(或非∞元素)的个数是第 i 个顶点的入度 $ID(v_i)$。

下面介绍图的邻接矩阵存储表示。

在用邻接矩阵存储图时，除了用一个二维数组存储用于表示顶点间相邻关系的邻接矩阵外，还需用一个顶点向量来存储顶点信息，另外还需要存储图的顶点数、边数和图的类型，故可将图的邻接矩阵存储描述如下：

```
#include "HeadFile.h"                /*图的邻接矩阵存储表示*/
#define INFINITY 65535               /*用整型最大值代替∞*/
#define MAX_VERTEX_NUM 20            /*最大顶点个数*/
#define MAX_NAME 3                   /*顶点字符串的最大长度+1*/
#define MAX_INFO 20                  /*相关信息字符串的最大长度+1*/
typedef int VRType;
typedef char InfoType;
typedef enum{DG,DN,AG,AN}GraphKind;  /*{有向图、有向网、无向图、无向网}*/
typedef char VertexType[MAX_NAME];
typedef struct
{   VRType adj;                      /*顶点关系*/
    InfoType *info;                  /*该弧相关信息的指针(可无)*/
}AdjMatrixNode;
typedef struct
{   VertexType vexs[MAX_VERTEX_NUM];  /*顶点向量*/
    AdjMatrixNode arcs[MAX_VERTEX_NUM][MAX_VERTEX_NUM];  /*邻接矩阵*/
    int vexnum,arcnum;               /*图的当前顶点数和弧数*/
    GraphKind kind;                  /*图的种类标志*/
}MGraph;
```

AdjMatrixNode 中定义的 VRType adj 为顶点关系类型。对无权图或网，用 1 或 0 表示两顶点是否相邻；对带权图或网，则为边的权值。

8.3.2 建立在图的邻接矩阵存储结构的基本操作算法

1. 求顶点位置操作

初始条件：图 G 存在，u 是 G 中的顶点。

操作结果：若 G 中存在顶点 u，则返回该顶点在图中位置，否则返回–1。

算法步骤：遍历图 G.vex 中的顶点信息寻找与 u 的顶点信息匹配的顶点，然后返回该顶点在图中的位置。

算法 8.13 求顶点位置算法

```
int LocateVex(MGraph G,VertexType u)
{  int i;
   for(i=0;i<G.vexnum;++i)
     if(strcmp(u,G.vexs[i])==0)
       return i;
   return -1;
}
```

2. 求顶点信息的操作

初始条件：图 G 存在，v 是 G 中某个顶点的序号。

操作结果：返回 v 的值。

算法步骤：首先判断序号参数是否在合法范围内，若在则直接返回相应的信息。

算法 8.14 求顶点信息的算法

```
VertexType *GetVex(MGraph G,int v)
{    if(v>=G.vexnum||v<0)
         exit(ERROR);
     return &G.vexs[v];
}
```

3. 对顶点名称赋予新值

初始条件：图 G 存在，v 是 G 中某个顶点。

操作结果：对 v 赋新值 value。

算法步骤：首先通过 LocateVex(*G,v) 找到顶点 v 在图中的位置，然后通过恰当函数赋予结点 v 新的名称。

算法 8.15 对顶点赋新值的算法

```
Status PutVex(MGraph *G,VertexType v,VertexType value)
{    int k;
     k=LocateVex(*G,v);          /*k 为顶点 v 在图 G 中的序号*/
     if(k<0)
         return ERROR;
```

```
        strcpy((*G).vexs[k],value);
        return OK;
    }
```

4. 返回某一顶点的第一个邻接点的序号

初始条件：图 G 存在，v 是 G 中某个顶点。

操作结果：返回 v 的第一个邻接顶点的序号。若顶点在 G 中没有邻接顶点，则返回–1。

算法步骤：首先通过 LocateVex 函数找到顶点 v 在图 G 中的序号，根据图的邻接矩阵存储结构可知，该图结构 arcs 中数组存在相应的信息，然后找到对应的第一个邻接结点的序号并返回。

算法 8.16　求顶点的第一个邻接顶点序号的算法

```
int FirstAdjVex(MGraph G,VertexType v)
{   int i,j=0,k;
    k=LocateVex(G,v);              /*k 为顶点 v 在图 G 中的序号*/
    if(G.kind==DN||G.kind==AN)     /*网*/
        j=INFINITY;
    for(i=0;i<G.vexnum;i++)
        if(G.arcs[k][i].adj!=j)
            return i;
    return -1;
}
```

5. 求一顶点 v 相对于某顶点 w 的下一个邻接顶点的序号

初始条件：图 G 存在，v 是 G 中某个顶点，w 是 v 的邻接顶点。

操作结果：返回 v(相对于 w)的下一个邻接顶点的序号，若 w 是 v 的最后一个邻接顶点，则返回–1。

算法步骤：首先通过 LocateVex 函数找到两个顶点的在图中的序号，同上一小节中算法步骤在 arcs 数组直接找到相应的信息并返回。若 w 是 v 的最后一个邻接顶点，则返回–1。

算法 8.17　求顶点 v 相对于某顶点 w 的下一个邻接顶点序号的算法

```
int NextAdjVex(MGraph G,VertexType v,VertexType w)
{   int i,j=0,k1,k2;
    k1=LocateVex(G,v);                /*k1 为顶点 v 在图 G 中的序号*/
    k2=LocateVex(G,w);                /*k2 为顶点 w 在图 G 中的序号*/
    if(G.kind==DN||G.kind==AN)        /*网*/
        j=INFINITY;
    for(i=k2+1;i<G.vexnum;i++)
        if(G.arcs[k1][i].adj!=j)
            return i;
    return -1;
}
```

6. 增加新顶点的操作

初始条件：图 G 存在，v 和图 G 中顶点有相同的特征。

操作结果：在图 G 中增添新顶点 v(不增添与顶点相关的弧，留待 InsertArc()去完成)。

算法步骤：首先构造一个新顶点向量，并更新顶点相对应的行和列的值和相关信息指针。最后还应该更新图的顶点数目信息。

算法 8.18　插入新顶点的算法

```
void InsertVex(MGraph *G,VertexType v)
{   int i;
    strcpy((*G).vexs[(*G).vexnum],v);          /*构造新顶点向量*/
    for(i=0;i<=(*G).vexnum;i++)
    {   if((*G).kind%2)                         /*网*/
        {   (*G).arcs[(*G).vexnum][i].adj=INFINITY;
            (*G).arcs[i][(*G).vexnum].adj=INFINITY;
        }
        else /*图*/
        {   (*G).arcs[(*G).vexnum][i].adj=0;
            (*G).arcs[i][(*G).vexnum].adj=0;
        }
        (*G).arcs[(*G).vexnum][i].info=NULL;
        (*G).arcs[i][(*G).vexnum].info=NULL;
    }
    (*G).vexnum+=1;                             /*图 G 的顶点数加 1*/
}
```

注：若初始化的是网，初始化该邻接矩阵的值应该初始化为 INFINITY；若初始化的是图，应该初始化为 0。

7. 删除顶点与相关的弧操作

初始条件：图 G 存在，v 是 G 中某个顶点。

操作结果：删除 G 中顶点 v 及其相关的弧。

算法步骤：先根据给定的结点 v 找到 v 在图中的位置 k。然后删除以 v 为出度的弧和边，即释放该行的相关信息即令其值为 0 或 INFINITY。接着删除以 v 为入度的弧或边，即释放该列的相关信息即令其值为 0 或 INFINITY，然后更新弧数信息，若有必要，还应该将序号 k 后面的顶点向量依次前移，同时还应该移动待删除顶点之后和下面的矩阵元素。最后还应该修改图的顶点数目。

算法 8.19　删除顶点的算法

```
Status DeleteVex(MGraph *G,VertexType v)
{   int i,j,k;
    VRType m=0;
    k=LocateVex(*G,v);                      /*k 为待删除顶点 v 的序号*/
    if(k<0)                                 /*v 不是图 G 的顶点*/
        return ERROR;
    if((*G).kind==DN||(*G).kind==AN)        /*网*/
        m=INFINITY;
    for(j=0;j<(*G).vexnum;j++)
        if((*G).arcs[j][k].adj!=m)          /*有入弧或边*/
```

```
        {   if((*G).arcs[j][k].info)     /*有相关信息*/
                free((*G).arcs[j][k].info);  /*释放相关信息*/
            (*G).arcnum--;                   /*修改弧数*/
        }
    if((*G).kind==DG||(*G).kind==DN)      /*有向*/
        for(j=0;j<(*G).vexnum;j++)
            if((*G).arcs[k][j].adj!=m)   /*有出弧*/
            {   if((*G).arcs[k][j].info)/*有相关信息*/
                    free((*G).arcs[k][j].info);  /*释放相关信息*/
                (*G).arcnum--;               /*修改弧数*/
            }
    for(j=k+1;j<(*G).vexnum;j++)             /*序号 k 后面的顶点向量依次前移*/
        strcpy((*G).vexs[j-1],(*G).vexs[j]);
    for(i=0;i<(*G).vexnum;i++)
        for(j=k+1;j<(*G).vexnum;j++)
            (*G).arcs[i][j-1]=(*G).arcs[i][j];  /*移动待删除顶点后的元素*/
    for(i=0;i<(*G).vexnum;i++)
        for(j=k+1;j<(*G).vexnum;j++)
            (*G).arcs[j-1][i]=(*G).arcs[j][i];  /*移动待删除顶点之下的矩阵元素*/
    (*G).vexnum--;                              /*更新图的顶点数*/
    return OK;
}
```

8. 增加新的弧操作

初始条件：图 G 存在，v 和 w 是 G 中两个顶点。

操作结果：在 G 中增添弧<v,w>，若 G 是无向的，则还需增添对称弧<w,v>。

算法步骤：先根据给定的弧<v,w>找到顶点 v 和 w 在邻接表中的位置 v1 和 w1。及时更新弧或边数信息((*G).arcnum)，然后根据图的不同类型输入图的相关信息，最后更新该图中邻接矩阵的具体值。

算法 8.20 插入新弧的算法

```
Status InsertArc(MGraph *G,VertexType v,VertexType w)
{   int i,len,v1,w1;
    char *info,s[MAX_INFO];
    v1=LocateVex(*G,v);      /*尾*/
    w1=LocateVex(*G,w);      /*头*/
    if(v1<0||w1<0)
        return ERROR;
    (*G).arcnum++;           /*弧或边数加 1*/
    if((*G).kind%2)          /*网*/
    {   printf("请输入此弧或边的权值: ");
        scanf("%d",&(*G).arcs[v1][w1].adj);
    }
    else                     /*图*/
        (*G).arcs[v1][w1].adj=1;
    printf("是否有该弧或边的相关信息(0:无 1:有): ");
    scanf("%d%*c",&i);
```

```
    if(i)
    {   printf("请输入该弧或边的相关信息(<%d 个字符): ",MAX_INFO);
        gets(s);
        len=strlen(s);
        if(len)
        {   info=(char*)malloc((len+1)*sizeof(char));
            strcpy(info,s);
            (*G).arcs[v1][w1].info=info;
        }
    }
    if((*G).kind>1)           /*无向*/
    {   (*G).arcs[w1][v1].adj=(*G).arcs[v1][w1].adj;
        (*G).arcs[w1][v1].info=(*G).arcs[v1][w1].info; /*指向同一个相关信息*/
    }
    return OK;
}
```

注：根据图的不同类型应该输入或更新相关的属性。

9. 删除弧操作

初始条件：图 G 存在，v 和 w 是 G 中两个顶点。

操作结果：在 G 中删除弧<v,w>，若 G 是无向的，则还删除对称弧<w,v>。

操作步骤：首先通过 Locate 函数找到顶点 v、w 的位置，即找到弧的弧头和弧尾的位置，然后通过遍历矩阵信息：若是图，对应的值应该更新为 0；若是网，应该更新为 INFINIY。同理，若是无向图，还应该找到它的对称弧，用同样的方式将该对称弧删除。

算法 8.21　删除弧的算法

```
Status DeleteArc(MGraph *G,VertexType v,VertexType w)
{   int v1,w1;
    v1=LocateVex(*G,v);
    w1=LocateVex(*G,w);
    if(v1<0||w1<0)                /*v1、w1 的值不合法*/
        return ERROR;
    if((*G).kind%2==0)            /*图*/
        (*G).arcs[v1][w1].adj=0;
    else                          /*网*/
        (*G).arcs[v1][w1].adj=INFINITY;
    if((*G).arcs[v1][w1].info)   /*有其他信息*/
    {   free((*G).arcs[v1][w1].info);
        (*G).arcs[v1][w1].info=NULL;
    }
    if((*G).kind>=2)              /*无向，删除对称弧<w,v>*/
    {   (*G).arcs[w1][v1].adj=(*G).arcs[v1][w1].adj;
        (*G).arcs[w1][v1].info=NULL;
    }
    (*G).arcnum--;
    return OK;
}
```

注：相对于图的邻接表存储结构可以发现在删除或增加边(弧)时相当便利。图的邻接表存储结构上的其他操作不再列出，读者可参考前面章节内容。

8.3.3 创建图的邻接矩阵存储结构

通过对图的邻接矩阵存储结构的定义和相关的基本操作可知创建图的邻接矩阵存储结构是其他各操作的前提，只有创建了图的存储结构，其他操作才能进行。

1. 图的邻接矩阵存储结构的创建算法

创建图的邻接矩阵存储结构的操作可描述为：首先确定图的类型 kind，输入顶点数 vexnum 和边数 arcnum 及弧是否含有其他信息；然后根据输入的顶点数读入各顶点信息；最后根据边数读入图中所有边的同时构造邻接矩阵(若为网，还要读入边的权值等相关信息)。

采用邻接矩阵表示法，构造有向网 G 算法如下：

算法 8.22 构造有向网 G 邻接矩阵算法

```
Status CreateDN(MGraph *G)
{   int i,j,k,w,IncInfo;
    char s[MAX_INFO],*info;
    VertexType va,vb;
    printf("请输入有向网 G 的顶点数、弧数，弧是否含其他信息(是:1,否:0): ");
    scanf("%d,%d,%d",&(*G).vexnum,&(*G).arcnum,&IncInfo);
    printf("请输入%d 个顶点的值(<%d 个字符):\n",(*G).vexnum,MAX_NAME);
    for(i=0;i<(*G).vexnum;++i)                      /*构造顶点向量*/
        scanf("%s",(*G).vexs[i]);
    for(i=0;i<(*G).vexnum;++i)                      /*初始化邻接矩阵*/
        for(j=0;j<(*G).vexnum;++j)
        {   (*G).arcs[i][j].adj=INFINITY;    /*网*/
            (*G).arcs[i][j].info=NULL;
        }
    printf("请输入%d 条弧的弧尾弧头权值(以空格作为间隔): \n",(*G).arcnum);
    for(k=0;k<(*G).arcnum;++k)
    {   scanf("%s%s%d%*c",va,vb,&w);          /*%*c 吃掉回车符*/
        i=LocateVex(*G,va);
        j=LocateVex(*G,vb);
        (*G).arcs[i][j].adj=w;                  /*有向网*/
        if(IncInfo)
        {   printf("请输入该弧的相关信息(<%d 个字符): ",MAX_INFO);
            gets(s);
            w=strlen(s);
            if(w)
            {   info=(char*)malloc((w+1)*sizeof(char));
                strcpy(info,s);
                (*G).arcs[i][j].info=info;  /*有向*/
            }
        }
    }
    (*G).kind=DN;
    return OK;
}
```

2. 图的邻接矩阵存储结构的打印输出算法

图的邻接矩阵存储结构的打印操作可描述为：首先输出图的类型 kind、顶点数 vexnum、边数 arcnum，然后输出图的顶点向量，最后输出该图的邻接矩阵。所以，图的邻接矩阵存储结构下的输出算法描述如下：

算法 8.23　图的邻接矩阵存储结构的打印输出算法

```
void Display(MGraph G)
{   int i,j;
    char s[7],s1[3];
    switch(G.kind)
    {
    case DG:
        strcpy(s,"有向图\0");
        strcpy(s1,"弧\0");
        break;
    case DN:
        strcpy(s,"有向网\0");
        strcpy(s1,"弧\0");
        break;
    case AG:
        strcpy(s,"无向图\0");
        strcpy(s1,"边\0");
        break;
    case AN:
        strcpy(s,"无向网\0");
        strcpy(s1,"边\0");
    }
    printf("%d个顶点%d条%s的%s\n",G.vexnum,G.arcnum,s1,s);
    for(i=0;i<G.vexnum;++i)          /*输出G.vexs*/
        printf("G.vexs[%d]=%s\n",i,G.vexs[i]);
    printf("G.arcs.adj:\n");         /*输出G.arcs.adj*/
    for(i=0;i<G.vexnum;i++)
    {   for(j=0;j<G.vexnum;j++)
            printf("%d\t",G.arcs[i][j].adj);
        printf("\n");
    }
    printf("G.arcs.info:\n");        /*输出G.arcs.info*/
    for(i=0;i<G.vexnum;i++)
    {   for(j=0;j<G.vexnum;j++)
            printf("%s\t",G.arcs[i][j].info);
        printf("\n");
    }
}
```

用邻接矩阵方法存储图，很容易确定图中任意两个顶点之间是否有边相连。但是，要确定图中有多少条边，则必须按行、按列对邻接矩阵中的每个元素进行检测，所花费的时间代价很大，这是用邻接矩阵存储图的局限性。

8.4 图的其他存储结构

图的存储结构有好多种，前面介绍了图的邻接表表示法和邻接矩阵表示法，除了这两种方法之外，图还有十字链表表示法和邻接多重表表示法。

8.4.1 图的十字链表存储结构

十字链表(Orthogonal List)是有向图的一种存储方法，它实际上是邻接表与逆邻接表的结合结构，即把每一条边的边结点分别组织到以弧尾顶点为头结点的链表和以弧头顶点为头顶点的链表中。在十字链表表示中，顶点表和边表的结点结构如图 8.9 所示。

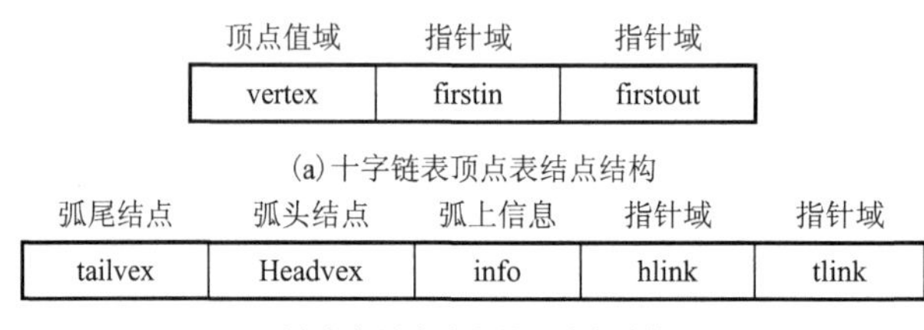

图 8.9 十字链表顶点表、边表的弧结点结构示意

在弧结点中有五个域：尾域 tailvex 和头域 headvex 分别指示弧尾和弧头这两个顶点在图中的位置，链域 hlink 指向弧头相同的下一条弧，链域 tlink 指向弧尾相同的下一条弧，info 域指向该弧的相关信息。弧头相同的弧在同一链表上，弧尾相同的弧也在同一链表上。它们的头结点即为顶点结点，由三个域组成：vertex 域存储和顶点相关的信息，如顶点的名称等；firstin 和 firstout 为两个链域，分别指向以该顶点为弧头或弧尾的第一个弧结点。若将有向图的邻接矩阵看成是稀疏矩阵，则十字链表也可以看成是邻接矩阵的链表存储结构，在图的十字链表中，弧结点所在的链表非循环链表，结点之间相对位置自然形成，不一定按顶点序号有序，表头结点即顶点结点，它们之间是顺序存储。

有向图的十字链表存储表示(图 8.10)的形式描述如下：

```
#define MAX_VERTEX_NUM 20
typedef struct ArcBox
{   int tailvex,headvex;                /*该弧的尾和头顶点的位置*/
    struct ArcBox *hlink,*tlink;        /*分别为弧头相同和弧尾相同的弧的链域*/
    InfoType info;                      /*该弧相关信息的指针*/
}ArcBox;
typedef struct VexNode
{   VertexType vertex:
    ArcBox *fisrin, *firstout;          /*分别指向该顶点第一条入弧和出弧*/
}VexNode;
typedef struct
{   VexNode xlist[MAX_VERTEX_NUM];      /*表头向量*/
    int vexnum,arcnum;                  /*有向图的顶点数和弧数*/
}OLGraph;
```

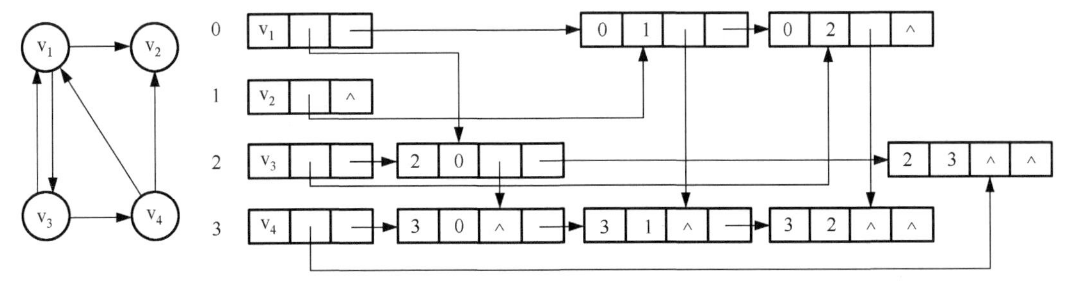

图 8.10　有向图及其十字链表的存储表示

在十字链表中既容易找到以 v_i 为尾的弧，也容易找到以 v_i 为头的弧，因而容易求得顶点的出度和入度(若需要，可在建立十字链表的同时求出)。同时，建立十字链表的时间复杂度和建立邻接表是相同的。在某些有向图的应用中，十字链表是很有用的工具。

8.4.2　图的邻接多重表存储结构

邻接多重表(Adjacent Multilist)主要用于存储无向图。因为，如果用邻接表存储无向图，每条边的两个边结点分别在以该边所依附的两个顶点为头结点的链表中，这给图的某些操作带来不便。例如，对已访问过的边做标记，或者要删除图中某一条边等，都需要找到表示同一条边的两个结点。因此，在进行这一类操作的无向图的问题中采用邻接多重表作存储结构更为适宜。

邻接多重表的存储结构和十字链表类似，也由顶点表和边表组成，每一条边用一个结点表示，其顶点表结点结构和边表结点结构如图 8.11 所示。

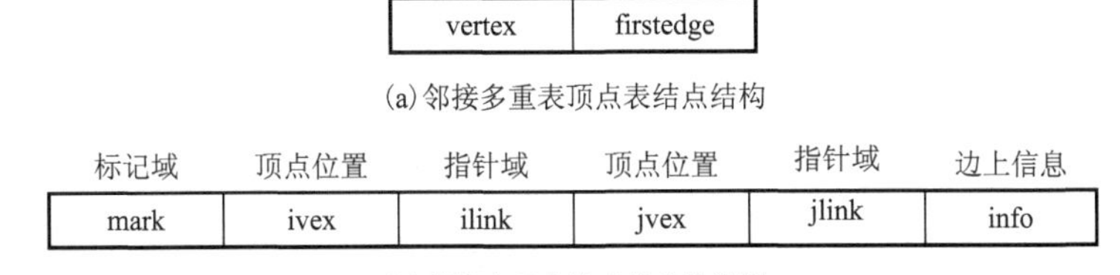

(a) 邻接多重表顶点表结点结构

(b) 邻接多重表边表结点结构图

图 8.11　邻接多重表顶点表、边表结构

顶点表由两个域组成：vertex 域存储和该顶点相关的信息，firstedge 域指示第一条依附于该顶点的边。边表结点由六个域组成：mark 为标记域，可用以标记该条边是否被搜索过；ivex 和 jvex 为该边依附的两个顶点在图中的位置；ilink 指向下一条依附于顶点 ivex 的边；jlink 指向下一条依附于顶点 jvex 的边；info 为指向和边相关的各种信息的指针域。

邻接多重表存储表示的形式描述如下：

```
#define MAX_VERTEX_NUM 20
typedef emnu{ unvisited,visited} VisitIf;
typedef struct Ebox
{   VisitIf mark:                         /*访问标记*/
    int ivex,jvex;                        /*该边依附的两个顶点的位置*/
    struct EBox *ilink, *jlink;           /*分别指向依附这两个顶点的下一条边*/
    InfoType info;                        /*该边信息指针*/
}EBox;
```

```
typedef struct VexBox
{   VertexType data;
    EBox *fistedge;                    /*指向第一条依附该顶点的边*/
}VexBox;
typedef struct
{   VexBox adjmulist[MAX_VERTEX_NUM];
    int vexnum,edgenum;                /*无向图的当前顶点数和边数*/
}AMLGraph;
```

例如，如图 8.12 所示为无向图 8.1 的邻接多重表。在邻接多重表中，所有依附于同一顶点的边串联在同一链表中，由于每条边依附于两个顶点，则每个边结点同时链接在两个链表中。由此可见，对于无向图而言，其邻接多重表和邻接表的差别仅仅在于同一条边在邻接表中用两个结点表示，而在邻接多重表中只有一个结点。因此，除了在边结点中增加一个标志域外，邻接多重表所需的存储量和邻接表相同。在邻接多重表上，各种基本操作的实现亦和邻接表相似。

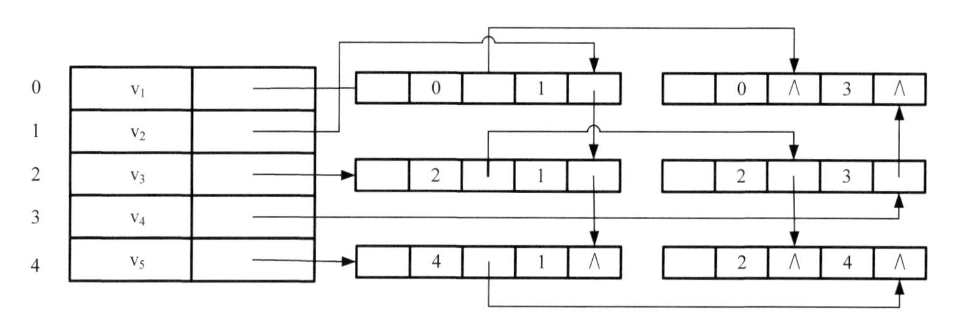

图 8.12　无向图 G_1 的邻接多重表

8.5　图的广度优先遍历

图的遍历是指从图中的任一顶点出发，对图中的所有顶点访问一次且只访问一次。图的遍历操作和树的遍历操作功能相似。图的遍历是图的一种重要操作，图的许多其他操作都是建立在遍历操作的基础之上。图的遍历通常有深度优先搜索和广度优先搜索共两种方式，本节先讨论图的广度优先搜索算法。

8.5.1　广度优先搜索

广度优先搜索(Broadth First Search，BFS)遍历类似于树按层次遍历的过程，是树的层次遍历推广。

假设从图中某顶点 v 出发，在访问了 v 之后依次访问 v 的各个未曾访问过的邻接点，然后分别从这些邻接点出发依次访问它们的邻接点，并使“先被访问的顶点的邻接点”先于“后被访问的顶点的邻接点”被访问，直至图中所有已被访问的顶点的邻接点都被访问到。若此时图中尚有顶点未被访问，则另选图中一个未曾被访问的顶点作起始点，重复上述过程，直至图中所有顶点都被访问到为止。换句话说，广度优先搜索遍历图的过程中以 v 为起始点，由近至远，依次访问和 v 有路径相通且路径长度为 1,2,…的顶点。类似的思想还可应用于 Dijkstra 单源最短路径算法和 Prim 最小生成树算法。

对如图 8.13 所示无向图 G_5 进行广度优先搜索遍历，首先访问 v_1 和 v_1 的邻接点 v_2 和 v_3，然后依次访问 v_2 的邻接点 v_4 和 v_5 及 v_3 的邻接点 v_6 和 v_7，最后访问 v_4 的邻接点 v_8。由于这些顶点的邻接点均已被访问，并且图中所有顶点都被访问，由此完成了图的广度优先搜索遍历。得到的顶点访问序列为：

$$v_1 \rightarrow v_2 \rightarrow v_3 \rightarrow v_4 \rightarrow v_5 \rightarrow v_6 \rightarrow v_7 \rightarrow v_8$$

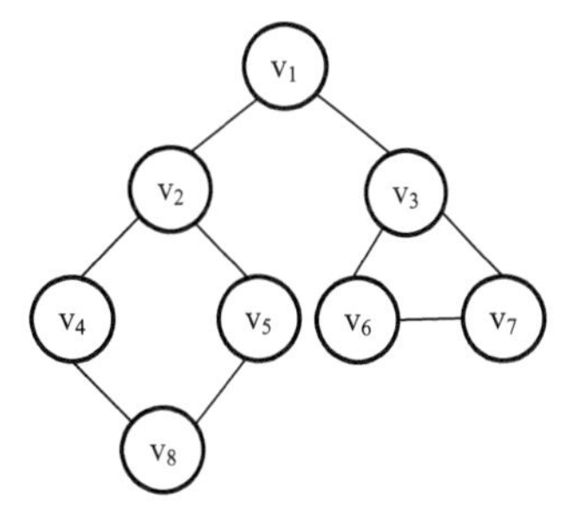

图 8.13　一个无向图 G_5

在遍历的过程中需要一个访问标志数组来记录某个顶点是否已被访问过。并且，为了顺次访问路径长度为 2、3、…的顶点，需要一个辅助队列以存储已被访问过的各个顶点。

广度优先搜索是一种分层的查找过程，每向前走一步可能访问一批顶点，因此可写成一个非递归算法。从上例不难看出，图的广度优先搜索过程与二叉树的层次遍历是完全一致的，这也说明了图的广度优先搜索遍历算法是二叉树层次遍历算法的扩展算法。从图的某一点 v 出发，非递归地进行广度优先遍历的算法描述如下：

算法 8.24　图的广度优先遍历(BFS)算法

```
void BFSTraverse(Graph G, Status(*Visit)(int v))
{   Boolean visited[MAX_VERTEX_NUM];      /*访问标志数组*/
    for (v=0;v<G,vexnum;++v)
        visited[v]=FALSE;
    InitQueue(Q);
    if (!visited[v])                      /*v 尚未访问*/
    {   EnQueue(Q,v);                     /*v 入队列*/
        while (!QueueEmpty(Q))
        {   DeQueue(Q,u);                 /*队头元素出队并置为 u*/
            visited[u]=TRUE;
            visit(u);                     /*访问 u*/
            for(w=FistAdjVex(G,u); w; w=NextAdjVex(G,u,w))
                if (!visited[w])
                    EnQueue(Q,w);         /*u 的尚未访问的邻接顶点 w 入队列 Q*/
        }
    }
}
```

该算法是按广度优先非递归遍历图 G 的算法，其中使用了辅助队列 Q 和访问标志数组 visited。访问标志数组 visited 用来记录某顶点是否已经被访问过。

8.5.2　邻接矩阵存储结构上的 BFS 算法

下面给出了以邻接矩阵为存储结构对整个图 G 进行广度优先遍历的 C 语言描述。

算法 8.25　邻接矩阵存储结构上的广度优先遍历算法

```
void BFSTraverse(MGraph G,Status(*Visit)(VertexType))
{   int v,u,w;
    VertexType w1,u1;
    LinkQueue Q;
```

```
    Boolean visited[MAX_VERTEX_NUM];    /*访问标志数组*/
    for(v=0;v<G.vexnum;v++)
        visited[v]=FALSE;               /*置初值,表示每一个顶点没被访问*/
    InitQueue(&Q);                      /*初始化辅助队列 Q*/
    for(v=0;v<G.vexnum;v++)
        if(!visited[v])                 /*v 尚未访问*/
        {   visited[v]=TRUE;            /*设置访问标志为 TRUE(已访问)*/
            Visit(G.vexs[v]);
            EnQueue(&Q,v);              /*v 入队列*/
            while(!QueueEmpty(Q))       /*队列不空*/
            {   DeQueue(&Q,&u);         /*队头元素出队并置为 u*/
                strcpy(u1,*GetVex(G,u));
                for(w=FirstAdjVex(G,u1);w>=0;)
                {   if(!visited[w])     /*w 为 u 的尚未访问的邻接顶点的序号*/
                    {   visited[w]=TRUE;
                        Visit(G.vexs[w]);
                        EnQueue(&Q,w);
                    }
                    w=NextAdjVex(G,u1,strcpy(w1,*GetVex(G,w)));
                }
            }
        }
        printf("\n");
}
```

分析上述算法，每个顶点至多入队列一次。图的遍历过程实质是通过相关联的边或弧找邻接点的过程，因此广度优先搜索遍历图的时间复杂度和深度优先搜索遍历相同，两者不同之处仅仅在于对顶点访问的顺序。

8.5.3 邻接表存储结构上的 BFS 算法

下面给出了以邻接表为存储结构对整个图 G 进行广度优先遍历的 C 语言描述：

算法 8.26 邻接表存储结构上的广度优先遍历算法

```
void BFSTraverse(ALGraph G,void(*Visit)(char*))
{  int v,u,w;
   VertexType u1,w1;
   LinkQueue Q;
   Boolean visited[MAX_VERTEX_NUM];     /*访问标志数组*/
   for(v=0;v<G.vexnum;++v)
     visited[v]=FALSE;                  /*置初值*/
   InitQueue(&Q);                       /*置空的辅助队列 Q*/
   for(v=0;v<G.vexnum;v++)              /*如果是连通图，只 v=0 就遍历全图*/
     if(!visited[v])                    /*v 尚未访问*/
     {visited[v]=TRUE;
        Visit(G.vertices[v].data);
        EnQueue(&Q,v);                  /*v 入队列*/
        while(!QueueEmpty(Q))           /*队列不空*/
```

```
    {  DeQueue(&Q,&u);                              /*队头元素出队并置为 u*/
       strcpy(u1,*GetVex(G,u));
       w=FirstAdjVex(G,u1);
       for(;w>=0;w=NextAdjVex(G,u1,strcpy(w1,*GetVex(G,w))))
            if(!visited[w])                         /*w 为 u 的尚未访问的邻接顶点*/
            {    visited[w]=TRUE;
                 Visit(G.vertices[w].data);
                 EnQueue(&Q,w);                     /*w 入队*/
            }
      }
   }
  printf("\n");
}
```

下面简单分析 BFS 算法的性能。

从上面的算法可知，无论是邻接表，还是邻接矩阵的存储方式，BFS 都需要借助一个辅助队列 Q，n 个顶点均需要入队列一次，所以其空间复杂度为 O(|V|)。

采用邻接表存储方式时，每个定点均需搜索一次(或入队一次)，所需时间为 O(|V|)，在搜索任意顶点的邻接点时，每条边至少访问一次，所需时间为 O(|E|)，所以算法总的时间复杂度为 O(|V|+|E|)。

当采用邻接矩阵存储方式时，查找每个顶点的邻接点所需的时间为|V|，故算法的时间复杂度为 $O(|V|^2)$。

8.6 图的深度优先遍历

图的遍历是指从图中的任一顶点出发，对图中的所有顶点访问一次且只访问一次。图的遍历操作和树的遍历操作功能相似。图的遍历是图的一种重要操作，图的许多其他操作都建立在遍历操作的基础上。下面讨论图的深度优先搜索算法。

8.6.1 深度优先搜索

深度优先搜索(Depth First Search，DFS)遍历类似于树的先根遍历，是树的先根遍历的推广算法。

假设初始时图中所有顶点未曾被访问，则深度优先搜索可从图中某个顶点 v 出发，访问该顶点，然后依次从 v 未被访问的邻接点出发深度优先遍历图，直至图中所有和 v 有路径相通的顶点都被访问到。若此时图中尚有顶点未被访问，则另选图中一个未曾被访问的顶点作起始点，重复上述过程，直至图中所有顶点都被访问到为止。

以图 8.13 的无向图 G_5 为例，进行图的深度优先搜索。假设从顶点 v_1 出发进行搜索，在访问了顶点 v_1 之后，选择邻接点 v_2，因为 v_2 未曾访问，然后从 v_2 出发继续进行搜索，搜索到 v_4，继续从 v_4 出发再进行搜索。依次类推，接着从 v_8、v_5 出发进行搜索。在访问了 v_5 之后，由于 v_5 的邻接点都已被访问，则搜索回到 v_8。同样，搜索继续回到 v_4 和 v_2，直至 v_1，此时由于 v_1 的另一个邻接点 v_3 未被访问，则又从 v_1 到 v_3 搜索，再继续进行下去由此，得到的顶点访问序列为

$$v_1 \to v_2 \to v_4 \to v_8 \to v_5 \to v_3 \to v_6 \to v_7$$

显然，这是一个递归的过程。为了在遍历过程中便于区分顶点是否已被访问，需附设访问标志数组 visited[n]，其初值为 FALSE ，一旦某个顶点被访问，则其相应的分量置为 TRUE。

从图的某一点 v 出发，递归地进行深度优先遍历的过程如算法 8.27 所示。

算法 8.27　深度优先遍历(DFS)的递归算法

```
void DFS(Graph G,int v )
{   visited[v]=TRUE;
    VisitFunc(v);               /*访问第 v 个顶点*/
    for(w=FisrAdjVex(G,v);w; w=NextAdjVex(G,v,w))
        if (!visited[w])
            DFS(G,w);           /*对 v 的尚未访问的邻接顶点 w 递归调用 DFS*/
}
```

8.6.2　邻接矩阵存储结构上的 DFS 算法

根据深度优先搜索的基本思想，下面给出了对以邻接矩阵为存储结构的整个图 G 进行深度优先遍历的递归算法。

算法 8.28　邻接矩阵存储结构上的深度优先遍历的递归算法

```
# include "AdjMatr.c"
Boolean visited[MAX_VERTEX_NUM];                /*访问标志数组(全局量)*/
Status(*VisitFunc)(VertexType);                 /*函数变量*/
/*从第 v 个顶点出发递归地深度优先遍历图 G*/
void DFS(MGraph G,int v)
{   VertexType w1,v1;
    int w;
    visited[v]=TRUE;                            /*设置访问标志为 TRUE(已访问)*/
    VisitFunc(G.vexs[v]);                       /*访问第 v 个顶点*/
    strcpy(v1,*GetVex(G,v));
    for(w=FirstAdjVex(G,v1);w>=0;w=NextAdjVex(G,v1,strcpy(w1,*GetVex(G,w))))
        if(!visited[w])
            DFS(G,w);           /*对 v 的尚未访问的序号为 w 的邻接顶点递归调用 DFS*/
}
/*从第一个顶点起，深度优先遍历图 G，并对每个顶点调用函数 Visit 一次且仅一次*/
void DFSTraverse(MGraph G,Status(*Visit)(VertexType))
{   int v;
    VisitFunc=Visit;            /*使用全局变量 VisitFunc，使 DFS 不必设函数指针参数*/
    for(v=0;v<G.vexnum;v++)
        visited[v]=FALSE;       /*访问标志数组初始化(未被访问)*/
    for(v=0;v<G.vexnum;v++)
        if(!visited[v])
            DFS(G,v);           /*对尚未访问的顶点调用 DFS*/
    printf("\n");
}
```

根据深度优先搜索的基本思想，下面给出了对以邻接矩阵为存储结构的整个图 G 进行深度优先遍历的非递归算法。

算法 8.29　邻接矩阵存储结构上的深度优先遍历(DFS)的非递归算法

```
void DFSTraverse(MGraph G,int v,Status(*Visit)(VertexType))
{   Boolean visited[MAX_VERTEX_NUM]={0};     /*访问标志数组*/
    int S[MAX_VERTEX_NUM]={0};
    int top=-1;                              //采用数据栈并假设不会发生溢出
    int j;
    Visit(G.vexs[v]);                        //对顶点的访问函数
    visited[v]=1;
    S[++top]=v;
    while(top!=-1)
    {   v=S[top];                    //从栈顶元素出发进行深度优先遍历，注意不出栈
        for(j=0;j<G.vexnum;j++)
            if(G.arcs[v][j].adj==1 && visited[j]==0)
            {   Visit(G.vexs[j]);
                visited[j]=1;
                S[++top]=j;
                break;
            }
        if(j==G.vexnum)
            top--;                   //顶点 j 没有未曾访问的邻接点，退栈
    }
}
```

8.6.3　邻接表存储结构上的 DFS 算法

根据深度优先搜索的基本思想，下面给出了对以邻接表为存储结构的整个图 G 进行深度优先遍历的递归算法。

算法 8.30　邻接表存储结构上深度优先遍历的递归算法

```
Boolean visited[MAX_VERTEX_NUM];     /*访问标志数组(全局量)*/
void(*VisitFunc)(char* v);           /*函数变量(全局量)*/
/*从第 v 个顶点出发递归地深度优先遍历图 G*/
void DFS(ALGraph G,int v)
{   int w;
    VertexType v1,w1;
    strcpy(v1,*GetVex(G,v));
    visited[v]=TRUE;                 /*设置访问标志为 TRUE(已访问)*/
    VisitFunc(G.vertices[v].data);   /*访问第 v 个顶点*/
    for(w=FirstAdjVex(G,v1);w>=0;w=NextAdjVex(G,v1,strcpy(w1,*GetVex(G,w))))
        if(!visited[w])
            DFS(G,w);                /*对 v 的尚未访问的邻接点 w 递归调用 DFS*/
}
/*对图 G 作深度优先遍历*/
void DFSTraverse(ALGraph G,void(*Visit)(char*))
{   int v;
    VisitFunc=Visit;      /*使用全局变量 VisitFunc，使 DFS 不必设函数指针参数*/
    for(v=0;v<G.vexnum;v++)
```

```
        visited[v]=FALSE;                    /*访问标志数组初始化*/
    for(v=0;v<G.vexnum;v++)
        if(!visited[v])
            DFS(G,v);                        /*对尚未访问的顶点调用 DFS*/
    printf("\n");
}
```

根据深度优先搜索的基本思想，下面给出以邻接表存储结构上图 G 进行深度优先遍历的非递归算法。

算法 8.31　邻接表存储结构上深度优先遍历的非递归算法

```
Boolean visited[MAX_VERTEX_NUM]={0};    /*访问标志数组(全局量)*/
/*用非递归过程对图 G 作深度优先遍历*/
void DFSTraverse(ALGraph G,VertexType v0,void(*Visit)(VertexType ))
{   int S[MAX_VERTEX_NUM];
    int top=-1;
    int v,w;
    VertexType *vt1,*vt2;
    for(v=0;v<G.vexnum;v++)
        visited[v]=FALSE;                    /*访问标志数组初始化*/
    v=LocateVex(G,v0);
    S[++top]=v;
    while(top!=-1)
    {   v=S[top--];
        if(!visited[v])
        {   Visit(*GetVex(G,v));
            visited[v]=1;
        }
        vt1=GetVex(G,v);
        w=FirstAdjVex(G,*vt1);               //求 v 的第一个邻接点
        vt2=GetVex(G,w);
        while(w!=-1)
        {   if(!visited[w])
            {   S[top++]=w;
                w=NextAdjVex(G,*vt1,*GetVex(G,w)); //求 v 相对于 w 的下一个邻接点
            }
        }
    }
    printf("\n");
}
```

分析上述算法，在遍历时，对图中每个顶点至多调用一次 DFS 函数，因为一旦某个顶点被标志成已被访问，就不再从它出发进行搜索。因此，遍历图的过程实质上是对每个顶点查找其邻接点的过程，其耗费的时间则取决于所采用的存储结构。若采用邻接矩阵存储结构，查找每个顶点的邻接点所需时间为 $O(n^2)$，其中 n 为图中顶点数。当以邻接表作图的存储结构时，找邻接点所需时间为 O(e)，其中 e 为无向图中边的数或有向图中弧的数。因此，当以邻接表作存储结构时，深度优先搜索遍历图的时间复杂度为 O(n+e)。

习 题 八

一、选择题

1．设无向图的顶点个数为 n，则该图最多有（　　）条边。

A．n^2　　B．n(n−1)/2　　C．n(n+1)/2　　D．0

2．一个 n 个顶点的连通无向图中边的个数至少为（　　）。

A．n−1　　B．n　　C．n+1　　D．$n\log_2 n$

3．有 n 个顶点的有向图是强连通的，则该图至少需要（　　）条边。

A．n−l　　B．n　　C．n+l　　D．2n

4．n 个结点的完全有向图含有边的数目是（　　）。

A．n×n　　B．n(n+1)　　C．n/2　　D．n(n−l)

5．在一个无向图中，所有顶点的度数之和等于所有边数的（　　）倍。

A．1/2　　B．2　　C．1　　D．4

6．在一个有向图中，所有顶点的入度之和等于所有顶点出度之和的（　　）倍。

A．1/2　　B．2　　C．1　　D．4

7．用有向无环图描述表达式(A+B)((A+B)/A)，至少需要顶点的数目为（　　）。

A．5　　B．6　　C．8　　D．9

8．下列（　　）邻接矩阵是对称矩阵。

A．有向图　　B．无向图　　C．AOV 网　　D．AOE 网

9．当一个有 N 个顶点的图用邻接矩阵 A 表示时，顶点 V_i 的度是（　　）。

A．$\sum_{i=1}^{n} A[i,j]$　　B．$\sum_{j=1}^{n} A[i,j]$

C．$\sum_{i=1}^{n} A[j,i]$　　D．$\sum_{j=1}^{n} A[i,j] + \sum_{j=1}^{n} A[j,i]$

二、判断题

1．有 e 条边的无向图，在邻接表中有 e 个结点。（　　）

2．有向图中顶点 V 的度等于其邻接矩阵中第 V 行中 1 的个数。（　　）

3．强连通图的各顶点间均可达。（　　）

4．连通分量指的是有向图中的极大连通子图。（　　）

5．十字链表是无向图的一种存储结构。（　　）

6．有 n 个顶点的无向图采用邻接矩阵表示，图中的边数等于邻接矩阵中非零元素之和的两倍。（　　）

7．邻接矩阵适用于有向图和无向图存储，但不能存储带权的有向图和无向图，而只能使用邻接表存储形式来存储它。（　　）

8．一个有向图的邻接表和逆邻接表中结点个数可能不相等。（　　）

9．需要借助于一个队列来实现 DFS 算法。（　　）

三、填空题

1．判断一个无向图是一棵树的条件是____________________。

2．有向图 G 的强连通分量是指____________________。

3．一个连通图的__________是一个极小连通子图。

4．具有 10 个顶点的无向图，边的总数最多为__________。

5．G 是一个非连通无向图共有 28 条边，则该图至少有______个顶点。

6．N 个顶点的无向连通图的生成树含有_______条边。

7．下图中的强连通分量的个数为________个。

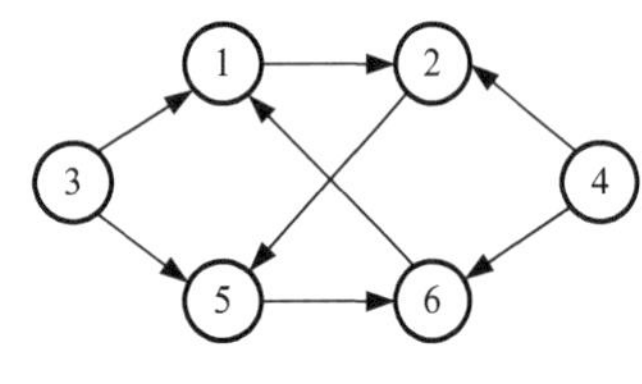

第 7 题图

8．在无向图 G 的邻接表表示中，每个顶点邻接表中所含的结点数等于该顶点的_________。

9．有向图 G 的逆邻接表中，每个顶点邻接表中所含的结点数等于该顶点的__________。

10．已知一无向图 G=(V,E)，其中 V={a,b,c,d,e}，E={(a,b),(a,d),(a,c),(d,c),(b,e)}。现用某一种图遍历方法从顶点 a 开始遍历图，得到的序列为 abecd，则采用的是_________遍历方法。

11．一无向图 G(V，E)，其中 V(G)={1,2,3,4,5,6,7}，E(G)={(1,2),(1,3),(2,4),(2,5),(3,6),(3,7),(6,7),(5,1)}，对该图从顶点 3 开始进行遍历，去掉遍历中未走过的边，得一生成树 G′(V,E′),V(G′)=V(G)，E(G′)={(1,3),(3,6),(7,3),(1,2),(1,5),(2,4)}，则采用的遍历方法是__________。

12．为了实现图的广度优先搜索，除了一个标志数组标志已访问的图的结点外，还需__________存放被访问的结点以实现遍历。

四、应用题

1．用邻接矩阵表示图时，矩阵元素的个数与顶点个数是否相关？与边的条数是否有关？

2．有向图的邻接表存储如下：①画出其邻接矩阵存储；②写出图的所有强连通分量；③写出顶点 a 到顶点 i 的全部简单路径。

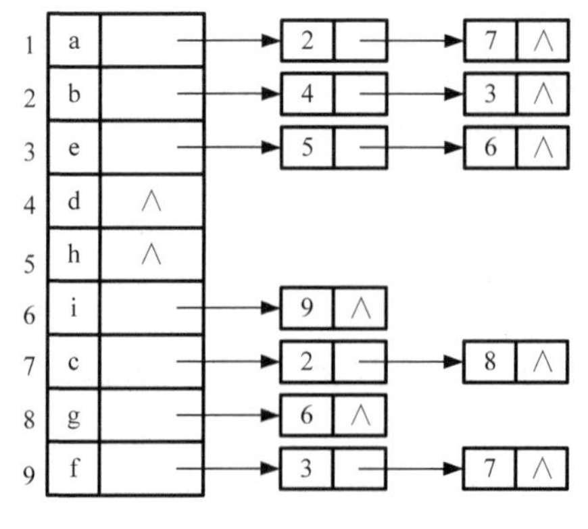

第 2 题图

3．试用下列两种表示法画出图 G，V(G)={1,2,3,4}，E(G)={(1,2),(1,3),(2,3),(2,4),(3,4)}的存储结构，并评述这几种表示法的优缺点：①邻接矩阵表示法；②邻接表表示法。

4. 已知无向图 G，V(G)={1,2,3,4}，E(G)={(1,2),(1,3),(2,3),(2,4),(3,4)}。试画出 G 的邻接多重表，并说明；若已知点 i，如何根据邻接多表找到与 i 相邻的点 j。

5. 有图 G：

(1) 画出 G 的邻接表表示图；

(2) 根据画出的邻接表，以顶点 1 为根，画出 G 的深度优先生成树和广度优先生成树。

6. 已知某图的邻接表如下。

(1) 写出此邻接表对应的邻接矩阵；

(2) 写出由 v_1 开始的深度优先遍历的序列；

(3) 写出由 v_1 开始的深度优先的生成树；

(4) 写出由 v_1 开始的广度优先遍历的序列；

(5) 写出由 v_1 开始的广度优先的生成树。

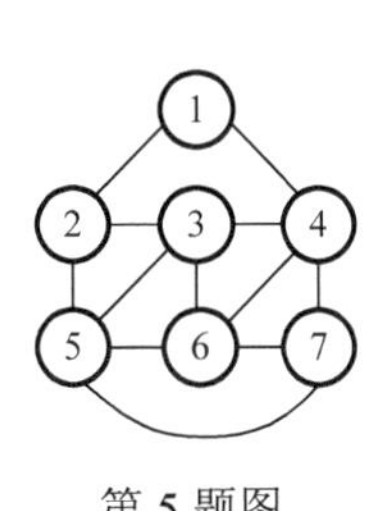

第 5 题图

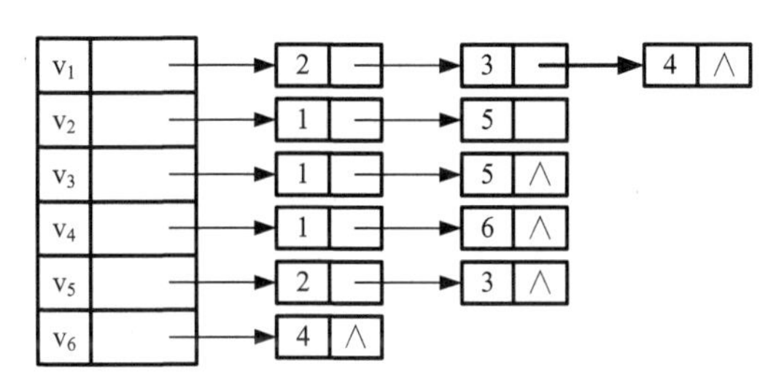

第 6 题图

五、算法设计题

1. 设无向图 G 有 n 个顶点、m 条边。试编写用邻接表存储该图的算法。(设顶点值用 1～n 或 0～n−1 编号)

2. 写出从图的邻接表表示转换成邻接矩阵表示的算法。

3. 设已给出图的邻接矩阵，要求将邻接矩阵转换为邻接表，试实现其算法。

4. 设有向图用邻接表表示，图有 n 个顶点，表示为 1 至 n。试写一个算法求顶点 k 的入度($1<k<n$)。

5. 假设以邻接矩阵作为图的存储结构，编写算法判别在给定的有向图中是否存在一个简单有向回路，若存在，则以顶点序列的方式输出该回路(找到一条即可)。

6. 在有向图 G 中，如果 r 到 G 中的每个结点都有路径可达，则称结点 r 为 G 的根结点。编写一个算法完成下列功能：

(1) 建立有向图 G 的邻接表存储结构；

(2) 判断有向图 G 是否有根，若有，则打印出所有根结点的值。

7. 写出图的深度优先搜索算法的非递归算法。

8. 试编写从某一顶点出发按深度优先搜索策略在图的邻接表上遍历一个强连通图的非递归算法。

9. 假定 G=(V,E) 是有向图，V={1,2,…,N}，N≥1，G 以邻接矩阵方式存储，G 的邻接矩阵为 A，即 A 是一个二维数组，如果 i 到 j 有边，则 A[i,j]=1，否则 A[i,j]=0。试给出一个算法，该算法能判断 G 是否是非循环图(即 G 中是否存在回路)，要求算法的时间复杂性为 O(n×n)。

第 9 章　图算法及应用

图结构具有极强的表达能力，可以用于描述各种复杂的数据对象。图的应用十分广泛，典型的应用领域有电路分析、项目规划、化合物鉴别、统计力学、遗传学、人工智能、语言学等。本章重点介绍图的最小生成树、最短路径、拓扑排序、关键路径算法及其应用。

学习要点：

- 求解图最小生成树的 Prim 算法和 Kruskal 算法。
- 求解单源最短路径问题的 Dijstra 算法。
- 求解所有顶点间最短路径的 Floyd 算法。
- 活动网的拓扑排序算法及其应用。
- 求解关键路径的算法及其应用。

9.1　最小生成树

9.1.1　最小生成树的定义

连通图的一次遍历所经过的边的集合及图中所有顶点的集合就构成了该图的一棵生成树，对连通图的不同遍历，如遍历出发点不同或存储点不同，就可能得到不同的生成树。所以，无向连通图的生成树不是唯一的。如图 9.2 所示均为如图 9.1 所示的无向连通图的生成树。

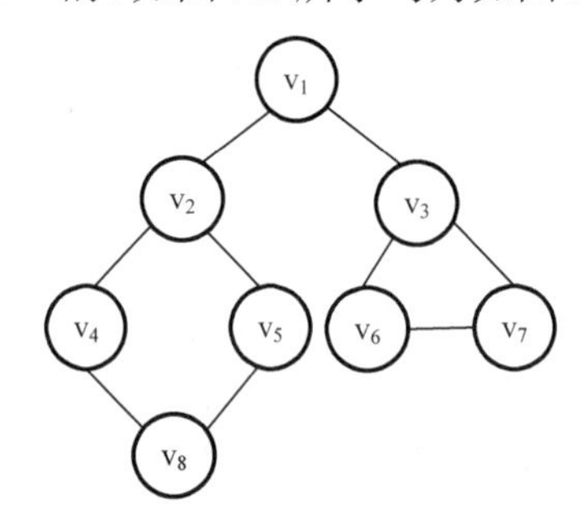

图 9.1　无向连通图

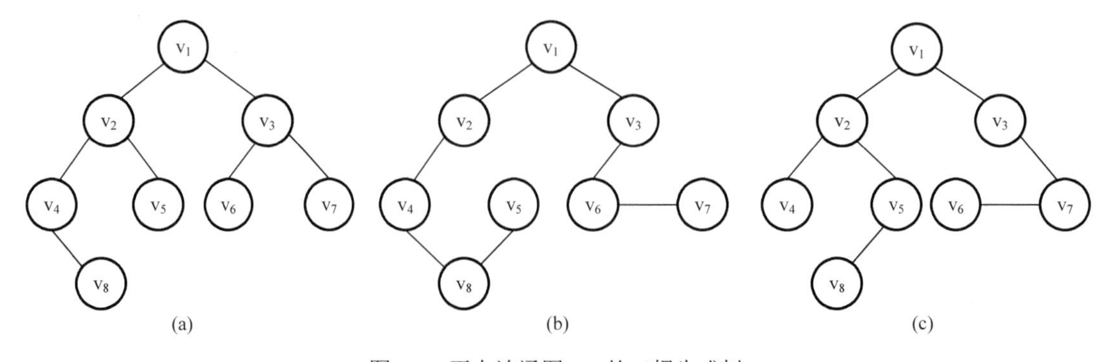

图 9.2　无向连通图 9.1 的三棵生成树

可以证明，对于有 n 个顶点的无向连通图，无论其生成树的形态如何，所有生成树中都有且仅有 n–1 条边。

如果无向连通图是一个网，那么，它的所有生成树中必有一棵边的权值的总和最小的生成树，称这棵生成树为最小生成树。最小生成树具有如下性质：

(1) 最小生成树不是唯一的，即最小生成树的树形不唯一。当图 G 中的各边权值互不相等时，G 的最小生成树是唯一的，若无向连通图 G 的边比顶点数少 1，即 G 本身就是一棵树时，G 的最小生成树就是它本身。

(2) 最小生成树的边的权值之和总是唯一的，虽然最小生成树不唯一，但是其对应边的权值之和总是唯一的，而且是最小的。

(3) 最小生成树的边数为顶点数减 1。

构造最小生成树有多种算法，但大多数算法都是利用了最小生成树的下列性质：

假设 G=(V,E) 是一个带权连通无向图，U 是顶点集 V 的一个非空子集，若 (u,v) 是一条具有最小权值的边，其中 $u \in U, v \in V-U$，则必存在一棵包含边 (u,v) 的最小生成树。

“最小生成树”的概念可以应用到许多实际问题中。例如，有这样一个问题：以尽可能低的总造价建造城市间的通信网络，把几个城市联系在一起。在这几个城市中，任意两个城市之间都可以建造通信线路，通信线路的造价依据城市间的距离不同而不同，可以构造一个通信线路造价网络。在网络中，每个顶点表示城市，顶点之间的边表示城市之间可构造通信线路，每条边的权值表示该条通信线路的造价，要想使总的造价最低，实际上就是寻找该网络的最小生成树。

基于该性质的求解最小生成树的算法主要有 Prim 算法和 Kruskal 算法，它们都是基于贪婪算法的策略。下面介绍这两种常用的构造最小生成树的算法。

9.1.2 构成最小生成树的 Prim 算法

Prim (普里姆) 算法的思想：取出图中任意一个顶点，把它当成一棵树，然后从与该顶点相关联的边中选取一条最短 (权值最小) 的边，并将这条边及其所关联的顶点并入这棵树中，此时得到一棵有两个顶点的树。然后从与这棵树的两个顶点关联的边中选取一条最短的边，并将这条边及其所关联顶点并入当前树中，得到一棵有三个顶点的树。以此类推，直到图中所有顶点都被并入树中为止，此时得到的生成树就是最小生成树。

例如，图 9.3 (a) 所示的带权无向图用 Prim 算法构造最小生成树的过程如图 9.3 (b)～(f) 所示，以顶点 v_1 为起点，构造生成树的过程如下：

如图 9.3 (a) 所示，当以顶点 v_1 为起点时候选边的边长为 6,1,5，最小边长为 1，选择边长为 1 的边 (v_1,v_3)，并将 v_3 加入到这个树中，如图 9.3 (b) 所示。

此时找与 v_1,v_3 关联的边，候选边的边长为 6,5,4,5,6,5，最小边长为 4，选择边长为 4 的边 (v_3,v_6)，并将 v_6 加入到这个树中，如图 9.3 (c) 所示。

此时找与 v_1,v_3,v_6 关联的边，候选边的边长为 6,5,6,6,6,5,5,2，最小边长为 2，选择边长为 2 的边 (v_6,v_4)，并将 v_4 加入到这个树中，如图 9.3 (d) 所示。

此时找与 v_1,v_3,v_6,v_4 关联的边，候选边的边长为 6,5,6,6，最小边长为 5，选择边长为 5 的边 (v_3,v_2)，并将 v_2 加入到这个树中，如图 9.3 (e) 所示。

此时找与 v_1,v_3,v_6,v_4,v_2 关联的边，候选边的边长为 6,6,3，最小边长为 3，选择边长为 3 的边 (v_2,v_5)，并将 v_5 加入到这个树中，如图 9.3 (f) 所示。此时所有顶点都并入到生成树中，最小生成树求解完毕。

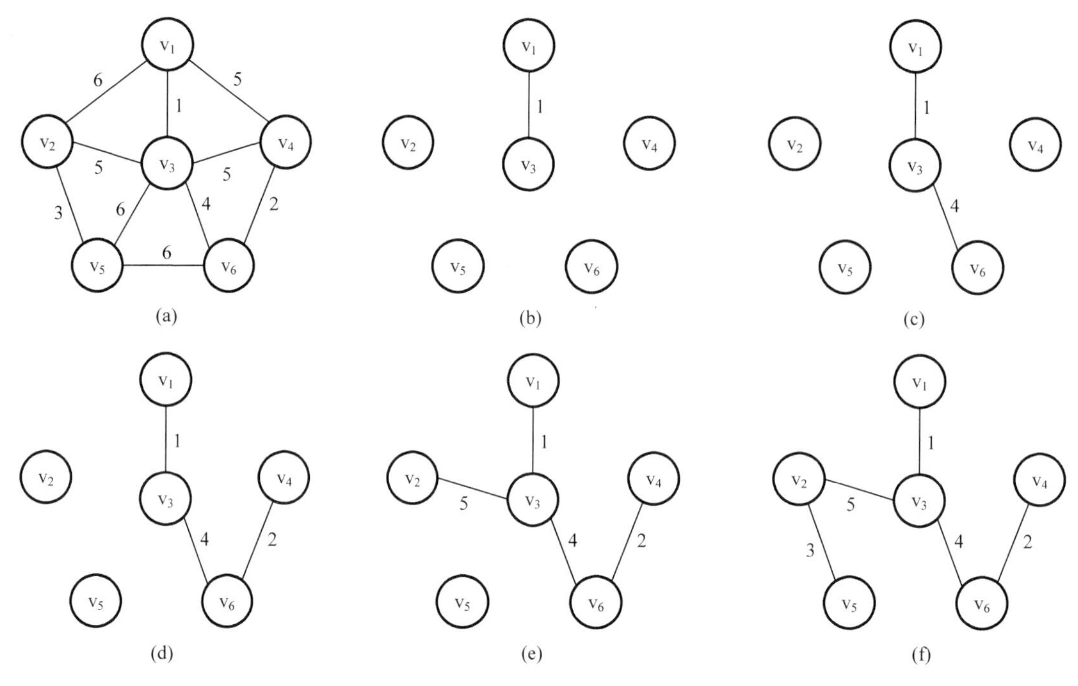

图 9.3　算法构造最小生成树的过程

构造图的最小生成树的 Prim 算法描述如下：

算法 9.1　构造最小生成树的 Prim 算法

```
typedef struct
{ //记录从顶点集 U 到 V-U 的代价最小的边的辅助数组定义
    VertexType adjvex;
    VRType lowcost;
}minside[MAX_VERTEX_NUM];
int minimum(minside SZ,MGraph G)
{   //求 closedge.lowcost 的最小正值
    int i=0,j,k,min;
    while(!SZ[i].lowcost)
        i++;
    min=SZ[i].lowcost;              //第一个不为 0 的值
    k=i;
    for(j=i+1;j<G.vexnum;j++)
        if(SZ[j].lowcost>0)
            if(min>SZ[j].lowcost)
            {
                min=SZ[j].lowcost;
                k=j;
            }
            return k;
}
void MiniSpanTree_PRIM(MGraph G,VertexType u)
{ //用普里姆算法从第 u 个顶点出发构造网 G 的最小生成树 T，输出 T 的各条边
    int i,j,k;
    minside closedge;
    k=LocateVex(G,u);
```

```
        for(j=0;j<G.vexnum;++j)       //辅助数组初始化
        {
            if(j!=k)
            {
                strcpy(closedge[j].adjvex,u);
                closedge[j].lowcost=G.arcs[k][j].adj;
            }
        }
        closedge[k].lowcost=0;        //初始，U={u}
        printf("最小生成树的各条边为:\n");
        for(i=1;i<G.vexnum;++i)
        { //选择其余 G.vexnum-1 个顶点
            k=minimum(closedge,G);  //求出 T 的下一个结点：第 k 顶点
            printf("(%s-%s)\n",closedge[k].adjvex,G.vexs[k]); //输出生成树的边
            closedge[k].lowcost=0;  //第 k 顶点并入 U 集
            for(j=0;j<G.vexnum;++j)
                if(G.arcs[k][j].adj<closedge[j].lowcost)
                { //新顶点并入 U 集后重新选择最小边
                    strcpy(closedge[j].adjvex,G.vexs[k]);
                    closedge[j].lowcost=G.arcs[k][j].adj;
                }
        }
    }
```

普里姆算法时间复杂度分析：观察算法代码，普里姆算法主要部分是一个双重循环，外层循环内有两个并列的单层循环，单层循环内的循环都是常量级的，因此可以取任一个单层循环内的操作为基本操作，其执行次数为 $O(n^2)$，可见普里姆算法的时间复杂度只与图中顶点有关系，与边数没有关系，因此，普里姆算法最适于求稠密图的最小生成树。

用该算法求解如图 9.4 所示的带权无向图的最小生成树，运行结果如图 9.5 所示。在图 9.5 中，G.arcs[i][j].adj 为该图的邻接矩阵中边的权值。

求解得到的最小生成树的边集为{(a,b),(b,c),(c,d),(d,f),(d,e),(f,g),(g,h)}，权值之和为 W=10+2+12+2+10+11+9=56。

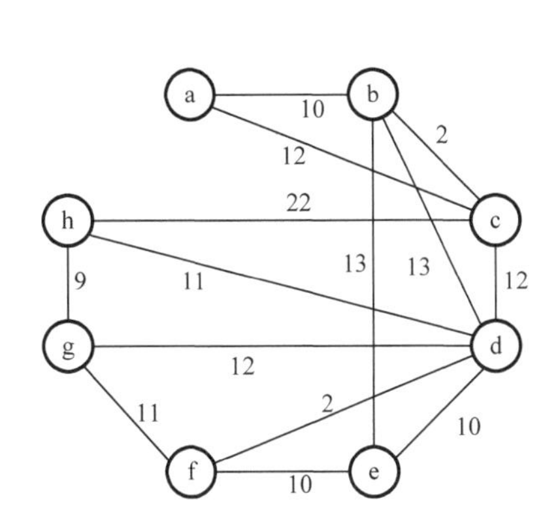

图 9.4　带权无向图

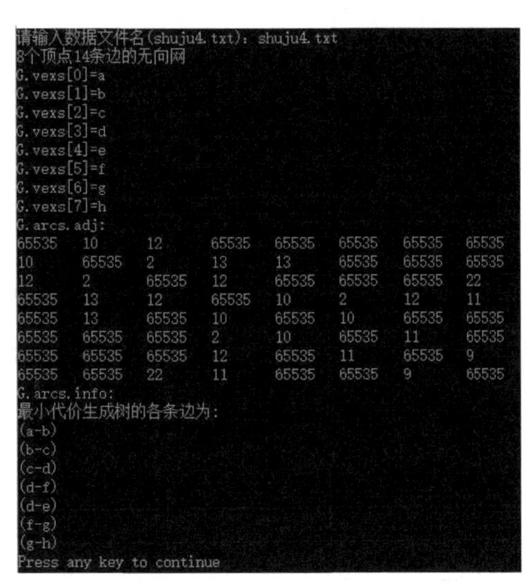

图 9.5　将图 9.4 用 Prim 算法 9.1 构造最小生成树的运行结果

9.1.3 构成最小生成树的 Kruskal 算法

Kruskal（克鲁斯卡尔）算法思想：将图中边按照权值从小到大排序，然后从最小边开始扫描各边，并检测当前边是否为候选边，即判断该边的并入是否会构成回路，如不构成回路，则将该边并入当前生成树中，直到所有边都被检测完为止。

判断是否会产生回路要用到并查集。并查集保存了一棵或者几棵树，这些树有这样的特点：通过树中一个结点，可以找到其双亲结点，进而找到根结点（其实就是之前讲过的树的双亲存储结构）。这个特性有两个好处：一是可以快速将两个含有很多元素的集合并为一个。两个集合就是并查集的两棵树，只需找到其中一棵树的根，然后将其作为另一棵树中任何一个结点的孩子结点即可。二是可以方便判断两个元素是否属于同一个集合。通过这两个元素所在的结点找到它们的根结点。如果它们有相同的根，则说明它们属于同一个集合，否则属于不同的集合。

例如，图 9.6（a）所示的带权无向图用 Kruskal 算法构造最小生成树的过程如图 9.6（b）～（f）所示。

图 9.6（a）原图；图 9.6（b）选权值最小的边（v_1,v_3）并入；图 9.6（c）选权值为 2 的边（v_4,v_6）并入；图 9.6（d）选权值为 3 的边（v_2,v_5）并入；图 9.6（e）选权值为 4 的边（v_3,v_6）并入；图 9.6（f）选权值为 5 的边（v_2,v_3）并入。如图 9.6（f）所示，此时选出 5 条边并入到生成树中，所有的顶点都并入到生成树中，最小生成树求解完毕。

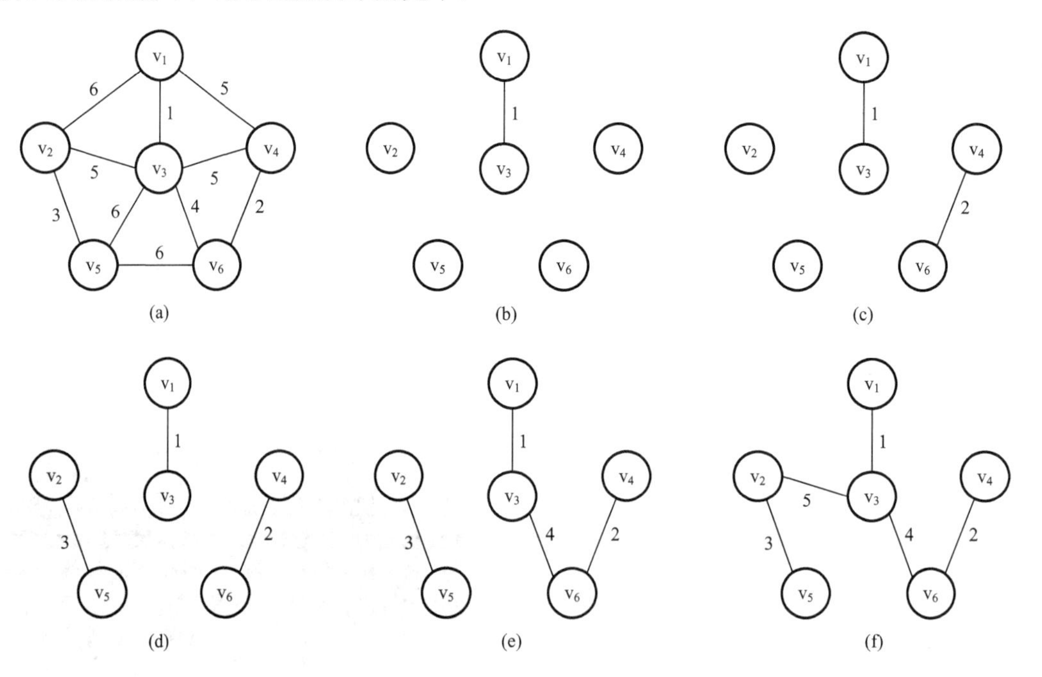

图 9.6 Kruskal 算法构造最小生成树的过程

构造图的最小生成树的 Kruskal 算法描述不再给出。

9.2 最短路径

若图是带权图，则把从一个顶点 v_0 到图中其余任一个顶点 v_i 的一条路径（可能不止一条）上所经过的边上的权值之和定义为该路径的带权路径长度，把带权路径长度最短的那条路径称为最短路径。

求解最短路径的算法通常都依赖一种性质，也就是两点之间的最短路径也包含此路径上其他顶点间的最短路径。

求解最短路径问题的算法主要有 Dijstra 算法和 Floyd 算法。Dijstra 算法也称为单源最短路径算法，即求图中某一顶点到其他各顶点的最短路径；Floyd 算法可以求图中任意两顶点之间的最短路径。

9.2.1 求图中某一顶点到其余各顶点的最短路径——Dijstra 算法

通常采用 Dijstra 算法求某一顶点到其余各顶点的最短路径，也称为单源最短路径问题，给定带权有向图 G=(V,E) 和源点 $v \in V$，求从 v 到 G 中其余各顶点的最短路径。

Dijstra 算法思想如下：设置两个顶点集合 S 和 T(T=V−S)，集合 S 中存放图中已找到最短路径的顶点，集合 T 中存放图中剩余顶点。初始状态时，集合 S 中只包含源点 v，然后不断从集合 T 中选取到顶点 v 路径长度最短的顶点 u 并入集合 S 中。集合 S 每并入一个新的顶点 u，都要修改顶点 v 到集合 T 中剩余顶点的最短路径长度值，集合 T 中各顶点新的最短路径长度值为原来的最短路径长度值与顶点 u 的最短路径长度值加上 u 到该顶点的路径长度值中的较小值。不断重复此过程，直到集合 T 的顶点全部并入到 S 中为止。

注：在理解“集合 S 每并入一个新的顶点 u，都要修改顶点 v 到集合 T 中剩余顶点的最短路径长度值”的时候要注意，在 u 被选入 S 中之后，u 被确定为最短路径上的顶点，此时 u 就像 v 到达 T 中顶点的中转站，多了一个中转站，就会多一些到达 T 中顶点的新的路径，而这些新的路径有可能比之前 v 到达 T 中顶点的路径要短，因此需要修改原有 v 到 T 中其他顶点的路径长度。

在构造过程中设置两个辅助数组：dist[]和 path[]。

dist[]：记录从源点 v 到其他各顶点当前的最短路径长度，dist[i]初值为 arcs[v][i]；

path[]：path[i]表示从源点到顶点 i 之间的最短路径的前驱结点，在算法结束时，可根据其值追溯得到源点 v 到顶点 i 的最短路径。

假设从顶点 0 出发，即 v=0，集合 S 最初只包含顶点 0，邻接矩阵 arcs 表示带权有向图，arcs[i][j]表示有向边<i, j>的权值，若不存在有向边<i, j>，则 arcs[i][j]为∞。Dijkstra 算法的步骤如下(不考虑对 path[]的操作)：

(1) 初始化：集合 S 初值为{0}，dist[]的初始值 dist[i]=arcs[0][i]，i=1,2,⋯,n−1。

(2) 从顶点集合 V-S 中选出 V_j 满足 $dist[j]=Min\{dist[i] | v_i \in V-S\}$，$v_j$ 就是当前求得的一条从 v 出发的最短路径的终点，令 $S=S \cup \{j\}$。

(3) 修改从 v 出发到集合 V-S 上任一顶点 v_k 可达的最短路径长度，即若 dist[j]+arcs[j][k]<dist[k]，则令 dist[k]=dist[j]+arcs[j][k]。

(4) 重复(2)和(3)操作 n−1 次，直到所有的顶点都包含在 S 中。

表 9.1 为应用 Dijstra 算法对图 9.7 中从顶点 0 出发，求顶点 0 到其余顶点的最短路径的过程。

表 9.1 从 v_1 到各终点的 dist 值和最短路径的求解过程

顶点	第 1 趟	第 2 趟	第 3 趟	第 4 趟
1	10 $v_0 \to v_1$	8 $v_0 \to v_4 \to v_1$	8 $v_0 \to v_4 \to v_1$	
2	∞	14 $v_0 \to v_4 \to v_2$	13 $v_0 \to v_4 \to v_3 \to v_2$	9 $v_0 \to v_4 \to v_1 \to v_2$
3	∞	7 $v_0 \to v_4 \to v_3$		
4	5 $v_0 \to v_4$			
集合 S	{1,5}	{1,5,4}	{1,5,4,2}	{1,5,4,2,3}

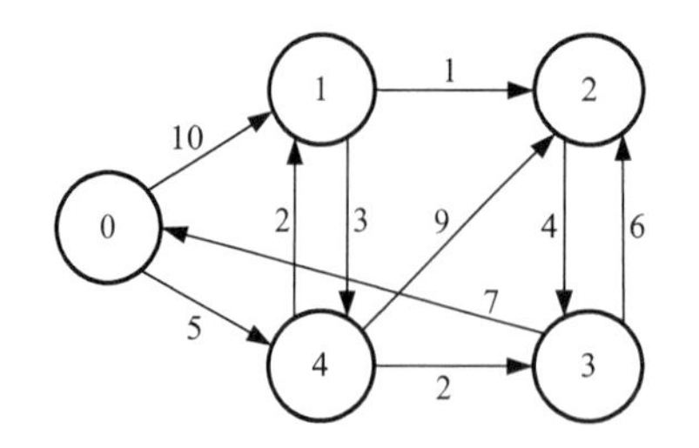

每趟得到的最短路径为：
第1趟：0→4，路径距离为5
第2趟：0→4→3，路径距离为7
第3趟：0→4→2，路径距离为8
第4趟：0→4→1→2，路径距离为9

图 9.7　应用 Dijstra 算法图

显然，Dijstra 算法也是基于贪婪策略的。算法的主要部分为一个双重循环，外层循环内有两个并列的单层循环，任何一个循环内的操作为基本操作，则基本操作执行的总次数为双重循环执行的次数。若使用邻接矩阵表示，它的时间复杂度为 $O(|V|^2)$。若使用带权的邻接表表示，虽然修改 dist[]的时间可以减少，但由于在 dist[]中选择最小分量的时间不变，其时间复杂度仍为 $O(|V|^2)$。

人们可能只希望找到从源点到某一个特定顶点的最短路径。但是，这个问题和求解源点到其他所有顶点的最短路径一样复杂，其时间复杂度也是 $O(|V|^2)$。如果要找出所有结点对之间的最短距离，则需要对每个结点运行一次 Dijstra 算法，即时间复杂度为 $O(|V|^3)$。

值得注意的是，如果边上带有负权值，Dijstra 算法并不适用。若允许边上带有负权值，有可能出现当与 S(已求得最短路径的顶点集，归入 S 内结点的最短路径不再变更)内某点(记为 a)以负边相连的点(记为 b)确定其最短路径时，它的最短路径长度加上这条负边的权值结果小于 a 原先确定的最短路径长度，而此时 a 在 Dijstra 算法下时候无法更新的。例如，对于如图 9.8 所示的带权有向图，利用 Dijstra 算法不一定能得到正确的结果。

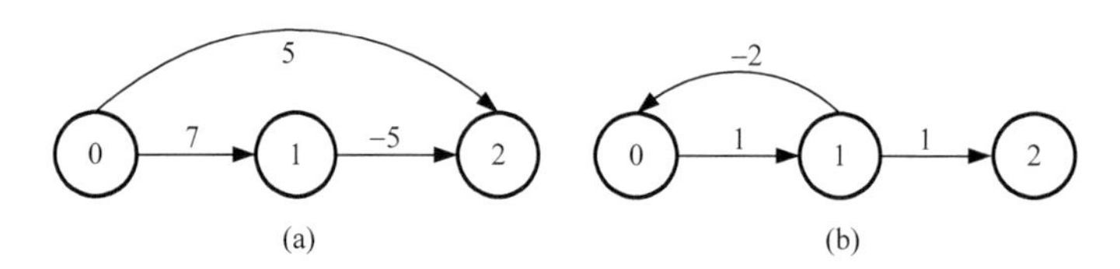

图 9.8　边上带有负权值的有向带权图

求图最短路径的 Dijstra 算法描述如下：

算法 9.2　求图的最短路径的 Dijstra 算法

```
#include"adjmatr.c"
typedef char VertexType[MAX_NAME];
typedef int PathMatrix[MAX_VERTEX_NUM][MAX_VERTEX_NUM];
typedef int ShortPathTable[MAX_VERTEX_NUM];
//用 Dijstra 算法求有向网 G 的 v0 顶点到其余顶点 v 的最短路径 P[v]及带权长度
void ShortestPath_DIJ(MGraph G,int v0,PathMatrix &P,ShortPathTable &D)
{   int v,w,i,j,min;
    Status final[MAX_VERTEX_NUM];
    for(v=0;v<G.vexnum;++v)
    {   final[v]=FALSE;
        D[v]=G.arcs[v0][v].adj;
        for(w=0;w<G.vexnum;++w)
            P[v][w]=FALSE;                //设空路径
        if(D[v]<INFINITY)
```

```
            {   P[v][v0]=TRUE;
                P[v][v]=TRUE;
            }
        }
        D[v0]=0;    final[v0]=TRUE;            //初始化，v0 顶点属于 S 集
        for(i=1;i<G.vexnum;++i)                //其余 G.vexnum-1 个顶点
        {  //开始主循环，每次求得 v0 到某个 v 顶点的最短路径，并加 v 到 S 集
            min=INFINITY;                      //当前所知离 v0 顶点的最近距离
            for(w=0;w<G.vexnum;++w)
                if(!final[w])                  //w 顶点在 V-S 中
                    if(D[w]<min)
                    {   v=w;
                        min=D[w];
                    }                          //w 顶点离 v0 顶点更近
            final[v]=TRUE;                     //离 v0 顶点最近的 v 加入 S 集
            for(w=0;w<G.vexnum;++w)            //更新当前最短路径及距离
            {if(!final[w]&&min<INFINITY
                   &&G.arcs[v][w].adj<INFINITY&&(min+G.arcs[v][w].adj<D[w]))
                { //修改 D[w]和 P[w],w∈V-S
                    D[w]=min+G.arcs[v][w].adj;
                    for(j=0;j<G.vexnum;++j)
                        P[w][j]=P[v][j];
                    P[w][w]=TRUE;
                }
            }
        }
    }
```

图 9.4 所示带权无向图采用该算法，运行结果如图 9.9 所示。

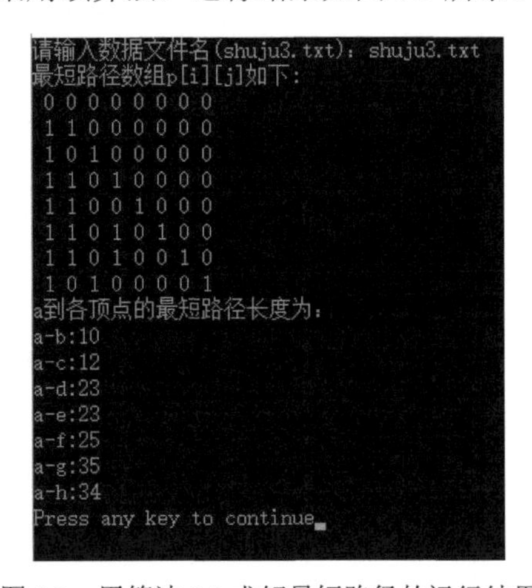

图 9.9　用算法 9.2 求解最短路径的运行结果

9.2.2　每一对顶点之间的最短路径——Floyd 算法

若希望找到每一对顶点之间的最短路径，解决这个问题的一个办法：以每一个顶点为源点，重复执行 Dijstra 算法 n 次。这样便可求得每一对顶点的最短路径，总的执行时间复杂度为 $O(n^3)$。

这里要介绍由弗洛伊德(Floyd)提出的另一个算法。这个算法的时间复杂度也是 $O(n^3)$，但形式上简单些。弗洛伊德算法从图的带权邻接矩阵 edges 出发，其基本思想是：假设求从顶点 v_i 到 v_j 的最短路径。如果从 v_i 到 v_j 有弧，则从 v_i 到 v_j 存在一条长度为 edges[i][j]的路径，该路径不一定是最短路径，尚需进行 n 次试探。首先考虑路径 (v_i,v_0,v_j) 是否存在(即判别弧 $<v_i, v_0>$ 和 $<v_0,v_j>$ 是否存在)，如果存在，则比较 (v_i,v_j) 和 (v_i,v_0,v_j) 的路径长度取长度较短者为从 v_i 到 v_j 的中间顶点的序号不大于 0 的最短路径。假如在路径上再增加一个顶点 v_1，也就是说，如果 $(v_i,\cdots,v_1)$ 和 $(v_1,\cdots,v_j)$ 分别是当前找到的中间顶点的序号不大于 0 的最短路径，那么 $(v_i,\cdots,v_1,\cdots,v_j)$ 就有可能是从 v_i 到 v_j 的中间顶点的序号不大于 1 的最短路径。将它和已经得到的从 v_i 到 v_j 中间顶点序号不大于 0 的最短路径相比较，从中选出中间顶点的序号不大于 1 的最短路径之后，再增加一个顶点 v_2，继续进行试探，依次类推。在一般情况下，若 $(v_i,\cdots,v_k)$ 和 $(v_k,\cdots,v_j)$ 分别是从 v_i 到 v_k 和从 v_k 到 v_j 的中间顶点的序号不大于 k−1 的最短路径，则将 $(v_i,\cdots,v_k,\cdots,v_j)$ 和已经得到的从 v_i 到 v_j 且中间顶点序号不大于 k−1 的最短路径相比较，其长度较短者便是从 v_i 到 v_j 的中间顶点的序号不大于 k 的最短路径。这样，在经过 n 次比较后，最后求得的必是从 v_i 到 v_j 的最短路径。

按此方法，可以同时求得各对顶点间的最短路径。

现定义一个 n 阶方阵序列：$D^{(-1)},D^{(0)},D^{(1)},\cdots,D^{(k)},\cdots,D^{(n-1)}$，其中 $D^{(-1)}[i][j]=edges[i][j]$，$D^{(k)}[i][j]=Min\{D^{(k-1)}[i][j], D^{(k-1)}[i][k]+D^{(k-1)}[k][j]\}$，$0\leqslant k\leqslant n-1$。从上述计算公式可见，$D^{(1)}[i][j]$ 是从 v_i 到 v_j 的中间顶点的序号不大于 1 的最短路径的长度；$D^{(k)}[i][j]$是从 v_i 到 v_j 的中间顶点的个数不大于 k 的最短路径的长度；$D^{(n-1)}[i][j]$就是从 v_i 到 v_j 的最短路径的长度。如图 9.10 所示为一个有向网，各边的权值如图 9.10 所示，用该算法求其最短路径算法如下：

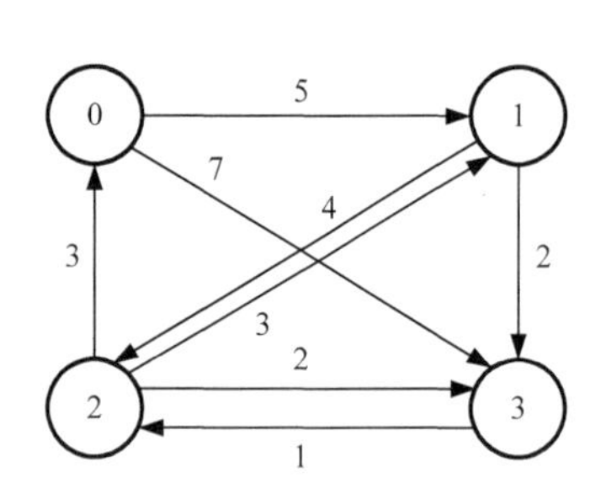

图 9.10 有向加权图

该图的邻接矩阵对应如下：

$$\begin{bmatrix} 0 & 5 & \infty & 7 \\ \infty & 0 & 4 & 2 \\ 3 & 3 & 0 & 2 \\ \infty & \infty & 1 & 0 \end{bmatrix}$$

初始时要设置两个矩阵 D 和 Path。D 用来记录当前已经求得的任意两个顶点最短路径的长度，Path 用来记录当前两顶点间最短路径上要经过的中间顶点。

矩阵名中的下标表示每一步所选的中间顶点，图的顶点编号从 0 开始，Path 矩阵中每个顶点的前驱顶点为自己，所以 Path 矩阵中每一行的元素值都为该行元素的顶点编号。

(1) 初始时有：$D_{-1}=\begin{bmatrix} 0 & 5 & \infty & 7 \\ \infty & 0 & 4 & 2 \\ 3 & 3 & 0 & 2 \\ \infty & \infty & 1 & 0 \end{bmatrix}$ $\quad Path_{-1}=\begin{bmatrix} 0 & 0 & 0 & 0 \\ 1 & 1 & 1 & 1 \\ 2 & 2 & 2 & 2 \\ 3 & 3 & 3 & 3 \end{bmatrix}$。

(2) 以 0 为中间点，检测所有顶点对：{0,1},{0,2},{0,3},{1,0},{1,2},{1,3},{2,0},{2,1},{2,3},{3,0},{3,1},{3,2}。假设当前所检测的顶点为{i, j}，如果 D[i][j]>D[i][0]+D[0][j]，则将 D[i][j]改为 D[i][0]+D[0][j]的值，并且将 Path[i][j]改为 0(0 为中转点)。经过本次检测与修改，所得矩阵如下：

$$D_0 = \begin{bmatrix} 0 & 5 & \infty & 7 \\ \infty & 0 & 4 & 2 \\ 3 & 3 & 0 & 2 \\ \infty & \infty & 1 & 0 \end{bmatrix} \qquad \text{Path}_0 = \begin{bmatrix} 0 & 0 & 0 & 0 \\ 1 & 1 & 1 & 1 \\ 2 & 2 & 2 & 2 \\ 3 & 3 & 3 & 3 \end{bmatrix}$$

(3) 以 1 为中间点，检测所有顶点对：{0,1},{0,2},{0,3},{1,0},{1,2},{1,3},{2,0},{2,1},{2,3},{3,0},{3,1},{3,2}。假设当前所检测的顶点为{i, j}，如果 D[i][j]>D[i][1]+D[1][j]，则将 D[i][j]改为 D[i][1]+D[1][j]的值，并且将 Path[i][j]改为 1(1 为中转点)。经过本次检测与修改，所得矩阵如下：

$$D_1 = \begin{bmatrix} 0 & 5 & 9 & 7 \\ \infty & 0 & 4 & 2 \\ 3 & 3 & 0 & 2 \\ \infty & \infty & 1 & 0 \end{bmatrix} \qquad \text{Path}_1 = \begin{bmatrix} 0 & 0 & 1 & 0 \\ 1 & 1 & 1 & 1 \\ 2 & 2 & 2 & 2 \\ 3 & 3 & 3 & 3 \end{bmatrix}$$

(4) 同前两步一样，以 2 为中间点，经过检测和修改后矩阵为

$$D_2 = \begin{bmatrix} 0 & 5 & 9 & 7 \\ 7 & 0 & 4 & 2 \\ 3 & 3 & 0 & 2 \\ 4 & 4 & 1 & 0 \end{bmatrix} \qquad \text{Path}_2 = \begin{bmatrix} 0 & 0 & 1 & 0 \\ 2 & 1 & 1 & 1 \\ 2 & 2 & 2 & 2 \\ 2 & 2 & 3 & 3 \end{bmatrix}$$

(5) 以 3 为中间点，经过检测和修改后矩阵为

$$D_3 = \begin{bmatrix} 0 & 5 & 8 & 7 \\ 6 & 0 & 3 & 2 \\ 3 & 3 & 0 & 2 \\ 4 & 4 & 1 & 0 \end{bmatrix} \qquad \text{Path}_3 = \begin{bmatrix} 0 & 0 & 3 & 0 \\ 3 & 1 & 3 & 1 \\ 2 & 2 & 2 & 2 \\ 2 & 2 & 3 & 3 \end{bmatrix}$$

至此，最终所得矩阵 D 和 Path 为

$$D = \begin{bmatrix} 0 & 5 & 8 & 7 \\ 6 & 0 & 3 & 2 \\ 3 & 3 & 0 & 2 \\ 4 & 4 & 1 & 0 \end{bmatrix} \qquad \text{Path} = \begin{bmatrix} 0 & 0 & 3 & 0 \\ 3 & 1 & 3 & 1 \\ 2 & 2 & 2 & 2 \\ 2 & 2 & 3 & 3 \end{bmatrix}$$

从矩阵 D 中可以看出任意两点之间的最短路径为多少。例如，从顶点 0 到顶点 2 之间的最短路径为 8。

从矩阵 Path 中可以看出任意两点之间的最短路径上经过了哪几条边。例如，从顶点 0 到顶点 2 之间的最短路径为 8。查看 Path 矩阵中元素 Path[0][2]=3，就可以知道 0 的后一个顶点是 3。再查看矩阵 Path 中元素 Path[3][2]=3，就可以知道 3 与 2 是直达的，这样就知道了 0 到 2 的最短路径是由 0 经 3 到 2 的。

同理，观察 D 和 Path 也可知 1 到 0 的最短路径为 6。查看 Path 矩阵中元素 Path[1][0]=3，就可以知道 1 的后一个顶点是 3。查看 Path 矩阵中元素 Path[3][0]=2，就可以知道 3 的后一个顶点是 2。再查看 Path 矩阵中元素 Path[2][0]=2，就可以知道 2 与 0 之间是直达的，故顶点 1 到顶点 0 的最短路径是由 1 经 3，再经 2 到 0 的。

求图中任意两点之间最短路径的 Floyd 算法描述如下：

算法 9.3　求图中任意两点之间最短路径的 Floyd 算法

```
#include"adjmatr.c"
typedef int PathMatrix[MAX_VERTEX_NUM][MAX_VERTEX_NUM];
typedef int DistancMatrix[MAX_VERTEX_NUM][MAX_VERTEX_NUM];
void ShortestPath_FLOYD(MGraph G,PathMatrix &P,DistancMatrix &D)
{   int u,v,w;
    for(v=0;v<G.vexnum;v++)                          //各对结点之间初始已知路径及距离
    {   for(w=0;w<G.vexnum;w++)
        {   D[v][w]=G.arcs[v][w].adj;
            P[v][w]=v;
        }
    }
    for(u=0;u<G.vexnum;u++)
        for(v=0;v<G.vexnum;v++)
            for(w=0;w<G.vexnum;w++)
                if(D[v][u]+D[u][w]<D[v][w]) //从 v 经 u 到 w 的一条路径更短
                {   D[v][w]=D[v][u]+D[u][w];
                    P[v][w]=u;
                }
}
```

算法运行结果如图 9.11 所示。

```
请输入数据文件名(shuju3.txt): shuju3.txt
邻接矩阵:
0       10      12      65535   65535   65535   65535   65535
65535   0       2       13      13      65535   65535   65535
65535   65535   0       12      65535   65535   65535   22
65535   65535   65535   0       10      2       12      65535
65535   65535   65535   65535   0       10      65535   65535
65535   65535   65535   65535   65535   0       11      65535
65535   65535   65535   65535   65535   65535   0       65535
65535   65535   65535   11      65535   65535   9       0
d矩阵:
0       10      12      23      23      25      35      34
65535   0       2       13      13      15      25      24
65535   65535   0       12      22      14      24      22
65535   65535   65535   0       10      2       12      65535
65535   65535   65535   65535   0       10      21      65535
65535   65535   65535   65535   65535   0       11      65535
65535   65535   65535   65535   65535   65535   0       65535
65535   65535   65535   11      21      13      9       0
p矩阵:
0       0       0       1       1       3       3       2
1       1       1       1       1       3       3       2
2       2       2       2       3       3       3       2
3       3       3       3       3       3       3       3
4       4       4       4       4       4       5       4
5       5       5       5       5       5       5       5
6       6       6       6       6       6       6       6
7       7       7       7       3       3       7       7
Press any key to continue
```

图 9.11　用算法 9.3 求解任意两点间最短路径的运行结果

9.3　AOV 网的应用

9.3.1　AOV 网的定义

活动在顶点上的网(Activity On Vertex network，AOV)是一种可以形象地反映出整个工程各个活动之间的先后关系的有向图，所有的工程或者某种流程可以分为若干个小的工程或阶段，这些小的工程或阶段就称为活动。若以图中的顶点来表示活动，有向边表示活动之间的优先关系，则这样活动在顶点上的有向图称为 AOV 网。在 AOV 网中，若从顶点 i 到顶点 j 之间存在一条有向路径，称顶点 i 是顶点 j 的前驱结点，或者称顶点 j 是顶点 i 的后继结点。即若<i, j>是图中的弧，则称顶点 i 是顶点 j 的直接前驱结点，顶点 j 是顶点 i 的直接后继结点。

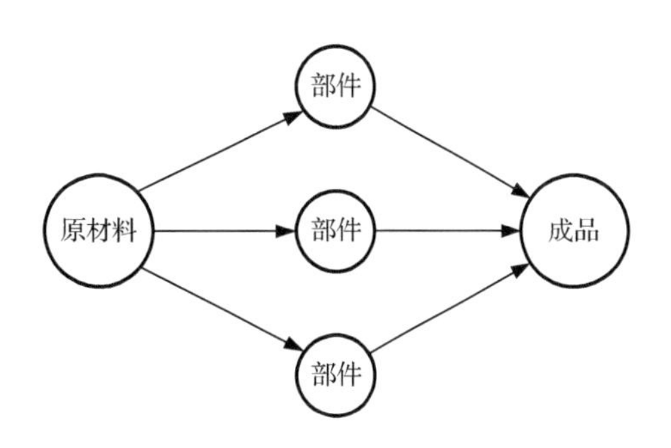

图 9.12　制造一个产品的 AOV 网

如图 9.12 所示为制造一个产品的 AOV 网。制造该产品需要三个环节，第一个环节获得原材料，第二个环节生产出三个部件，第三个环节由三个部件组装成成品。在原材料没有准备好之前不能生产部件，在三个部件全部被生产出来之前是不能组装成成品的。这样一个工程各个活动之间的先后次序关系就可以用一个有向图来表示，称为 AOV 网。

注：AOV 网是没有环路的有向图。因为 AOV 网有实际意义，因此出现回路就代表一项活动以自己为前驱，这显然违背实际情况。

AOV 网中的弧表示了活动之间存在的制约关系。例如，计算机专业的学生必须完成一系列规定的基础课程和专业课才能毕业。学生按照怎样的顺序来学习这些课程呢？这个问题可以看做是一个大的工程，其活动就是学习每一门课程。

这些课程的名称与相应代号如表 9.2 所示。

表 9.2　计算机专业的课程设置及其关系

课程号	课程名	先行课程代号
C1	程序设计导论	无
C_2	高等数学	无
C_3	离散数学	C_1 ,C_2
C_4	数据结构	C_3,C_9
C_5	普通物理	C_2
C_6	人工智能	C_4
C_7	计算机原理	C_5
C_8	算法分析	C_4
C_9	高级语言	C_1
C_{10}	编译系统	C_4,C_9
C_{11}	操作系统	C_4,C_7

表中，C_1 和 C_2 是独立于其他课程的基础课，而有的课程需要有先行课。例如，学完离散数学和高级语言后才能学数据结构。先行条件规定了课程之间的优先关系。这种优先关系可以用如图 9.13 所示的有向图来表示。其中，顶点表示课程，有向边表示前提条件。若课程 i 为课程 j 的先行课，则必然存在有向边<i, j>。在安排学习顺序时，必须保证在学习某课程之前已经学习了其先行课程。

类似于 AOV 网的例子还有很多。例如，对于人们所熟悉的计算机程序，任何一个可执行程序也可以划分为若干个程序段(或若干语句)，由这些程序段组成的流程图也是一个 AOV 网。

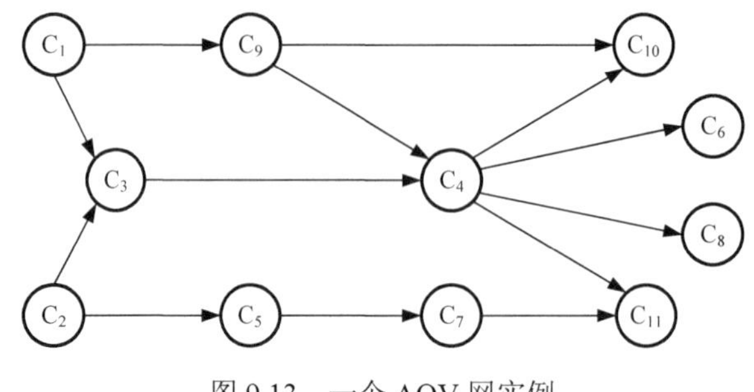

图 9.13　一个 AOV 网实例

9.3.2　拓扑排序

AOV 网所代表的一项工程中活动的集合显然是一个偏序集合。为了保证该项工程得以顺利完成，必须保证 AOV 网中不出现回路。否则，就意味着某项活动应以自身作为能否开展的先决条件，这是不合理的。

测试 AOV 网是否具有回路(即是否是一个有向无环图)的方法，就是在 AOV 网的偏序集合下构造一个线性序列，该线性序列具有以下性质：

(1)在 AOV 网中，若顶点 i 优先于顶点 j，则在线性序列中顶点 i 仍然优先于顶点 j；

(2)对于网中原来没有优先关系的一对顶点，如图 9.13 中的 C_1 与 C_2，在线性序列中也建立一个先后关系，或者顶点 i 优先于顶点 j，或者顶点 j 优先于 i。

满足这样性质的线性序列称为拓扑有序序列。构造拓扑序列的过程称为拓扑排序。也可以说，拓扑排序就是由某个集合上的一个偏序得到的该集合上的一个全序操作。

若某个 AOV 网中所有顶点都在它的拓扑序列中，则说明该 AOV 网不会存在回路，这时的拓扑序列集合是 AOV 网中所有活动的一个全序集合。

对一个有向无环图 G 进行拓扑排序，是将 G 中所有顶点排成一个线性序列，使得图中任意一对顶点 u 和 v 若存在由 u 和 v 的路径，则在拓扑排序序列中一定 u 出现在 v 的前边。

在一个有向图中找到一个拓扑排序序列的过程如下：①从有向图中找到一个没有前驱结点(入度为 0)的顶点输出。②删除①中选出的顶点，并且删除从该顶点发出的全部边。③重复上述两步，直到剩余的网中不存在没有前驱结点的顶点为止。

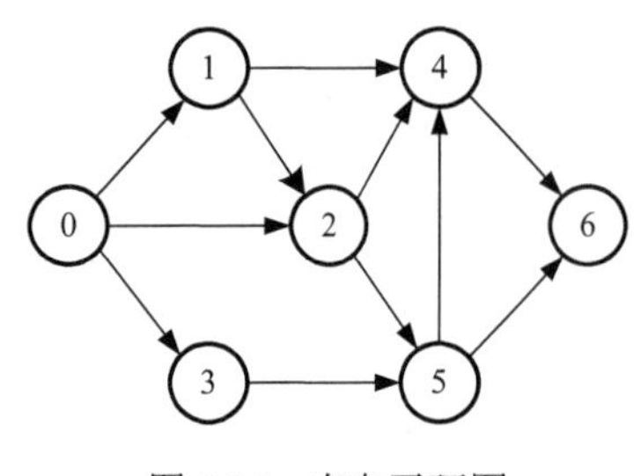

图 9.14　有向无环图

如图 9.14 所示有向无环图求解拓扑序列的过程如图 9.15 所示：

(1)由图 9.15(a)所示，入度为 0 的顶点为顶点 1,3，输出顶点 1 并删除其出度，得图 9.15(b)。

(2)由图 9.15(b)所示，入度为 0 的顶点为顶点 2,3，输出顶点 3 并删除其出度，得图 9.15(c)。

(3)由图 9.15(c)所示，入度为 0 的顶点为顶点 2，输出顶点 2 并删除其出度，得图 9.15(d)。

(4)由图 9.15(d)所示，入度为 0 的顶点为顶点 5，输出顶点 5 并删除其出度，得图 9.15(e)。

(5)由图 9.15(e)所示，入度为 0 的顶点为顶点 4，输出顶点 4 并删除其出度，得图 9.15(f)。

(6)由图 9.15(f)所示，入度为 0 的顶点为顶点 6，输出顶点 6 并删除其出度，顶点全部输出，拓扑排序过程结束。

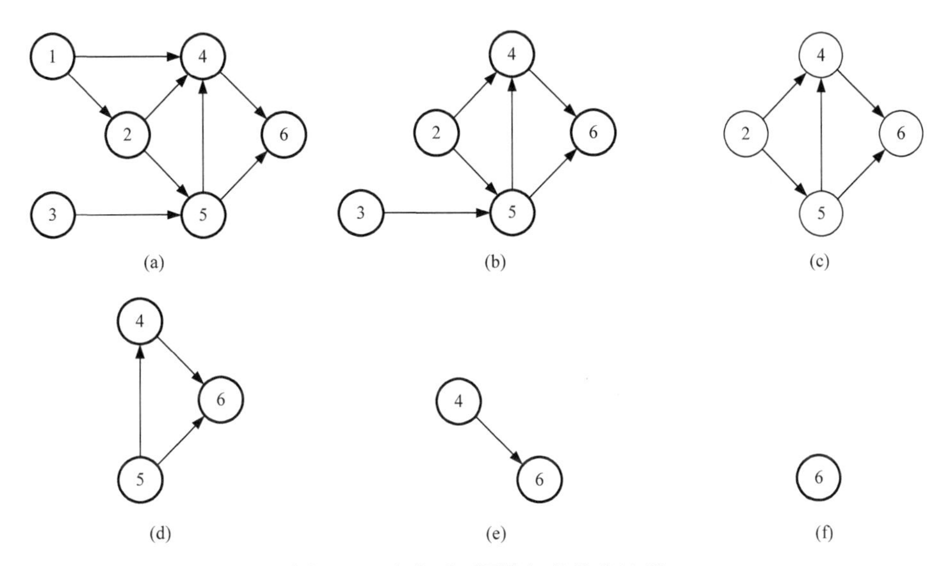

图 9.15　有向无环图的拓扑排序过程

由以上步骤可得拓扑排序序列为 0,1,3,2,5,4,6。采用栈来存放当前未被处理过的入度为 0 的顶点，需要增设栈的空间。下面给出拓扑排序算法：

算法 9.4　拓扑排序算法

```
#include"adjlist.c"
typedef int InfoType;
typedef char VertexType[MAX_NAME];      //字符串类型
//求顶点的入度
void FindInDegree(ALGraph G,int indegree[])
{   int i;
    ArcNode *p;
    for(i=0;i<G.vexnum;i++)
        indegree[i]=0;                  //赋初值
    for(i=0;i<G.vexnum;i++)
    {   p=G.vertices[i].firstarc;
        while(p)
        {   indegree[p->adjvex]++;
            p=p->nextarc;
        }
    }
}
//若G无回路，则输出G的顶点的一个拓扑序列
Status TopologicalSort(ALGraph G)
{   int i,k,count,indegree[MAX_VERTEX_NUM];
    int S[MAX_VERTEX_NUM],top=0;
    ArcNode *p;
    FindInDegree(G,indegree);         //对各顶点求入度 indegree[0…vernum-1]
    for(i=0;i<G.vexnum;++i)           //建零入度顶点栈 S
        if(!indegree[i])
        {
            S[top]=i;top++;           //Push(S,j);
```

```
        }                                       //入度为 0 者进栈
        count=0;                                //对输出顶点计数
    while(top>0)
    { //栈不空
        i=S[top-1];top--;                       //Pop(S,i);
        printf("%s ",G.vertices[i].data); //输出 i 号顶点并计数
        ++count;
        for(p=G.vertices[i].firstarc;p;p=p->nextarc)
        { //对 i 号顶点的每个邻接点的入度减 1
            k=p->adjvex;
            if(!(--indegree[k]))        //若入度减为 0，则入栈
            {
                S[top]=k;top++;
            }
        }
    }
    if(count<G.vexnum)
    {   printf("此有向图有回路\n");
        return ERROR;
    }
    else
    {   printf("为一个拓扑序列\n");
        return OK;
    }
}
```

从上面的步骤看出，栈在这里的作用只是用来保存当前入度为 0 的顶点，并将之处理有序。对于一个具有 n 个顶点、e 条边的网来说，整个算法的时间复杂度为 O(n+e)。该算法的运行结果见图 9.16。

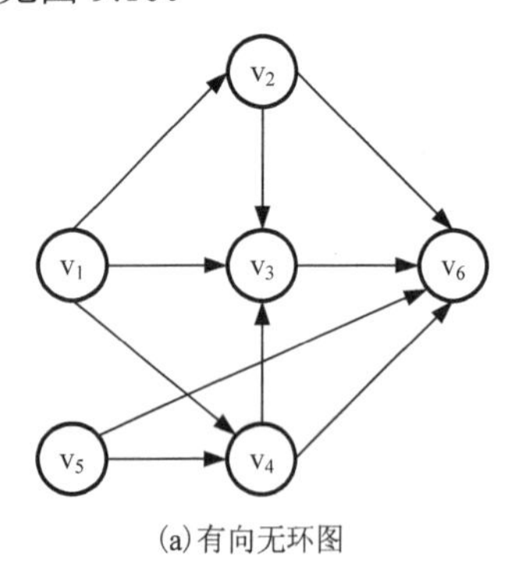

(a)有向无环图

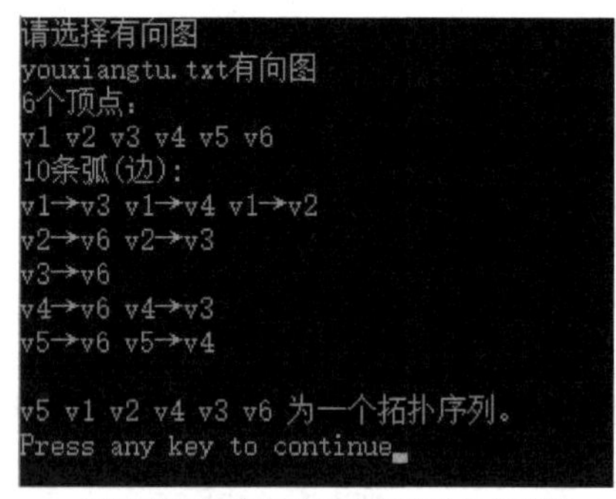

(b)有向无环图拓扑排序算法的执行结果

图 9.16　有向无环图及其拓扑排序算法的执行结果

9.4　AOE 网的应用

9.4.1　AOE 网的定义

在带权有向图中，以顶点表示事件，事件是图中新活动开始或者旧活动结束的标志，有向边表示活动，边上的权值表示完成该活动的开销(如完成活动所需时间)，则称这种有向图为用边表示活动的网络，简称 AOE 网(Activity on Edge Network)

AOE 网具有以下两个性质：①只有在某顶点所代表的事件发生后，从该顶点出发的各有向边所代表的活动才能开始；②只有在进入某一顶点的各有向边所代表的活动都已经结束时，该顶点所代表的事件才能发生。

对于一个表示工程的 AOE 网，只存在一个入度为 0 的顶点，称为开始顶点(源点)，它表示整个工程的开始点；只有一个出度为 0 的顶点，称为结束顶点(汇点)，表示整个工程的结束点。

9.4.2 关键路径

在 AOE 网中从源点到汇点的所有路径中，具有最大路径长度的路径称为关键路径。完成整个工期的最短时间就是关键路径的长度，也就是关键路径上各活动花费开销的总和。关键路径上的活动称为关键活动。"关键路径"是个特殊的概念，既代表了一个"最短"，又代表了一个"最长"，即是图中的最长路径，又是整个工期所完成的最短时间。它影响了整个过程的时间，即如果关键活动不能按时完成，整个工程的完成时间就会延长。因此，只要找到了关键活动，就找到了关键路径，也就可以得出最短完成时间。

对于关键路径，我们需要注意以下几点：

关键路径上的所有活动都是关键活动。它是决定整个工程的关键因素，因此可通过加快关键活动来缩短整个工程的工期。但也不能任意缩短关键活动，因为一旦缩短到了一定的程度，该关键活动可能就变成非关键活动。

网中的关键路径并不唯一，且对于有几条关键路径的网，只提高一条关键路径上的关键活动速度并不能缩短整个工程的工期，只有加快那些包括在所有关键路径上的关键活动才能达到缩短工期的目的。

下面给出在寻找关键活动时所用到的几个参量定义。

1. 事件 v_k 的最早发生时间 $v_e(k)$

它是指从开始顶点 V 到 V_k 的最长路径长度。事件的最早发生时间决定了所有从 V_k 开始的活动能够开工的最早时间。可用下面的递推公式来计算：

v_e(源点)=0

$v_e(k)=Max\{v_e(j)+Weigh(v_j,v_k)\}$,$Weigh(v_j,v_k)$表示$<v_j,v_k>$上的权值

注意：在计算 $v_e(k)$ 时，是按从前往后顺序来计算的。

2. 事件 v_k 的最迟发生时间 $v_l(k)$

它是指在不推迟整个工程完成的前提下，既保证它所指向的事件 v_i 在 $v_e(i)$ 时刻能够发生时，该事件最迟必须发生的时间。可用下面的递推公式来计算：

v_l(汇点)= v_e(汇点)

$v_l(j)=Min\{v_l(k)-Weigh(v_j,v_k)\}$,$Weigh(v_j,v_k)$表示$<v_j,v_k>$上的权值

注意：在计算 $v_l(j)$ 时，是按从后往前的顺序来计算的。

3. 活动 a_i 的最早开始时间 $e(i)$

它是指该活动的终点所表示的事件最早发生时间。如果边$<v_k,v_j>$表示活动 $\mathbf{a_i}$，则有 $e(i)=v_e(k)$。

4. 活动 a_i 的最迟开始时间 l(i)

它是指该活动的终点所表示的事件最迟发生时间与该活动所需时间之差。如果边 $<v_k,v_j>$ 表示活动 $\mathbf{a_i}$，则有 $l(i)= v_l(j)-Weigh(v_k,v_j)$。

5. 一个活动 a_i 的最迟开始时间 l(i)和其最早开始时间 e(i)的差额 $d(i)=l(i)-e(i)$

它是指该活动完成的时间余量，是在不增加完成整个工程所需的总时间的情况下，活动 a_i 可以拖延的时间。如果一个活动的时间余量为 0 时，说明该活动必须如期完成，否则就会拖延完成整个工程的进度，所以 $l(i)-e(i)=0$，即 $l(i)=e(i)$ 的活动 a_i 是关键活动。

求关键路径的步骤如下：

(1) 求 AOE 网中所有事件的最早发生时间 $v_e()$。

(2) 求 AOE 网中所有事件的最迟发生时间 $v_l()$。

(3) 求 AOE 网中所有活动的最早开始时间 e()。

(4) 求 AOE 网中所有活动的最迟开始时间 l()。

(5) 求 AOE 网中所有活动的差额 d()，找出所有 d()=0 的活动构成关键路径。

求出图 9.17 的关键路径和关键活动如下：

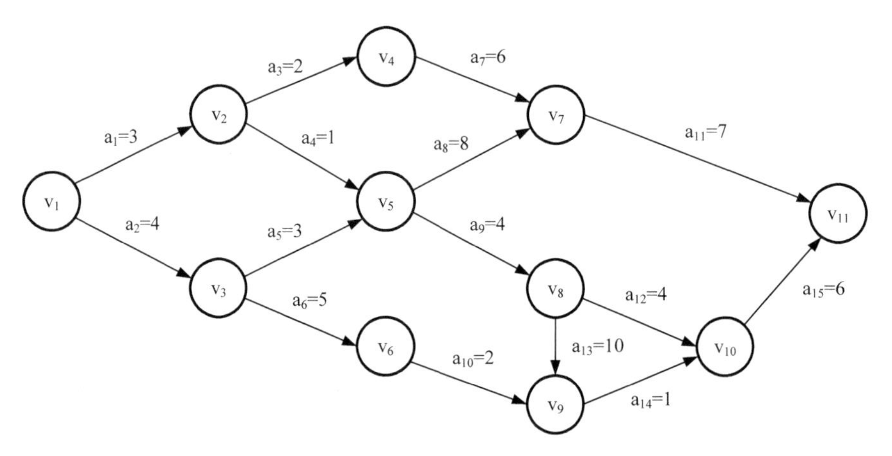

图 9.17 AOE 网实例

首先，求出事件的最早发生时间：$v_e[k]$：

$v_e(1)=0$

$v_e(2)=3$

$v_e(3)=4$

$v_e(4)=v_e(2)+2=5$

$v_e(5)=\max\{v_e(2)+1,v_e(3)+3\}=7$

$v_e(6)=v_e(3)+5=9$

$v_e(7)=\max\{v_e(4)+6,v_e(5)+8\}=15$

$v_e(8)=v_e(5)+4=11$

$v_e(9)=\max\{v_e(8)+10,v_e(6)+2\}=21$

$v_e(10)=\max\{v_e(8)+4,v_e(9)+1\}=22$

$v_e(11)=\max\{v_e(7)+7,v_e(10)+6\}=28$

其次，求出事件的最迟发生时间 $v_l[k]$：

$v_l(11)=v_e(11)=28$

$v_l(10)=v_l(11)-6=22$

$v_l(9)=v_l(10)-1=21$

$v_l(8)=\min\{v_l(10)-4,v_l(9)-10\}=11$

$v_l(7)=v_l(11)-7=21$

$v_l(6)=v_l(9)-2=19$

$v_l(5)=\min\{v_l(7)-8,v_l(8)-4\}=7$

$v_l(4)=v_l(7)-6=15$

$v_l(3)=\min\{v_l(5)-3,v_l(6)-5\}=4$

$v_l(2)=\min\{v_l(4)-2,v_l(5)-1\}=6$

$v_l(1)=\min\{v_l(2)-3,v_l(3)-4\}=0$

再次，求出活动 a_i 的最早开始时间 e[i]和最晚开始时间 l[i]：

活动 a_1	$e(1)=v_e(1)=0$	$l(1)=v_l(2)-3=3$
活动 a_2	$e(2)=v_e(1)=0$	$l(2)=v_l(3)-4=0$
活动 a_3	$e(3)=v_e(2)=3$	$l(3)=v_l(4)-2=13$
活动 a_4	$e(4)=v_e(2)=3$	$l(4)=v_l(5)-1=6$
活动 a_5	$e(5)=v_e(3)=4$	$l(5)=v_l(5)-3=4$
活动 a_6	$e(6)=v_e(3)=4$	$l(6)=v_l(6)-5=14$
活动 a_7	$e(7)=v_e(4)=5$	$l(7)=v_l(7)-6=15$
活动 a_8	$e(8)=v_e(5)=7$	$l(8)=v_l(7)-8=13$
活动 a_9	$e(9)=v_e(5)=7$	$l(9)=v_l(8)-4=7$
活动 a_{10}	$e(10)=v_e(6)=9$	$l(10)=v_l(9)-2=19$
活动 a_{11}	$e(11)=v_e(7)=15$	$l(11)=v_l(11)-7=21$
活动 a_{12}	$e(12)=v_e(8)=11$	$l(12)=v_l(11)-4=18$
活动 a_{13}	$e(13)=v_e(8)=11$	$l(13)=v_l(9)-10=11$
活动 a_{14}	$e(14)=v_e(9)=21$	$l(14)=v_l(10)-1=21$
活动 a_{15}	$e(15)=v_e(10)=22$	$l(15)=v_l(11)-6=22$

最后，比较 e[i]和 l[i]的值可判断出 $a_2,a_5,a_9,a_{13},a_{14},a_{15}$ 是关键活动，关键路径如图 9.18 所示。

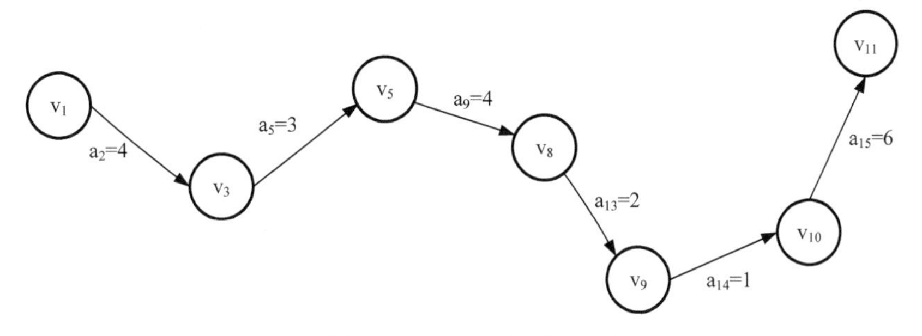

图 9.18　关键路径过程示意图

由此可知，$a_2+a_5+a_9+a_{13}+a_{14}+a_{15}=28$。图 9.18 所反映关键路径所持续的时间就是整个工程所持续的时间。

对于关键路径，我们需要注意以下几点：

(1)关键路径上的所有活动都是关键活动。它是决定整个工程的关键因素，因此可通过加快关键活动来缩短整个工程的工期。但也不能任意缩短关键活动，因为一旦缩短到了一定的程度，该关键活动可能就变成非关键活动了。

(2)网中的关键路径并不唯一，且对于有几条关键路径的网，只提高一条关键路径上的关键活动速度并不能缩短整个工程的工期，只有加快那些包括在所有关键路径上的关键活动才能达到缩短工期的目的。

下面给出用C语言描述的求关键路径算法的实现代码。

算法 9.5　求关键路径程序

```
# include "seqstack.cpp"
# include"adjlist.c"
typedef int InfoType;
typedef char VertexType[MAX_NAME];        //字符串类型
int ve[MAX_VERTEX_NUM];                   //全局变量
void FindInDegree(ALGraph G,int indegree[])
{   int i;
    ArcNode *p;
    for(i=0;i<G.vexnum;i++)
        indegree[i]=0;                    //赋初值
    for(i=0;i<G.vexnum;i++)
    {   p=G.vertices[i].firstarc;
        while(p)
        {   indegree[p->adjvex]++;
            p=p->nextarc;
        }
    }
}
typedef int SElemType;                    //栈类型
Status TopologicalOrder(ALGraph G,SeqStack &T)
{  //有向网G采用邻接表存储结构，求各顶点事件的最早发生时间ve
   //T为拓扑序列顶点栈，S为零入度顶点栈。若G无回路，则用栈T
   //返回G的一个拓扑序列，且函数值为OK，否则为ERROR
    int j,k,count,indegree[MAX_VERTEX_NUM];
    SeqStack S;
    ArcNode *p;
    FindInDegree(G,indegree);    //对各顶点求入度indegree[0…vernum-1]
    InitStack(&S);               //初始化栈
    for(j=0;j<G.vexnum;++j)      //建零入度顶点栈S
        if(!indegree[j])
            Push(&S,j);          //入度为0者进栈
        InitStack(&T);           //初始化拓扑序列顶点栈
        count=0;                 //对输出顶点计数
        for(j=0;j<G.vexnum;++j) //初始化ve[]=0(最小值)
            ve[j]=0;
        while(!StackEmpty(&S))
        { //栈不空
            Pop(&S,&j);
            Push(&T,j);          //j号顶点入T栈并计数
```

```
            ++count;
            for(p=G.vertices[j].firstarc;p;p=p->nextarc)
            { //对 j 号顶点的每个邻接点的入度减 1
                k=p->adjvex;
                if(--indegree[k]==0)//若入度减为 0，则入栈
                    Push(&S,k);
                if(ve[j]+*(p->info)>ve[k])
                    ve[k]=ve[j]+*(p->info);
            }
        }
        if(count<G.vexnum)
        {   printf("此有向网有回路\n");
            return ERROR;
        }
        else
            return OK;
}
Status CriticalPath(ALGraph G)
{ //G 为有向网，输出 G 的各项关键活动
    int vl[MAX_VERTEX_NUM];
    SeqStack T;
    int i,j,k,ee,el;
    ArcNode *p;
    char dut,tag;
    if(!TopologicalOrder(G,T))          //产生有向环
        return ERROR;
    j=ve[0];
    for(i=1;i<G.vexnum;i++)             //j=Max(ve[])，完成点的值
        if(ve[i]>j)
            j=ve[i];
    for(i=0;i<G.vexnum;i++)             //初始化顶点事件的最迟发生时间(最大值)
        vl[i]=j;                        //完成点的最早发生时间
    while(!StackEmpty(&T))              //按拓扑逆序求各顶点的 vl 值
        for(Pop(&T,&j),p=G.vertices[j].firstarc;p;p=p->nextarc)
        {   k=p->adjvex;
            dut=*(p->info);             //dut<j,k>
            if(vl[k]-dut<vl[j])
                vl[j]=vl[k]-dut;
        }
    printf(" j  k  dut  ee  el  tag\n");
    for(j=0;j<G.vexnum;++j)             //求 ee、el 和关键活动
        for(p=G.vertices[j].firstarc;p;p=p->nextarc)
        {   k=p->adjvex;
            dut=*(p->info);
            ee=ve[j];
            el=vl[k]-dut;
            tag=(ee==el)?'*':' ';       //输出关键活动
            printf("%2d %2d %3d %3d %3d   %c\n",j,k,dut,ee,el,tag);
        }
    printf("关键活动为:\n");
    for(j=0;j<G.vexnum;++j)             //同上
        for(p=G.vertices[j].firstarc;p;p=p->nextarc)
```

```
            {    k=p->adjvex;
                 dut=*(p->info);
                 if(ve[j]==vl[k]-dut)     //输出关键活动
                     printf("%s→%s\n",G.vertices[j].data,G.vertices[k].data);
            }
        return OK;
    }
    void main()
    {   ALGraph h;
        printf("请选择有向网\n");
        CreateGraph01(&h);
        Display(h);
        CriticalPath(h);
    }
```

该程序运行结果如图 9.19 所示。

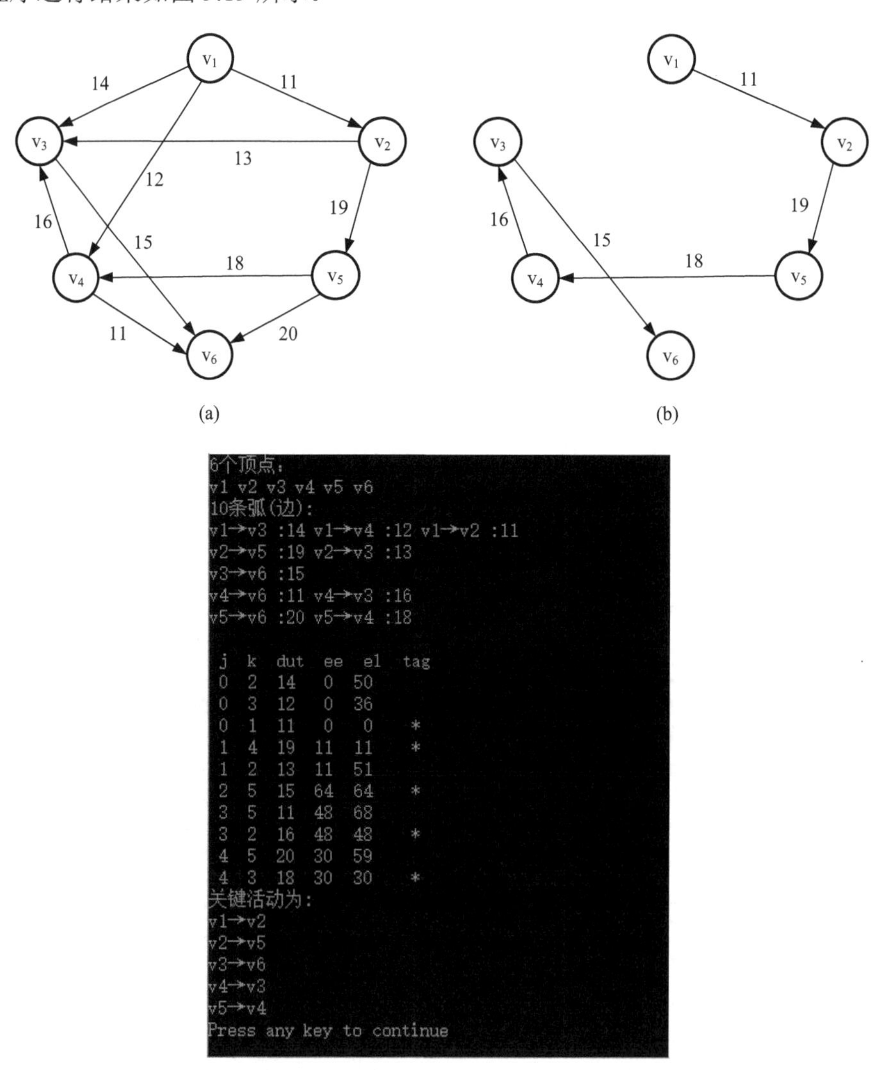

(a) (b) (c)

图 9.19 某有向无环图及求关键路径算法的执行结果

习　题　九

一、选择题

1．在图采用邻接表存储时，求最小生成树的 Prim 算法的时间复杂度为(　　)。

A．O(n)　　B．O(n+e)　　C．$O(n^2)$　　D．$O(n^3)$

2．求连通网最小生成树的 Prim 算法中集合 VT 和 ET 分别放顶点和边，初始为(　　)。

A．VT 和 ET 为空　　B．VT 为所有顶点，ET 为空

C．VT 为网中任意一点，ET 为空　　D．VT 为空，ET 为网中所有边

3．当各边上的权值为(　　)时，BFS 算法可用来解决单源最短路径问题。

A．均相等　　B．均互不相等　　C．不一定相等

4．求解最短路径的 Floyd 算法的时间复杂度为(　　)。

A．O(n)　　B．O(n+e)　　C．$O(n^2)$　　D．$O(n^3)$

5．已知有向图 G=(V,E)，G 的拓扑序列是（　）。其中：

$V=\{v_1,v_2,v_3,v_4,v_5,v_6,v_7\}$，

$E=\{<v_1,v_2>,<v_1,v_3>,<v_1,v_4>,<v_2,v_5>,<v_3,v_5>,<v_3,v_6>,<v_4,v_6>,<v_5,v_7>,<v_6,v_7>\}$

A．$v_1,v_3,v_4,v_6,v_2,v_5,v_7$　　B．$v_1,v_3,v_2,v_6,v_4,v_5,v_7$

C．$v_1,v_3,v_4,v_5,v_2,v_6,v_7$　　D．$v_1,v_2,v_5,v_3,v_4,v_6,v_7$

6．一个有向无环图的拓扑排序序列(　　)是唯一的。

A．一定　　B．不一定

7．有向图 G 的拓扑序列中，若顶点 v_i 在顶点 v_j 之前，则下列情形不可能出现的是（　）。

A．G 中有弧 $<v_i,v_j>$　　B．G 中有一条从 v_i 到 v_j 的路径

C．G 中没有弧 $<v_i, v_j>$　　D．G 中有一条从 v_j 到 v_i 的路径

8．在用邻接表表示图时，拓扑排序算法时间复杂度为(　　)。

A．O(n)　　B．O(n+e)　　C．$O(n^2)$　　D．$O(n^3)$

9．关键路径是事件结点网络中(　　)。

A．从源点到汇点的最长路径　　B．从源点到汇点的最短路径

C．最长回路　　D．最短回路

10．下列关于 AOE 网的叙述不正确的是(　　)。

A．关键活动不按期完成就会影响整个工程的完成时间

B．任何一个关键活动提前完成，那么整个工程将会提前完成

C．所有的关键活动提前完成，那么整个工程将会提前完成

D．某些关键活动提前完成，那么整个工程将会提前完成

二、判断题

1．不同的求最小生成树的方法最后得到的生成树是相同的。(　　)

2．带权无向图的最小生成树必是唯一的。(　　)

3．连通图上各边权值均不相同，则该图的最小生成树是唯一的。(　　)

4．在图 G 的最小生成树 G_1 中，可能会有某条边的权值超过未选边的权值。(　　)

5．求从指定源点到其余各顶点的迪杰斯特拉(Dijstra)最短路径算法中弧上权不能为负的原因是在实际应用中无意义。(　　)

6．用 Dijstra 求每一对不同顶点之间的最短路径的算法时间是 $O(n^3)$。 （　）

7．拓扑排序算法把一个无向图中的顶点排成一个有序序列。 （　）

8．即使有向无环图的拓扑序列唯一，也不能唯一确定该图。 （　）

9．若有向图的邻接矩阵对角线以下元素均为零，则该图的拓扑序列必定存在。 （　）

10．AOV 网的含义是以边表示活动的网。 （　）

11．对于一个 AOV 网，从源点到终点的所有路径中最长的路径称作关键路径。 （　）

12．在 AOE 网中，关键路径上某个活动的时间缩短，整个工程的时间也就必定缩短。 （　）

13. 在 AOE 网中，关键路径上活动的时间延长多少，整个工程的时间也就随之延长多少。 （　）

14．改变网上某一关键路径上任一关键活动后，必将产生不同的关键路径。 （　）

三、填空题

1．构造连通网最小生成树的两个典型算法是__________。

2．Prim（普里姆）算法适用于求______图的最小生成树；Kruskal（克鲁斯卡尔）算法适用于求______图的最小生成树。

3．对于含 N 个顶点 E 条边的无向连通图，利用 Prim 算法生成最小代价生成树其时间复杂度为__________，利用 Kruskal 算法生成最小代价生成树其时间复杂度为__________。

4．有向图 G 可拓扑排序的判别条件是__________。

5．Dijstra 最短路径算法从源点到其余各顶点的最短路径的路径长度按__________次序依次产生，该算法弧上的权出现__________情况时，不能正确产生最短路径。

6．求最短路径的 Dijstra 算法的时间复杂度为__________。

7．在 AOV 网中，结点表示__________，边表示__________。

8．在 AOE 网中，从源点到汇点路径上各活动时间总和最长的路径称为__________。

四、应用题

1．什么是图的最小生成树，已知一个无向网如下图所示，要求分别用 Prim 和 Kruskal 算法生成最小树。

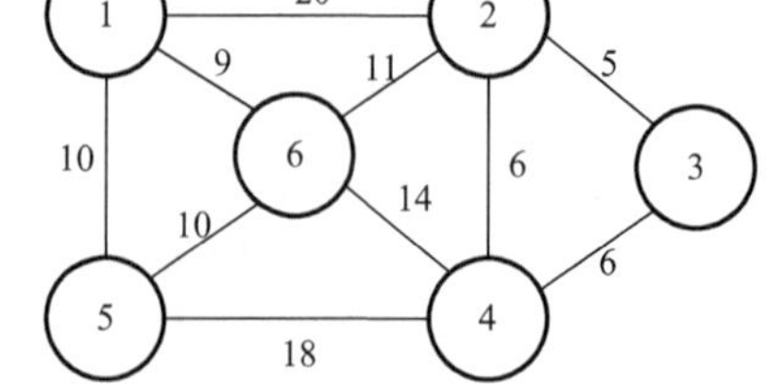

2．一带权无向图的邻接矩阵如下图，试画出它的一棵最小生成树。

$$\begin{bmatrix} 0 & 1 & 1 & 0 & 0 & 0 \\ 1 & 0 & 1 & 2 & 0 & 0 \\ 1 & 1 & 0 & 0 & 3 & 0 \\ 0 & 2 & 0 & 0 & 1 & 1 \\ 0 & 0 & 3 & 1 & 0 & 1 \\ 0 & 0 & 0 & 1 & 1 & 0 \end{bmatrix}$$

3．下图表示一个地区的通信网，边表示城市间的通信线路，边上的权表示架设线路花费的代价，如何选择能沟通每个城市且总代价最省的 n–1 条线路，画出所有可能的结果。

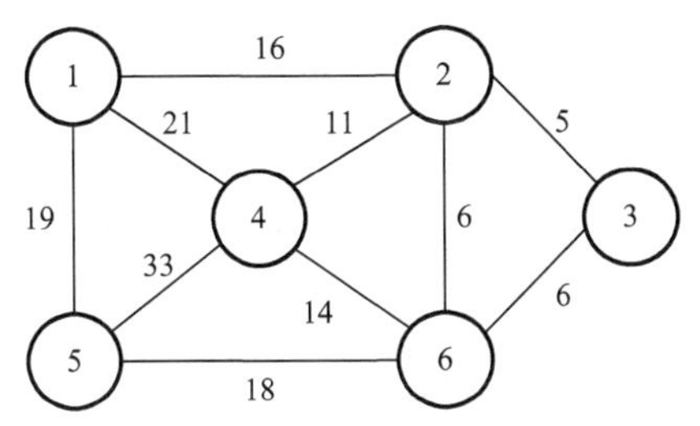

4．某图的邻接矩阵如下，试用 Floyd 算法求各点间最短距离的矩阵序列 A^1,A^2,A^3,A^4。

$$A=\begin{bmatrix} 0 & 2 & \infty & \infty \\ \infty & 0 & 1 & 6 \\ 5 & \infty & 0 & 4 \\ 3 & \infty & \infty & 0 \end{bmatrix}$$

5．已知一有向网的邻接矩阵如下，如需在其中一个结点建立娱乐中心，要求该结点距其他各结点的最长往返路程最短，相同条件下总的往返路程越短越好，问娱乐中心应选址何处？给出解题过程。

$$\begin{matrix} v_1 \\ v_2 \\ v_3 \\ v_4 \\ v_5 \\ v_6 \end{matrix}\begin{bmatrix} 0 & 2 & \infty & \infty & \infty & 3 \\ \infty & 0 & 3 & 2 & \infty & \infty \\ 4 & \infty & 0 & \infty & 4 & \infty \\ 1 & \infty & \infty & 0 & 1 & \infty \\ \infty & 1 & \infty & \infty & 0 & 3 \\ \infty & \infty & 2 & 5 & \infty & 0 \end{bmatrix}$$

6．已知图的邻接矩阵如下，用邻接表作为图的存储结构，且邻接表都按序号从大到小排序时，试写出：

	v_1	v_2	v_3	v_4	v_5	v_6	v_7	v_8	v_9	v_{10}
v_1	0	1	1	1	0	0	0	0	0	0
v_2	0	0	0	1	1	0	0	0	0	0
v_3	0	0	0	1	0	1	0	0	0	0
v_4	0	0	0	0	0	1	1	0	1	0
v_5	0	0	0	0	0	0	1	0	0	0
v_6	0	0	0	0	0	0	0	1	1	0
v_7	0	0	0	0	0	0	0	0	1	0
v_8	0	0	0	0	0	0	0	0	0	1
v_9	0	0	0	0	0	0	0	0	0	1
v_{10}	0	0	0	0	0	0	0	0	0	0

(1) 以顶点 v_1 为出发点的唯一的深度优先遍历；

(2) 以顶点 v_1 为出发点的唯一的广度优先遍历；

(3) 该图唯一的拓扑有序序列。

7．下图是带权的有向图 G 的邻接表表示法，求：

(1) 以结点 v_1 出发深度遍历图 G 所得的结点序列；

(2) 以结点 v_1 出发广度遍历图 G 所得的结点序列；

(3) 从结点 v_1 到结点 v_8 的最短路径；

(4) 从结点 v_1 到结点 v_8 的关键路径。

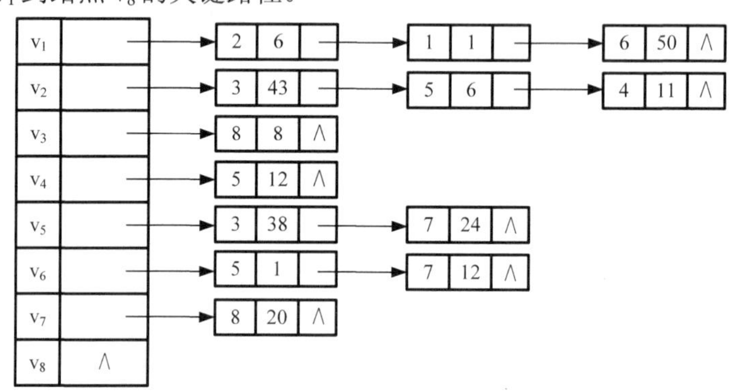

8．下表给出了某工程各工序之间的优先关系和各工序所需时间。

(1) 画出相应的 AOE 网；

(2) 列出各事件的最早发生时间、最迟发生时间；

(3) 找出关键路径并指明完成该工程所需最短时间。

工序代号	A	B	C	D	E	F	G	H	I	J	K	L	M	N
所需时间	15	10	50	8	15	40	300	5	120	60	15	30	20	40
先驱工作	—	—	A,B	B	C,D	B	E	G,I	E	I	F,I	H,J,K	L	G

9. 对于图示的 AOE 网络，计算各活动弧的 $e(a_i)$ 和 $l(a_i)$ 的函数值，各事件(顶点)的 $v_e(v_j)$ 和 $v_l(v_j)$ 的函数值，列出各条关键路径。

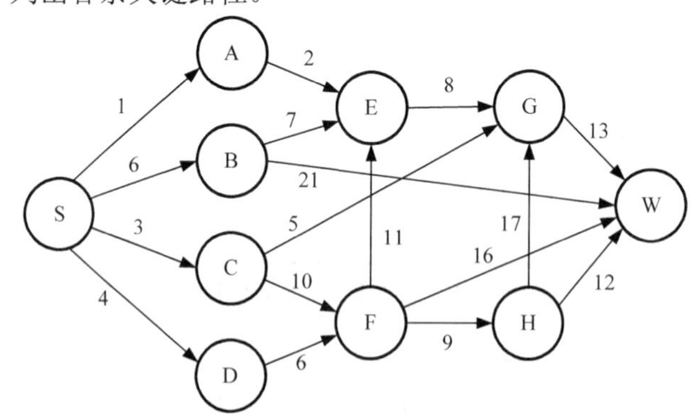

10．给定图如下所示，画出该图的邻接表表示，写出求从指定顶点到其余各顶点的最短路径的 Dijstra 算法。要求：

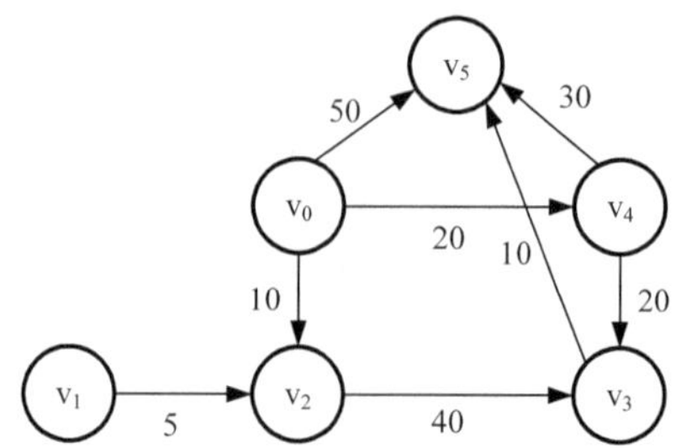

(1) 对所用的辅助数据结构，邻接表结构给以必要的说明。

(2) 写出算法描述。

(3) 最后针对所给有向图，利用该算法，求 v_0 到各顶点的最短距离和路线，填写下表：

终点	从 v_0 到到各终点的 dist 的值和最短距离和路线				
v_1					
v_2					
v_3					
v_4					
v_5					
v_j					

第10章　查　　找

“查找”是数据处理领域中最频繁的一种操作，例如编译器对源程序中变量名的管理、数据库系统对信息的维护等都会涉及查找操作。“查找”以集合为数据结构，以“查找”为核心操作，同时也可能包括插入和删除等其他操作。“查找”也是程序中最消耗时间的操作。

在日常生活中，人们几乎每天都要进行查找操作，例如，在英汉字典中查找某个英文单词的中文解释；在新华字典中查找某个汉字的读音、含义；在对数表、平方根表中查找某个数的对数、平方根；邮递员送信件要按收件人的地址确定位置等。因而，一个好的查找方法会大大提高运行速度。

查找表有静态查找表、动态查找表、散列表等三种，本章讨论这三种查找表。静态查找表主要介绍顺序查找、折半查找和分块查找；动态查找表中的查找方法主要介绍二叉排序树、平衡二叉树及 B 树和 B+树。散列表主要介绍散列函数的构造和冲突的处理方法。

学习要点：

- “查找”的相关概念和术语。
- 静态查找表中的三种查找方法：顺序查找、折半查找和分块查找。
- 二叉排序树、平衡二叉树。
- 散列表中散列函数的构造和冲突的处理方法。
- 各种查找算法中平均查找长度 ASL 的计算方法。

10.1　查找的基本概念

查找表：是由具有同一类型的数据元素组成的集合。对查找表经常进行的操作一般有四种：①查询某个特定的数据元素是否在查找表中；②检索满足条件的某个特定的数据元素的各种属性；③在查找表中插入一个数据元素；④从查找表中删除某个数据元素。

查找表分为静态查找表和动态查找表。所谓静态查找表是指在一个查找表中进行查询操作，无需动态地修改查找表。所谓动态查找表，是指除对查找表进行查找操作外，可能还要进行向表中插入数据元素或删除表中数据元素的操作。

查找：在含有众多数据元素的查找表中找出满足某种特定条件的数据元素。如果该数据元素在查找表中存在，则查找成功，返回该记录的信息或者该记录在表中的位置；如果该数据元素在查找表中不存在，则查找失败，返回相关的状态信息。

关键码：关键码是数据元素中某个数据项或组合项的值，它可以用来标识一个数据元素。能唯一确定一个数据元素的关键码称为主关键码；当数据元素中仅有一个数据项时，数据元素的值就是关键字。

平均查找长度：在查找过程中，一次查找的长度是指需要比较的关键字次数，而平均查找长度则是所有查找过程中进行关键字比较次数的平均值。对于长度为 n 的查找表，其定义如下：

$$ASL = \sum_{i=1}^{n} P_i C_i$$

式中，n 是查找表的长度；P_i 是查找第 i 个数据元素的概率，一般认为每个数据元素的查找概率相等，即 $P_i=1/n$；C_i 是查找第 i 个数据元素所需要的关键字比较次数。平均查找长度是衡量查找算法性能的主要指标。

10.2 静态查找表

如果一个查找表中只涉及查找，无需动态地修改查找表，则此类查找表称为静态查找表。静态查找表是由数据元素组成的线性表，可以采用顺序存储，也可以采用链表存储。

10.2.1 顺序查找

顺序查找又称为线性查找，主要用于在线性表中进行查找，是最基本的查找方法之一。其查找方法为：从表的一端开始，向另一端用给定的关键码 key 与表中关键码逐一进行比较：若找到，则查找成功，并返回数据元素在表中的位置；若整个查找表扫描结束后，仍未找到与给定关键码 key 相同的关键码，则查找失败，返回查找失败信息。

以顺序存储为例，数据元素从下标为 0 的数组单元开始存放，则顺序查找算法可描述如下：

算法 10.1 顺序查找算法

```
int ElemLocation(SeqList L,ElemType e)
{   int i;
    if(0==L.length)
        return FALSE;
    for(i=0;i<L.length;i++)
        if(L.elem[i]==e)
            return i+1;
    return FALSE;
}
```

就上述算法而言，对于具有 n 个数据元素的表，若给定值 key 与表中第 i 个元素关键码相等，即查找表中第 i 个记录时，需进行 i 次关键码比较，即 $C_i=i$，则查找成功时，顺序查找的平均查找长度为

$$ASL = \sum_{i=1}^{n} P_i C_i = \sum_{i=1}^{n} (P_i \times i)$$

设每个数据元素的查找概率相等，即 $P_i=1/n$，则等概率情况下有

$$ASL = \sum_{i=1}^{n} P_i C_i = \frac{1}{n}\sum_{i=1}^{n} C_i = \frac{n+1}{2}$$

查找不成功时，关键码的比较次数总是 n+1 次，从而顺序表查找不成功的平均查找长度为 $ASL_f = n+1$。

查找算法中的基本工作是关键码比较，因此，查找长度的量级就是查找算法的时间复杂度，其为 O(n)。

读者可根据链表的特性写出在链式存储结构上的顺序查找算法。分析查找算法可知，其时间复杂度也为O(n)。

在许多情况下，查找表中数据元素的查找概率是不相等的。为了提高查找效率，查找表需要依据“查找概率越高，比较次数越少；查找概率越低，比较次数就越多”的原则来存储数据元素。

顺序查找的缺点是当 n 很大时，平均查找长度较大，效率变低；优点是对表中数据元素的存储没有要求，对表中记录的顺序也没有要求。另外，对于线性链表，只能进行顺序查找。

若查找表为有序表时，对查找成功没有影响，但是对查找失败有影响。因为当查找失败时，可以不用比较到表的末端就能判断出是否存在待查找的关键字，从而就能降低顺序查找失败时的平均查找长度。假设表 L 是按关键字从小到大排列的，从前到后查找，待查找元素的关键字为 key，查找到第 i 个元素时，发现第 i 个元素的关键字小于 key，而第 i+1 元素的关键字大于 key，而 key 值在这两个数中间，那么就可以判断出表中没有关键字为 key 的元素，返回查找失败的信息。

10.2.2 有序表的折半查找

有序表是表中数据元素按关键码升序或降序排列的查找表。折半查找的条件：顺序存储的有序表。

若查找表按升序排列，则折半查找的思想为：在顺序存储的有序表中，取中间元素作为比较对象，若给定的关键码与中间元素的关键码相等，则查找成功；若给定的关键码小于中间元素的关键码，则在中间元素的左半区继续查找；若给定的关键码大于中间元素的关键码，则在中间元素的右半区继续查找。不断重复上述查找过程，直到查找成功为止。如果所查找的区域无与给定关键码相等的数据元素，则查找失败。

一有序表按关键码排列为{7,14,18,21,23,29,31,35,38,42,46,49,52}，若在表中查找关键码为 14 的数据元素，则用 low 和 high 分别指向表的上界和下界，mid 指向表的中间位置 $\lfloor (low+high)/2 \rfloor$，此时，其查找过程如图 10.1 所示。

次数	low	mid	high	key[mid]	查找过程
1	1	7	13	31	因为14<31，所以取high=mid−1=6
2	1	3	6	18	因为14<18，所以取high=mid−1=2
3	1	1	2	7	因为14 > 7，所以取low=mid+1=2
4	2	2	2	14	因为14=14，所以查找成功

图 10.1 折半查找过程

经过以上四次查找得出关键码为 14 的数据元素位于该有序表中下标为 2 的位置处，查找成功。下面给出有序表中的二分查找算法：

算法 10.2 折半查找算法

```
int BinarySearch(SeqList L,ElemType e)//二分查找算法
{   int low=0,high=L.length-1,mid;
    while(low<=high)
    {   mid=(low+high)/2;
        if(L.elem[mid]==e)
            return mid+1;
```

```
            else if(L.elem[mid]<e)
                low=mid+1;
            else
                high=mid-1;
        }
        return FALSE;
    }
```

从折半查找过程看，以表的中点为比较对象，并以中点将表分割为两个子表，对定位到的子表继续这种操作。所以，对表中每个数据元素的查找过程可用二叉树来描述，称这个描述查找过程的二叉树为判定树。如图 10.2 所示的就是上例的判定树表示，树中的每个圆形结点表示一个记录，结点中的值为记录的关键值；树中最下面的方形结点就是表示查找失败的结点的情况。从判定树可以看出，查找成功时的查找长度就是从根结点到目标结点路径上的结点数，即目标结点所在的层数，而查找失败时的查找长度为从根结点到失败结点的父结点的路径上面的结点数。

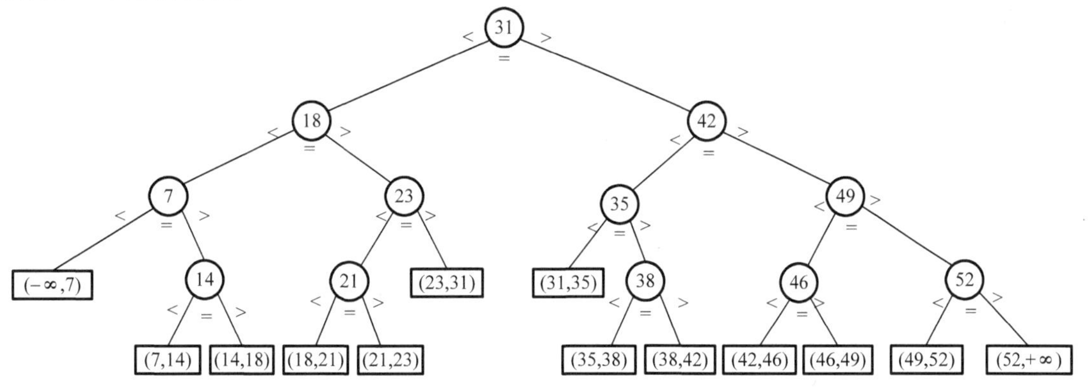

图 10.2　描述折半查找过程的判定树

判定树有如下性质：①每个结点的关键字均大于其左边子树上结点的关键字，且均小于其右边子树上结点的关键字；②有 n 个结点的判定树，有 n 个成功结点(非叶子结点)、n+1 个失败结点(叶子结点)；③任意两个棵折半查找判定树，若它们的结点个数相同，则它们的结构完全相同；④具有 n 个结点的折半查找判定树的深度为 $\log_2(n+1)$；⑤任意结点的左右子树中的结点个数和深度最多相差 1；⑥任意两个叶子结点所在的层次最多相差 1。

可以看到，查找任一元素的过程，即是判定树中从根到该元素结点路径上关键码的比较次数，也即该元素结点在树中的层次数。对于 n 个结点的判定树，树高为 k，则有 $2^{k-1}-1<n\leqslant 2^k-1$，即 $k-1<\log_2(n+1)\leqslant k$，所以 $k=\log_2(n+1)$。因此，折半查找在查找成功时，所进行的关键码比较次数最多不超过树的深度 $\log_2(n+1)$。

接下来讨论折半查找的平均查找长度。为便于讨论，以树高为 h 的满二叉树($n=2^h-1$)为例。假设表中每个元素的查找是等概率的，即 $P_i=1/n$，则树的第 i 层有 2^{i-1} 个结点，因此，折半查找的平均查找长度为

$$ASL=\sum_{i=1}^{n}P_iC_i=\frac{1\times 2^0+2\times 2^1+\cdots+k\times 2^{k-1}}{n}\approx\log_2(n+1)-1$$

所以，折半查找的时间效率为 $O(\log_2 n)$。因为折半查找需要快速定位到查找区域，所以该查找方法只适用于线性表的顺序存储结构且有序，而不适用于链式存储结构。

10.2.3 分块查找

分块查找(Blocking Search)又称为索引顺序查找。它是一种性能介于顺序查找和二分查找之间的查找方法。

分块查找要求把一个大的线性表分解成若干块，每块中的关键码无序，但块与块之间必须是分块有序的。假设是按关键码值非递减排序的，那么这种块与块之间必须满足已排序要求，实际上就是对于任意的 i，第 i 块中的所有关键码值都必须小于第 i+1 块中的所有关键码值。此外，还要建立一个索引表，把每块中的最大关键码值作为索引表的关键码值，按块的顺序存放到该索引表中，显然索引表是按关键码值非递减有序的。

查找时，首先在索引表中进行查找，确定要找的数据元素所在的块。然后，在相应的块中采用顺序查找，即可找到对应的数据元素。由于索引表是有序的，因此，对索引表的查找可以采用顺序查找，也可采用折半查找。

例如：关键码集合为{5,14,8,9, 25,22,27,31,49,42,50,43,52,83, 78,71,62,88}，按最大关键码值 14,31,52,88 分为四块，建立的索引表及其查找表如图 10.3 所示。

Maxkey	14	31	52	88
Start	1	9	17	25
Length	4	4	5	5
Blocksize	8	8	8	8

1	2	3	4	5	6	7	8	9	10	11	12	13	14	15	16	17	18	19	20	21	22	23	24	25	26	27	28	29	30	31	32
5	14	8	9					25	22	27	31					49	42	50	43	52				83	78	71	62	88			

图 10.3 分块查找表

分块查找由索引表查找和子表查找等两步完成，则分块查找的平均查找长度为块间和块内查找的平均查找长度之和。在一般情况下，为进行分块查找，可以将长度为 n 的表均匀地分成 b 块，每块含有 s 个记录，即 b=n/s；假定表中每个记录的查找概率相等，则每块查找的概率为 1/b，块中每个记录的查找概率为 1/s。若用顺序查找确定所在块，则分块查找的平均查找长度为

$$\mathrm{ASL}_{bs}=\mathrm{L}_b+\mathrm{L}_s=\frac{1}{b}\sum_{j=1}^{b}j+\frac{1}{s}\sum_{i=1}^{s}i=\frac{b+1}{2}+\frac{s+1}{2}$$

所以，此时的平均查找长度不仅和表长 n 有关，而且和每一块中的记录个数 s 有关。在给定 n 的前提下，s 是可以选择的。容易证明，当 s 取 $\sqrt{n}$ 时，ASL_{bs} 取最小值。这个值比顺序查找高，但远不及折半查找。

10.3 二叉排序树

10.3.1 二叉排序树的定义

二叉排序树(英语简称 BST)，也称为二叉查找树。二叉排序树或者是一棵空树，或者是一棵具有下列特性的非空二叉树：①若左子树非空，则左子树上所有结点的关键字值均小于

根结点的关键字值。②若右子树非空，则右子树上所有结点的关键字值均大于根结点的关键字值。③左右子树本身也分别是一棵二叉排序树。

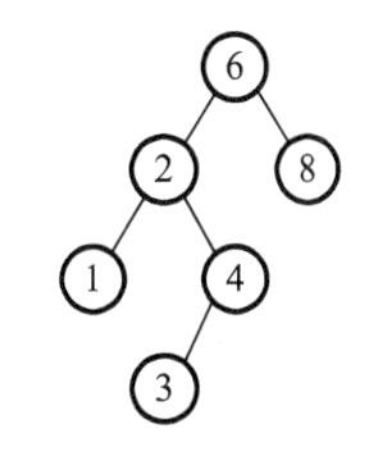

图 10.4　一棵二叉排序树

由此定义可知，二叉排序树是一个递归的数据结构，可以方便地使用递归算法对二叉排序树进行各种运算。如图 10.4 所示为一棵二叉排序树。

根据二叉排序树的定义，有左子树结点值小于根结点值小于右子树结点值，所以，对二叉排序树进行中序遍历，可以得到一个递增的有序序列。例如，图 10.4 的二叉排序树的中序遍历序列为 123468。

10.3.2　二叉排序树的相关算法

二叉树有顺序存储结构、二叉链表存储结构、三叉链表存储结构和静态链表存储结构等存储形式。该部分仍然采用二叉链表存储结构作为二叉排序树的存储结构，其存储结构的定义可参考前面章节内容。

1. 二叉排序树的查找

二叉排序树的查找是从根结点开始，沿某一个分支逐层向下进行比较的过程。若二叉排序树非空，将给定值与根结点的关键字比较，若相等，则查找成功；若给定值与根结点的关键字不相等，则当给定关键字值小于根结点的关键字时，在根结点的左子树中查找；当给定关键字值大于根结点的关键字时，在根结点的右子树中查找。在左右子树中重复以上过程，直到查找成功或失败为止。所以，二叉排序树的查找算法可描述如下：

算法 10.3　二叉排序树的查找算法

```
BiTree *SearchElem(BiTree *t,ElemType k)
{   BiTree *p;
    p=t;
    while(p!=NULL)
    {   if(p->data==k)
            return p;
        else if(k<p->data)
        {   p=p->left;}
        else
        {   p=p->right;}
    }
    return NULL;
}
```

例如，在图 10.4 中查找值为 4 的结点。首先 4 与根结点 6 比较。因为 4 小于 6，所以在根结点 6 的左子树中继续查找。在左子树中，因为 4 大于 2，所以在结点 2 的右子树中继续查找，此时查找成功。同样，二叉排序树的查找也可以用递归算法实现，递归算法比较简单，但执行效率较低。

2. 二叉排序树中插入结点

二叉排序树作为一种动态集合，其特点是树的结构通常不是一次生成的，而是在查找过程中，当树中不存在关键字值等于给定值的结点时才插入。

二叉排序树中插入结点的过程可描述为：若原二叉排序树为空，则直接插入结点；若关键字 k 小于根结点关键字，则插入到左子树中；若关键字 k 大于根结点关键字，则插入到右子树中。二叉排序树中插入结点的算法可描述如下：

算法 10.4 二叉排序树中插入结点的算法

```
BiTree *InsertElem(BiTree *t,ElemType e)
{   BiTree *pre,*p,*s;
    s=(BiTree *)malloc(sizeof(BiTree));
    s->data=e;
    s->left=s->right=NULL;
    p=t;pre=t;
    if(p==NULL)
    {   t=s;return t;   }
    while(p!=NULL)
    {   if(e<p->data)
        {   pre=p;p=p->left;    }
        else
        {   pre=p;p=p->right;   }
    }
    if(e<pre->data)
        pre->left=s;
    else
        pre->right=s;
    return t;
}
```

由此可见，插入的新结点一定是某个叶结点。如图 10.5 所示，在一个二叉排序树先后依次插入结点 28 和结点 58，虚线表示的边是其查找的路径。

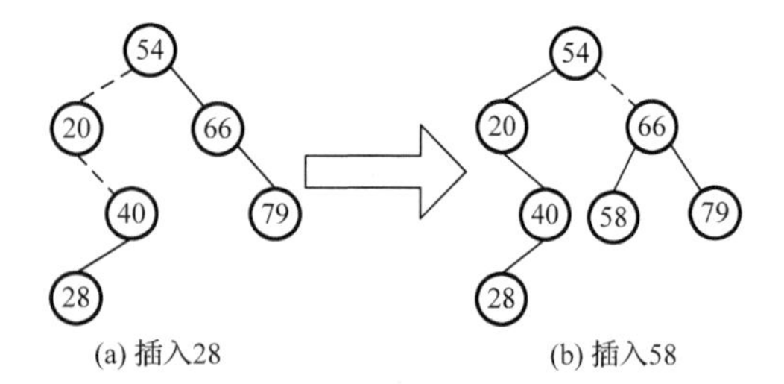

图 10.5 二叉排序树中结点的插入过程

3. 创建二叉排序树

构造一棵二叉排序树就是依次输入数据元素，并将它们插入到二叉排序树中的适当位置的过程。具体过程：每读入一个元素，就建立一个新结点。若二叉排序树非空，则将新结点的值与根结点的值比较，如果小于根结点的值，则插入到左子树中，否则插入到右子树中；若二叉排序树为空，则新结点作为二叉排序树的根结点。所以，创建一棵二叉排序树的算法可描述如下：

算法 10.5 二叉排序树的创建算法

```
BiTree *CreateBSTree(int n)
{   int i;
    ElemType e;
    BiTree *mytree=NULL;
    for(i=1;i<=n;i++)
```

```
        {    scanf("%d",&e);
             mytree=InsertElem(mytree,e);
        }
        return mytree;
    }
```

若输入序列为{54,20,66,40,79,28,58}，则创建的二叉排序树如图 10.5(b)所示。

4. 二叉排序树中删除结点

在二叉排序树中删除一个结点时，不能把以该结点为根的子树上的结点都删除，必须先把被删除结点从存储二叉排序树的链表上摘下，将因删除结点而断开的二叉链表重新链接起来，同时确保二叉排序树的性质不会变化。

在删除一个结点的操作中可能会出现以下三种情况：

(1)如果被删除结点 z 是叶结点，则直接删除，不会破坏二叉排序树的性质。

(2)若结点 z 只有一棵子树(左子树或右子树)，则让 z 的子树成为 z 父节点的子树，代替 z 的位置。如图 10.6(a)和图 10.6(b)所示。

(3)若结点 z 有左右两棵子树，则令 z 的直接后继(或直接前驱)替代 z，然后从二叉排序树中删去这个直接后继(或直接前驱)，这样就转换成了第一或第二种情况，如图 10.6(c)所示。

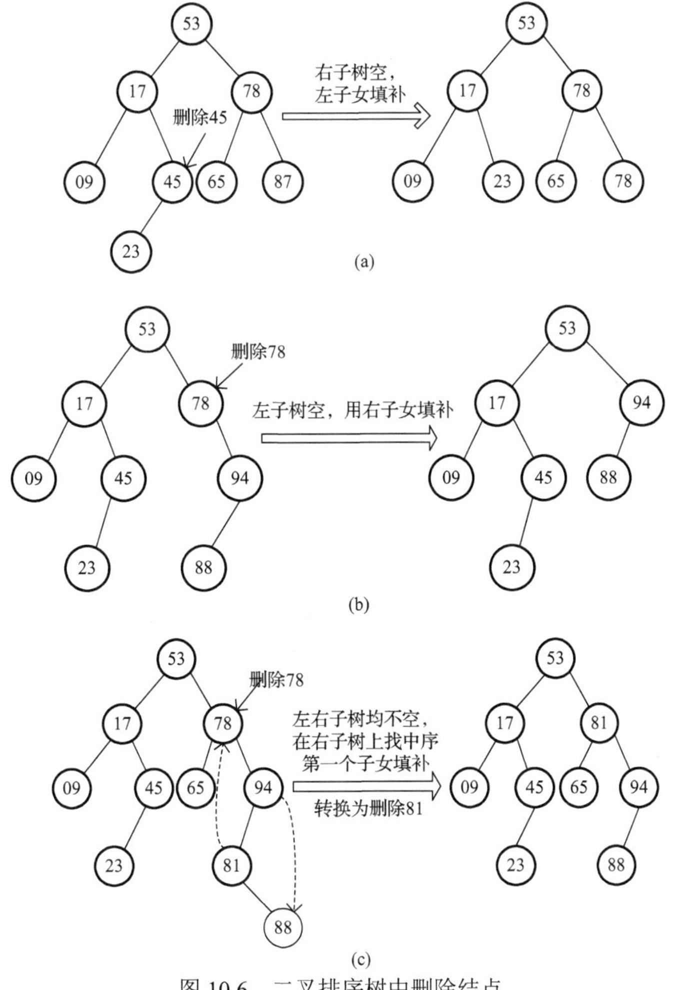

图 10.6　二叉排序树中删除结点

删除二叉排序树中结点的算法此处不再给出，读者可自行写出。

10.3.3 二叉排序树的查找效率分析

对于高度为 H 的二叉排序树，其插入操作和删除/操作的运行时间都是 O(H)。但在最坏的情况下，即若构造二叉排序树时输入序列有序，则会形成一个倾斜的单支树，此时，二叉排序树的性能显著变坏，树的高度也增加为元素个数 N，如图 10.7(b)所示。

在等概率情况下，图 10.7(a)查找成功时的平均查找长度为

$$ASL=(1+2\times2+3\times4+4\times3)/10=2.9$$

图 10.7(b)查找成功时的平均查找长度为

$$ASL=(1+2+3+4+5+6+7+8+9+10)/10=5.5$$

由上可知，二叉排序树查找算法的平均查找长度主要取决于树的高度，即与二叉树的形态有关。如果二叉排序树是一个只有右(左)孩子的单支树(类似于有序的单链表)，其平均查找长度和单链表相同，为 ASL=(n+1)/2。如果二叉排序树的左右子树的高度之差的绝对值不超过 1，这样的二叉排序树称为平衡二叉树，其平均查找长度达到 $O(\log_2 n)$。

从查找过程看，二叉排序树上的查找与二分查找相似。就平均时间性能而言，二叉排序树上的查找和二分查找也差不多。但二分查找的判定树唯一，而二叉排序树不唯一。对于相同的关键字，其插入顺序不同，可能生成不同的二叉排序树，如图 10.7 所示。

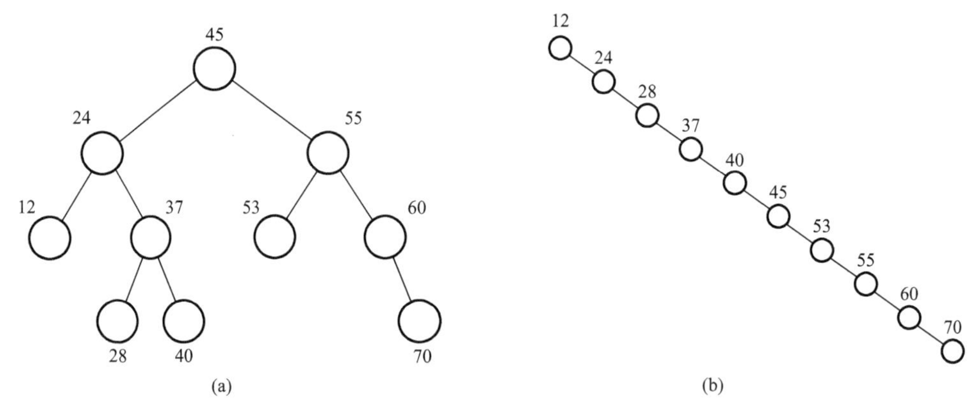

图 10.7 由相同关键字组成的不同二叉排序树

就维护表的有序性而言，二叉排序树无须移动结点，只需修改指针即可完成插入和删除等操作，平均执行时间为 $O(\log_2 n)$。二分查找的对象是有序顺序表，若有插入和删除结点的操作，所花的代价是 O(n)。当有序表是静态查找表时，宜用顺序表作为其存储结构，而采用二分查找实现其查找操作；若有序表是动态查找表，则应选择二叉排序树作为其存储结构。

10.4 平衡二叉排序树

10.4.1 平衡二叉排序树的定义

为了避免树的高度增长过快，而使二叉排序树的查找性能降低，规定在插入和删除二叉树结点时，要保证任意结点的左右子树高度差的绝对值不超过 1，将这样的二叉排序树称为平衡二叉排序树，简称平衡二叉树(AVL 树)。

因此，平衡二叉树可定义为一棵空树，或者是具有下列性质的二叉排序树：它的左子树和右子树都是平衡二叉排序树，且左子树和右子树高度差的绝对值不超过 1。若将二叉树上结点的平衡因子为该结点左子树与右子树的高度差，则平衡二叉树中结点平衡因子的值只可能是−1、0 或 1。只要二叉树上有一个结点的平衡因子的绝对值大于 1，则该二叉树就是不平衡的。如图 10.8(a)所示是平衡二叉树，如图 10.8(b)所示是不平衡二叉树，结点中的值为该结点的平衡因子。

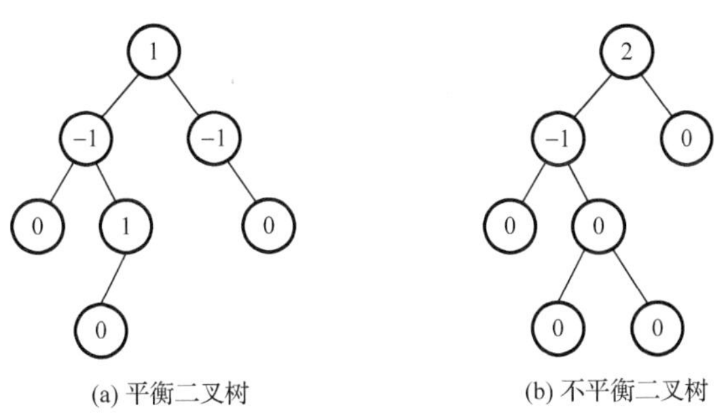

图 10.8　平衡二叉树和不平衡二叉树

10.4.2　调整不平衡的二叉排序树

每当在二叉排序树中插入(或删除)一个结点时，首先要检查其插入路径上的结点是否因为此次操作而变得不平衡。如果变得不平衡，则先找到插入路径上离插入结点最近的平衡因子绝对值大于 1 的结点 A，再对以 A 为根的子树，在保持二叉排序树特性的前提下，调整各结点的位置关系，使之重新平衡。

注意：每次调整的对象都是最小不平衡子树，即在插入路径上离插入结点最近的平衡因子绝对值大于 1 的结点为根的子树。如图 10.9 所示虚框内为最小不平衡子树。

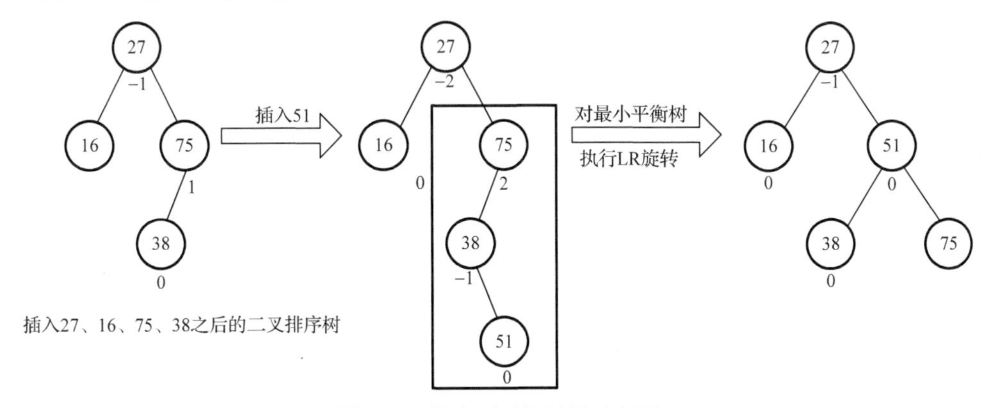

图 10.9　最小不平衡子树示意图

平衡二叉树的插入过程前半部分与二叉排序树相同，但是在新结点插入后，如果造成查找路径上某个结点不再平衡，需要相应地调整。一般可将失去平衡后进行调整的规律归纳为下列 4 种情况：

(1) LL 平衡旋转(右单旋转)。如图 10.10 所示，由于在结点 A 的左孩子(L)的左子树(L)上插了新结点，A 的平衡因子由 1 增至 2，导致以 A 为根的子树失去平衡，需要一次向右的旋转操作。将 A 的左孩子 B 向右上旋转代替 A 成为根结点，将 A 结点向右下旋转成为 B 的右子树的根结点，而 B 的原右子树则作为结点 A 的左子树。

如图 10.10 所示，结点旁的数值代表结点的平衡因子，而用方块表示相应结点的子树，下方数值代表该子树的高度。

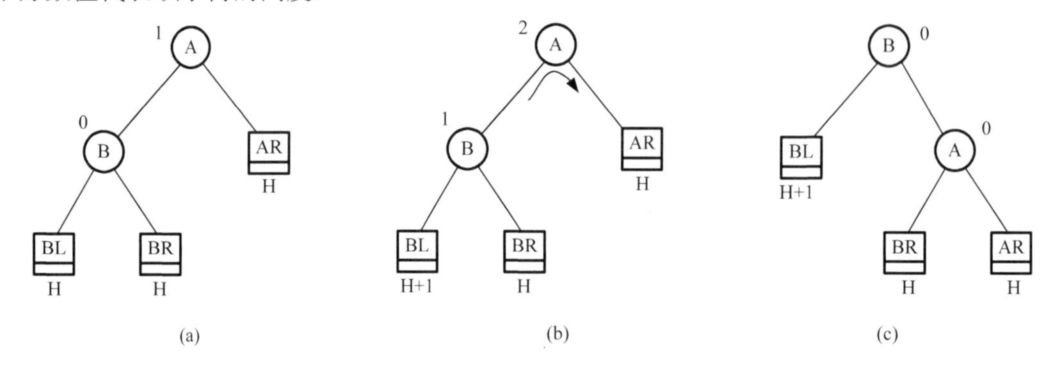

图 10.10　LL 平衡旋转

(2) RR 平衡旋转(左单旋转)。如图 10.11 所示，由于在结点 A 的右孩子(R)的右子树(R)上插入了新结点，A 的平衡因子由−1 减至−2，导致以 A 为根的子树失去平衡，需要一次向左的旋转操作，将 A 的右孩子 B 向左上旋转代替 A 成为根结点，将结点 A 向左下旋转成为 B 的左子树的根结点，而 B 的原左子树则作为结点 A 的右子树。

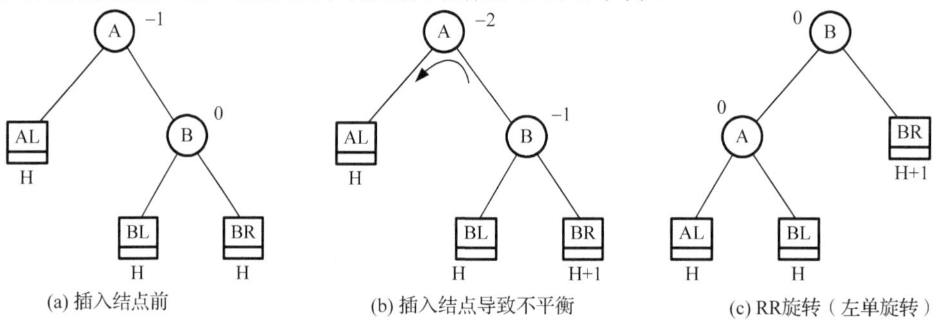

图 10.11　RR 平衡旋转

(3) LR 平衡旋转(先左后右双旋转)。如图 10.12 所示，由于在结点 A 的左孩子(L)的右子树(R)上插入新结点，A 的平衡因子由 1 变为 2，导致以 A 为根的子树失去平衡，需要进行两次旋转操作，先左旋转后右旋转。将结点 A 的左孩子 B 的右子树的根结点 C 向左上旋转提升到 B 结点的位置，然后再把该结点 C 向右上旋转提升到结点 A 的位置。

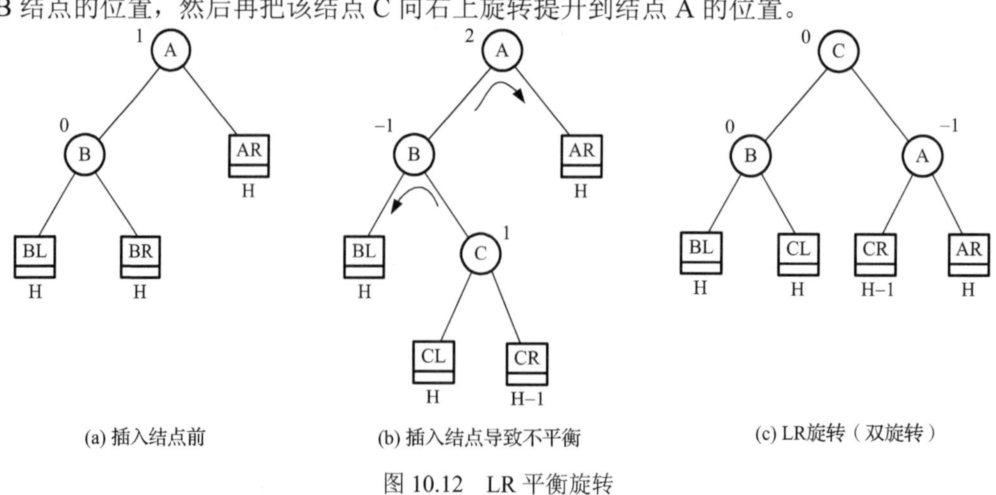

图 10.12　LR 平衡旋转

(4) RL 平衡旋转(先右后左双旋转)。如图 10.13 所示，由于在结点 A 的右孩子(R)的左子树(L)上插入新结点，A 的平衡因子由–1 变为–2，导致以 A 为根的子树失去平衡，需要进行两次旋转操作，先右旋转后左旋转。将结点 A 的右孩子 B 的左子树的根结点 C 向右上旋转提升到结点 B 的位置，然后再把该结点 C 向左上旋转提升到结点 A 的位置。

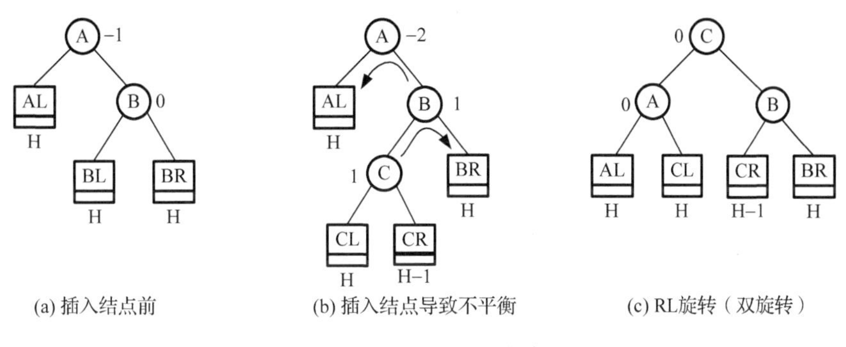

图 10.13 RL 平衡旋转

10.4.3 创建平衡二叉排序树

若有序列{49,38,65,97,76,13,27}，把这些结点依次插入到初始序列为空的平衡二叉排序树中，使得每次插入后保持该树仍然是平衡二叉树，插入结点后形成平衡二叉树的过程如下所述。第一步：插入结点 49,38,65,97 形成的平衡二叉树如图 10.14(a)所示。第二步：插入结点 76 后如图 10.14(b)所示是一棵不平衡二叉树，需要把根结点右子树进行 RL 平衡旋转，先进行右旋转，如图 10.14(c)所示，再进行左旋转，如图 10.14(d)，所示形成一棵平衡二叉树。第三步：插入结点 13 后仍是一棵平衡二叉树，再插入结点 27 后，如图 10.14(e)所示，是一棵不平衡二叉树，需要把根结点左子树进行 LR 平衡旋转，先进行左旋转，如图 10.14(f)所示，再进行右旋转，如图 10.14(g)所示，形成一棵平衡二叉树。

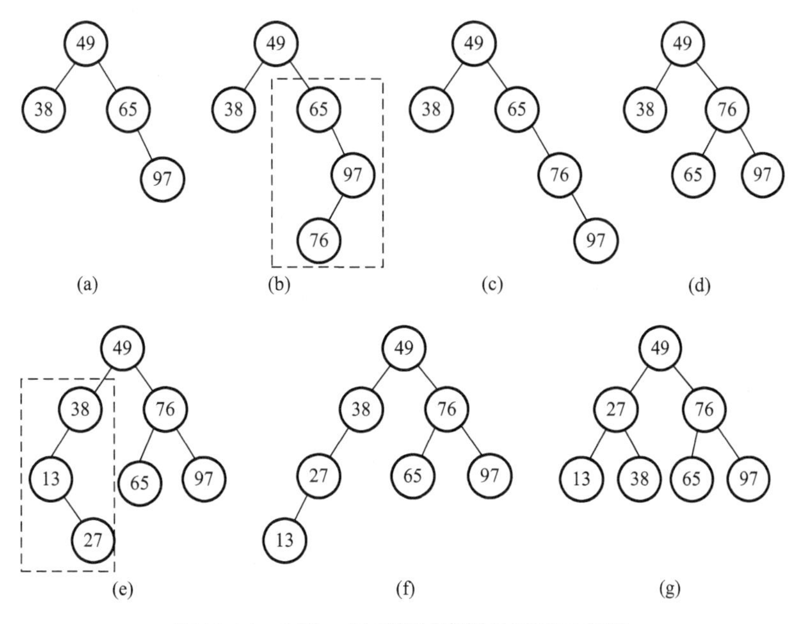

图 10.14 创建二叉平衡排序树的过程示意图

在平衡二叉树上进行查找的过程和二叉排序树相同。因此，在查找的过程中和给定关键字进行比较的关键字个数不超过树的深度。假设以 N_h 表示深度为 h 的平衡树中含有的最少结点数。显然，$N_0=0, N_1=1, N_2=2$，并且有 $N_h=N_{h-1}+N_{h-2}+1$。可以证明，含有 n 个结点的平衡二叉树的最大深度为 $O(\log_2 n)$，因此，平衡二叉树的平均查找长度为 $O(\log_2 n)$。

注意：该结论可用于求解给定结点数的平衡二叉树的查找所需的最多比较次数(或树的最大高度)。问含有 12 个结点的平衡二叉树中查找某个结点的最多比较次数是多少？

10.5　其他查找树

10.5.1　B 树及其基本操作

B 树，又称为多路平衡查找树，B 树中所有结点的孩子结点数的最大值称为 B 树的阶，通常用 m 表示，一棵 m 阶 B 树或为空树，或为满足如下特性的 m 叉树：

(1) 树中每个结点至多有 m 棵子树(即至多含有 m–1 个关键字)。

(2) 若根结点不是终端结点，则至少有两棵树。

(3) 除根结点外的所有非叶结点至少有 $\lceil m/2 \rceil$ 棵子树(即至少含有 $\lceil m/2 \rceil-1$ 个关键字)。

(4) 所有非叶结点的结构如下：

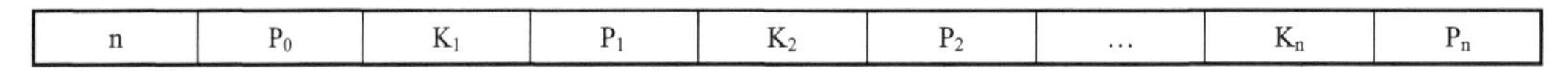

n	P_0	K_1	P_1	K_2	P_2	…	K_n	P_n

其中，$K_i(i=1,2,\cdots,n)$ 为结点的关键字，且满足 $K_1< K_2<\cdots< K_n$；$P_i(i=0,1,\cdots,n)$ 为指向子树根结点的指针，且指针 P_{i-1} 所指子树中所有结点的关键字均小于 K_i，P_i 所指子树中所有结点的关键字均大于 K_i，其中 $n(\lceil m/2 \rceil-1\leqslant n \leqslant m-1)$ 为结点中关键字的个数。

(5) 所有的叶结点都出现在同一层次上，并且不带信息(可以看作是外部结点或者类似于折半查找判定树的查找失败结点，实际上这些结点不存在，指向这些结点的指针为空)。

B 树是所有结点的平衡因子均等于 0 的多路查找树，如图 10.15 所示为一棵四阶 B 树。其中，底层方形结点表示叶结点，这些结点中没有存储任何信息。

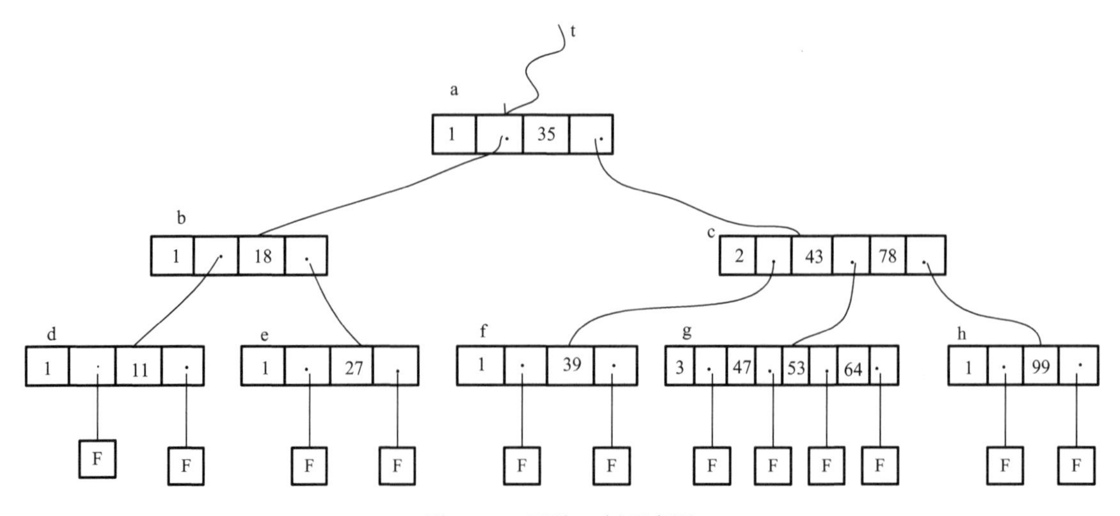

图 10.15　四阶 B 树示意图

1. B 树的高度(磁盘存取次数)

B 树中的大部分操作所需的磁盘存取次数与 B 树的高度成正比。

下面来分析 B 树在不同的情况下的高度。当然，首先应该明确 B 树的高度不包括最后不带任何信息的叶结点所处的那一层。注：有些书上对于 B 树的高度定义包括了最后的那一层，本书不包括这一层，所以希望读者在阅读时注意。

如果 $n \geq 1$，则对任意一棵包含 n 个关键字、高度为 h、阶数为 m 的 B 树：

(1) 因为 B 树中每个结点最多有 m 棵子树、m−1 个关键字，所以在一棵高度为 h 的 m 阶 B 树中关键字的个数应满足 $n \leq (m-1)(1+m+m^2+\cdots+m^{h-1})=m^h-1$，因此有 $h \geq \log_m(n+1)$。

(2) 若让每个结点中的关键字个数最少，则容纳同样多关键字的 B 树的高度可最大。由 B 树定义：第一层至少有 1 个结点；第二层至少有 2 个结点；除根结点以外的每个非终端结点至少有 $\lceil m/2 \rceil$ 棵子树，则第三层至少有 $2\lceil m/2 \rceil$ 个结点……第 h+1 层至少有 $2(\lceil m/2 \rceil)^{h-1}$ 个结点，注意到第 h+1 层是不包含任何信息的叶结点。对于关键字个数为 n 的 B 树，叶结点即查找不成功的结点为 n+1，由此有 $n+1 \geq 2(\lceil m/2 \rceil)^{h-1}$，即 $h \leq \log_{\lceil m/2 \rceil}((n+1)/2)+1$。

例如，假设一棵三阶 B 树，共有 8 个关键字，则其高度范围为 $2 \leq h \leq 3.17$。

2. B 树查找

在 B 树上进行查找与二叉查找树很相似，只是每个结点都是多个关键字的有序表，在每个结点上所做的操作不是由两路分支决定，而是由根据该结点的子树所做的多路分支决定。

B 树的查找包含两个基本操作：1) 在 B 树中找结点；2) 在结点内找关键字。由于 B 树常存储在磁盘上，则前一个查找操作是在磁盘上进行的，而后一个查找操作是在内存中进行的，即在找到目标结点后，先将结点中的信息读入内存，然后再采用顺序查找法或折半查找法查找等于 K 的关键字。

在 B 树上查找到某结点后，先在有序表中进行查找，若找到则查找成功，否则按照对应的指针信息到所指的子树中去查找。查找到叶结点时(对应的指针为空指针)，则说明树中没有对应的关键字，查找失败。

3. B 树插入

与二叉树查找树的插入操作相比，B 树的插入操作要复杂得多。在二叉查找树中，仅需查找到需插入的终端结点的位置。但是，在 B 树中找到插入的位置后，并不简单地将其添加到终端结点中，因为此时可能导致整棵树不再满足 B 树定义中的要求。将关键字 key 插入到 B 树的过程如下所述。

(1) 定位：利用前面所述的 B 树查找算法，找出插入该关键字最底层中某个非叶结点(注意，B 树中的插入关键字一定是插入在最底层中的某个非叶结点内)。

(2) 插入：在 B 树中，每个非失败结点的关键字个数都在 $\lceil m/2 \rceil-1$ 与 m−1 之间。插入后的结点关键字小于 m，则可以直接插入；插入后检查被插入结点内关键字的个数，当插入后的结点关键字个数大于 m−1 时，则必须对结点进行分裂。

分裂的方法是：取一个新结点，将插入 key 后的原结点从中间位置将其中的关键字分为两部分，左部分包含关键字放在原结点中，右部分包含的关键字放到新的结点中，中间位置($\lceil m/2 \rceil$)的结点插入到原结点的父结点中。若此时导致其父结点的关键字个数也超过了上限，则继续进行这种分裂操作，直至这个过程传到根结点为止，这样导致 B 树高度增 1。

对于 m=3 的 B 树，所有结点中最多有 m−1=2 个关键字，若某结点中已有两个关键字时，则结点已满，如图 10.16(a)所示。插入一个关键字 60 后，结点内的关键字个数超出 m−1，如图 10.16(b)所示，此时必须进行结点分裂，分裂的结果如图 10.16(c)所示。

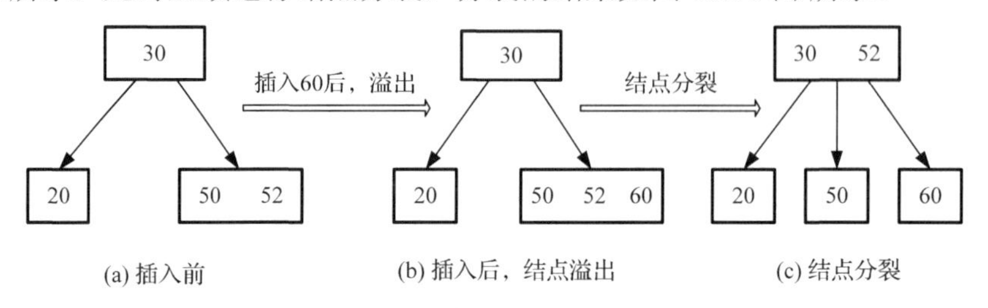

图 10.16　结点的“分裂”示意图

4. B 树删除

B 树中的删除操作与插入操作类似，但稍微复杂，要使得删除后结点中的关键字个数不小于⌈m/2⌉−1，必须涉及结点的合并问题。当所有删除的关键字 k 不在终端结点(最底层非叶结点)中时，有下列几种情况：

(1)如果小于 k 的子树中关键字个数大于⌈m/2⌉−1，则找出 k 的前驱值 k′，并且用 k′来取代 k，再递归删除 k′即可。

(2)如果大于 k 的子树中关键字个数大于⌈m/2⌉−1，则找出 k 的后继值 k′，并且用 k′来取代 k，再递归删除 k′即可。

(3)如果前后两个子树中关键字个数均为⌈m/2⌉−1，则直接将两个子结点合并，直接删除 k 即可。如图 10.17 所示为某四阶 B 树的一部分。

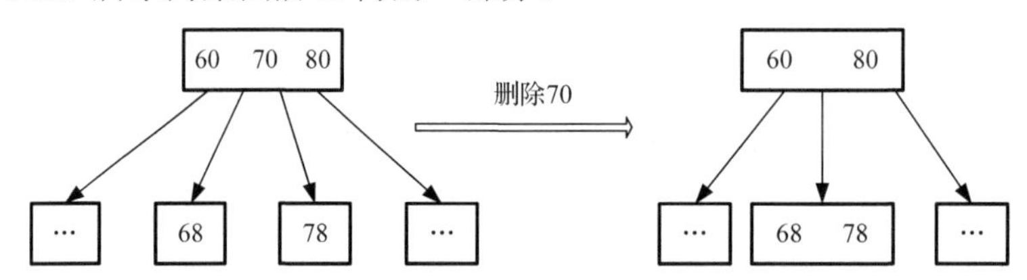

图 10.17　B 树中删除非终端结点关键字的合并过程

当被删除的关键字在终端结点(最底层非叶结点)中时，有以下几种情况。

(1)直接删除关键字：若被删除关键字所在结点的关键字个数大于⌈m/2⌉−1，表明删除该关键字后仍满足 B 树的定义，则直接删去该关键字。

(2)兄弟够借：若被删除关键字所在结点删除前的关键字个数等于⌈m/2⌉−1，且与此结点相邻的右(左)兄弟结点的关键字个数不小于⌈m/2⌉，需要调整该结点、右(左)兄弟结点及其双亲结点(父子换位法)，以达到新的平衡状态，如图 10.18(a)所示。

(3)兄弟结点不够借：若被删除关键字所在结点删除前的关键字个数等于⌈m/2⌉−1，且此时与该结点相邻的右(左)兄弟结点的关键字个数等于⌈m/2⌉−1，则将关键字删除后与右(左)兄弟结点及双亲结点中的关键字进行合并，如图 10.18(b)所示。

在合并过程中，双亲结点中的关键字个数会减少。若其双亲结点是根结点并且关键字个数减少至 0(根结点关键字个数为 1 时，有两棵子树)，则直接将根结点删除，合并后的新结点变为根；若双亲结点不是根结点，且关键字个数减少到⌈m/2⌉−2，又要与他自己的兄弟结点进行调整或合并操作，并重复上述步骤，直至符合 B 树的要求为止。

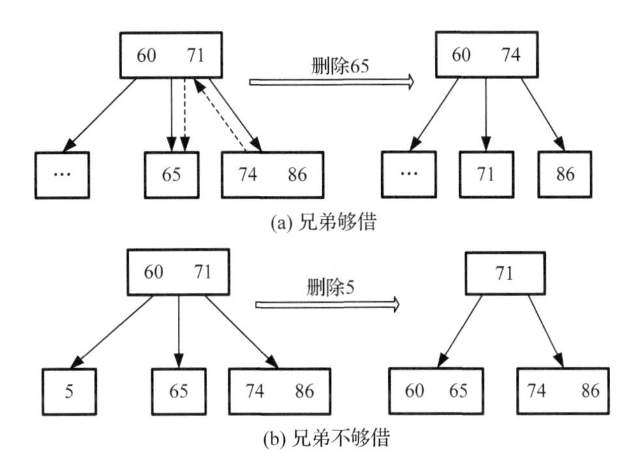

图 10.18　B 树中删除终端结点关键字的示意图

10.5.2　B+树的基本概念

B+树是应数据库所需而出现的一种 B 树的变形树。一棵 m 阶的 B+树需满足下列条件：

(1) 每个分支结点最多有 m 棵子树(子结点)。

(2) 非叶根结点至少有两棵子树，其他每个分支结点至少有⌈m/2⌉棵子树。

(3) 结点的子树个数与关键字个数相等。

(4) 所有叶结点包含全部关键字及指向相应记录的指针，而且叶结点中将关键字按大小顺序排列，并且相邻叶结点按大小顺序相互链接起来。

(5) 所有分支结点(可看成是索引的索引)中仅包含它的各个子结点(即下一级的索引块)中关键字的最大值及指向其子结点的指针。

m 阶的 B+树与 m 阶的 B 树的主要差异在于：

(1) 在 B+树中，具有 n 个关键字的结点只含有 n 棵子树，即每个关键字对应一棵子树；在 B 树中，具有 n 个关键字的结点含有 n+1 棵子树。

(2) 在 B+树中，每个结点(非根结点)关键字个数 n 的范围是 $\lceil m/2\rceil \leq n \leq m$(根结点：$1 \leq n \leq m$)，在 B 树中，每个结点(非根结点)关键字个数 n 的范围是$\lceil m/2\rceil-1 \leq n \leq m-1$(根结点：$1 \leq n \leq m-1$)。

(3) 在 B+树中，叶结点包含信息，所有非叶结点仅起到索引作用，非叶结点中的每个索引项只含有对应子树的最大关键字，并指向该子树的指针，不含有该关键字对应记录的存储地址。

(4) 在 B+树中，叶结点包含全部关键字，即在非叶结点中出现的关键字也会出现在叶结点中；在 B 树中，叶结点包含的关键字和其他结点包含的关键字是不重复的。

如图 10.19 所示的为一棵四阶 B+树的示例。从图中可以看出，分支结点的某个关键字是其子树中最大关键字的副本。通常在 B+树中有两个头指针：一个指向根结点，另一个指向关键字最小的叶结点。因此，可以对 B+树进行两种查找运算：一种是从最小关键字开始的顺序查找；另一种是从根结点开始，进行多路查找。

B+树的查找、插入和删除等操作和 B 树基本类似。只有在查找过程中，非叶结点上的关键字值等于给定值时并不终止，而是继续向下查找，直到叶结点上的关键字为止。所以，在 B+树中查找，无论查找成功与否，每次查找路径都是从根结点到叶结点。

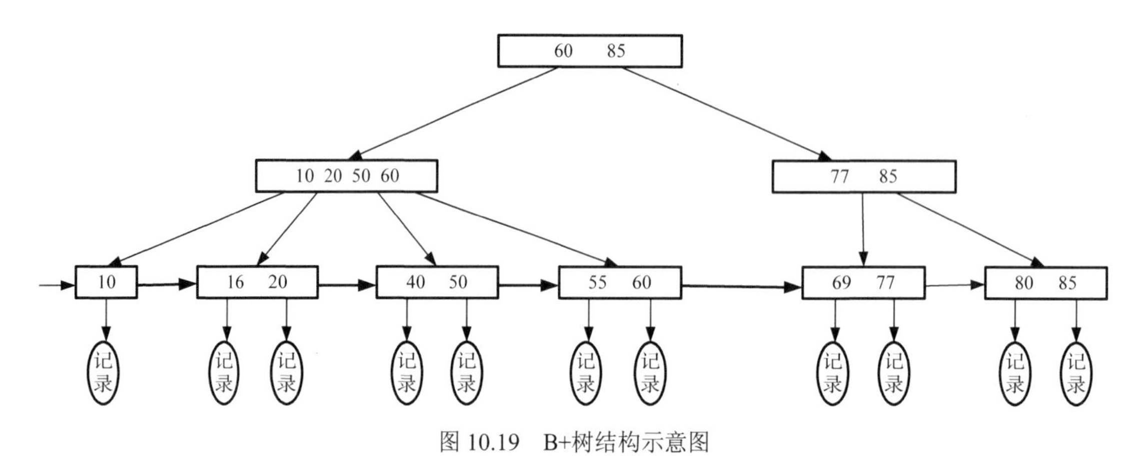

图 10.19　B+树结构示意图

10.6　散　列　表

由于数据元素在表中的位置与关键码之间不存在确定的关系，因此，查找时，需要进行一系列对关键码的比较操作，即“查找算法”是建立在比较的基础上的，查找效率由比较次数决定。理想的查找方法可以不经过任何比较，一次直接找到要查找的元素。如果在元素的存储位置与它的关键字之间建立一个确定的对应函数关系 Hash()，使得每个关键字与结构中一个唯一的存储位置相对应：Address=Hash(key)，在表中插入元素时，依此函数计算存储位置并按此位置存放。在查找时，对元素的关键字进行同样的函数计算，把求得的函数值当作元素的存储位置，在表中按此位置取元素进行比较，若关键字相等，则查找成功。这种方法就是散列法，散列法又称为哈希法或杂凑法。

10.6.1　散列表的基本概念

散列表：又称为哈希(Hash)表。散列表是根据关键字直接进行访问的数据结构。也就是说，散列表建立了关键字和存储地址之间的一种直接映射关系。

散列函数：一个把查找表中的关键字映射成该关键字对应地址的函数，记为 Hash(key)=Addr。这里的地址可以是数组下标，索引或内存地址等。

对于 n 个不同的关键字根据一个相同的散列函数可能会得到几个相同的地址，称这种情况为“冲突”(Collision)，这些发生碰撞的不同关键字称为同义词。冲突不可能避免，只能尽可能减少。所以，散列方法需要解决以下两个问题：

(1) 构造好的哈希函数。所选函数尽可能简单，以便提高转换速度。所选函数对关键码计算出的地址，应在哈希地址集中，大致均匀分布，以减少空间浪费。

(2) 制定解决冲突的方案。无论采用哪一种散列函数，冲突都是不可避免的，因此我们必须要考虑到当发生冲突的时候如何为发生冲突的关键字寻找下一个“空”的 Hash 地址。

10.6.2　散列函数的设计

散列技术一般用于处理关键码来自很大范围的记录，并将这些记录存储在一个有限的散列表中。所以，散列函数的设计是个关键问题。一般来说，希望散列函数能够把记录以相同的概率“散列”到散列表中的所有地址空间。在构造散列函数时，必须注意以下几点：

(1) 散列函数的定义域必须包含全部需要存储的关键字，而值域的范围则依赖散列表的大小或地址范围。

(2) 散列函数计算出来的地址应该能等概率、均匀地分布在整个地址空间，从而减少冲突的发生率。

(3) 散列函数应该尽量简单，能够在较短的时间内计算出任一关键字对应的散列地址。

总结以往的经验，被公认为较好的构造散列函数的方法有直接定址法、除留余数法，数字分析法、平方取中法、折叠法等。

1. 直接定址法

直接定址法的散列函数是关键码的线性函数，即 Hash(key)=a×key+b(a,b 为常数)。

关键码集合为{10,30,50,70,80,90}，选取的散列函数为 Hash(key)=key/10，则散列表如表 10.1 所示。

表 10.1 用直接定址法构造的散列表

关键码		10		30		50		70	80	90
散列地址	0	1	2	3	4	5	6	7	8	9

直接定址法的特点是简单、均匀、冲突少，但要求地址集合与关键码集合大小相同，对于较大的关键码集合不适用。它适用关键字的分布基本连续的情况，若关键字分布不连续，空位较多，将造成存储空间浪费，所以在实际中能使用这种散列函数的情况很少。

2. 除留余数法

除留余数法的基本思想是：选择某个适当的正整数 p，以关键码除以 p 的余数作为散列地址，即 Hash(key)=key mod p(p 是一个整数)。

这一方法的关键在于选取合适的 p，若 p 选得不好，则容易产生冲突。例如，选 p 为偶数，则该散列函数总是将奇数的关键码映射成奇数地址，偶数的关键码映射成偶数地址，因而增加了冲突的机会；若 p 含有质因子，即 p=m×n，则所有含有 m 或 n 因子的关键码的散列地址均为 m 或 n 的倍数，显然，这增加了冲突的概率。例如，p=21=3×7，则关键码 14,28,35 等散列地址均为 7 的倍数。

在一般情况下，若散列表表长为 m，元素个数为 n，通常选 p 为小于表长 m 且大于元素个数 n 的素数。除留余数法是一种最简单、最常用的构造散列函数的方法，并且这种方法不要求事先知道关键码的分布。例如，关键码序列{49,38,65,97,74}，若 Hash(key)=key mod7，则构造的散列表如表 10.2 所示。

表 10.2 用除留余数法构造的散列表

关键码	49		65	38	74		97			
散列地址	0	1	2	3	4	5	6	7	8	9

3. 数字分析法

假设关键字是以 r 为基的数(以 10 为基数)，并且哈希表中可能出现的关键字都是事先知道的(0 到 9)，则可取关键字的若干数位组成哈希地址。

关键码在各位上出现的频率不一定相同，可能在某些位上分布均匀些，各种数码出现的机会均等；在某些位上分布不均匀，只有某几种数码经常出现，则应选取数码分布较为均匀的若干位作为散列地址。这种方法适合于已知的关键字集合，如果更换了关键字，就需要重新构造新的散列函数。

4. *平方取中法*

取关键字平方值的中间若干位作为散列地址。具体取多少位要看实际情况而定。由这种方法得到关键字的散列地址与关键字的每一位都有关系，散列地址分布比较均匀。

5. *折叠法*(Folding)

此方法将关键码自左到右分成位数相等的几部分，最后一部分的位数可以短些，然后将这几部分叠加，并计算出，根据按哈希表长及元素个数，取叠加和的后几位作为哈希地址。这种方法称为折叠法。

例如，以图书的 ISBN 号为关键字，采用折叠法构造一个散列表。ISBN 是形如 0442205864 的编号，若图书馆藏接近 1000 册，可以将编号从低位向高位每三位一段分割；若图书馆接近 10000 册，可以将该编号每四位为一段分割，依此类推分割方案。

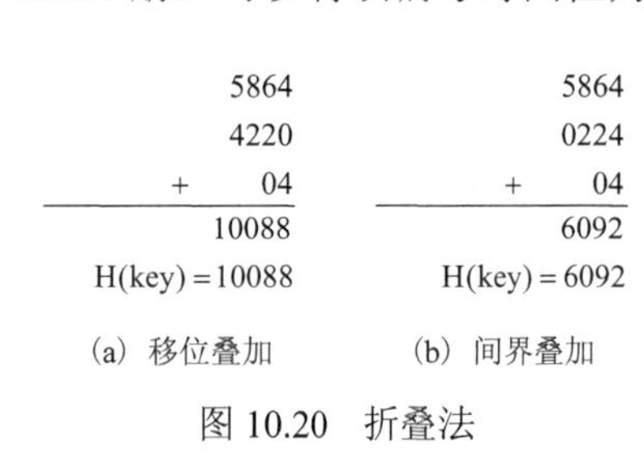

(a) 移位叠加　(b) 间界叠加

图 10.20　折叠法

叠加方式有移位叠加和间界叠加等两种。移位叠加方式将每一段的最低位对齐，然后相加，如图 10.20(a)所示；间界叠加将相邻的两端对齐，即相邻两段前一段的最低位和后一段的最高位对齐，后一段的最低位和前一段的最高位折叠对齐，然后相加，如图 10.20(b)所示。上述编号为 0442205864 的图书分三段，采用两种折叠加运算，如图 10.20 所示。

10.6.3　冲突的处理方法

无论采用哪一种散列函数，冲突都是不可避免的，因此必须要考虑到发生冲突时怎么为发生冲突的关键字寻找下一个“空”的 Hash 地址。处理冲突的常用方法有下列几种。

1. *开放定址法*

所谓开放定址法，即是由关键码得到的哈希地址一旦产生了冲突，也就是说，该地址已经存放了数据元素，就去寻找下一个空的哈希地址，只要哈希表足够大，空的哈希地址总能找到，并将数据元素存入。

采用 $Hash_i=(Hash(key)+d_i) \bmod m (1 \leq i < m)$ 的函数形式得到一个新的地址序列，沿着这个序列逐个探测，直到找到下一个空地址。其中，Hash(key)是哈希函数，m 是哈希表的长度，d_i 为递增量。根据 d_i 的取值方式，又可将开放定址法分为线性探测法和二次探测法。

1)线性探测法

$Hash_i = (Hash(key)+d_i) \bmod m (1 \leq i<m)$，在这个方法中，$d_i$ 为增量序列{1, 2, …, n−1}，且 $d_i=i$。即从发生冲突的地址开始，依次探查其下一个地址(到达下标为 m−1 的散列表表尾时，下一个地址为表首地址 0)，直到找到下一个空地址为止。当 $m \geq n$(关键字个数)时，一定能找到一个空位置。

若关键码集为{47,7,29,11,16,92,22,8,3}，哈希表表长为 11，哈希函数为 Hash(key)=key mod 11，用线性探测法处理冲突所创建的哈希表如表 10.3 所示。

表 10.3　用线性探测法处理冲突构造的散列表

关键码	11	22		47	92	16	3	7	29	8	
散列地址	0	1	2	3	4	5	6	7	8	9	10

47,7,11,16,92 均是由哈希函数得到的没有冲突的哈希地址而直接存入的。Hash(29)=7，哈希地址上冲突，需寻找下一个空的哈希地址。由 $Hash_1$=(Hash(29)+1) mod 11=8，哈希地址 8 为空，将 29 存入。另外，22 和 8 同样在哈希地址上有冲突，也是由 H1 找到空的哈希地址的。Hash(3)=3，哈希地址上冲突，由 $Hash_1$=(Hash(3)+1) mod 11=4，仍然冲突；$Hash_2$=(Hash(3)+2) mod 11=5 仍然冲突；$Hash_3$=(Hash(3)+3) mod 11=6，找到空的哈希地址，存入。

2) 二次探测法

线性探测法可能使第 i 个哈希地址的同义词存入第 i+1 个哈希地址，这样本应存入第 i+1 个哈希地址的元素变成了第 i+2 个哈希地址的同义词，……。因此，可能出现很多元素在相邻的哈希地址上"堆积"起来，大大降低了查找效率。为此，可采用二次探测法，或双哈希函数探测法，以改善"堆积"问题。在这个方法中，d_i 为增量序列 $1^2,-1^2,2^2,-2^2,\cdots,q^2,-q^2$ 且 $q \leqslant (m-1)$。

若关键码集为{47,7,29,11,16,92,22,8,3}，哈希表表长为 11，哈希函数为 Hash(key)=key mod 11，用二次探测法处理冲突所创建的哈希表如表 10.4 所示。

表 10.4　用线性探测法处理冲突构造的散列表

关键码	11	22	3	47	92	16		7	29	8	
散列地址	0	1	2	3	4	5	6	7	8	9	10

对关键码寻找空的哈希地址只有 3 这个关键码与上例不同。Hash(3)=3，哈希地址上冲突，由 $Hash_1$=(Hash(3)+1^2) mod 11=4，仍然冲突；$Hash_2$=(Hash(3)−1^2) mod 11=2，找到空的哈希地址，存入。

2. 再哈希法

这个方法先用第一个函数 Hash(key) 对关键码计算哈希地址，一旦产生地址冲突，再用第二个函数确定该关键字的哈希地址，直到冲突不再发生。

3. 链地址法

链地址法是将具有相同 Hash(key) 值得关键字(同义词)值插入到一个线性链表中，该链表称为同义词链表。散列表长 m，就有 m 个链表，同时用指针数组 T[0…m−1]存放各个链表的头指针，凡是 Hash(key) 为 i 的记录都以结点方式插入到 A[i]所在的线性链表中。T 中各元素的初值应为空指针。

若关键码集为{47,7,29,11,16,92,22,8,3}，哈希表表长为 11，哈希函数为 Hash(key)=key mod 11，用链地址法处理冲突所创建的哈希表如图 10.21 所示。

该例中指针数组元素为 T[0]～T[10]，分别指向 11 个线性链表，Hash(key) 等于 i 的关键字值以结点形式依次插入 T[i]所指的线性链表中。链地址法也可采用静态链表来处理。

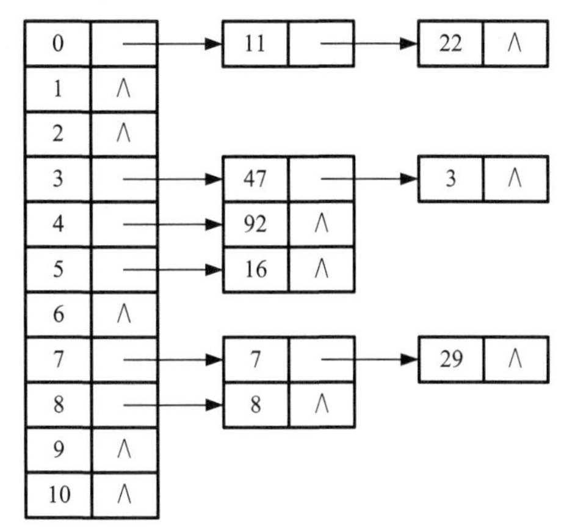

图 10.21　链地址法解决冲突得到的散列表

4. 建立公共溢出区法

建立公共溢出区法(common overflow area)的基本思想是：散列表包含基本表和溢出表，将发生冲突的记录依次存储在溢出表中。查找时，对给定值通过散列函数计算散列地址，先与基本表的相应单元进行比较，若相等，则查找成功，否则再到溢出表中进行顺序查找。

若关键码集为{47,7,29,11,16,92,22,8,3}，哈希表表长为16，哈希函数为Hash(key)=key mod 11，采用建立公共溢出区法处理冲突所创建的哈希表如表10.5所示。

表10.5 用建立公共溢出区法处理冲突构造的散列表

区域	基本表											溢出表				
关键码	11			47	92	16		7	8			29	22	3		
散列地址	0	1	2	3	4	5	6	7	8	9	10	11	12	13	14	15

10.6.4 散列表的查找分析

散列表的查找过程基本上和其构造过程相同。一些待查关键码的地址可通过哈希函数直接找到，另一些关键码在哈希函数得到的地址上产生冲突，需要按处理冲突的方法进行查找。在介绍的几种处理冲突的方法中，产生冲突后的查找仍然是给定值与关键码进行比较的过程。所以，对散列表查找效率的量度依然用平均查找长度来衡量。

在查找过程中，关键码的比较次数取决于产生冲突的多少：产生的冲突少，查找效率就高；产生的冲突多，查找效率就低。因此，影响产生冲突多少的因素也就是影响查找效率的因素。影响产生冲突多少有以下三个因素：

(1)散列函数是否均匀。

(2)处理冲突的方法。

(3)散列表的装填因子。

分析这三个因素，尽管散列函数的“好坏”直接影响冲突产生的频度，但在一般情况下，总认为所选的哈希函数是“均匀的”，因此可不考虑哈希函数对平均查找长度的影响。

对于相同的关键字集合，即使采用同样的哈希函数，采用线性探测法和二次探测法处理冲突的平均查找长度也不相同。对于上面关键字序列{47,7,29,11,16,92,22,8,3}而言，设哈希函数相同，各关键字的查找概率相同，则

线性探测法的平均查找长度 ASL=(5×1+3×2+1×4)/9=15/9；

二次探测法的平均查找长度 ASL=(5×1+3×2+1×3)/9=14/9；

链地址法得到的平均查找长度为 ASL=(6×1+3×2)/9=12/9；

建立公共溢出区法的平均查找长度 ASL=(6×1+1×2+1×3+1×4)/9=15/9。

通过比较三种平均查找长度的值可以看出，链地址法处理冲突不会发生关键字在某个位置“堆积”的现象。虽然多占一些存储空间，但是提高了查找的效率。

对于相同的关键字集合，若散列函数相同，冲突处理方法也相同，则平均查找长度会受到装填因子的影响。装填因子α 定义为：α=填入散列表中的关键字个数/散列表的长度。

α 是哈希表装满程度的标志因子。由于表长是定值，α 与填入表中的元素个数成正比。所以，α 越大，填入表中的元素较多，产生冲突的概率越高；α 越小，填入表中的元素较少，产生冲突的概率越低。

实际上，哈希表的平均查找长度是装填因子α 的函数，只是不同处理冲突的方法有不同的函数。表10.6给出了几种不同处理冲突方法的平均查找长度。

表 10.6　不同冲突处理方式下的平均查找长度

处理冲突方法	平均查找长度	
	查找成功时	查找失败时
线性探测法	$S \approx \frac{1}{2}\left(1+\frac{1}{1-\alpha}\right)$	$U \approx \frac{1}{2}\left(1+\frac{1}{(1-\alpha)^2}\right)$
二次探测法	$S \approx -\frac{1}{\alpha}\ln(1-\alpha)$	$U \approx \frac{1}{1-\alpha}$
再哈希法	$S \approx -\frac{1}{\alpha}\ln(1-\alpha)$	$U \approx \frac{1}{1-\alpha}$
链地址法	$S \approx 1+\frac{\alpha}{2}$	$U \approx \alpha + e^{-\alpha}$

通过以上对散列表的讨论，了解了什么是散列表、散列函数的各种构造方法，以及当散列函数出现散列冲突时的冲突处理方法。发现散列技术存取速度快，相对其他数据的存储方式更加节省空间，但由于有冲突，散列表的查找过程仍然是一个和关键字比较的过程。

习　题　十

一、选择题

1．对 N 个元素的表按顺序查找时，等概率情况下平均查找长度为(　　)。

A．(N+1)/2　　B．N/2　　C．N　　D．((1+N)×N)/2

2．假定 N 为线性表中结点数，二分法查找的平均比较次数为(　　)。

A．N+1　　B．$2\log_2 N$　　C．$\log_2 N$　　D．N/2

E．$N\log_2 N$　　F．N^2

3．适用于折半查找的查找表的存储方式及元素排列要求为(　　)。

A．链接方式存储，元素无序　　B．链接方式存储，元素有序

C．顺序方式存储，元素无序　　D．顺序方式存储，元素有序

4．用二分法查找表中的元素速度比用顺序法查找表中的元素(　　)。

A．必然快　　B．必然慢　　C．相等　　D．不能确定

5．具有 12 个关键字的有序表折半查找的平均查找长度是(　　)。

A．3.1　　B．4　　C．2.5　　D．5

6．折半查找的时间复杂度为(　　)。

A．$O(n^2)$　　B．$O(n)$　　C．$O(n\log_2 n)$　　D．$O(\log n)$

7．采用分块查找时，数据的组织方式为(　　)。

A．数据分成若干块，块内数据有序

B．数据分成若干块，块内数据不必有序，块间有序，每块内最大的数据组成索引块

C．数据分成若干块，块内数据有序，每块内最大的数据组成索引块

D．数据分成若干块，块(除最后一块外)中数据个数需相同

8．在平衡树上删除一个结点后可通过旋转使其平衡，最坏情况下需(　　)次旋转。

A．$O(1)$　　B．$O(\log_2 n)$　　C．$O((\log_2 n)^2)$　　D．$O(n\log_2 n)$

9．如果要求一个线性表既能较快地查找，又能适应动态变化的要求，可采用(　　)。

A．静态查找　　B．顺序查找　　C．折半查找　　D．哈希法查找

10．分别以下列序列构造二叉排序树，与用其他三个序列所构造的结果不同的是(　　)。

A．(100,80,90,60,120,110,130)　　B．(100,120,110,130,80,60,90)

C．(100,60,80,90,120,110,130)　　D．(100,80,60,90,120,130,110)

11．在平衡二叉树中插入一个结点后变得不平衡，设最低的不平衡结点为 A,并已知 A 的左孩子的平衡因子为 0，而右孩子的平衡因子为 1，则应作(　　)型调整以使其平衡。

A．LL　　B．LR　　C．RL　　D．RR

12．下列关于 m 阶 B-树的说法错误的是(　　)。

A．根结点至多有 m 棵子树

B．所有叶子结点都在同一层次上

C．非叶子结点至少有 m/2(m 为偶数)或 m/2+1(m 为奇数)棵子树

D．根结点中的数据是有序的

13．下面关于 B 和 B+树的叙述中不正确的是(　　)。

A．B 树和 B+树都是平衡的多叉树。

B．B 树和 B+树都可用于文件的索引结构。

C．B 树和 B+树都能有效地支持顺序检索。

D．B 树和 B+树都能有效地支持随机检索。

14．设有一组记录的关键字为{19,14,23,1,68,20,84,27,55,11,10,79}，用链地址法构造散列表，散列函数为 Hash(key)=key mod 13，散列地址为 1 的链中有(　　)个记录。

A．1　　B．2　　C．3　　D．4

15．下面关于哈希查找的说法正确的是(　　)。

A．哈希函数构造得越复杂越好，因为这样更随机，冲突小

B．除留余数法是所有哈希函数中最好的

C．不存在特别好与坏的哈希函数，要视情况而定

D．哈希表中删去一个元素，不管用何种方法解决冲突都只要将该元素删去即可

16．采用链地址法构造散列表，散列函数为 Hash(key)=key mod 17，需(　　)个链表。

A．17　　B．13　　C．16　　D．任意

17．若采用链地址法构造散列表，散列函数为 Hash(key)=key mod 17，这些链的链首指针构成一个指针数组，则数组的下标范围为(　　)。

A．0 至 17　　B．1 至 17　　C．0 至 16　　D．1 至 16

18．设哈希表长为 14，哈希函数是 Hash(key)=key%11，表中已有数据的关键字为15,38,61,84 共四个，现要将关键字为 49 的结点加到表中，用二次探测再散列法解决冲突，则放入的位置是(　　)。

A．8　　B．3　　C．5　　D．9

19．哈希查找中 k 个关键字具有同一哈希值，若用线性探测法将这 k 个关键字对应的记录存入哈希表中，至少要进行(　　)次探测。

A．k　　B．k+1　　C．k(k+1)/2　　D．1+k(k+1)/2

20．散列表的散列区间为 0～17，散列函数为 Hash(K)=K mod 17。采用线性探测法处理冲突，并将关键字序列 26,25,72,38,8,18,59 依次存储到散列表中，元素 59 存放在散列表中的位置是(　　)。

A．8　　B．9　　C．10　　D．11

21．散列表的地址区间为 0～17，散列函数为 Hash(K)=K mod 17。采用二次探测法处理冲突，并将关键字序列 26,25,72,38,8,18,59 依次存储到散列表中，存放元素 59 需要搜索的次数是(　　)。

A．8　　B．9　　C．7　　D．10

22．将 10 个元素散列到 100000 个单元的哈希表中，则(　　)产生冲突。

A．一定会　　B．一定不会　　C．仍可能会

二、判断题

1．采用线性探测法处理散列冲突时，当从哈希表删除一个记录时，不应将这个记录的所在位置置空，因为这会影响以后的查找过程。(　　)

2．哈希表的平均查找长度与处理冲突的方法无关。(　　)

3．负载因子(装填因子)是散列表的一个重要参数，它反映散列表的装满程度。(　　)

4．哈希表的结点中只包含数据元素自身的信息，不包含任何指针。(　　)

5．在采用线性探测法处理冲突的散列表中，所有同义词在表中一定相邻。(　　)

6．若散列表的负载因子$\alpha<1$，则可避免冲突。(　　)

7．用数组和单链表表示的有序表均可使用折半查找方法来提高查找速度。(　　)

8．在索引顺序表中，实现分块查找，在等概率查找情况下，其平均查找长度不仅与表中元素个数有关，而且与每块中元素个数有关。(　　)

9．顺序查找法既适用于顺序表，又适用于链式存储的线性表。(　　)

10．就平均查找长度而言，分块查找最小，折半查找次之，顺序查找最大。(　　)

11．对无序表用二分法查找比顺序查找快。(　　)

12．对大小均为 n 的有序表和无序表分别进行顺序查找，在等概率查找的情况下，对于查找成功，它们的平均查找长度是相同的，而对于查找失败，它们的平均查找长度是不同的。(　　)

13．在平衡二叉树中，向某个平衡因子不为零的结点的树中插入一新结点，必引起平衡旋转。(　　)

14．在二叉树排序树中插入一个新结点，该新结点总是插入到叶子结点下面。(　　)

15．完全二叉树肯定是平衡二叉排序树。(　　)

16．对一棵二叉排序树按先序方法遍历得出的结点序列是从小到大的序列。(　　)

17．有 n 个数存放在一维数组 A[1…n]中，在进行顺序查找时，这 n 个数的排列有序或无序其平均查找长度相同。(　　)

18．N 个结点的二叉排序树有多种，其中树高最小的二叉排序树是最佳的。(　　)

19．在任意一棵非空二叉排序树中，删除某结点后又将其插入，则所得二叉排序树与原二叉排序树相同。(　　)

20．将线性表中的结点信息组织成平衡的二叉树，其优点之一是总能保证任意检索长度均不超过 $\log_2 n$ 量级。(　　)

21．B 树中所有结点的平衡因子都为零。(　　)

22．B+树既能索引查找，也能顺序查找。(　　)

三、填空题

1．在顺序表(8,11,15,19,25,26,30,33,42,48,50)中，用二分(折半)法查找关键码值 20，需做的关键码比较次数为________。

2. 在有序表 A[1…12]中，采用二分法查找 A[12]元素，所比较的元素下标依次为_______。

3. 假定查找有序表 A[1…12]中每个元素的概率相等，则进行二分查找时的平均查找长度为_______。

4. 已知二叉排序树某结点的左右子树均不为空，则_______上所有结点的关键码均小于它的根结点关键码，_______上所有结点的关键码均大于它根结点的关键码。

5. 动态查找表和静态查找表的重要区别在于前者包含有_______和_______运算，而后者不包含这两种运算。

6. 若对一个线性表进行折半查找，该线性表应满足的条件是________。

7. 在查找和排序算法中，监视哨的作用是_______。

8. 散列法的平均检索长度不随_______的增加而增加，而是随________的增大而增加。

9. 已知有序表为(12,18,24,35,47,50,62,83,90,115,134)，用二分法查找 90 时，需____次比较，查找 47 时需____次比较，查找 100 时，需查找____次才能确定不成功。

10. 平衡二叉树又称为______________，其定义是______________。

11. 在 n 个记录的有序顺序表中进行折半查找，最大比较次数是______________。

12. 在分块检索中，若索引表和各块内均用顺序查找，则有 900 个元素的线性表分成______________块最好：若分成 25 块，其平均查找长度为_____。

13. 执行顺序查找时，储存方式可以是_____，也可以是_____；二分法查找时，要求线性表的储存方式_______；分块查找时，要求线性表中的元素_______，而散列表查找时，要求线性表的存储方式是_____。

14. 如果按关键码值递增的顺序依次将关键码值插入到二叉排序树中，则对这样的二叉排序树检索时，平均比较次数为__________________________。

15. 平衡因子的定义是__________________________。

16. “查找”是非数值程序设计的一个重要技术问题，从是否要在表上做元素的插入和删除可分成_______查找和_______查找；从查找表的结构上看，可分为线性表上的查找、_______上的查找、_______查找。处理哈希冲突的方法有_______、_______、和_______。

17. _______法构造的哈希函数，对于不同的关键字肯定不会发生冲突。

18. 对一棵有 n 个结点的二叉树进行查找，平均时间复杂度的上限(即最坏情况平均时间复杂度)为____。

19. 高度为 4 的平衡二叉树的结点数至少有___个。

20. 高度为 5(除叶子层之外)的三阶 B 树至少有_______个结点。

21. 在一棵 B+树上一般可进行_______和_______等两种方式的查找运算。

四、应用题

1. 简述：

(1)平衡二叉树(AVL 树)的定义、平衡因子。

(2)平均查找长度(ASL)的定义。

(3)B 树的定义、主要用途及它和 B+树的主要差异。

(4)哈希方法的平均查找路长决定于什么？是否与结点个数 N 有关？处理冲突的方法主要有哪些？

2. 设有一组关键字{9,01,23,14,55,20,84,27}，采用哈希函数 Hash(key)=key mod 7 ，表长

为 10，用开放地址法的二次探测法 $H_i=(Hash(key)+d_i) \bmod 10$ ($d_i=1^2,2^2,3^2,\cdots,$) 解决冲突。要求：对该关键字序列构造哈希表，并计算查找成功的平均查找长度。

3．对下面的关键字集合{30,15,21,40,25,26,36,37}，若查找表的装填因子为 0.8，采用线性探测法解决冲突，完成下列任务：

(1) 设计哈希函数；

(2) 构造哈希表；

(3) 计算查找成功时的平均查找长度和查找失败时的平均查找长度。

4．使用散列函数 Hash(x)=x mod 11，把一个整数值转换成散列表下标，现要把数据 1,13,12,34,38,33,27,22 插入到散列表中。

(1) 使用线性探查再散列法来构造散列表。

(2) 使用链地址法构造散列表。

(3) 针对 (1) 和 (2) 这两种情况，确定其装填因子，查找成功所需的平均探查次数，以及查找不成功所需的平均探查次数。

5．设哈希表的地址范围为 0～17，哈希函数为 Hash(K)=K mod 16，K 为关键字，用线性探测再散列法处理冲突，输入关键字序列为 (10,24,32,17,31,30,46,47,40,63,49)。试完成下列问题。

(1) 画出哈希表示意图；

(2) 若查找关键字 63，需要依次与哪些关键字比较。

(3) 若查找关键字 60，需要依次与哪些关键字比较。

(4) 假定每个关键字的查找概率相等，求查找成功时的平均查找长度。

6．对以下关键字序列建立哈希表：(SUN,MON,TUE,WED,THU,FRI,SAT)，哈希函数为 Hash(K)=(关键字中第一个字母在字母表中的序号)mod7，用线性探测法处理冲突，求构造一个装填因子为 0.7 的哈希表，并分别计算出在等概率情况下查找成功与不成功的平均查找长度。

7．设散列表为 HT[0⋯12]，即表的大小为 m=13。现采用双散列法解决冲突，散列函数和再散列函数分别为 $Hash_0(key)=key\%13$ 和 $Hash_i=(Hash_{i-1}+REV(key+1)\%11+1)\%13$；$i=1,2,3,\cdots,m-1$。其中，函数 REV(x) 表示颠倒十进制数 x 的各位，如 REV(37)=73，REV(7)=7 等。若插入的关键码序列为 (2,8,31,20,19,18,53,27)。

(1) 试画出插入这 8 个关键码后的散列表；

(2) 计算搜索成功的平均搜索长度。

8．给定关键码序列 (26,25,20,33,21,24,45,204,42,38,29,31)，要用散列法进行存储，规定负载因子 $\alpha=0.6$。

(1) 请给出除留余数法的散列函数。

(2) 用开放定址法线性探测法解决冲突。试请画出插入所有的关键码后得到的散列表，并指出发生冲突的次数。

9．已知长度为 11 的表 (xal,wan,wil,zol,yo,xul,yum,wen,wim,zi,yon)，按表中元素顺序依次插入一棵初始为空的平衡二叉排序树。画出插入完成后的平衡二叉排序树，并在等概率情况下求其查找成功的平均查找长度。

10．依次输入表 (30,15,28,20,24,10,12,68,35,50,46,55) 中的元素，生成一棵二叉排序树。

(1) 试画出生成之后的二叉排序树；

(2) 假定每个元素的查找概率相等，试计算该二叉排序树的平均查找长度。

11．输入一个正整数序列：(53,17,12,66,58,70,87,25,56,60)。试完成下列各题。

(1) 按次序构造一棵二叉排序树；

(2) 依此二叉排序树，如何得到一个从大到小的有序序列？

(3) 画出在此二叉排序树中删除 66 后的树结构。

12．用关键字 1,2,3,4 的四个结点。

(1) 能构造出几种不同的二叉排序树？

(2) 最优查找树有几种？

(3) AVL 树有几种？

(4) 完全二叉树有几种？试画出这些二叉排序树。

13．按下述次序输入关键字：e,i,p,k,m,l,b。试画出 AVL 树的构造与调整过程。要求画出每插入一个关键字检索树的形状及调整后的结果。

14．给定关键词输入序列{CAP,AQU,PIS,ARI,TAU,GEM,CAN,LIB,VIR,LEO,SCO}，假定关键词比较按英文字典序。

(1) 试画出从一棵空树开始，依上述顺序（从左到右）输入关键词，用高度平衡树的查找和插入算法生成一棵高度平衡树的过程，并说明生成过程中采用了何种转动方式进行平衡调整，标出树中各结点的平衡系数。

(2) 试画出在上述生成的高度平衡树中用高度平衡树的删除算法先后删除结点 CAN 和 AQU 后的树形，要求删除后的树形仍为一棵高度平衡树，并说明删除过程中采用了何种转动方式进行平衡调整，标出树中各结点的平衡因子。

15．设有 n 个值不同的元素存于顺序结构中，试问：能否用比 2n–3 少的比较次数选出这 n 个元素中的最大值和最小值？若能，说明是如何实现的；在最坏情况下，至少要进行多少次比较？

16．解答下面的问题：

(1) 画出在递增有序表 A[1…21]中进行折半查找的判定树。

(2) 实现插入排序过程时，可以用折半查找来确定第 i 个元素在前 i–1 个元素中的可能插入位置，这样能否改善插入排序的时间复杂度？为什么？

17．对下面的三阶 B 树，依次执行下列操作，画出各步操作的结果：

(1) 插入 90　(2) 插入 25　(3) 插入 45　(4) 删除 60　(5) 删除 80

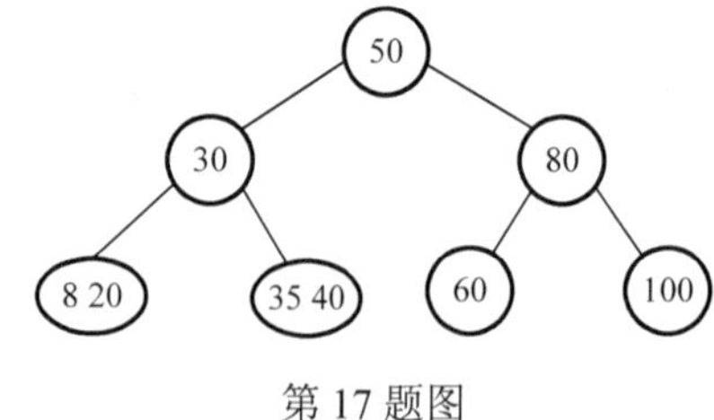

第 17 题图

五、算法设计题

1．编写一个判别给定二叉树是否为二叉排序树的算法，设二叉树用 llink-rlink 法存储。

2．设记录 $R_1,R_2,\cdots,R_n$ 按关键字值从小到大顺序存储在数组 r[1…n]中，在 r[n+1]处设立一个监督哨，其关键字值为+∞。试写一查找给定关键字 k 的算法，并画出此查找过程的判定树，求出在等概率情况下查找成功时的平均查找长度。

3．给出折半查找的递归算法。

4．写出从哈希表中删除关键字为 K 的一个记录的算法，设哈希函数为 H，解决冲突的方法为链地址法。

5．已知二叉树 T 的结点形式为(llink,data,count,rlink)，在树中查找值为 X 的结点，若找到，则记数器(count)加 1；否则，作为一个新结点插入树中，插入后仍为二叉排序树，写出其非递归算法。

6．假设一棵平衡二叉树的每个结点都标明了平衡因子 b。试设计一个算法，求平衡二叉树的高度。

7．已知二叉排序树采用二叉链表存储结构，根结点的指针为 T，链结点的结构为(lchild,data,rchild)，其中 lchild、rchild 分别指向该结点左右孩子的指针(当孩子结点不存在时，相应指针域为 null)，data 域存放结点的数据信息。试写出递归算法，从小到大输出二叉排序树中所有数据值大于等于 x 结点的数据。要求先找到第一个满足条件的结点后再依次输出其他满足条件的结点。

8．设给定关键字输入序列为(100,90,120,60,78,35,42,31,15)用散列法散列 0～10 的地址区间。要求设计一合理的散列函数，发生冲突时用拉链法解决。写出散列算法，并构造出散列表，计算在等概率查找情况下查找成功时的平均查找长度。

第 11 章　排　　序

从各种检索方法的讨论中容易看出，为了方便查找，通常希望计算机中的表是按关键字有序的。如有序的顺序表可以采用查找效率较高的折半查找法，其平均查找长度为 $\log_2 n$，而无序的顺序表只能进行顺序查找，其平均查找长度为 n/2。排序是计算机程序设计的一种基础操作，研究和掌握各种排序方法非常重要。所以，排序是数据处理中经常使用的一种操作，其主要目的是便于查找。

本章介绍排序的基本概念，并讨论几类重要的排序方法。从算法设计的角度看，排序算法展示了重要的程序设计思想与高超的程序设计技巧，为创新方法提供了重要的基础案例。从算法分析角度看，对于排序算法时间性能的分析涉及广泛的算法分析技术。因此，学习和研究各种排序方法是计算机工作者的重要课题。

学习要点：

- 排序的基本概念，时间复杂度、附加空间、算法的稳定性。
- 掌握直接插入、折半插入、希尔排序等各种插入排序算法及其算法的分析。
- 掌握冒泡排序、快速排序等交换排序算法及其算法的分析。
- 掌握简单选择、树形选择、堆排序等选择排序算法及其算法的分析。
- 掌握二路归并排序及基数排序。
- 掌握各种排序算法的选用。

11.1　排序的基本概念

11.1.1　排序的定义

排序(Sorting)是计算机程序设计中的一种重要操作，其功能是对一个数据元素集合或序列重新排列成一个按数据元素的某个数据项值有序的序列。作为排序依据的数据项称为“排序码”，也即数据元素的关键码。例如，按学生的成绩或学号排序时，学生的成绩或学号就是数据元素的关键码。为了便于查找，通常希望计算机中的数据元素是按关键码有序的。如果是有序表可进行折半查找，查找效率较高。另外，二叉排序树、B–树和 B+树的构造过程就是一个排序过程。

若关键码是主关键码，则对于任意待排序序列，经排序后得到的结果是唯一的；若关键码是次关键码，排序结果可能不唯一。这是因为具有相同关键码的数据元素在不同的排序结果中的位置关系不能保证不会发生变化。

从操作角度看，排序是对线性结构的一种操作，待排记录可以用顺序存储，也可以用链式存储结构。一般而言，为突出排序方法的主题，本章讨论的排序大多采用顺序存储结构，并假定关键码为整型数据，且记录只有关键码一个数据项。另外，假定排序都是将待排序的记录序列排序为升序序列。

11.1.2 排序方法的分类

排序方法从大的方向上可分为内排序和外排序。内排序是指待排序列可一次完全存放在内存中，在整个排序过程中不会发生内存和外存之间的数据交换。外排序是指排序过程中不能一次将所有元素调入内存，在排序过程中还需访问外存储器，要反复进行内存与外存之间的数据交换。所以，若数据元素很多且每个元素占用较大的存储单元而不能完全放入内存时只能使用外排序。

内部排序分类如下：

(1) 按排序过程依据的不同原则将内部排序可分为：插入类排序、交换类排序、选择类排序、归并排序和基数排序。

(2) 按排序过程中所需的工作量可将内部排序可分为：普通排序法和高效排序法。

(3) 按排序方法的稳定性可将内部排序分为：稳定排序法与不稳定排序法。

(4) 按排序数据元素所在表使用的存储结构可将内部排序分为：顺序结构上的排序与链式结构上的排序。

内排序的方法很多，但就其全面性能而言，很难提出一种被认为是最好的方法，每一种方法都有各自的缺点，适合在不同的环境(如记录的初始排列状态等)下使用。

11.1.3 排序算法的分析方法

排序算法的性能分析要从时间复杂度、空间复杂度、稳定性等三个方面进行。

1) 时间复杂度

在一般情况下，内部排序算法在执行过程中都要进行两种操作：比较和移动。通常先比较两个关键字，确定对应的元素的前后关系，然后通过移动元素，使之有序。时间复杂度一般是由比较和移动次数来决定的。在进行时间复杂度分析时，一般要分析算法在最好、最坏情况下的比较次数与移动元素的次数。

当然，并不是所有的内部排序算法都要基于比较操作。事实上，基数排序就不是基于比较的。

2) 附加空间大小

附加空间是指执行算法所需的辅助存储空间，即指在待排序的记录个数一定的条件下，除了存放待排序记录占用的存储空间之外，执行算法所需的其他存储空间。

3) 排序算法的稳定性

若对任意的数据元素序列使用某个排序方法对其按关键码进行排序。假定在待排序的记录序列中，存在多个具有相同关键码的记录，经过排序这些记录的相对次序保持不变，即在原序列中 $k_i=k_j$，且 r_i 在 r_j 之前，而在排序后的序列中 r_i 仍然在 r_j 之前，称此排序算法是稳定的，否则称此排序算法是不稳定的。无论是稳定的，还是不稳定的排序方法均能排好序。在应用排序的某些场合，如选举、比赛、竞拍等，对排序稳定性是有特殊要求的。需要注意的是，算法是否具有稳定性并不能衡量一个算法的优劣，它主要是对算法的性能进行描述。

11.2 插 入 排 序

插入排序是一种简单直观的排序方法，其基本思想在于每次将一个待排序的记录按其关键字大小插入到前面已经排好序的子序列中，直到全部记录插入完成。

由插入排序算法可以引申出三个重要的排序算法：直接插入排序算法、折半插入排序算法和希尔排序算法。下面依次进行介绍。

11.2.1　直接插入排序

依据插入排序思想，不难得出一种最简单，也最直观的直接插入排序算法。假设有 n 个记录，存放在顺序表 L.elem[1]到 L.elem[n]中，要求按关键码从小到大排序。

1. 直接插入排序的基本思想

(1)将待排序的记录序列划分成有序区和无序区，初始时有序区为待排序记录的第一个记录(只有一个记录 L.elem[1])，无序区包括所有剩余待排序的记录(L.elem[2]到 L.elem[n]共 n–1 个记录)。

(2)将无序区中的第一个记录插入到有序区的合适位置中，从而使无序区减少一个记录，有序区增加一个记录。

(3)重复执行步骤(2)，直到无序区中所有的记录都取完，再也没有剩余元素为止，这样前面的有序区就是期望得到的有序序列。

实现排序时通常就地排序，因此在从后向前的比较过程中，需要反复把已排序元素逐步向后挪位，为新元素提供插入空间。当取到元素 L.elem[i]时，前面的 L.elem[1]到 L.elem[i–1]已经是一个有序序列，为了将该元素插入到前面的有序序列中，首先将该元素取出放入 L.elem[0]位置，然后 j 从元素 L.elem[i]的前一个位置 i–1 开始逐个向前比较，若元素 L.elem[j]比 L.elem[0]大，则将元素 L.elem[j]向后移动，直到找到一个小于等于 L.elem[0]的元素 L.elem[j]。那么找到的 j+1 这个位置就是元素要插入的位置，所以将元素 L.elem[0]放入 L.elem[j+1]即可。

可分析得到，若当前元素 L.elem[i]为最小元素且前面没有比它更小的元素时，则 j 就会停留在 L.elem[0]位置。

2. 直接插入排序的过程及算法

下面举例说明直接插入排序过程。假设待排序列为 49,38,65,97,76,13,27，则排序过程如图 11.1 所示。

元素下标	1	2	3	4	5	6	7
初始序列	【49】	38	65	97	76	13	27
第 1 趟排序之后	【38	49】	65	97	76	13	27
第 2 趟排序之后	【38	49	65】	97	76	13	27
第 3 趟排序之后	【38	49	65	97】	76	13	27
第 4 趟排序之后	【38	49	65	76	97】	13	27
第 5 趟排序之后	【13	38	49	65	76	97】	27
第 6 趟排序之后	【13	27	38	49	65	76	97】

图 11.1　直接插入排序过程示意图

综上所述，直接插入排序算法可描述如下：

算法 11.1　直接插入排序算法

```
void InsertSort(SeqList *L)
{   int i,j;
```

```
        for(i=2;i<=L->length;i++)
        {   if(L->elem[i]<L->elem[i-1])
            {   L->elem[0]=L->elem[i];
                for(j=i-1; L->elem[j]>L->elem[0];j--)
                    L->elem[j+1]=L->elem[j];
                L->elem[j+1]=L->elem[0];
            }
        }
    }
```

上述操作都是在顺序存储结构的线性表上进行的，直接插入排序算法也可以在链式存储结构的线性表上进行。当前为链式存储时，可以从前往后查找指定元素的位置。注意：大部分排序算法仅适用于顺序存储的线性表。

3. 直接插入排序的算法性能分析

1) 时间性能

向有序表中逐个插入记录的操作进行了 n–1 趟，每趟操作分为比较关键码和移动记录，而比较的次数和移动记录的次数取决于待排序列按关键码的初始排列。

在最好情况下，即待排序列已按关键码有序，每趟操作只需 1 次比较 0 次移动。因此总比较次数为 n–1 次，总移动次数为 0 次，时间复杂度为 O(n)。

在最坏情况下，为了将第 i 个元素插入到前面的有序序列中，需要同前面的 i–1 个记录进行 i+1 次关键码比较，所以 n–1 趟排序结束后总的比较次数为 3+4+5++n+1=(n–1)(n+4)/2 次。

在最坏情况下，为了将第 i 个元素插入到前面的有序序列中，也需要移动元素 i+1 次，所以 n–1 趟排序结束后移动元素总次数也为 3+4+5++n+1=(n–1)(n+4)/2 次。

在平均情况下：即第 i 趟操作，插入记录大约同前面的 i/2 个记录进行关键码比较，移动记录的次数为 i/2+2 次。因此，直接插入排序的时间复杂度为 $O(n^2)$。

2) 空间性能

直接插入排序只需要一个记录的辅助存储空间(即 L.elem[0])用来作为待插入记录的暂存单元和查找记录的插入位置过程中的“哨兵”，因而附加空间为 O(1)。

3) 稳定性

由于每次插入元素时总是从后向前先比较再移动，所以不会出现相同元素相对位置发生变化的情况，即直接插入排序是一个稳定的排序算法。

11.2.2 折半插入排序

1. 折半插入排序的基本思想

直接插入排序的基本操作是向有序表中插入一个记录，插入的位置通过对有序表中记录按关键码逐个比较得到的。在每趟插入的过程中，都进行了比较与移动元素。注意，在该算法中，总是边比较边移动元素。折半插入排序的思想是将比较操作和移动操作分离开来，即先折半查找出元素的待插入位置，然后再统一移动插入位置之后的元素。

在有序表中查找插入位置时，可以不断二分有序表来确定插入位置，即一次比较，通过待插入记录与有序表居中的记录按关键码比较，将有序表一分为二，下次的比较操作在其中一个有序子表中进行，按同样的方法再将子表一分为二，这样继续下去，直到要比较的子表中只有一个记录时进行最后一次比较，便确定插入位置。

采用二分法查找有序表中某元素 L.elem[i]插入位置方法如下：

(1) low=1；high=i–1；L.elem[0]= L.elem[i]，即设置有序表区间，待插入记录送辅助单元。

(2) 若 low>high，得到插入位置，转第(5)步。

(3) 若 low≤high，取 mid=(low+high)/2，即取表的中点，并将表一分为二，确定待插入区间。

(4) 若 L.elem[0]<L.elem[mid]，取 high=mid–1，即插入位置在低半区，否则取 low=mid+1，即插入位置在高半区，转第(2)步。

(5) high+1 即为待插入位置，将 i–1 到 high+1 的记录逐个后移之后；放置待插入记录到 high+1 位置。

2. 折半插入排序的过程及算法

下面举例说明折半查找位置的过程(图 11.2)。假设待排序列为 49,38,65,97,76,13,27。

在进行第 5 趟排序，即要对 13 进行插入时，前面的 49,38,65,97,76 已经排列成有序序列 38,49, 65,76,97。此时 i=6，查找插入位置过程如图 11.2(a)。

又如在进行第 6 趟排序，即要对 27 进行插入时，前面的 49,38,65,97,76,13 已经排列成有序序列 13,38,49, 65,76,97。此时 i=7，则查找插入位置过程如图 11.2(b)。

比较	第 5 趟排序过程(i=6)								low	high	mid	结果
	0	1	2	3	4	5	6	7				
第 1 次		**38**	**49**	**65**	**76**	**97**	13	27	1	5	3	13<65
		↑				↑						
		low		▲		high						
第 2 次		**38**	**49**	**65**	**76**	**97**	13	27	1	2	1	13<38
		↑	↑									
		▲										
第 3 次		**38**	**49**	**65**	**76**	**97**	13	27	1	0	插入点 high+1	
	↑	↑										
	high	low										

(a) 查找 13 插入位置的过程

比较	第 6 趟排序过程(i=7)								low	high	mid	结果
	0	1	2	3	4	5	6	7				
第 1 次		**13**	**38**	**49**	**65**	**76**	**97**	27	1	6	3	27<49
		↑					↑					
		low		▲			high					
第 2 次		**13**	**38**	**49**	**65**	**76**	**97**	27	1	2	1	27>13
		↑	↑									
		▲										
第 3 次		**13**	**38**	**49**	**65**	**76**	**97**	27	2	2	2	27<38
			↑↑									
			▲									
第 4 次		**13**	**38**	**49**	**65**	**76**	**97**	27	2	1	插入点 high+1	
		↑	↑									
		high	low									

(b) 查找 27 插入位置的过程

图 11.2 折半查找插入点示意图

综上所述，折半插入排序算法可描述如下：

算法 11.2 折半插入排序算法

```
void BinSort(SeqList *L)
{   int i,j,low,high,mid;
    for(i=2;i<=L->length;i++)
    {   if(L->elem[i]<L->elem[i-1])
        {   L->elem[0]=L->elem[i];
            low=1;high=i-1;
            while(low<=high)
            {   mid=(low+high)/2;
                if(L->elem[mid]>L->elem[0])
                    high=mid-1;
                else
                    low=mid+1;
            }
            for(j=i-1;j>=high+1;j--)
                L->elem[j+1]=L->elem[j];
            L->elem[high+1]=L->elem[0];
        }
    }
}
```

3. 折半插入排序算法性能分析

从上述算法中不难看出，折半插入排序仅仅减少了比较元素的次数，每趟排序中为确定插入位置所进行的折半查找关键码的比较次数至多为 $\log_2 n$ 次，所以排序结束后总的比较次数约为 $n\log_2 n$，该比较次数与待排序表的初始状态无关，仅取决于表中的元素个数 n；移动记录的次数和直接插入排序相同，依赖待排序表的初始状态，因此折半插入算法的时间复杂度仍为 $O(n^2)$，是一个稳定的排序方法。

11.2.3 希尔排序

希尔排序又称为缩小增量排序，是 1959 年由 D.L.Shell 提出来的，在时间效率上较前述几种插入排序方法好得多。

1. 希尔排序的基本思想

直接插入排序算法简单，在 n 值较小时，效率比较高；在 n 值很大时，若序列按关键码基本有序，效率依然较高，其时间效率可提高到 O(n)。希尔排序即是从这两点出发，给出插入排序的改进方法。

希尔排序的基本思想是：先将待排序表分割成若干个形如 L.elem[i,i+d,i+2d,…,i+kd]的“特殊”子表后分别进行直接插入排序，当整个表中元素“基本有序”时，再对全部记录进行一次直接插入排序。

希尔排序方法如下：

(1) 选择一个步长序列 $d_1,d_2,\cdots,d_i,\cdots,d_j,\cdots,d_k$，其中 $d_i>d_j,d_k=1$；

(2) 按步长序列个数 k，对序列进行 k 趟排序；

(3)每趟排序，根据对应的步长 d_i，将待排序列分割成若干长度为 $m=n/d_i$ 或 $m=n/d_i+1$ 的子序列，分别对各子表进行直接插入排序，仅步长因子为 1 时，整个序列作为一个表来处理，表长度即为整个序列的长度。

2. 希尔排序过程及算法实现

下面举例说明希尔排序过程。假设待排序列为 49,38,65,97,76,13,27,38’,55,04。步长分别取 5,2,1，则排序过程如图 11.3 所示。

下标	步长	1	2	3	4	5	6	7	8	9	10
元素		49	38	65	97	76	13	27	38’	55	04
第 1 趟	d=5	1	2	3	4	5	1	2	3	4	5
		49	38	65	97	76	13	27	38’	55	04
		13	27	38’	55	04	49	38	65	97	76
第 2 趟	d=2	1	2	1	2	1	2	1	2	1	2
		13	27	38’	55	04	49	38	65	97	76
		04	27	13	49	38’	55	38	65	97	76
第 3 趟	d=1	1	1	1	1	1	1	1	1	1	1
		04	27	13	49	38’	55	38	65	97	76
		04	13	27	38’	38	49	55	65	76	97

图 11.3　希尔排序过程示意图

从上述排序过程可见，希尔排序的一个特点是：子序列的构成不是简单地“逐断分隔”，而是将相隔某个“增量”的记录组成一个子序列。如上例，第一趟排序时的增量为 5，第二趟排序时的增量为 2，由于在前两趟的插入排序中记录的关键字和同一子序列的前一个记录的关键字进行比较，因此关键字较小的记录不是一步一步地往前挪动，而是跳跃式地往前挪动，从而使得在进行最后一趟增量为 1 的插入排序时，序列已基本有序，只要作记录的少量比较操作和移动操作即可完成排序，因而希尔排序的时间复杂度较直接插入排序低。希尔排序算法描述如下：

算法 11.3　希尔排序算法

```
void ShellSort(SeqList *L)
{   int i,j,d;
    for(d=L->length/2;d>=1;d=d/2)
    {   for(i=d+1;i<=L->length;i++)
        if(L->elem[i]<L->elem[i-d])
        {   L->elem[0]=L->elem[i];
            for(j=i-d;j>0&&L->elem[j]>L->elem[0];j=j-d)
                L->elem[j+d]=L->elem[j];
            L->elem[j+d]=L->elem[0];
        }
    }
}
```

3. 希尔排序算法性能分析

(1)时间性能。

希尔排序算法的时间性能是所取增量的函数，其时间性能在 $O(n^2)$ 与 $O(n\log_2 n)$ 之间。当

n 在某个特定的范围时，希尔排序的时间复杂度约为 $O(n^{1.3})$，最坏情况下希尔排序的时间复杂度为 $O(n^2)$。

希尔排序时间分析很难，关键码的比较次数与记录移动次数依赖步长因子序列，在特定情况下可以准确估算出关键码的比较次数和记录的移动次数。目前，还没有人给出选取最好的步长因子序列的方法。步长因子序列可以有各种取法，有取奇数的，也有取素数的，但最后一个步长因子必须为 1。到目前为止，尚未有人求得一种最好的增量序列，大量的研究已得出一些结论，增量序列中的值一般取没有除 1 之外的共因子的素数较好。如上述例子中取 5,3,1 序列。

(2) 空间性能。

仅使用了常数个辅助单元，因此时间复杂度为 O(1)。

(3) 稳定性。

希尔排序中当相同关键字的记录被划分到不同的子表时，可能会改变它们之间的相对次序，因而希尔排序是一个不稳定的排序方法，并且该算法只适应于当线性表为顺序存储的情况。

11.3 交换排序

交换排序主要根据序列中两个元素关键字的比较结果来交换这两个记录在序列中的位置。基于交换的排序算法主要有冒泡排序法和快速排序法。

11.3.1 冒泡排序

1. 冒泡排序的基本思想

冒泡排序算法是一种较简单的交换排序法。其具体思想为：

(1) 将待排序的记录划分成有序区或无序区，初始时有序区为空，无序区包括所有待排序的记录。

(2) 对无序区从前向后依次将相邻记录的关键码进行比较，若反序则交换，从而使得关键码小的记录向前移动，关键码大的记录向后移动。这样无序区中关键码最大的记录就会移动到该无序区的最后一个位置，之后将该位置元素划到有序区中。

(3) 重复执行 (2)，直到无序区中没有反序的记录。

2. 冒泡排序过程及算法实现

冒泡排序方法中对有 n 个记录的表，第一趟排序得到一个关键码最大的记录 L.elem[n]，第二趟对含有 n–1 个记录的无序区排序，再得到一个关键码最大的记录 L.elem[n–1]，如此重复，直到为第二个位置也放好元素，那么剩下的第一个位置上的元素就是最小的，不需要排序。下面举例说明冒泡排序过程。假设待排序列为 49,38,65,97,76,13,27，则排序过程如图 11.4 所示。

元素下标	1	2	3	4	5	6	7
初始序列	49	38	65	97	76	13	27
第 1 趟排序之后	38	49	65	76	13	27	【97】
第 2 趟排序之后	38	49	65	13	27	【76	97】
第 3 趟排序之后	38	49	13	27	【65	76	97】
第 4 趟排序之后	38	13	27	【49	65	76	97】
第 5 趟排序之后	13	27	【38	49	65	76	97】
第 6 趟排序之后	13	【27	38	49	65	76	97】

图 11.4　冒泡排序过程示意图

冒泡排序算法描述如下：

算法 11.4　冒泡排序算法

```
void BubbleSort(SeqList *L)
{   int i,j,flag;
    flag=0;
    for(i=L->length;i>=2&&flag==0;i--)
    {   flag=1;
        for(j=1;j<=i-1;j++)
            if(L->elem[j]>L->elem[j+1])
            {   L->elem[0]=L->elem[j];
                L->elem[j]=L->elem[j+1];
                L->elem[j+1]=L->elem[0];
                flag=0;
            }
    }
}
```

说明：算法中 flag 是一个当前序列是否有序的标志；若 flag=1，则表示当前序列已经有序；若 flag=0，则表示当前序列还不是有序序列。分析可知，在排序过程中通过 flag 标志，若发现序列已经是一个有序序列，则结束排序。

3. 冒泡排序的算法性能分析

1) 时间性能

该算法排序最多进行 n–1 趟，每趟排序中比较的次数和移动记录的次数取决于待排序列关键码的初始排列。

在最好情况下，即待排序列已按关键码有序，则通过 flag 标志，排序只需要一趟就可完成，所以只需 n–1 次比较和 0 次移动。

在最坏情况下，为了交换得到第 i 个最大元素，需要和无序区中前面的 i–1 个元素比较 i–1 次。所以，n–1 趟排序结束后总的比较次数为 $1+2+3+4+\cdots+n-1=n(n-1)/2$ 次。在最坏情况下，为了交换得到第 i 个最大元素，需要和无序区中前面的 i–1 个元素交换 i–1 次，因为一次交换对应三次数据元素移动，所以 n–1 趟排序结束后移动元素总次数为 $3(1+2+3+4+\cdots+n-1)=3n(n-1)/2$ 次。所以，冒泡排序的时间复杂度为 $O(n^2)$。

2) 空间性能

冒泡排序只需要一个记录的辅助存储空间(即 L.elem[0])作为交换记录暂存单元，因而，冒泡排序的附加空间为 O(1)。

3) 稳定性

经分析可知，冒泡排序是一个稳定的排序方法。

注意：冒泡排序中产生的子序列一定是全局有序的(不同于插入类排序)。也就是说，有序子序列中所有元素的关键字一定小于或大于无序子序列中所有元素的关键字，这样每一趟排序都会将一个元素放置到其最终的位置上。

11.3.2 快速排序

1. 快速排序的基本思想

快速排序是通过比较关键码、交换记录，以某个记录为界(该记录称为支点，可以随机选取，但一般选取第一个记录)，将待排序列分成两部分。其中一部分所有记录的关键码大于等于支点记录的关键码，另一部分所有记录的关键码小于支点记录的关键码。将待排序列按关键码以支点记录分成两部分的过程称为“划分”。对各部分不断划分，直到整个序列按关键码有序。

若 $1 \leqslant p < q \leqslant n$，设 a[p],a[p+1],…,a[q]为待排序列。则对待排序序列进行一次划分的过程如下：

(1) 初始化：取第一个记录作为基准，设置两个搜索指针 low 和 high 分别用来表示将要与基准记录进行比较的左侧记录位置(初始时为 p)和右侧记录位置(初始时为 q)，也就是本次划分的区间。

(2) 右侧扫描过程：将基准记录与 high 指向的记录进行比较，如 high 指向记录的关键码大，则 high 前移一个位置(即 high--)，继续在右侧向前扫描，直到 high 所指记录关键码小于基准元素。若 low<high，则将基准记录与 high 指向的记录进行交换。

(3) 左侧扫描过程：将基准记录与 low 指向的的记录进行比较，如 low 指向记录的关键码小，则 low 后移一个位置(即 low++)，继续在左侧向后扫描，直到 low 所指记录关键码大于基准元素。若 low<high，则将基准记录与 low 指向的记录进行交换。

(4) 重复过程(2)和(3)，直到 low 与 high 指向同一个位置，即基准记录最终的位置。

2. 快速排序过程及算法实现

若记录中的关键码为{ 49,38,65,97,76,13,27}，则一次划分过程如图 11.5 所示。

快速排序的一次划分过程									
扫描方向		0	1	2	3	4	5	6	7
第一趟	原始序列		49	38	65	97	76	13	27
	从后向前(7←7)		▲						▲
			low						high
	交换结果		27	38	65	97	76	13	49
	从前向后(1→3)				▲				▲
					low				high
	交换结果		27	38	49	97	76	13	65
第二趟	从后向前(6←7)				▲			▲	
					low			high	
	交换结果		27	38	13	97	76	49	65
	从前向后(3→4)					▲		▲	
						low		high	
	交换结果		27	38	13	49	76	97	65
第三趟	从后向前(4←6)					▲▲			
						low high			
	找到支点，划分结束		27	38	13	49	76	97	65
						▲			

图 11.5　快速排序的一次划分过程示意图

根据上述过程，则对待排序序列进行一次划分的算法实现如下：

算法 11.5　快速排序中进行一次划分的算法

```
int Partition(SeqList *L,int Left,int right)
{   int low,high;
    L->elem[0]=L->elem[Left];
    low=Left,high=right;
    while(low<high)
    {   while(low<high&&L->elem[high]>=L->elem[0])
            high--;
        if(low<high)
        {   L->elem[low]=L->elem[high];
            low++;
        }
        while(low<high&&L->elem[low]<=L->elem[0])
            low++;
        if(low<high)
        {   L->elem[high]=L->elem[low];
            high--;
        }
    }
    L->elem[low]=L->elem[0];
    return low;
}
```

算法 11.5 完成了将待排序列以第一个记录为支点的一次划分过程。以该支点为中心再对前半部分和后半部分继续进行划分，即递归调用该操作，对各部分不断划分，直到不能划分为止，此时整个序列按关键码有序。所以，快速排序算法实现如下：

算法 11.6　快速排序算法

```
void QuickSort(SeqList *L,int low,int high)
{   int pos;
    if(low<high)
    {   pos=Partition(L,low,high);
        QuickSort(L,low,pos-1);
        QuickSort(L,pos+1,high);
    }
}
```

3. 快速排序的算法性能分析

1)时间性能

快速排序的运行时间与划分是否对称有关，而划分是否对称又与具体使用的划分算法和支点的选取有关。快速排序的最坏情况发生在两个区域分别包含 n–1 个元素和 0 个元素时，这是最大程度的“不对称”，若这种情况发生在每一层递归上，即对应于初始排序表基本有序或基本逆序时就得到最坏情况下的时间复杂度为 $O(n^2)$。这时快排序反而退化为冒泡排序。为改进之，通常以“三者取中”法来选取支点记录，即将排序区间的两个端点与中点等三个记录中关键码居中的一个调整为支点记录。

在理想状态下，也即 Partition()可能达到最平衡的划分过程中，得到的两个子序列的大小都不可能大于 n/2。在这种情况下，快速排序的运行速度大大提升，此时时间复杂度为 $O(n\log_2 n)$。快速排序平均情况下运行时间与最佳情况下的运行时间很接近，而不是接近最坏情况下的运行时间。快速排序是所有内部排序算法中平均性能最优的排序算法。但若初始序列按关键码有序或基本有序时时间效率最差。

2)空间性能

由于快速排序是一种递归算法，每层递归调用时的必要信息均要用递归工作栈来存放，其容量应与递归调用的最大深度一致。最好的情况下栈的深度为 $\log_2 n$；在最坏情况下，因为要进行 n–1 次递归调用，所以栈的深度为 n。

因而，快速排序在最坏情况下的附加空间为 O(n)，平均情况下为 $O(\log_2 n)$。

3)稳定性

在划分过程中，若右端区间存在两个关键字相同，且小于基准值的记录，则在交换到左侧区间后，它们的相对位置发生变化。所以，快速排序是一种不稳定的排序方法。

需要注意的是：在快速排序算法中，并不产生有序子序列，但每一趟排序后，能将一个基准元素放置到其最终位置上。

11.4 选择排序

选择排序主要是每一趟从待排序列中选取一个关键码最小的记录，即第 1 趟从 n 个记录中选取关键码最小的记录，第 2 趟从剩下的 n–1 个记录中选取关键码最小的记录，第 i 趟从剩下的 n–i+1 个记录中选取关键码最小的记录，直到第 n–1 趟选完，待排元素只剩下一个关键码最大的元素，就不用再选。这样，由选取记录的顺序，便得到按关键码有序的序列。

11.4.1 简单选择排序

1. 简单选择排序的基本思想

从上面选择排序算法的思想中可以直观地得出简单选择排序算法的思想：第一趟从 n 个记录中找出关键码最小的记录与第一个记录交换；第二趟从第二个记录开始的 n–1 个记录中再选出关键码最小的记录与第二个记录交换；第 i 趟则从第 i 个记录开始的 n–i+1 个记录中选出关键码最小的记录与第 i 个记录交换，直到第 n–1 趟排序完成，整个序列按关键码有序。

2. 简单选择排序过程及算法实现

在排序过程中设置一个下标 k，用来标记该趟排序中关键码最小的记录，在排序过程中当进行第 i 趟排序时，k 的初值为 i，让 j 从 i 的后一个位置 i+1 开始向后扫描，直到最后一个位置，若发现 j 位置上的元素关键码小于 k 位置上的关键码，就用 k 记录更小关键码的记录 j。这样一趟扫描结束时，k 就记录下了关键码最小记录的位置，之后将记录 L.elem[i]与 L.elem[k]交换位置。用相同的方式扫描 n–1 趟，给 L.elem[1,…,n–1]选出记录后整个序列就按关键码有序了。

现举例说明简单选择排序过程。假设待排序列为 49,38,65,97,76,13,27，则排序过程如图 11.6 所示。

元素下标	1	2	3	4	5	6	7
初始序列	49	38	65	97	76	13	27
第 1 趟排序之后	【13】	38	65	97	76	49	27
第 2 趟排序之后	【13	27】	65	97	76	49	38
第 3 趟排序之后	【13	27	38】	97	76	49	65
第 4 趟排序之后	【13	27	38	49】	76	97	65
第 5 趟排序之后	【13	27	38	49	65】	97	76
第 6 趟排序之后	【13	27	38	49	65	76】	97

图 11.6 简单选择排序过程示意图

简单选择排序算法描述如下：

算法 11.7 简单选择排序算法

```
void SelectSort(SeqList *L) //简单选择排序算法
{   int i,k,j;
    for(i=1;i<=L->length-1;i++)
    {   k=i;
        for(j=i+1;j<=L->length;j++)
            if(L->elem[j]<L->elem[k])
                k=j;
        if(k!=i)
        {   L->elem[0]=L->elem[i];
            L->elem[i]=L->elem[k];
            L->elem[k]=L->elem[0];
        }
    }
}
```

3. 简单选择排序的算法性能分析

1)时间性能

在该算法中，排序进行了 n–1 趟。从上述代码中不难看出，在简单选择排序过程中，元素移动的次数很少，不会超过 3(n–1)次，最好的情况是移动 0 次，此时对应的表已经有序；每趟排序中比较的次数与序列的初始状态无关，始终是 n(n–1)/2，所以时间复杂度始终为 $O(n^2)$。

2)空间性能

简单选择排序只需要一个记录的辅助存储空间(即 L.elem[0])作为交换记录暂存单元，因而附加空间为 O(1)。

3)稳定性

稳定性：在第 i 趟找到最小元素后，和第 i 个元素交换，可能会导致第 i 个元素与其含有相同关键字元素的相对位置发生改变。例如，表 L={60,<u>60</u>,50}，排序完成后，最终排序序列为 L={50,<u>60</u>,60}，显然，60 与 <u>60</u> 的相对次序发生了变化。因此，简单选择排序是一个不稳定的排序方法。

注意：简单选择排序中产生的子序列一定是全局有序的，这样每一趟排序都会将一个元素放置到其最终的位置上。

11.4.2　树形选择排序

在简单选择排序中，首先从 n 个记录中选择关键字最小的记录需要 n–1 次比较，在 n–1 个记录中选择关键字最小的记录需要 n–2 次比较。每一次都没有利用上一次比较的结果，所以比较操作的时间为 O(n^2)。为降低比较次数，则需要把比较过程中的大小关系保存下来。

树形选择排序的思想是将 n 个记录的关键字进行两两比较，选出[n/2]个关键码较小的记录。然后在这[n/2]个关键码较小的记录之间再进行两两比较，选出[n/4]个关键码值较小的记录。如此重复，直至选出最小关键字的记录为止。

此过程可用一棵 n 个结点的完全二叉树来表示，选出的最小关键字的记录就是这棵树的根结点，如图 11.7 所示。该图表示从 8 个关键字中选出最小关键字的过程。

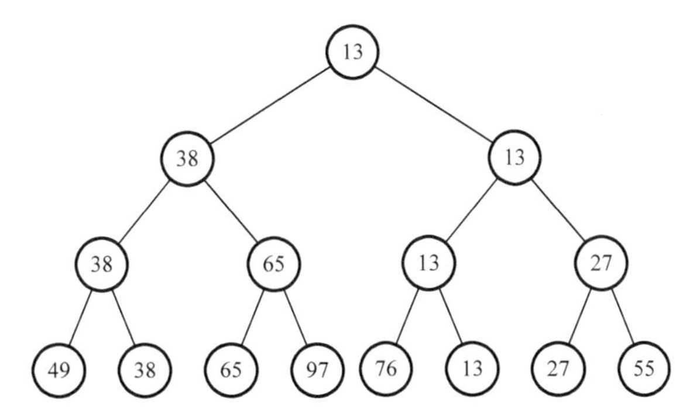

图 11.7　树形选择排序选出最小关键字的过程示意图

在输出最小关键字之后，为选出次小关键字，将最小关键字记录所对应的叶子结点的关键字置为无穷大(∞)，然后从叶子结点开始和其兄弟结点的关键字比较，修改从该叶子结点到根结点路径上各结点的值，则根结点的值即为次小关键字，如图 11.8 所示。

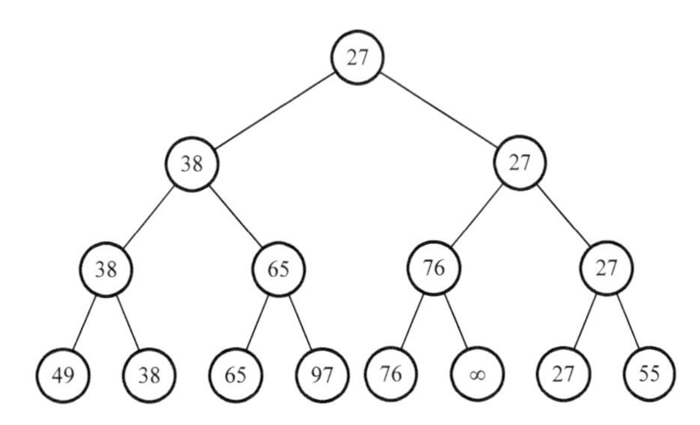

图 11.8　树形选择排序选出次小关键字的过程示意图

重复上述过程，直到所有记录全部输出为止。

在树形选择排序中除了最小关键字外，被选出的其他较小关键字都走了一条由叶子结点到根结点的比较过程，由于含有 n 个结点的完全二叉树的深度为$[\log_2 n]+1$，因此在树形选择排序中每选出一个较小关键字需要进行$[\log_2 n]$次比较，所以比较记录的时间复杂度为 $O(n\log_2 n)$。移动记录次数不超过比较次数，故总的时间复杂度为 $O(n\log_2 n)$。

与简单选择排序相比较降低了时间复杂度，但需要增加 n–1 个额外的存储空间存放中间比较结果，同时也附加了与无穷大进行比较的时间开销。

11.4.3　堆排序

堆排序是 1964 年由威廉姆斯(J.Williams)提出的一种高效的选择排序方法。堆排序也是一种树形选择排序算法。它的特点是：在排序的过程中，将 L.elem[1,⋯,n]看成是一颗完全二叉树的顺序存储结构，利用完全二叉树中双亲结点和孩子结点之间的内在关系，在当前无序区中选择关键字最大(或最小)的元素。

1. 堆的定义

设有 n 个元素的序列$\{k_1,k_2,\cdots,k_n\}$，该序列中的任意元素 k_i 满足 $k_i \leqslant k_{2i}$ 且 $k_i \leqslant k_{2i+1}$ 时称该序列为小根堆(或小顶堆)；该序列中的任意元素 k_i 满足 $k_i \geqslant k_{2i}$ 且 $k_i \geqslant k_{2i+1}$ 时称该序列为大根堆(或大顶堆)。

例如，序列{97,76,65,38,49,13,27}是一个大顶堆，序列{13,38,27,97,76,65,49}是一个小顶堆，序列{49,38,65,97,76,13,27}不是一个堆。上述三个序列对应的完全二叉树如图 11.9 所示。

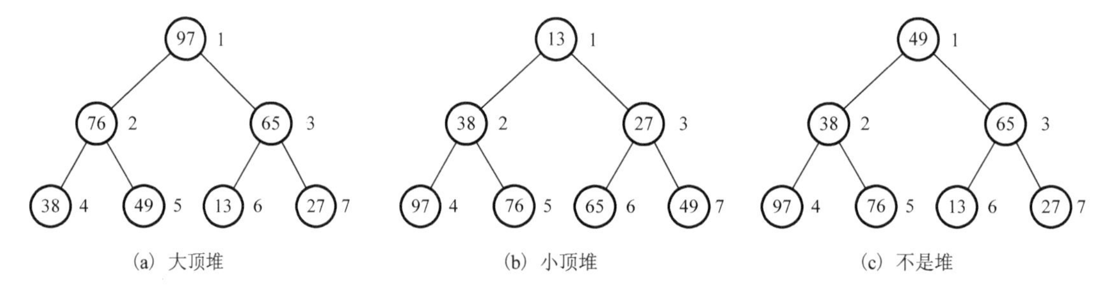

图 11.9　堆或非堆结构示意图

堆对应一棵完全二叉树，且所有非叶子结点的关键码值均不大于(或不小于)其子女的关键码值，根结点的关键码值是最小(或最大)的。在大根堆中，最大元素存放在根结点中；对于任意非根结点，它的关键码值小于或等于其双亲结点的关键码值。小根堆的定义正好相反：在小根堆中，最小元素存放在根结点中；对于任意非根结点，它的关键码值大于或等于其双亲结点的关键码值。

2. 堆排序算法思想

若要将含有 n 个元素的表按关键码排序，则堆排序算法可描述如下：

首先需将这 n 个元素按关键码建成堆。然后，将堆顶元素与最后一个位置的元素交换，筛选得到 n 个元素中关键码最大(或最小)的元素。筛选出第一个元素之后，对剩下的 n–1 个元素调整建成堆，再将堆顶元素与倒数第二个位置的元素交换，选择得到 n 个元素中关键码次大(或次小)的数据元素。筛选出第二个元素之后，再对剩下的 n–2 个元素调整建成堆，再将堆顶元素与倒数第三个位置的元素交换，选择得到 n 个元素中第三个数据元素。如此反复，直到选出第二个位置上的元素后，便得到一个按关键码有序的序列。这个过程称为堆排序。

若用大顶堆排序，其结果正好是一个从小到大的序列；若用小顶堆排序，其结果正好是一个从大到小的序列。在以下的讨论中以大顶堆为例。

由算法可知，实现堆排序需解决两个问题：

(1)如何将 n 个元素的序列按关键码建成堆；

(2)输出堆顶元素后，怎样调整剩余元素，使其按关键码成为一个新堆。

3. 堆排序算法

若能设计一个创建堆的算法 CreatedHeap(L)和一个调整堆的算法 Adjust(SeqList *L,int s,int m)，实现将线性表 L 中从 s 开始到 m 结束的元素调整成一个堆结构。那么堆排序算法可实现如下：

算法 11.8　堆排序算法

```
void HeapSort(SeqList *L)     //堆排序算法
{   int i;
    CreatedHeap(L);
    for(i=L->length;i>=2; i--)
    {   L->elem[0]=L->elem[1];
        L->elem[1]=L->elem[i];
        L->elem[i]=L->elem[0];
        Adjust(L,1,i-1);
    }
}
```

4. 根据堆的调整算法建初始堆

经分析可知，若设计实现了一个调整堆的算法 Adjust(SeqList *L,int s,int m)，实现将线性表 L 中从 s 开始到 m 结束的元素调整成一个堆结构。那么创建初始堆的算法 CreatedHeap(L)也可完全反复调用该操作来实现，即从最后一个结点 n 的父亲节点[n/2]开始，调用 Adjust(L,[n/2],n),Adjust(L,[n/2]−1,n),Adjust(L,[n/2]−2,n),…,Adjust(L,1,n)操作逐步将初始堆建立起来。创建初始堆的算法可描述如下：

算法 11.9　根据堆的调整算法建初始堆

```
void CreatedHeap(SeqList *L)
{   int i;
    for(i=L->length/2;i>=1;i--)
        Adjust(L,i,L->length);
}
```

例如，待排序序列{49,38,65,97,76,13,27}不是一个堆。用筛选法创建的初始堆为{97,76,65,38,49,13,27}。创建初始堆的过程图 11.10 所示。

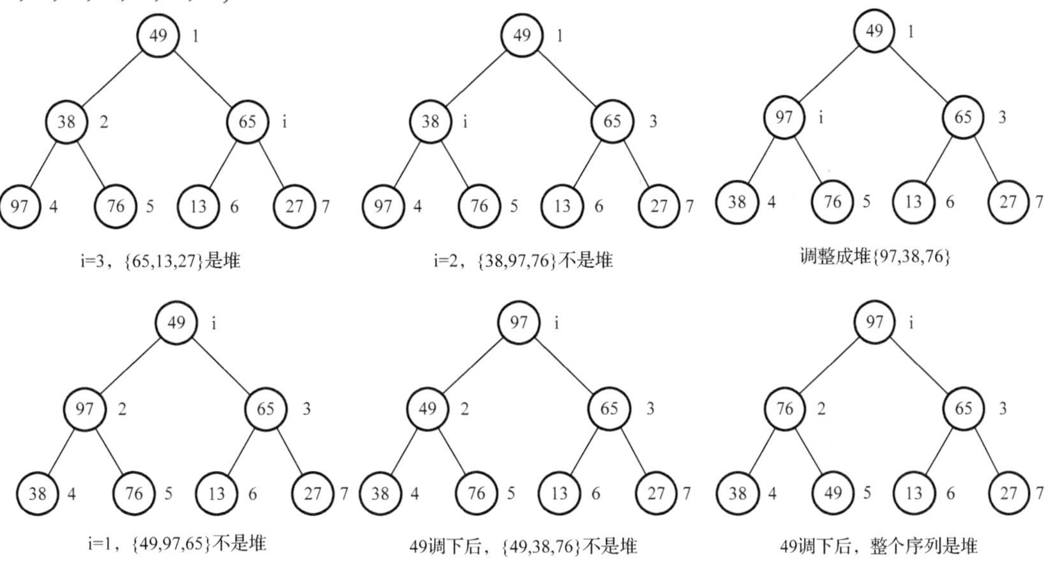

图 11.10　用筛选法创建初始堆的过程示意图

5. 堆调整

最后发现，所有的操作都集中在了调整堆的算法 Adjust(SeqList *L,int s,int m)。下面分析设计该算法的实现过程。调整堆的算法 Adjust(SeqList *L,int s,int m)实现将线性表 L 中从 s 开始到 m 结束的元素调整成一个堆结构。

在堆的调整过程中，将根结点与左右子树的根结点进行比较，若不满足堆的条件，则将根结点与左右子树根结点的较大者进行交换，这个调整过程一直进行到所有子树均为堆或将原来的结点交换到叶子结点为止。这个自堆顶至叶子的调整过程称为“筛选”。

假设当前要筛选的结点的编号为 s，堆中最后一个结点的编号为 m，并且结点 k 的左右子树均是堆，则筛选法调整堆的算法可描述如下：

算法 11.10　堆的调整算法

```
void Adjust(SeqList *L,int s,int m)
{   int j;
    L->elem[0]=L->elem[s];
    for(j=2*s;j<=m;j=j*2)                    //j 首先指向左孩子，然后逐步向下层移动
    {   if(j<m&&L->elem[j]<L->elem[j+1])//j 为左右孩子中较大的一个
            j=j+1;
        if(L->elem[0]>=L->elem[j])          //找到元素 L->elem[0]插入的位置
            break;
        L->elem[s]=L->elem[j];  //没有找到插入的位置，下一层中继续寻找插入位置
        s=j;
    }
    L->elem[s]=L->elem[0];
}
```

例如对初始堆{97,76,65,38,49,13,27}进行第一趟排序后的结果为{27,76,65,38,49,13,97}。此时不满足堆结构，并将其调整为{76,49,65,38,27,13,97}，对调整后的堆{76,49,65,38,27,13,97}进行第二趟排序后的结果为{13,49,65,38,27,76,97}，此时不满足堆结构，将其调整为{65,49,13,38,27, 76,97}。如此进行下去，直到将第二个位置也选出元素来，那么剩余的第一个元素就是最小的。图 11.11 给出了堆排序过程中前两趟排序的过程。

6. 堆排序算法的性能分析

1)时间性能

建堆时间为 O(n)，之后有 n–1 次向下调整的操作，每次调整的时间复杂度为 O(h)，$h=[\log_2 n]+1$，所以在最好、最坏和平均等情况下，堆排序算法的时间复杂度为 $O(n\log_2 n)$。

2)空间性能

仅使用了一个辅助单元 L->elem[0]，所以空间复杂的为 O(1)。

3)稳定性

在进行筛选时，有可能把后面关键字相同的元素调整到前面，所以堆排序算法是不稳定的排序方法。例如，表初始序列 L={60,60′,50}是一个大顶堆，排序完成后，最终排序序列为 L={50,60′,60}，显然 60 与 60′的相对次序发生了变化，因此，堆排序是一种不稳定的排序算法。

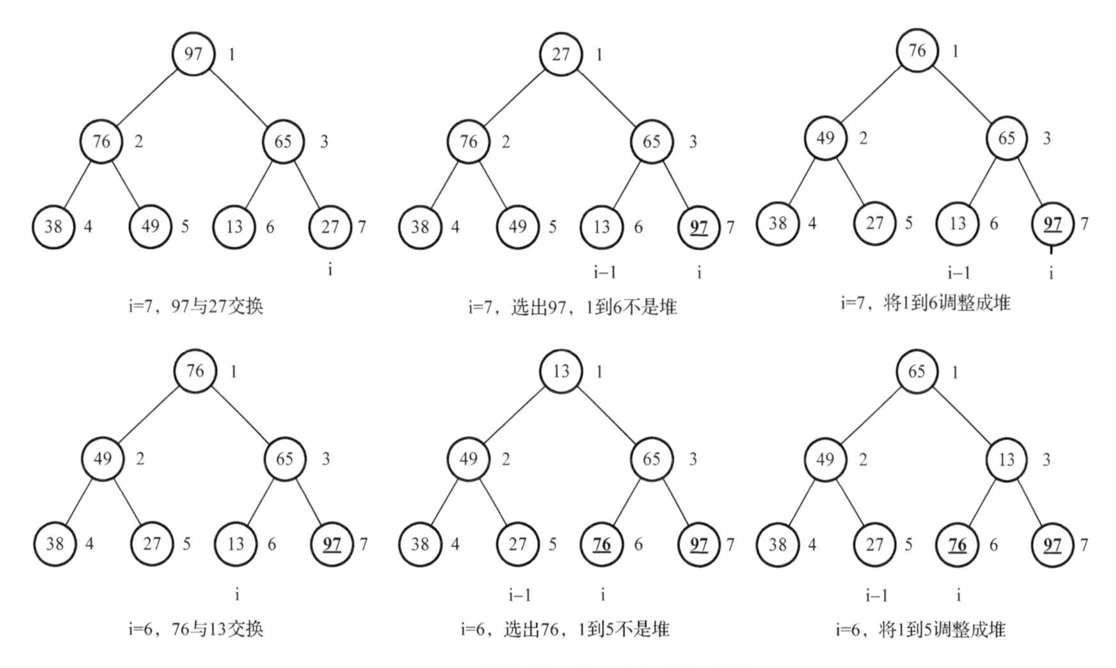

图 11.11　堆排序过程示意图(前两趟)

11.5　归 并 排 序

归并排序与前面介绍的基于交换、选择等排序的思想不一样，“归并”的含义是将两个或两个以上的有序表组合成一个新的有序表。归并排序有多种，本节只讨论二路归并排序。

1. 二路归并排序的基本思想

假定待排序的表含有 n 个记录，则可以将这 n 个记录看成是 n 个有序的子表，每个子表长度为 1，然后两两归并，得到[n/2]个长度为 2 或 1 的有序表。再两两归并，得到[n/4]个长度为 4(或比 4 小)的有序表，再两两归并，如此重复，直到合并成一个长度为 n 的有序表为止，这种排序方法称为二路归并排序。

下面举例说明归并排序过程。假设待排序列为{49,38,65,97,76,13,27}，则排序过程如图 11.12 所示。

元素下标	1	2	3	4	5	6	7
初始序列	【49】	【38】	【65】	【97】	【76】	【13】	【27】
第 1 次归并之后	【38	49】	【65	97】	【13	76】	【27】
第 2 次归并之后	【38	49	65	97】	【13	27	76】
第 3 次归并之后	【13	27	38	49	65	76	97】

图 11.12　二路归并排序示意图

2. 前后相邻的两个有序表归并为一个有序表

二路归并排序的基本操作是将两个有序表合并为一个有序表。设 a[low,⋯,high]由两个有序子表 a[low,⋯,mid]和 a[mid+1,⋯,high]组成，合并方法为：

(1) mid=(low+high)/2；i=low；j=mid+1；k=low；即设置数组 a 中两个子表的起始下标 i，j 及辅助数组 b 的起始下标 k 的初值。

(2) 若 i>mid 或 j>high，转(4)。即其中一个子表已合并完，比较选取结束。

(3) 如果 a[i].key<a[j].key，则 b[k++]=a[i++]，否则 b[k++]=a[j++]，转(2)。即选取 a[i]和 a[j]中关键码较小的存入辅助数组 b[k]中，转(2)。

(4) 如果 i≤mid，将 a[i,⋯,mid]存入 b[k,⋯,high]；如果 j≤high，将 a[j,⋯,high]存入 b[k,⋯,high]。即将尚未处理完的子表中元素存入 b 中。

(5) 合并结束。

所以，可将二路归并排序中将两个有序表合并为一个有序表的算法描述如下：

算法 11.11　前后相邻的两个有序表归并为一个有序表的算法

```
void Merge(ElemType a[],int low,int high,ElemType b[])
{   int i,j,k,mid;
    mid=(low+high)/2;
    i=low;j=mid+1;k=low;
    while(i<=mid && j<=high)
    {   if(a[i]>a[j])
            b[k++]=a[j++];
        else
            b[k++]=a[i++];
    }
    while(i<=mid)
        b[k++]=a[i++];
    while(j<=high)
        b[k++]=a[j++];
}
```

在合并过程中，两个有序子表被遍历了一遍，表中的每一项均被复制了一次。因此合并的代价与两个有序子表的长度成正比，该算法的时间复杂度为 O(n)。

3. 递归实现归并排序算法

将 a[]中的记录用归并法排序后放在 c[]中，可分为下面三个步骤：①先将 a[]中的前半段记录用归并法排序后放在 b[]的前半段中。②再将 a[]中的后半段记录用归并法排序后放在 b[]的后半段中。③将 b[]的前半段和后半段记录合并到 c[]中。所以，可将二路归并排序的递归算法描述如下：

算法 11.12　归并排序算法

```
void MSort(ElemType a[],int low,int high,ElemType c[])
{   ElemType b[N];
    int mid;
    if(low==high)
        c[low]=a[low];
    else
    {   mid=(low+high)/2;
        MSort(a,low,mid,b);
        MSort(a,mid+1,high,b);
```

```
            Merge(b,low,high,c);
        }
    }
    void MergeSort(SeqList *L)
    {   MSort(L->elem,1,L->length,L->elem);
    }
```

4. 归并排序算法的性能分析

1) 时间性能

对于 n 个元素的表，将这 n 个元素看作叶结点，若将两两归并生成的子表看作它们的父结点，则归并过程对应由叶向根生成一棵二叉树的过程。所以，归并趟数约等于二叉树的高度 $\log_2 n$，每趟归并需移动记录 n 次，故时间复杂度为 $O(n\log_2 n)$。

2) 空间性能

在归并排序过程中需要一个与原表等长的辅助数组，所以空间复杂度为 O(n)。

3) 稳定性

与快速排序、堆排序、希尔排序等效率较好的算法相比较，归并排序的最大特点是该算法是一种稳定的排序算法。

类似二路归并，可设计多路归并排序算法。在一般情况下，由于该算法要求的附加空间和待排序记录的初始存储空间相等，因此很少利用二路归并排序进行内部排序，归并排序主要用于外部排序。

11.6 基 数 排 序

基数排序是一种借助于多关键码排序的思想，是将单关键码按基数分成“多关键码”进行排序的方法。

11.6.1 多关键码排序

扑克牌中的 52 张牌可按花色和面值分成两个字段，其大小关系为

花色：梅花<方块<红心<黑心

面值：$2 < 3 < 4 < 5 < 6 < 7 < 8 < 9 < 10 < J < Q < K < A$

若对扑克牌按花色、面值进行升序排序，得到如下序列：梅花 2,3,⋯,A，方块 2,3,⋯,A，红心 2,3,⋯,A，黑心 2,3,⋯,A。即两张牌，若花色不同，不论面值怎样，花色低的那张牌小于花色高的，只有在同花色情况下，大小关系才由面值的大小确定。这就是多关键码排序。为得到排序结果，讨论两种排序方法。

方法 1：先对花色排序，将其分为 4 个组，即梅花组、方块组、红心组、黑心组。再对每个组分别按面值进行排序，最后将 4 个组连接起来即可。

方法 2：先按 13 个面值给出 13 个编号组(2 号,3 号,⋯,A 号)，将牌按面值依次放入对应的编号组，分成 13 堆。再按花色给出 4 个编号组(梅花、方块、红心、黑心)，将 2 号组中牌取出分别放入对应花色组，再将 3 号组中牌取出分别放入对应花色组，⋯⋯，这样，13 个面值组中均按花色有序，然后将 13 个面值依次连接起来即可。

设 n 个元素的待排序列包含 d 个关键码$\{k^1,k^2,\cdots,k^d\}$，则称序列对关键码$\{k^1,k^2,\cdots,k^d\}$有序

是指：对于序列中任两个记录 r[i]和 r[j]（$1 \leq i \leq j \leq n$）都满足下列有序关系。其中，k^1 称为最主位关键码，k^d 称为最次位关键码。多关键码排序按照从最主位关键码到最次位关键码或从最次位到最主位关键码的顺序。逐次排序，分两种方法：

最高位优先（Most Significant Digit first）法，简称 MSD 法：先按 k^1 排序分组，同一组中记录的关键码 k^1 相等，再对各组按 k^2 排序分成子组，之后对后面的关键码继续这样的排序分组，直到按最次位关键码 k^d 对各子组排序后。再将各组连接起来，便得到一个有序序列。扑克牌按花色、面值排序中介绍的方法一即是 MSD 法。

最低位优先（Least Significant Digit first）法简称 LSD 法：先从 k^d 开始排序，再对 k^{d-1} 进行排序，依次重复，直到对 k^1 排序后便得到一个有序序列。扑克牌按花色、面值排序中介绍的方法二即是 LSD 法。

11.6.2 链式基数排序

1. 链式基数排序算法的思想

将关键码拆分为若干项，每项作为一个关键码，则对单关键码的排序可按多关键码排序方法进行。比如，关键码为 4 位的整数，可以每位对应一项，拆分成 4 项；关键码由 5 个字符组成的字符串，可以每个字符作为一个关键码。这样拆分后，每个关键码都在相同的范围内（对数字是 0～9，字符是 a～z），称这样的关键码可能出现的符号个数为“基”，记作 RADIX。上述取数字为关键码的“基”为 10；取字符为关键码的“基”为 26。基于这一特性，用 LSD 法排序较为方便。

基数排序：从最低位关键码起，按关键码的不同值将序列中的记录“分配”到 RADIX 个队列中，然后再“收集”之，如此重复 d 次即可。链式基数排序是用 RADIX 个链队列作为分配队列，关键码相同的记录存入同一个链队列中，收集则是将各链队列按关键码大小顺序链接起来。

2. 链式基数排序算法举例

以静态链表存储待排记录，头结点指向第一个记录。链式基数排序过程如下图。

第一趟按最低位关键字（个位数字）将原链表中的各个结点分配到 RADIX 个队列中，即将原链表中从头到尾的各个元素依次取下，将这些结点按最低位关键字（个位数字）分配到相应的链队列中，如图 11.13 所示。

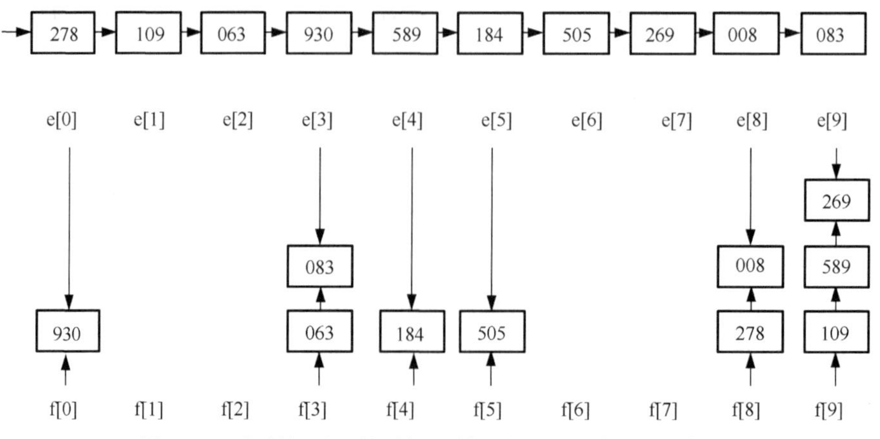

图 11.13　初始记录及按最低位（个位）分配后链队列示意图

之后进行第一趟收集，即将第一次分配后的各队列首尾链接起来，形成一个单链表。之后，第二趟按次低位关键字(十位数字)将第一次收集后链表中的各个结点分配到 RADIX 个队列中，即将第一次收集后链表中从头到尾的各个元素依次取下，将这些结点按次低位关键字(十位数字)分配到相应的链队列中，如图 11.14 所示。

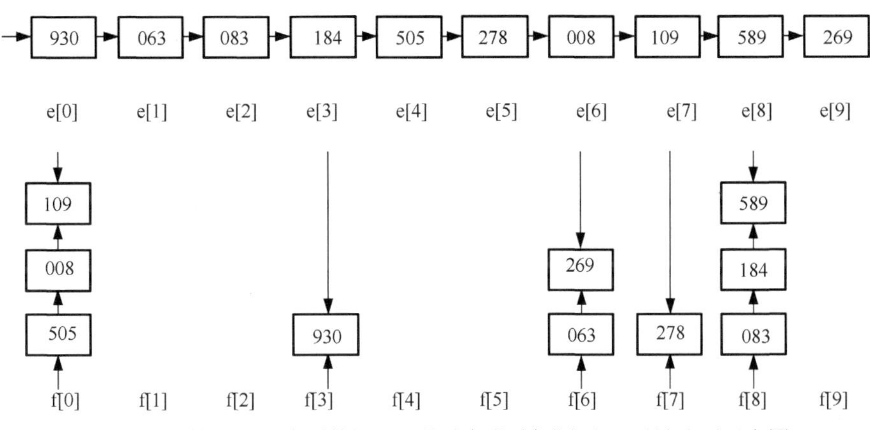

图 11.14　第一次回收后的记录及按次低位(十位)分配后链队列示意图

在图 11.14 基础上进行第二趟收集，即将第二次分配后的各队列首尾链接起来，形成一个单链表。之后，第三趟按最高位关键字(百位数字)将第二趟收集后链表中的各个结点按最高位关键字(百位数字)分配到 RADIX 个队列中。之后，再进行最后一次回收后就按关键码有序了，如图 11.15 所示。

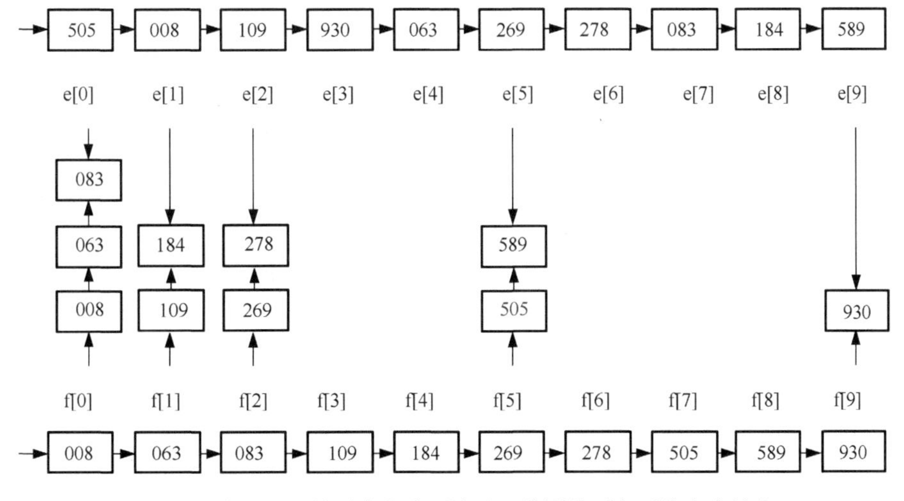

图 11.15　按最高位(百位)分配并回收后之后的有序链表

3. 链式基数排序表结构的定义

为了有效地存储和重排记录，采用静态链表来存储待排序记录，有关数据类型可定义如下：

```
#include <stdio.h>
#include <stdlib.h>
#define RADIX 10
#define KEY_SIZE 6
```

```
#define LIST_SIZE 20
typedef int KeyType;
typedef int OtherType;
typedef struct
{   KeyType key[KEY_SIZE];              /*子关键字数组*/
    OtherType other_data;               /*其他数据项*/
    int next;                           /*静态链域*/
}RecType;
typedef struct
{   RecType r[LIST_SIZE+1];             /*r[0]为头结点*/
    int length;
    int keynum;
}SLinkList;                             /*静态链表*/
typedef int ArrayPtr[RADIX];
```

4. 链式基数排序算法

1)链式基数排序中的分配算法

该算法完成记录数组 r 中记录已按低位关键字 key[i+1],…,key[d]进行过低位优先排序。本算法按第 i 位关键字 key[i]建立 RADIX 个队列，同一个队列中记录的 key[i]相同。front[j]和 rear[j]分别指向各队列中第一个和最后一个记录（ j=0,1,2,…,RADIX–1）。front[j]=0 表示相应队列为空队列。

算法 11.13　链式基数排序中的分配算法

```
void Distribute(RecType r[],int i,ArrayPtr front,ArrayPtr rear)
{   int j,p;
    for(j=0;j<=RADIX-1;j++) front[j]=0; /*将 RADIX 个队列初始化为空队列*/
    p=r[0].next;                        /*p 指向链表中的第一个记录*/
    while(p!=0 )
    {   j=r[p].key[i];                  /*用记录中第 i 位关键字求相应的队列号*/
        if(front[j]==0 )
            front[j]=p;                 /*将 p 所指向的结点加入第 j 个队列中*/
        else
            r[rear[j]].next=p;
        rear[j]=p;
        p=r[p].next;
    }
}
```

2)回收算法

该算法完成从 0 到 RADIX–1 扫描各队列，将所有非空队列首尾相接，重新链接成一个链表。

算法 11.14　链式基数排序中的回收算法

```
void Collect(RecType r[],ArrayPtr front,ArrayPtr rear)
{   int j=0,t;
    while(front[j]==0)                          /*找第一个非空队列*/
        j++;
    r[0].next=front[j];
```

```
        t=rear[j];
        while(j<RADIX-1)                          /*寻找并串接所有非空队列*/
        {   j++;
            while((j<RADIX-1)&&(front[j]==0))     /*找下一个非空队列*/
                j++;
            if(front[j]!=0)                       /*链接非空队列*/
            {   r[t].next=front[j];
                t=rear[j];
            }
        }
        r[t].next=0;                    /*t指向最后一个非空队列中的最后一个结点*/
    }
```

3)链式基数排序算法

在 length 个记录存放在数组 r 中，执行本算法进行基数排序后，链表中的记录将按关键字从小到大的顺序相链接。

算法 11.15　链式基数排序算法

```
    void RadixSort(RecType r[],int length)
    {   int i,n,d=3;
        ArrayPtr front,rear;
        n=length;
        for(i=0;i<=n-1;i++)
            r[i].next=i+1;              /*构造静态链表*/
        r[n].next=0;
        for(i=d-1;i>=0;i--)             /*从最低位子关键字开始，进行d趟分配和收集*/
        {   Distribute(r,i,front,rear); /*第i趟分配*/
            Collect(r,front,rear);      /*第i趟回收*/
        }
    }
```

5. 链式基数排序算法性能分析

1)时间性能

设待排序列为 n 个记录，d 个关键码，关键码的取值范围为 RADIX，因一趟分配时间复杂度为 O(n)，一趟收集时间复杂度为 O(radix)，共进行 d 趟分配和收集，所以进行链式基数排序的时间复杂度为 O(d(n+radix))。

2)空间性能

在排序过程中需要 2×radix 个指向队列的辅助空间，所以空间复杂度为 O(2×radix)。

3)稳定性

链式基数排序是一种稳定的排序算法。

基数排序法所需的辅助存储空间较大，但其时间复杂度可降为 O(d(n+radix))，能达到较快的速度。但是基数排序只适用于像字符串、整数这类有明显结构特征的排序码，当排序码的取值范围是某个无穷集合时，则无法使用。因此，当 n 较大，记录的排序码位数较少且可以均匀分解时，采用基数排序方法较好。

11.7 内部排序算法的比较

迄今为止，已有的排序方法远远不止前面讨论的几种。人们之所以研究排序方法，一方面是由于排序在计算机中所处的地位；另一方面由于这些方法各有优缺点，难以得出哪个最好或哪个最坏的结论。因此排序方法的选用应根据具体情况而定。

11.7.1 内部排序算法的比较

一般应从以下几方面综合考虑：①时间复杂度；②空间复杂度；③稳定性；④算法简单性；⑤待排序记录个数 n 的大小；⑥记录本身信息量的大小；⑦关键码的分布情况。

1. 时间复杂度

前面所介绍的各种内部排序方法的时间空间性能的比较结果如表 11.1 所示。

表 11.1 各种排序方法性能比较

排序方法	平均时间	最坏情况	辅助空间	稳定性	不稳定举例
直接插入排序	$O(n^2)$	$O(n^2)$	$O(1)$	稳定	
折半插入排序	$O(n^2)$	$O(n^2)$	$O(1)$	稳定	
希尔排序	$O(n^{1.3})$	$O(n^{1.3})$	$O(1)$	不稳定	60,60′,50(d=2,1)
冒泡排序	$O(n^2)$	$O(n^2)$	$O(1)$	稳定	
快速排序	$O(n\log_2 n)$	$O(n^2)$	$O(\log_2 n)$	不稳定	60,60′,50(60 为支点)
简单选择排序	$O(n^2)$	$O(n^2)$	$O(1)$	不稳定	60,60′,50
堆排序	$O(n\log_2 n)$	$O(n\log_2 n)$	$O(1)$	不稳定	60,60′,50(大顶堆)
二路归并排序	$O(n\log_2 n)$	$O(n\log_2 n)$	$O(n)$	稳定	
基数排序	$O(d(n+r))$	$O(d(n+r))$	$O(r)$	稳定	

从平均情况看有三类排序方法：

(1) 直接插入排序、简单选择排序、冒泡排序属于一类，其时间复杂度为 $O(n^2)$，其中直接插入排序方法最常用，特别是对于已按关键码基本有序的序列。

(2) 堆排序、快速排序、归并排序属于一类，其时间复杂度为 $O(n\log_2 n)$，其中快速排序被认为是最快的一种排序方法，在待排序记录个数较多的情况下，归并排序较堆排序更快。

(3) 希尔排序介于 $O(n^2)$ 和 $O(n\log_2 n)$ 之间。

从最好情况看，直接插入排序和冒泡排序的时间复杂度最好，为 $O(n)$，其他排序算法的最好情况与平均情况相同。

从最坏情况来看，快速排序的时间复杂度为 $O(n^2)$，直接插入排序和冒泡排序虽然与平均情况相同，但系数大约增加一倍，所以运行速度降低一半。最坏情况对直接选择排序、堆排序、归并排序影响不大。

由此可见，在最好情况下，直接插入排序和冒泡排序最快；在平均情况下，快速排序最快；在最坏情况下，堆排序和归并排序最快。

2. 空间复杂度

从空间复杂度看，所有排序方法分为三类：归并排序属于一类，其空间复杂度为 $O(n)$；

快速排序单独属于一类，其空间复杂度介于 $O(\log_2 n)$ 和 $O(n)$ 之间；其他排序方法归为一类，其空间复杂度为 $O(1)$。

3. 稳定性

所有排序方法可分为两类，一类是稳定的，包括直接插入排序、冒泡排序、归并排序；另一类是不稳定的，包括希尔排序、快速排序、堆排序、简单选择排序。

4. 算法的简单性

从算法简单性来看，一类是简单算法，包括直接插入排序、冒泡排序、简单选择排序；另一类是改进算法，包括希尔排序、堆排序、快速排序、归并排序，这些算法都很复杂。

5. 待排序记录个数 n 的大小

从带排序的记录个数 n 的大小来看，n 越小，采用简单排序方法越适合，n 越大，采用改进的排序方法越适合。因为 n 越小，$O(n^2)$ 和 $O(n\log_2 n)$ 的差距越小，并且输入和调试简单算法比输入和调试改进算法要少用许多时间。

6. 记录本身信息量的大小

从记录本身信息量的大小看，记录本身信息量越大，表明占用的存储空间就越多，移动记录所花费的时间就越多，所以对记录移动次数较多的算法不利。表 11.2 给出三种简单排序算法中记录移动次数的比较结果，当记录本身的信息量较大时，对简单选择排序算法有利，而对其他两种排序算法不利。在改进的算法中，记录本身信息量的大小对其影响不大。

表 11.2　三种简单排序算法中记录移动次数的比较

排序方法	最好情况	最坏情况	平均情况
直接插入排序	$O(0)$	$O(n^2)$	$O(n^2)$
冒泡排序	$O(0)$	$O(n^2)$	$O(n^2)$
简单选择排序	$O(0)$	$O(n)$	$O(n)$

7. 关键码的分布情况

当待排序记录为正序时，直接插入排序和冒泡排序能达到 $O(n)$ 的时间复杂度；对于快速排序而言，这是最坏的情况，此时的时间性能退化为 $O(n^2)$；简单选择排序、堆排序、归并排序的时间性能不随记录序列中关键码的分布而改变。

11.7.2　内部排序算法的选用

由上述讨论可知，各种排序方法各有优缺点，可适用于不同的场合，在实际应用中，根据具体要求选取合适的排序方法。下面综合考虑以上 7 个方面所得出的大致结论，供读者参考。

当待排序记录个数 n 较大，关键码分布较随机，且稳定性无要求时，采用快速排序为宜。

当待排序记录个数 n 较大，内存空间允许，且要求排序稳定时，采用归并排序为宜。

当待排序记录个数 n 较大，关键码分布可能出现正序或逆序的情况，且对稳定性无要求时，采用堆排序或归并排序。

当待排序记录个数 n 较大，且只要找出最小的前几个记录，采用堆排序或简单选择排序。

当待排序记录个数 n 较小，记录已经基本有序，且要求排序稳定时，采用直接插入排序。

当待排序记录个数 n 较小，且记录所含数据项较多，记录所占存储空间较大时，采用简单选择排序。

快速排序和归并排序在待排序记录个数 n 较小时的性能不如直接插入排序，因此在实际应用时，可将他们与直接插入排序混合使用。例如在快速排序中划分的自序列的长度小于某个值时，转而调用直接插入排序；或者对带排记录序列先逐段进行直接插入排序，然后再利用归并操作进行两两归并直至整个序列有序。

习　题　十一

一、单项选择题

1．下面给出的四种排序法中(　　)排序法是不稳定的排序法。

A．插入　　B．冒泡　　C．二路归并　　D．堆排序

2．在下列排序算法中，(　　)是稳定的。

A．堆排序、冒泡排序　　B．快速排序、堆排序

C．直接选择排序、归并排序　　D．归并排序、冒泡排序

3．若要求尽可能快地对序列进行稳定的排序，则应选(　　)。

A．快速排序　　B．归并排序　　C．冒泡排序　　D．希尔排序

4．若需在 $O(n\log_2 n)$ 的时间内完成对数组的排序，且要求排序是稳定的，则可选择的排序方法是(　　)。

A．快速排序　　B．堆排序　　C．归并排序　　D．直接插入排序

5．比较次数与排序的初始状态无关的排序方法是(　　)。

A．直接插入排序　B．起泡排序　　C．快速排序　　D．简单选择排序

6．数据序列(8,9,10,4,5,6,20,1,2)只能是下列排序算法中的(　　)的两趟排序后的结果。

A．选择排序　　B．冒泡排序　　C．插入排序　　D．堆排序

7．对一组数据(84,47,25,15,21)排序，数据的排列次序在排序的过程中的变化为(84,47,25,15,21)，(15,47,25,84,21)，(15,21,25,84,47)，(15,21,25,47,84)，(15,21,25,47,84)。则采用的排序是(　　)。

A．选择　　B．冒泡　　C．快速　　D．插入

8．对序列{15,9,7,8,20,−1,4}经一趟排序后的排列为{9,15,7,8,20,−1,4}，则采用的是(　　)排序。

A．选择　　B．堆　　C．直接插入　　D．冒泡

9．有一组数据(15,9,7,8,20,−1,7,4)用快速排序的划分方法进行一趟划分后数据的排序为(　　)(按递增序)。

A．9,4,7,8,7,−1,15,20　　B．9,7,8,4,−1,7,15,20

C．20,15,8,9,7,−1,4,7　　D．以上均不对

10．在下面的排序方法中，辅助空间为 $O(n)$ 的是(　　)。

A．希尔排序　　B．堆排序　　C．选择排序　　D．归并排序

11．在下列排序算法中，在待排序数据已有序时，花费时间反而最多的是(　　)排序。

A．冒泡　　B．希尔　　C．快速　　D．堆

12．在下列排序算法中，在每一趟都能选出一个元素放到其最终位置上，并且其时间性能受数据初始特性影响的是（　　）。

A．直接插入排序 B．快速排序　　C．堆排序　　D．直接选择排序

13．对初始状态为递增序列的表按递增顺序排序，最省时间的是（　　）算法，最费时间的是（　　）算法。

A．堆排序　　B．快速排序　　C．插入排序　　D．归并排序

14．就平均性能而言，目前最好的内排序方法是（　　）排序法。

A．冒泡　　B．希尔　　C．交换　　D．快速

15．数据表中有 10000 个元素，如果仅要求求出其中最大的 10 个元素，则采用（　　）算法最节省时间。

A．堆排序　　B．希尔排序　　C．快速排序　　D．直接选择排序

16．在下列排序算法中，（　　）算法可能会出现下面情况：在最后一趟排序之后，所有元素都不在其最终的位置上。

A．堆排序　　B．冒泡排序　　C．快速排序　　D．插入排序

17．从未排序序列中依次取出一个元素与已排序序列中的元素依次进行比较，然后将其放在已排序序列的合适位置，该排序方法称为（　　）排序法。

A．插入　　B．选择　　C．希尔　　D．二路归并

18．用直接插入排序方法对下面四个序列进行排序(由小到大)，元素比较次数最少的是（　　）。

A．94,32,40,90,80,46,21,69　　B．32,40,21,46,69,94,90,80

C．21,32,46,40,80,69,90,94　　D．90,69,80,46,21,32,94,40

19．直接插入排序在最好情况下的时间复杂度为（　　）

A．$O(\log_2 n)$　　B．$O(n)$　　C．$O(n\times\log_2 n)$　　D．$O(n^2)$

20．若用冒泡排序方法对序列{10,14,26,29,41,52}从大到小排序，需进行（　　）次比较。

A．5　　B．10　　C．15　　D．25

21．采用简单选择排序，比较次数与移动次数分别为（　　）。

A．$O(n)$,$O(\log_2 n)$　　B．$O(\log_2 n)$,$O(n\times n)$

C．$O(n\times n)$,$O(n)$　　D．$O(n\log_2 n)$,$O(n)$

22．对序列{15,9,7,8,20,−1,4}用希尔排序方法排序，经一趟后序列变为{15,−1,4,8,20,9,7}，则该次采用的增量是（　　）

A．1　　B．4　　C．3　　D．2

23．对下列关键字序列用快速排序法进行排序时，速度最快的情形是（　　）。

A．{21,25,5,17,9,23,30}　　B．{25,23,30,17,21,5,9}

C．{21,9,17,30,25,23,5}　　D．{5,9,17,21,23,25,30}

24．对关键码序列 28,16,32,12,60,2,5,72 快速排序，从小到大一次划分结果为（　　）。

A．(2,5,12,16) 28 (60,32,72)　　B．(5,16,2,12) 28 (60,32,72)

C．(2,16,12,5) 28 (60,32,72)　　D．(5,16,2,12) 28 (32,60,72)

25．当 n 个整型数据有序时，对这 n 个数据用快速排序算法排序，则时间复杂度是（　　）。

A．$O(n)$　　B．$O(n\log_2 n)$　　C．$O(n\times n)$　　D．$O(\log_2 n)$

26．快速排序方法在（　　）情况下最不利于发挥其长处。

A．要排序的数据量太大　　B．要排序的数据中含有多个相同值

C．要排序的数据个数为奇数　　　　D．要排序的数据已基本有序

27．在下列四个序列中，(　　)是堆。

A．75,65,30,15,25,45,20,10　　　　B．75,65,45,10,30,25,20,15

C．75,45,65,30,15,25,20,10　　　　D．75,45,65,10,25,30,20,15

28．在对 n 个元素的序列进行排序时，堆排序所需要的附加存储空间是(　　)。

A．$O(\log_2 n)$　　B．$O(1)$　　C．$O(n)$　　D．$O(n\log_2 n)$

29．对 n 个记录的文件进行堆排序，最坏情况下的执行时间是(　　)

A．$O(\log_2 n)$　　B．$O(n)$　　C．$O(n\log_2 n)$　　D．$O(n\times n)$

30．有一组数据(15,9,7,8,20,–1,7,4)，用堆排序的筛选方法建立的初始堆为(　　)

A．–1,4,8,9,20,7,15,7　　　　B．–1,7,15,7,4,8,20,9

C．–1,4,7,8,20,15,7,9　　　　D．A,B,C 均不对

31．在归并排序中，归并的趟数是(　　)。

A．$O(n)$　　B．$O(\log_2 n)$　　C．$O(n\log_2 n)$　　D．$O(n\times n)$

32．将两个各有 N 个元素的有序表归并成一个有序表，其最少的比较次数是(　　)

A．N　　B．2N–1　　C．2N　　D．N–1

33．基于比较方法的 n 个数据的内部排序。最坏情况下的时间复杂度能达到的最好下界是(　　)。

A．$O(n\log_2 n)$　　B．$O(\log_2 n)$　　C．$O(n)$　　D．$O(n\times n)$

二、判断题

1．当待排序的元素很大时，为了交换元素的位置，移动元素要占用较多的时间，这是影响时间复杂度的主要因素。　(　　)

2．排序算法中的比较次数与初始元素序列的排列无关。　(　　)

3．在执行某个排序算法过程中，出现了排序码朝着最终排序序列位置相反方向移动，则该算法是不稳定的。　(　　)

4．直接选择排序算法在最好情况下的时间复杂度为 O(N)。　(　　)

5．二分法插入排序所需比较次数与待排序记录的初始排列状态相关。　(　　)

6．当初始数据表已经有序时，快速排序算法的时间复杂度为 $O(n\log_2 n)$。　(　　)

7．堆肯定是一棵平衡二叉树。　(　　)

8．堆是满二叉树。　(　　)

9．在用堆排序算法排序时，如果要进行升序排序，则需要采用“大根堆”。　(　　)

10．冒泡排序和快速排序都是基于交换两个逆序元素的排序方法，冒泡排序算法的最坏时间是 $O(n\log_2 n)$。　(　　)

11．快速排序和归并排序在最坏情况下的比较次数都是 $O(n\log_2 n)$。　(　　)

12．归并排序在任何情况下都比所有简单排序速度快。　(　　)

13．中序遍历平衡的二叉排序树可得到有序的关键码序列。　(　　)

三、填空题

1．若不考虑基数排序，则在排序过程中，主要进行的两种基本操作是关键字的_______和记录的_____。

2．属于不稳定排序的有______________。

3．分别采用堆排序、快速排序、冒泡排序和归并排序，对于初态为有序的表，最省时间的是_______算法，最费时间的是_______算法。

4．不受待排序初始序列的影响，时间复杂度为 $O(N^2)$ 的排序算法是_________；在排序算法的最后一趟开始之前，所有元素都可能不在其最终位置上的排序算法是______。

5．直接插入排序用监视哨的作用是_________。

6．对 n 个记录的表 r[1,…,n]进行简单选择排序，关键字间的比较次数为___________。

7．设用希尔排序对(98,36,–9,0,47,23,1,8,10,7)进行排序，给出的步长(也称增量序列)依次是 4,2,1，则排序需__________趟。写出第一趟结束后，数组中数据的排列次序为______________，第二趟结束后数据的排列次序为______________。

8．从平均时间性能而言，______排序最佳。

9．快速排序法在_________情况下最不利于发挥其长处，在_________情况下最易发挥其长处。

10．在数据表有序时，快速排序算法的时间复杂度是______。

11．堆排序的算法时间复杂度为______。

12．堆排序是一种类型的排序，堆实质上是一棵结点的层次序列。它的一个基本问题是如何建堆，常用的建堆算法是 1964 年 Floyd 提出的_________。对含有 n 个元素的序列进行排序时,堆排序的时间复杂度是______，所需要的附加空间是______。关键码序列(05,23,16,68,94,72,71,73)_________(满足或不满足)堆的性质。

13．设有字母序列(Q,D,F,X,A,P,N,B,Y,M,C,W)，按二路归并排序方法对该序列进行一趟扫描后的结果是___________________。

四、应用题

1．在各种排序方法中，哪些是稳定的？哪些是不稳定的？为每一种不稳定的排序方法举出一个不稳定的实例。

2．简述直接插入排序、简单选择排序、二路归并排序的基本思想及在时间复杂度和排序稳定性上的差别。

3．快速排序、堆排序、合并排序、希尔排序中哪种排序平均比较次数最少，哪种排序占用空间最多，哪几种排序算法是不稳定的？

4．若按从大到小排序，在什么情况下冒泡排序算法关键字交换次数为最大？

5．现有一文件 F 中有 1000 个记录，其中只有少量记录次序不对，且它们距离正确位置不远。如果以比较和移动次数作为度量，那么，将其排序最好采用什么方法？为什么？

6．设待排序的记录共 7 个，排序码分别为 8,3,2,5,9,1,6。

(1)用直接插入排序。试以排序码序列的变化描述形式说明排序全过程(动态过程)，要求按递减顺序排序。

(2)用直接选择排序。试以排序码序列的变化描述形式说明排序全过程(动态过程)，要求按递减顺序排序。

(3)直接插入排序算法和直接选择排序算法的稳定性如何？

7．对于下面数据表，写出采用希尔排序算法排序的每一趟的结果，并标出数据移动情况：(125,11,22, 34,15,44,76,66,100,8,14,20,2,5,1)。

8．快速排序的效率与原始序列有关，现用快速排序算法对关键字分别为 1～15 的 15 个元素进行排序：

(1) 在最好情况下要进行几遍比较？给出一种原始序列实例；

(2) 在最坏情况下要进行几遍比较？给出一种原始序列实例。

9．对下列关键字序列进行快速排序（从小至大）(48, 38, 65, 95, 73, 13, 27, 50) 要求给出快速排序的算法思想，并画出排序过程示意图。

10．根据给定的关键字集合（20,15,40,35,45,25,50,30,10）顺序输入：

(1) 构造一棵完全二叉树；

(2) 画出调整创建好的堆树；

(3) 画出一棵输出第一个排序记录后的二叉树；

(4) 画出输出第一个排序记录后重新调整好的堆树。

11．简要叙述堆排序的算法思想。对如下关键字序列（3,8,85,12,37,50）按堆排序算法进行从小到大排序，要求画出排序全过程的示意图。

12．试回答下列关于堆的一些问题：

(1) 堆的存储表示是顺序的，还是链接的？

(2) 设有一个最小堆，即堆中任意结点的关键码均大于它的左子女和右子女的关键码。其具有最大值的元素可能在什么地方？

(3) 对 n 个元素进行初始建堆的过程中，最多进行多少次数据比较（不用大 O 表示法）？

13．解答问题：

(1) 设某文件中待排序记录的排序码为（72,73,71,23,94,16,05,68）。试画图表示出树形选择排序（增序）过程的前三步。

(2) 试说明树形选择排序的基本思想。

(3) 树形选择排序与直接选择排序相比较，优缺点是什么？

(4) 堆排序是如何改进树形排序方法的，其优点是什么？

14．给出一组关键字 T=(12,2,16,30,8,28,4,10,20,6,18)，写出用下列算法从小到大排序时第一趟结束时的序列：

(1) 希尔排序（第一趟排序的增量为 5）；

(2) 快速排序（选第一个记录为枢轴（分隔））；

(3) 链式基数排序（基数为 10）。

15．给出一组关键字：(29,18,25,47,58,12,51,10)，分别写出按下列各种排序方法进行排序时的变化过程：

(1) 归并排序每归并一次书写一个次序。

(2) 快速排序每划分一次书写一个次序。

(3) 堆排序先建成一个堆，然后每从堆顶取下一个元素后，将堆调整一次。

16．给出如下关键字序列：(321,156,57,46,28,7,331,33,34,63)。试按链式基数排序方法，列出一趟分配和收集的过程。

17．已知整数数组 a 的 10 个元素为（326,129,167,588,212,95,980,725,443,601）。用以下排序方法进行由小到大排序：

(1) 用基数排序算法时，试写出第一次分配和收集后数组 a 中的结果。

(2)用堆排序时，试写出将第一个选出的数据放在数组 a 的最后位置上，将 a 调整为堆之后的 a 中的结果。

18．试写出应填入下列叙述中(　　)内的正确答案。排序有各种方法，如插入排序、快速排序、堆排序等。设一数组中原有数据如下：(15,13,20,18,12,60)。下面是一组由不同排序方法进行一遍排序后的结果。

(　　)排序的结果为：(12,13,15,18,20,60)；

(　　)排序的结果为：(13,15,18,12,20,60)；

(　　)排序的结果为：(13,15,20,18,12,60)；

(　　)排序的结果为：(12,13,20,18,15,60)。

19．给定一个关键字序列(24,19,32,43,38,6,13,22)。试写出：快速排序第一趟的结果；堆排序时所建的初始堆；归并排序的全过程。然后回答上述三种排序方法中哪一种方法使用的辅助空间最少？在最坏情况下哪种方法的时间复杂度最差？

20．叙述基数排序算法，画出(179,208,93,306,55,859,984,9,271,33)进行基数排序的全过程。

五、算法设计题

1．冒泡排序算法是把大的元素向上移(气泡上浮)，也可以把小的元素向下移(气泡下沉)。试给出上浮和下沉过程交替的冒泡排序算法。

2．试编写直接插入排序算法。

3．设单链表头结点指针为 L，结点数据值为整型。试写出对链表 L 按插入方法排序的算法。

4．输入 50 个学生的记录(每个学生的记录包括学号和成绩)，组成记录数组，然后按成绩由高到低的次序输出(每行 10 个记录)。排序方法采用选择排序。

5．写出一趟快速排序算法。

6．若待排序列用单链表存储，试给出其快速排序算法。

7．设有一个数组中存放一个无序的关键序列 $K_1,K_2,\cdots,K_n$。现要求将 K_n 放在将元素排序后的正确位置上。试编写实现该功能的算法，要求比较关键字的次数不超过 n。(注：用程序实现)

8．关于堆排序方法，完成如下工作：(1)简述该方法的基本思想。(2)写出堆排序算法。(3)分析该算法的时间复杂度。

9．设待排序的文件用单链表作存储结构，写出以 head 为头指针的选择排序算法。

10．输入 N 个只含一位数字的整数。试用基数排序的方法，对这 N 个数排序。

11．定义排序表的存储结构，写一个排序算法，写出算法后分析算法的稳定性、附加空间和时间复杂度。如果该排序算法执行效率较差，那么再写一个执行效率较高的排序算法，并说明第二个算法为什么优于第一个算法。

附录一　习题参考答案

习题一

一、选择题

1. C　2. C　3. C　4. D　5. B　6. A　7. C　8. C　9. A　10. D　11. A　12. D　13. B　14. A　15. C　16. A

二、判断题

1. 错　2. 对　3. 对　4. 错　5. 错

三、填空题

1. 逻辑结构　存储结构　数据的运算
2. 集合　线性结构　树形结构　图状结构或网状结构
3. 顺序存储　链接存储　索引存储　散列存储
4. 表示(又称为映像)
5. 是对特定问题求解步骤的一种描述
6. 有穷性　确定性　零个或多个输入
7. 时间复杂度　空间复杂度

习题二

一、选择题

1. A　2. A　3. D　4. C　5. D　6. D　7. D　8. C　9. D　10. B

二、判断题

1. 错　2. 对　3. 错　4. 对　5. 错　6. 错　7. 错　8. 对　9. 对　10. 错

三、填空题

1. H->next=NULL
2. p->next=L
3. p->next　f
4. p->next　s->data　t
5. 线性表是否为空表

习题三

一、选择题

1. B　2. B　3. D　4. B　5. D　6. C　7. D　8. C　9. D　10. D　11. B　12. D　13. D

二、判断题

1．对　2．对　3．错　4．对　5．对　6．对

三、填空题

1．只允许在同一端进行插入或删除操作　后进先出(或先进后出)
2．栈
3．3,1,2
4．2,3　100C
5．链式存储
6．1　n　top[1]=top[2]
7．栈满　栈空　n+1
8．SXSSXSXX
9．data[++top]=x
10．栈

习题四

一、选择题

1．C　2．C　3．D　4．C　5．A　6．D　7．B　8．C　9．A　10．B

二、判断题

1．对　2．对　3．错　4．错　5．错　6．对　7．错　8．错

三、填空题

1．假溢出
2．s->data=x;r->next=s;r=s;
3．Q.front==Q.rear　(Q.rear+1)% MaxSize==Q.front
4．栈
5．(M+1)%N

习题五

一、选择题

1．C　2．C　3．C　4．B　5．E　6．D　7．C　8．A　9．B　10．D　11．B　12．A

二、填空题

1．由空格组成的字符串　空格的个数
2．字符
3．任意连续的字符组成的子序列
4．5
5．O(m+n)
6．01122312

7．模式匹配　模式串
8．串中数据元素只能是字符
9．定长存储　堆分配存储
10．长度相等且对应字符相同

习题六

一、选择题

1．B　2．B　3．B　4．B　5．C　6．D　7．C　8．B　9．C　10．A

二、判断题

1．错　2．错　3．错　4．对　5．错

三、填空题

1．9572
2．对于一个非空的广义表，除表头外的所有元素组成的表
3．表展开后所含括号的层数
4．元素个数
5．5　3
6．GetHead(GetHead(GetTail(L)))

习题七

一、选择题

1．D　2．B　3．D　4．A　5．B　6．C　7．B　8．D　9．C　10．C　11．B　12．D　13．A　14．A　15．C　16．C　17．C　18．C　19．C　20．D　21．B　22．C　23．C　24．B　25．C　26．A　27．D　28．B　29．D

二、判断题

1．对　2．错　3．错　4．错　5．对　6．对　7．对　8．错　9．对　10．错　11．错　12．对　13．错　14．对　15．错　16．对　17．对　18．对　19．对　20．对　21．错　22．对

三、填空题

1．根结点　左子树　右子树
2．++a*b3*4-cd　18
3．9
4．2^{h-1}　2^h-1 $h=\lfloor \log_2 n \rfloor+1$
5．$\lfloor \log_2 i \rfloor+1=\lfloor \log_2 j \rfloor+1$
6．n
7．99
8．11
9．n_1-1　n_2+n_3

10．21

11．$\lfloor \log_2 n \rfloor+1$　$\lceil n/2 \rceil$　$n-\lceil n/2 \rceil$　n　1　n−1

12．每个结点都无左孩子

13．5

14．二叉树

15．先序遍历

16．后序遍历时的前驱结点　后序遍历时的后继结点

17．6

18．80　110(或 100)

19．$2n_0-1$

20．$\lfloor n/2 \rfloor+1$

习题八

一、选择题

1．B　2．A　3．B　4．D　5．B　6．C　7．A　8．B　9．D

二、判断题

1．错　2．错　3．对　4．错　5．错　6．错　7．错　8．错　9．错

三、填空题

1．该图连通且有 n−1 条边

2．极大强连通子图

3．生成树

4．45

5．9

6．N−1

7．1

8．度

9．入度

10．深度优先

11．广度优先遍历

12．队列

习题九

一、选择题

1．C　2．C　3．A　4．D　5．A　6．B　7．D　8．B　9．A　10．D

二、判断题

1．错　2．错　3．对　4．对　5．错　6．对　7．错　8．对　9．对　10．错　11．错　12．错　13．对　14．错

三、填空题

1. Prim 算法和 Kruskal 算法
2. 稠密　稀疏
3. $O(N^2)$ $O(E\log_2 E)$
4. 有向无环
5. 递增　负值
6. $O(n^2)$
7. 活动　一种关系　事件　活动
8. 关键路径

习题十

一、选择题

1. A　2. C　3. D　4. D　5. A　6. D　7. B　8. B　9. D　10. C　11. C　12. C　13. C　14. D　15. C　16. A　17. C　18. D　19. C　20. D　21. C　22. C

二、判断题

1. 对　2. 错　3. 对　4. 错　5. 错　6. 错　7. 错　8. 错　9. 对　10. 错　11. 错　12. 对　13. 错　14. 错　15. 错　16. 错　17. 对　18. 对　19. 错　20. 对　21. 对　22. 对

三、填空题

1. 4
2. 6、9、11、12
3. 13/4
4. 该结点左子树　该结点右子树
5. 插入　删除
6. 顺序存储的有序表
7. 防止越界
8. 表的长度　装填因子
9. 2　4　3
10. AVL 树　任意结点左子树深度与右子树深度之差的绝对值不大于 1 的二叉排序树
11. $\lfloor \log_2 n \rfloor+1$
12. 30　31.5
13. 有序　无序　必须有序　块间有序、块内无序　顺序存储
14. (n+1)/2
15. 二叉排序树中左子树的深度与右子树的深度之差
16. 动态查找静态查找　树表　哈希　开放定值法　再哈希法　链地址法　建立公共溢出区
17. 直接定址法
18. n
19. 7

20．31

21．索引　顺序

习题十一

一、选择题

1．D　2．D　3．B　4．C　5．D　6．C　7．A　8．C　9．D　10．D　11．C　12．B　13．C B　14．D　15．A　16．D　17．A　18．C　19．B　20．C　21．C　22．B　23．A　24．B　25．C　26．D　27．C　28．B　29．C　30．C　31．B　32．A　33．A

二、判断题

1．对　2．错　3．错　4．错　5．错　6．错　7．对　8．错　9．对　10．错　11．错　12．错　13．对

三、填空题

1．比较　移动

2．希尔、快速、简单选择、树形选择、堆排序

3．冒泡排序　快速排序

4．简单选择排序　直接插入排序、归并排序、二分插入

5．防止越界

6．$n(n-1)/2$

7．3　(10,7,−9,0,47,23,1,8,98,36)　(−9,0,1,7,10,8,47,23,98,36)

8．快速

9．有序　乱序

10．$O(n^2)$

11．$O(n\log_2 n)$

12．选择　二叉树　筛选法　$O(n\log_2 n)$　$O(1)$满足

13．(D,Q,F,X,A,P,B,N,M,Y,C,W)

附录二　学期考试样卷

样　卷　一

一、选择题(1～20每小题1分，21～30每小题2分，共40分)。

1. 从逻辑上可以把数据结构分为(　　)两大类。

A. 动态结构、静态结构　　B. 顺序结构、链式结构

C. 线性结构、非线性结构　　D. 初等结构、构造型结构

2. 以下与数据的存储结构无关的术语是(　　)。

A. 循环队列　　B. 链表　　C. 哈希表　　D. 栈

3. 链式存储设计时，结点之间的存储单元地址(　　)。

A. 一定连续　　B. 一定不连续

C. 不一定连续　　D. 部分连续，部分不连续

4. 若长度为n的线性表采用顺序存储结构，在其第i个位置插入一个新元素的算法的时间复杂度为(　　)($1\leqslant i\leqslant n+1$)。

A. O(0)　　B. O(*1*)　　C. O(n)　　D. O(n^2)

5. 非空的循环单链表head的尾结点p满足(　　)。

A. p->link==head　　B. p->link==NULL

C. p==NULL　　D. p==head

6. 循环队列存储在数组A[0,⋯,m]中，则入队时的操作为(　　)。

A. rear=rear+1　　B. rear=(rear+1) mod (m–1)

C. rear=(rear+1) mod m　　D. rear=(rear+1) mod (m+1)

7. 为了增加内存空间的利用率和减少溢出的可能性，由两个栈共享一片连续的内存空间时，应将两栈的(　　)分别设在这片内存空间的两端。

A. 长度　　B. 深度　　C. 栈顶　　D. 栈底

8. 栈在(　　)中应用。

A. 递归调用　　B. 子程序调用　　C. 表达式求值　　D. 以上均可

9. 用带头结点的单链表存储的队列，在进行删除运算时(　　)。

A. 仅修改头指针　　B. 仅修改尾指针

C. 头尾指针都要修改　　D. 头指针不变、尾指针有可能修改

10. 用单链表表示的链式队列，其队头在链表的(　　)位置。

A. 链头　　B. 链尾　　C. 链中　　D. 任意

11. 若一棵二叉树具有10个度为2的结点，5个度为1的结点，则度为0的结点个数是(　　)。

A. 9　　B. 11　　C. 15　　D. 不确定

12. 一个具有1025个结点的二叉树的高h为(　　)。

A. 11至1025之间　　B. 10　　C. 10至1024之间　　D. 11

13. 树的后根遍历序列等同于该树对应的二叉树的(　　)。

A. 先序序列　　B. 中序序列　　C. 后序序列　　D. 层次序列

14. n个结点的线索二叉树上含有的线索数为(　　)。

A. 2n　　B. n–l　　C. n+l　　D. n

15. 在下面几个符号串编码集合中，不是前缀编码的是(　　)。

A. (0,10,110,1111)　　B. (11,10,001,101,0001)

C. (00,010,0110,1000)　　D. (b,c,aa,ac,aba,abb,abc)

16. 某内排序方法的稳定性是指(　　)。

A. 该排序算法不允许有相同的关键字记录

B. 该排序算法允许有相同的关键字记录

C. 平均时间为$O(nlog_2n)$的排序方法

D. 以上都不对

17. 稳定的排序方法是(　　)。

A. 直接插入排序和快速排序　　B. 折半插入排序和起泡排序

C. 简单选择排序和四路归并排序　　D. 树形选择排序和希尔排序

18. 在下面的排序方法中，辅助空间为O(n)的是(　　)

A. 希尔排序　　B. 堆排序　　C. 选择排序　　D. 归并排序

19. 数据表中有10000个元素，如果仅要求求出其中最大的10个元素，则采用(　　)算法最节省时间。

A. 堆排序　　B. 希尔排序　　C. 快速排序　　D. 直接选择排序

20. 当n个整型数据是有序时，对这n个数据用快速排序算法排序，时间复杂度是(　　)。

A. O(n)　　B. $O(nlog_2n)$　　C. $O(n^2)$　　D. $O(log_2n)$

21. 某线性表中最常用的操作是在最后一个元素之后插入一个元素和删除第一个元素，则采用(　　)存储方式最节省运算时间。

A. 单链表　　B. 仅有头指针的单循环链表

C. 双链表　　D. 仅有尾指针的单循环链表

22. 双向链表的结点结构为(left,data,right)，在双向循环链表中p指针所指向的结点前插入一个指针q所指向的新结点，其修改指针的操作是(　　)。

A. p->left=q;q->right=p; p->left->right=q;q->left=q;

B. p->left=q;p->left->right=q;q->right=p;q->left=p->left;

C. q->right=p;q->left=p->left;p->left->right=q;p->left=q;

D. q->left=p->left;q->right=p;p->left=q;p->left->right=q;

23. 设栈的输入序列是1,2,3,4，则(　　)不可能是其出栈序列。

A. 1 2 4 3　　B. 2 1 3 4　　C. 1 4 3 2　　D. 4 3 1 2

24. 输入序列为ABC，可以变为CBA时，经过的栈操作为(　　)。

A. push,pop,push,pop,push,pop　　B. push,push,push,pop,pop,pop

C. push,push,pop,pop,push,pop　　D. push,pop,push,push,pop,pop

25. 设给定权值总数有n个，其哈夫曼树的结点总数为(　　)。

A．不确定　　B．2n　　C．2n+1　　D．2n−1

26．数据序列(2,1,4,9,8,10,6,20)只能是下列排序算法中的(　　)的两趟排序后的结果。

A．快速排序　　B．冒泡排序　　C．选择排序　　D．插入排序

27．用冒泡排序方法对序列{10,14,26,29,41,52}从大到小排序，需进行(　　)次比较。

A．5　　B．10　　C．15　　D．25

28．用希尔排序方法排序对序列{15,9,7,8,20,−1,4}进行排序，经一趟后序列变换为{15,−1,4,8,20,9,7}，则该次采用的增量是(　　)。

A．1　　B．4　　C．3　　D．2

29．下列四个序列中，(　　)是堆。

A．75,65,30,15,25,45,20,10　　B．75,65,45,10,30,25,20,15

C．75,45,65,30,15,25,20,10　　D．75,45,65,10,25,30,20,15

30．下列排序算法中，在每一趟都能选出一个元素放到其最终位置上，并且其时间性能受数据初始特性影响的是(　　)。

A．直接插入排序　　B．快速排序　　C．直接选择排序　　D．堆排序

二、判断改错题(每小题2分，共20分。若表述错误，写出真确的表述)。

1．程序一定是算法。(　　)

2．消除递归不一定需要使用栈。(　　)

3．在完全二叉树中，若一个结点没有左孩子，则它必是树叶。(　　)

4．用二叉链表存储有n个结点的二叉树，结点的2n个指针中有n−1个空指针。(　　)

5．将一棵树转成二叉树，根结点没有左子树。(　　)

6．在中序线索二叉树中，每一非空的线索均指向其祖先结点。(　　)

7．排序算法中的比较次数与初始元素序列的排列无关。(　　)

8．直接选择排序算法在最好情况下的时间复杂度为O(n)。(　　)

9．在待排数据基本有序的情况下，快速排序效率最好。(　　)

10．堆排序是稳定的排序方法。(　　)

三、简答题(每小题5分，共15分)。

1．给出一组关键字T=(12,2,16,30,8,28,4,10,20,6,18)。写出用下列算法从小到大排序时第一趟结束时的序列。

(1)希尔排序(第一趟排序的增量为5)；

(2)快速排序(选第一个记录为枢轴(分隔))。

2．设一棵二叉树的先序遍历、中序遍历序列分别为ABDFCEGH和BFDAGEHC。

(1)画出这棵二叉树。

(2)画出这棵二叉树的中序线索树。

(3)将这棵二叉树转换成对应的树(或森林)。

3．利用二叉树的有关性质计算由4567个结点组成的完全二叉树中叶子结点的个数，试写出计算过程。

四、算法设计与分析题(每小题10分，共20分)。

1．定义单链表的存储结构，然后在该存储结构下写一个单链表的创建算法。

2．定义二叉树的二叉链表存储结构，然后在该存储结构下写一个统计二叉树中叶子结点的非递归算法。

五、问答题(每小题 5 分，共 5 分)。

叙述数据结构主要的研究内容、该课程在计算机科学与技术专业中发挥的作用、学完该课程后的启发与收获。

样 卷 二

一、选择题(每小题 2 分，共 10 分)。

1．一组记录的关键字为(46,79,56,38,40,84)，用快速排序法以第一个元素为基准得到的第一次划分结果为(　　)。

A．38,40,46,56,79,84　　B．40,38,46,79,56,84

C．40,38,46,56,79,84　　D．40,38,46,84,56,79

2．若某链表最常用的操作是在最后一个结点之后插入一个结点和删除最后一个结点，则下列存储方式中最节省时间的是(　　)。

A．单链表　　B．双链表

C．带头结点的双循环链表　　D．单循环链表

3. 在下列排序算法中，某一趟结束后未必能选出一个元素放在其最终位置上的是(　　)。

A．堆排序　　B．冒泡排序

C．快速排序　　D．直接插入排序

4．指出在顺序表(2,5,7,10,14,15,18,23,35,41,52)中用二分法查找关键码 35 需执行关键码的比较次数是(　　)。

A．2　　B．3　　C．4　　D．5

5．下面不是哈希技术中冲突处理方法的是(　　)。

A．开放定址法　　B．折叠法

C．建立公共溢出区　　D．拉链法

二、判断改错题(每小题 2 分，共 10 分。若表述错误，写出真确的表述)。

1．树和图都是非线性结构。　　(　　)

2．数据结构主要研究了四种类型的逻辑结构，它们是：顺序结构、链式结构、索引结构和散列结构。　　(　　)

3．队列的顺序存储结构中的“假上溢”现象永远不可能克服。　　(　　)

4．完全二叉树是一种特殊的满二叉树。　　(　　)

5．有 n 个结点互不相似的二叉树的形态有 $\frac{1}{n+1}C_{2n}^{n}$ 种。　　(　　)

三、简答题(每小题 5 分，共 20 分)。

(注意：考生仔细审题，完成题目要求的所有内容)

1. 画出将排序码(49,38,65,97,76,13,27)调整成大顶堆的过程。

2. 画图表示出一种特殊矩阵的压缩存储方法，并求出压缩存储后的地址映射函数。

3. 已知树的先根遍历序列为 GFKDAIEBCHJ，树的后根遍历序列为 DIAEKFCJHBG。画出对应的树，并把该树转化成二叉树，同时写出二叉树的后序遍历序列。

4. 定义图的邻接矩阵存储结构。画出图 G=(V,E)，E={(AB),(AD),(BC),(BE),(CD),(CE)} V={A,B,C,D,E}用邻接矩阵存储的示意图。

四、计算题(每小题 8 分，共 16 分)。

1. 用二叉树的有关性质计算有 6789 个结点组成的完全二叉树中叶子结点的个数。试写出计算过程。

2. 写出利用弗洛伊德算法在求解下图的最短路径的过程中路径长度矩阵 A 和每一对顶点之间的最短路径矩阵 Path 的变化过程。

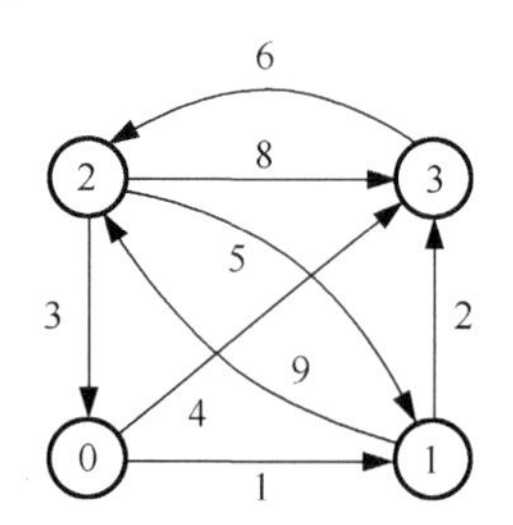

	$A^{(-1)}$				$A^{(0)}$				$A^{(1)}$				$A^{(2)}$				$A^{(3)}$			
	0	1	2	3	0	1	2	3	0	1	2	3	0	1	2	3	0	1	2	3
0	0	1	∞	4																
1	∞	0	9	2																
2	3	5	0	8																
3	∞	∞	6	0																
	$Path^{(-1)}$				$Path^{(0)}$				$Path^{(1)}$				$Path^{(2)}$				$Path^{(3)}$			
	0	1	2	3	0	1	2	3	0	1	2	3	0	1	2	3	0	1	2	3
0	0	0	0	0																
1	1	1	1	1																
2	2	2	2	2																
3	3	3	3	3																

五、算法设计与分析题(共 44 分)。

(注意：考生仔细审题，完成题目的所有要求。算法的书写要符合程序设计风格基本要求，并要求特别注意接口的设计，必要时加注释进行说明。)

1. 定义线性表的存储结构，完成在该存储结构下线性表的置逆操作，并分析所设计算法时间复杂度。(10 分)

2. 定义双链表的存储结构，然后在该存储结构下写一个双链表的建立算法。(10 分)

3. 定义二叉树的二叉链表存储结构，然后在该存储结构下写一个统计二叉树中非叶子结点的非递归算法。(10 分)

4. 定义排序表的存储结构，写一个效率较差的排序算法，写出算法后分析算法的稳定性、附加空间和时间复杂度。再写一个执行效率较高的排序算法。说明第二个算法为什么优于第一个算法。(14 分)

参 考 文 献

高一凡. 2002. 数据结构算法实现及解析. 西安: 西安电子科技大学出版社.

耿国华. 2005. 数据结构——C 语言描述. 北京: 高等教育出版社.

胡学钢. 1999. 数据结构算法设计指导. 北京: 清华大学出版社.

田鲁怀. 2006. 数据结构. 北京: 电子工业出版社.

王道论坛. 2015. 2016 年数据结构联考复习指导. 北京: 电子工业出版社.

王红梅, 胡明. 2005. 数据结构考研辅导(C++版). 北京: 清华大学出版社.

王红梅. 2005. 数据结构(C++版). 北京: 清华大学出版社.

王晓东. 2008. 数据结构(C++语言版). 北京: 科学出版社.

徐孝凯. 1999. 数据结构实用教程(C/C++描述). 北京: 清华大学出版社.

严蔚敏, 吴伟民. 2007. 数据结构. 北京: 清华大学出版社.

殷人昆. 2011. 数据结构——C 语言描述. 北京: 机械工业出版社.

朱战立. 2003. 数据结构. 西安: 西安电子科技大学出版社.

Robert L, Alexander J. 1997. Data structures and program design in C++. Upper Saddle River: Prentice Hall.

William F, William T. 1997. 数据结构 C++语言描述(英文版). 北京: 清华大学出版社.